# 高分子化学改性

黄军左　葛建芳　编
巩育军　审

中国石化出版社
·北京·

## 内 容 提 要

本书阐述了高分子化学改性的基本概念、方法与高分子化学改性的作用和意义，主要针对接枝共聚、嵌段共聚和高分子化学反应等改性方法，着重介绍了聚丙烯化学接枝改性、聚氯乙烯接枝共聚物、ABS树脂及其应用、无机材料的接枝共聚物、热塑性弹性体、嵌段共聚物纳米结构材料等的合成、性能和应用。

本书可作高分子材料科学与工程专业本科生的教材，也可供研究生和涉及这一领域的科研人员和工程技术人员参考。

**图书在版编目（CIP）数据**

高分子化学改性／黄军左，葛建芳编．—北京：中国石化出版社，2009（2025.7重印）
ISBN 978-7-80229-842-2

Ⅰ．高… Ⅱ．①黄…②葛… Ⅲ．高分子化学－改性
Ⅳ．O63

中国版本图书馆CIP数据核字（2009）第016345号



**中国石化出版社出版发行**

地址：北京市东城区安定门外大街58号
邮编：100011　电话：(010)57512500
发行部电话：(010)57512575
http://www.sinopec-press.com
E-mail：press@sinopec.com
北京艾普海德印刷有限公司印刷
全国各地新华书店经销

*

787毫米×1092毫米16开本14.75印张360千字
2009年3月第1版　2025年7月第5次印刷
定价：32.00元

# 前　言

聚合物材料是一种合成材料，因其优越的综合性能获得迅猛的发展，但仍有诸多需要克服的缺点，而通过改性可使聚合物材料的性能大幅度提高，或者被赋予新的功能。其中，化学改性是一种较早出现的改性方法，包括嵌段和接枝共聚、交联、互穿聚合物网络等，是一个门类繁多的体系。随着高分子材料学科的发展，近年来，嵌段和接枝共聚物等在开发高分子新材料中愈来愈显得重要，而目前，集中介绍高分子化学改性方面的书籍甚少，尤其作为大专院校的教材多属自编教材，因此，很有必要编写一本全面介绍各种聚合物化学改性的教材。

全书分为四部分(共十章)，第一部分是绪论，第二部分是接枝共聚及接枝共聚物，第三部分是嵌段共聚及嵌段共聚物，第四部分是高分子化学反应。绪论部分阐述了聚合物化学改性的基本概念、高分子设计与合成方法，以及聚合物化学改性的作用与意义，第二、三部分主要针对接枝共聚物和嵌段共聚物合成原理及制备方法、性能、应用和发展前景进行了讨论。接枝共聚及接枝共聚物部分介绍了接枝共聚概述、聚丙烯的化学接枝改性、聚氯乙烯接枝共聚物、ABS 树脂及其应用和无机材料的接枝共聚；嵌段共聚及嵌段共聚物部分介绍了嵌段共聚概述、热塑性弹性体和嵌段共聚物纳米结构材料。第四部分就分子链之间的交联以及老化降解等内容进行了介绍。近年来，关于聚合物化学改性的新研究成果层出不穷，本书亦适当收入了一些新进展。

本书第一章～第七章由黄军左编写，第八章～第十章由葛建芳编写。巩育军教授对全书进行了认真审阅。由于该领域涉及多种学科的知识，书中仍存在疏漏和不尽完善之处，敬请广大读者指正。

# 前 言

# 目　　录

# 第一章　绪　　论

当今合成聚合物已成为工、农业生产和人们日常生活中不可缺少的一类重要材料。但是，随着现代科学技术的日新月异，对聚合物提出了日益广泛和苛刻的要求。例如，期望聚合物既有卓越的韧性又有较高的硬度，既具有一般高分子的特性又具有特殊功能，不仅性能良好而且价格低廉，对于多种多样的要求，单一的均聚物往往是难以满足的。

为了改进聚合物性能，不少学者和科学家、工程技术人员作了不懈的努力，通过理论与实践相结合、科研与生产相结合，逐步形成并完善了聚合物改性的各类途径，现将这些途径归纳如下：

- 聚合物改性
  - 化学改性
    - 共聚合
      - 无规共聚：共聚单体重复单元沿着主链的位置是统计性的
      - 交替共聚：共聚单体重复单元在主链上的排列位置是交替的而不是统计的
      - 接枝共聚与嵌段共聚（详见 1.1 基本概念）
    - 高分子化学反应：指高分子主链或侧链的反应
  - 共混改性：两种或两种以上均聚物或共聚物进行物理共混

需强调的是：聚合物改性的途径很难是单一的，往往是几种化学反应或物理共混在一起。例如：接枝共聚中往往又伴随着官能团反应、嵌段共聚合及用于脆性塑料的共混改性。比如淀粉接枝丙烯腈然后进行水解制备超强吸水剂，嵌段共聚合成的线型热塑性丁苯三嵌段弹性体用于聚丙烯的增韧改性等。限于篇幅，本书将重点讨论在聚合物改性中显得愈来愈重要的接枝共聚、嵌段共聚和高分子化学反应。

## 1.1　基本概念

接枝共聚物是大分子链（骨架）上接有另一种链节支链的共聚物。当主链与支链都是同一种链节时，就成为带支链的均聚物。进行接枝共聚的聚合物原料称为骨架聚合物。骨架聚合物可以是均聚物也可以是共聚物。可以是天然高分子（如淀粉、纤维素、羊毛等）也可以是人工合成高分子，进行接枝共聚的单体，可以只用一种，也可以同时两种或两种以上。在后一种情况下，支链的形成过程也符合一般的共聚规律。

嵌段共聚物的大分子链是由很长的 $M_1$ 链区（$M_1$ 嵌段）和很长的 $M_2$ 链区（$M_2$ 嵌段）交替排列而成（作为嵌段，除了均聚的还可以是共聚的）。这是它与一般的无规共聚物和交替共聚物结构上的不同之处。其示意图如下：

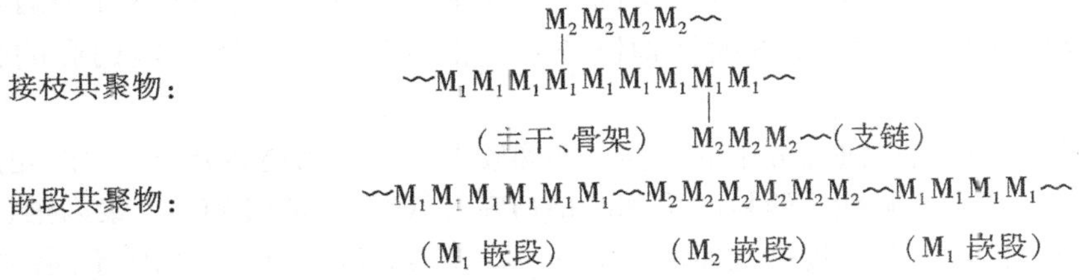


关于接枝共聚物和嵌段共聚物的命名，一般沿用 Ceresa 在 1962 年提出的法则，下面将它作一简单介绍：

① 在命名均聚物时，根据纯化学和应用化学国际联合会（IUPAC）的规定，只要在单体的前面冠以“聚”字即可。例如氯乙烯的均聚物，称为聚氯乙烯；苯乙烯的均聚物称为聚苯乙烯。

② 在命名共聚物时，采用在两种或多种共聚单体的名称之间用“－”相连，再在前面冠以“聚”字。一般，按共聚物中各组分含量的多寡，决定单体位置排列的前后。例如聚氯乙烯－醋酸乙烯酯，是氯乙烯和醋酸乙烯酯的共聚物；聚丙烯腈－丁二烯－苯乙烯就是丙烯腈、丁二烯和苯乙烯的三元共聚物。

③ 为了指出单体单元在共聚物结构中的排列方式，常用字母“g”（graft）表示接枝，用字母“b”（block）表示嵌段。对于接枝共聚物来说，位于g前面的组分一般代表骨架主链，位于g后面的组分则代表接枝的支链。例如，聚甲基丙烯酸甲酯－g－苯乙烯，表示PMMA－g－S，即以聚甲基丙烯甲酯为主链的苯乙烯接枝共聚物。对于嵌段共聚物来说，嵌段之间用“－b－”相连。例如，聚苯乙烯－聚丁二烯－聚苯乙烯嵌段共聚物可表示为PS－b－PB－b－PS，即由两端聚苯乙烯、中间聚丁二烯联结起来的三嵌段共聚物。

## 1.2 高分子设计与合成方法

聚合物材料进行分子设计，希望能制得合乎人们要求的新的高分子，结构及物性关系的研究是极为重要的。要实现设计的要求，主要是通过合成反应使生成高分子的结构、组成及物性达到设计的目的。

### 1.2.1 接枝共聚

接枝共聚物的问世已有五十多年的历史，利用这种合成方法已制得不少高分子材料。一般共聚物中的大分子链上也有支链结构，但不同于在一种高分子上接上另一种高分子。最早是将丙烯腈单体接枝到天然橡胶分子上，以后又将甲基丙烯酸甲酯接到天然橡胶上，改进了天然橡胶的性能。又如在聚乙烯醇存在下，醋酸乙烯酯聚合时产生接枝聚合物。接枝共聚的理论已得到人们的确认，在学术界引起广泛的重视。对其合成与性能和结构的研究和讨论十分活跃。利用这种方法可以对已有的高分子材料进行改性，制得性能优异的新材料，特别是在高分子材料学及生产很成熟、生产品种多的情况下，利用现有高分子采用接枝共聚制得很多新产品。

对接枝共聚物进行分子设计时应解决的问题是：①选用接枝的单体和聚合物；②确定好接枝单体的用量；③确定接枝合成方法及工艺条件；④接枝的支链的数目及长度；⑤接枝的效率；⑥接枝共聚物的分离和鉴定的方法。这几个问题是接枝共聚中的主要内容。分子设计关键的问题是合成反应的机理、条件及实施方法。因为合成反应的结果决定了分子组成、接枝的效率及物性。接枝共聚的综合性能不仅决定于主链高分子的结构与性能，也决定于接枝的聚合物。支链的结构链长及支链的数目对产物性能的影响也是十分重要的。

制备接枝聚合物的目的是改进高分子的特性，如橡胶上接枝树脂类高分子，它既能提高橡胶的强度，又解决了树脂的脆性。塑料的聚苯乙烯（PS）、聚氯乙烯（PVC）、聚丙烯（PP）接上弹性体的聚合物，能改善脆性提高抗冲性，根据主链聚合物和支链聚合物的不同性能可以设计出一系列的新材料。

目前已生产的接枝共聚物所用主链聚合物及单体如表1－1所示。

表 1-1 接枝共聚物所用的单体

| 聚合物 | 接枝用单体 | 聚合物 | 接枝用单体 |
| --- | --- | --- | --- |
| 聚丙烯酰胺 | 丙烯酸 | 羊毛 | 丙烯腈，甲基丙烯酸甲酯，丙烯酸 |
| 聚甲基丙烯酸丁酯 | 氯乙烯 | 纤维素 | 丙烯腈，丙烯酰胺 |
| 聚丙烯酸 | 2-乙烯基吡啶、己内酰胺 | 聚甲基丙烯酸甲酯 | 丙烯酸乙酯，甲基丙烯酸 |
| 聚丙烯酸乙酯 | 2-乙烯基吡啶 | 氯丁胶 | 甲基丙烯酸甲酯，苯乙烯 |
| 聚醋酸乙烯酯 | 乙烯 | 尼龙 66、610、6 | 氧化乙烯 |
| 聚氯乙烯 | 甲基丙烯酸丁酯，醋酸乙烯酯 | 聚异氰酸酯 | 苯乙烯胺类 |
| 聚乙烯 | 醋酸乙烯酯，苯乙烯 | 聚四氟乙烯 | 丙烯酸甲酯，苯乙烯 |
| 天然橡胶(NR) | 苯乙烯，丙烯腈 | | |

接枝共聚的生产工艺较成熟，现在利用这种合成方法研究某些功能高分子和生物医药用的高分子是很有前景的，如利用聚苯乙烯、聚氯乙烯、聚丙烯酸等高分子将有机反应官能团、低分子药物，以及合成聚氨基酸等低分子接在大分子上，形成具有不同用途的新材料。

接枝共聚物进行分子设计时，接枝共聚物的分离和表征是很重要的。接枝共聚反应中，加入的单体不可能全部生成接枝共聚物，其中含有单体均聚物、未接枝的聚合物，所以对接枝共聚物必须进行分离。选择能分别溶解均聚物、共聚物和原聚合物的溶剂，然后加入不同沉淀剂，分别沉淀出三种聚合物，才能计算出接枝效率。接枝聚合物溶液和固体的物性，不同于线型聚合物。对支链数及其支链长度可用现代测试手段进行分析和测试。

### 1.2.2 嵌段共聚

嵌段共聚物可分为两嵌段和多嵌段。其合成方法有：①活性聚合物逐步增长法；②偶联法；③利用端基官能团加聚和缩聚法；④利用大分子基的聚合方法。首先对合成的嵌段共聚物的物性要有明确要求，选用共聚单体，提出合成方法和条件。嵌段共聚可以采用(活性)自由基引发聚合、阴离子和阳离子催化聚合、配位聚合、通过官能团缩聚反应等方法。目前工业上已生产的品种，主要是离子聚合和官能团反应生产的。

例如，乙烯和丙烯共聚，如用 Al-V 催化剂进行共聚制得的是无规共聚的乙丙橡胶，用 Al-Ti 催化剂体系可制得乙丙嵌段共聚物，结构为 ~PPPP~EEEE~PPPP~EEEE~，共聚物中含有聚乙烯链段和聚丙烯链段。合成在溶剂中进行，加入催化剂后，先通丙烯进行聚合一段时间后通入乙烯，乙烯聚合在聚丙烯的链上继续反应，乙烯聚合后再通入丙烯聚合，这样轮换进行乙烯和丙烯共聚，制得的是嵌段结构。链段及相对分子质量的控制与反应温度和压力的控制显得特别重要。

现在已生产的 SBS、SIS 是典型的嵌段共聚物。它们是用活性聚合物 RLi 为引发剂，形成阴离子活性中心后，分子链逐步增长，通过先加苯乙烯后，形成活性聚苯乙烯，当聚苯乙烯相对分子质量达到要求后，再加丁二烯或异戊二烯，大分子链又形成活性异戊二烯或丁二烯的活性大分子，再加入苯乙烯反应形成有活性的嵌段大分子，经过终止反应后，则形成 ~SSS~BBB~SSS~或~SSS~III~SSS~结构，如有偶联剂存在将会形成新型嵌段结构。进行这类催化剂体系的分子设计时要注意：①研究和控制活性聚合物链段相对分子质量的大小；②控制催化剂用量；③聚合的工艺因素；④控制终止反应，其在分子设计中显得尤其重要。控制得好，可以制得相对分子质量分布窄的聚合物。在实际反应中具体的影响因素很多，分子设计中解决了这些问题，就可以使制得高分子的嵌段结构达到预定的要求。

有活性官能团单体如多元醇、二元醇、二异氰酸酯、二元酸、二元胺、环氧乙烷、环氧丙烷等，也可制成不同链节的聚氨酯、聚酯、聚醚嵌段共聚物。形成的软段和硬段的分子链的长短无疑会影响共聚物的性能。在分子设计时对不同的低聚物及预聚体的相对分子质量，加成聚合或缩聚的反应影响因素作全面的分析和考虑，才能合成出结构及性能达到预期目的的共聚物。利用预聚物制备嵌段共聚物时，对端基的纯度的控制，聚合或缩聚溶液的浓度，预聚物的溶解性能都将会制约相对分子质量及硬段、软段的大小。如酰氯预聚物同端氨基预聚物可用界面缩聚法或溶液缩聚法反应：

$$ClOC—R—COCl + NH_2—R'—NH_2 \rightarrow NH_2—R'—NHCO—R—CONH—R'—NH_2$$

式中：R 为酰氯端基预聚物；R′为端氨基预聚物。

酰氯和双酚 A 在吡啶存在下，可以形成嵌段聚碳酸酯，含氯端基的聚硅氧烷低聚物同双酚 A 也可制成嵌段共聚物。

最近有不少关于嵌段共聚新的品种及合成方法的报道，聚酯和聚酰胺在高温熔融条件下产生链段交换反应，也会生产部分嵌段共聚物。环氧乙烷、环硫丙烷、三氯乙醛、六甲基环三硅氧烷($D_3$)等用阴离子聚合也可制得嵌段共聚物。

## 1.3 聚合物化学改性的作用和意义

一般共聚合(指无规共聚和交替共聚)对均聚物化学改性的作用和意义已为大家所熟知，故不再重述。这里我们仅就高分子化学反应、接枝共聚与嵌段共聚在聚合物化学改性中的作用和意义作简单的介绍。

### 1.3.1 高分子化学反应

在历史上高分子化学反应曾是头等重要的。19 世纪，一些科研人员利用天然高分子改性，提高其使用的综合性能。自 1493 年 Columbus 发现拉美的当地人利用天然橡胶后，直到 1841 年 Goodyear 发现硫黄与天然橡胶反应后，硫化橡胶的综合性能得到大大提高，天然橡胶才迅速发展，在交通、电气、国防工业、汽车、飞机上广泛应用。1832 年，Braconnot 发现用硝酸处理纤维素。1847 年，Schonbein 制得了硝化纤维，可用作无烟炸药，含氮量少的二硝酸纤维可作为塑料制品。1872 年，Hyatt 制得了赛璐珞，Eastman1884 年用其制造照相胶片，1855 年又利用它制造人造纤维，1889 年建厂生产。1920 年利用硝化纤维制造汽车涂料。1857 年德国制得铜氨纤维，1865 年发明用乙酸酐与纤维素作用可制得醋酸纤维，以后又制得粘胶纤维。天然高分子材料迄今仍然有广泛用途。

现在高分子化学反应对高分子材料的加工和改性以及制备新的高分子仍然具有十分重要的意义。高分子化学反应的研究对于了解高分子老化的原因、提高材料的使用寿命也是极其重要的。

### 1.3.2 接枝与嵌段共聚

接枝共聚物常兼有骨架聚合物和构成支链聚合物的特性，嵌段共聚物也常兼有作为嵌段的这些聚合物的特性。例如：丙烯腈－甲基丙烯酸甲酯的无规共聚物组成改变的变化规律截然不同。因此，常常利用接枝共聚和嵌段共聚来改进聚合物的性质。如改进硬塑料的耐冲击强度；橡胶的耐油性；改进某些纤维的染色性、耐磨性、抗霉性、耐光性、黏着性、吸湿性；提高某些织物的耐折皱性和拆缝的稳定性；增进两种不相互溶的聚合物的相容性以及制备热塑性弹性体、表面活性剂等。

近年来，接枝和嵌段共聚物在开发高分子新材料新产品中显得愈来愈重要。除了在制备功能高分子和纳米材料的应用外，还在物理共混改性中作为增容剂得到广泛的应用(增容剂作用模型见图1-1)。增容剂的加入可使共混物的性能大大改善的实例很多，有的是改善分散体系性能，也有的改善层与层之间的粘合性能。下面仅举数例作为代表。

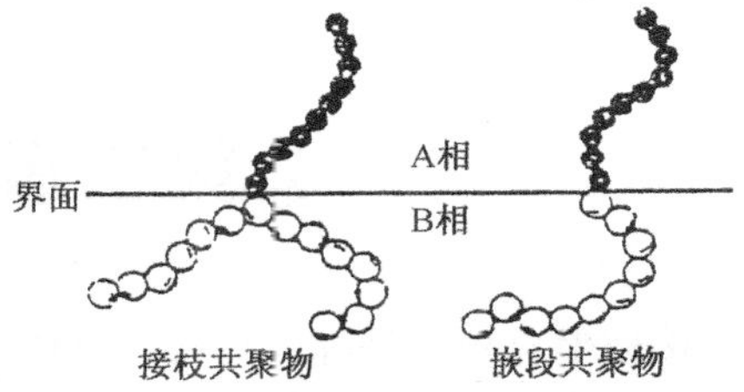

图1-1 接枝与嵌段共聚物增容剂作用模型

① 在PS和聚乙烯(PE)共混物中加入PS-b-PE(聚苯乙烯嵌段聚乙烯)所得到共混物才有实用价值，嵌段共聚物的加入其力学性能得到显著改善；

② PVC和PE中加入它们的嵌段共聚物，则所得共聚物力学性能得到很大改善；

③ 尼龙6和聚丙烯之间的相容性是很差的，若把顺丁烯二酸酐接枝到聚丙烯上，然后把PP-g-Man加到尼龙6和聚丙烯共混物中，可以大大改善其共混物的力学性能；

④ 醋酸纤维(AC)和聚丙烯腈共混物加入醋酸纤维素和聚丙烯腈接枝共聚物(AC-g-AN)，则共聚物微区尺寸减少，容易拉丝，强度和韧性都增加；

⑤ 增容剂还可以使原来粘接不好的材料粘接力加大。如PVC和天然橡胶(NR)的粘合力不好，但是如果在NR和PVC共混物中加入一点天然橡胶接枝甲基丙烯酸酯(NR-g-MMA)，则PVC和NR的粘接力大大提高；为提高丁苯橡胶(SBR)和乙烯-丙烯-双烯三元共聚橡胶(EPDM)的粘接力，可在EPDM的骨架上接枝丁苯橡胶(EPDM-g-SBR)作为EPDM和SBR的粘接剂；高抗冲聚苯乙烯(HIPS)和ABS的粘接可用苯乙烯和丁二烯的嵌段共聚物(S-b-B)作黏合剂；为了改善聚碳酸酯(PC)和金属的粘接，可以在它们之间加入含有羧酸的聚酯和聚碳酸酯的嵌段(或接枝)共聚物；加入聚二甲基硅氧烷和聚碳酸酯嵌段共聚物可改善PC和玻璃的粘接力。

综上所述，我们可以看到聚合物化学改性已成为高分子材料科学及工程中最活跃的领域之一，它不仅是聚合物改性的重要手段，更是开发具有崭新性能新型材料的重要途径。

# 第二章　接枝共聚概述

接枝聚合物，又称为接枝共聚物，是彼此不相容的两种大分子通过主链与支链的化学联结所形成的聚合物。它通常具有两种均聚物所具备的综合性能。五十多年来，有关接枝聚合物的合成方法、性能及应用方面的研究都开展得十分活跃。

## 2.1　基本原理

接枝共聚是高分子化学改性的主要方法之一。所谓接枝共聚是指在聚合物成分(主干或主链聚合物)存在下，使一定的单体聚合，在主干聚合物上通过化学键结合上一种分枝的反应。接枝共聚物通常是在反应性的大分子存在下，将单体进行自由基、离子加成或开环聚合得到。其结构特征如下式所示：

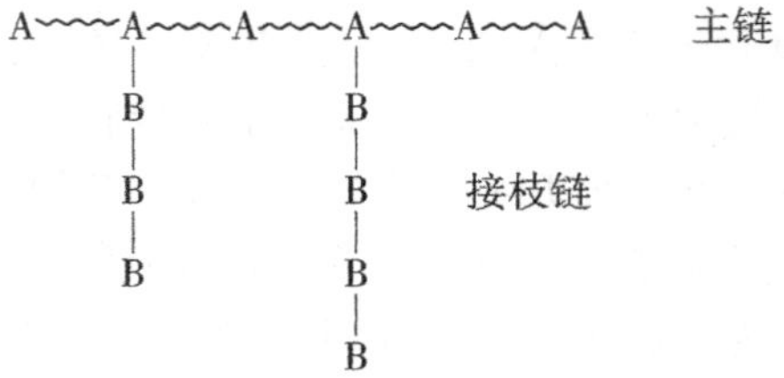


上式中包括主链聚合物“A”和接枝在它上面的许多支链“B”。主链和接枝链的化学性质，以及将它们联结起来的方式可以有很大的变化范围。

能够发生接枝共聚的主链聚合物的结构如表 2－1 所示。这些主链聚合物可以通过自由基接枝聚合、离子型接枝聚合等反应机理，将单体接到侧链，形成接枝共聚物。

自由基接枝方法有两种，一种是烯烃单体在带有不稳定氢原子的预聚体存在下进行聚合。例如，在聚丁二烯(PB)上接枝苯乙烯(St)，引发可通过过氧化物、辐照或加热等方法实现。其接枝聚合的机理是过氧化物引发剂或生长链从主链上夺取不稳定氢原子，使主链形成自由基。接枝链和主链间的联结，是通过主链自由基引发单体，或者通过和支链的重新结合而形成的。另一种方法是先在主链上形成过氧化氢基团或其他官能团，然后以此引发单体聚合。例如：通过聚丙烯链上的过氧化氢基团引发苯乙烯单体聚合，以及通过铈离子氧化还原引发甲基丙烯酸甲酯接枝聚合到纤维素或聚乙烯醇上。

自由基接枝共聚物的组成范围宽广，并且混有较多的均聚物。

由于阳离子接枝效率较低，一般的离子型接枝聚合以阴离子接枝共聚为主。阴离子接枝方法包括主链引发和主链偶联两大类。前者如用金属化 PB(参见表 2－1)引发 St，通过 PB 和有机锂反应形成具有引发作用的主链，这种方法适用于可进行阴离子聚合的单体，如苯乙烯和二烯类。为了减少均聚物的形成，需要有机锂在金属化过程中全部消耗掉。主链引发的另一个例子是通过大分子上的酯基团(参见表 2－1)，如 St－MMA(甲基丙烯酸甲酯)共聚物上的酯基，引发己内酰胺阴离子聚合，酯基和己内酰胺阴离子反应生成乙酰化内酰胺，产生大分子引发中心。主链偶联可用活性聚苯乙烯离子和带有侧酯基的大分子，如甲基丙烯酸甲酯反应，反应结果为甲氧基团被取代生成酮基接枝链(Graft linkage)。

表 2－1　用于接枝的典型反应主链

| 主 链 结 构 | 反 应 位 置 | 机　　理 |
| --- | --- | --- |
| 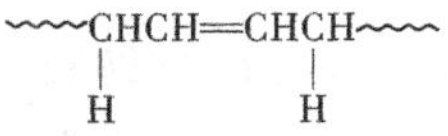 | 烯丙基氢 | 自由基 |
| 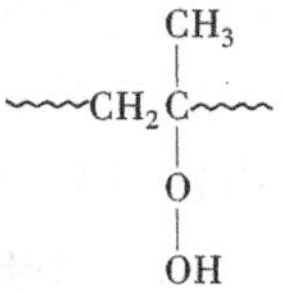 | 过氧化氢 | 自由基 |
| 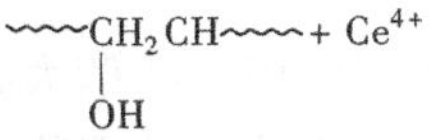 | 羟　基 | 自由基 |
| 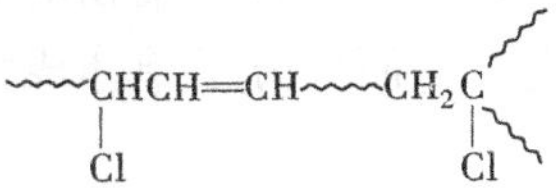 | PVC 上的烯丙氯或叔氯 | 阳离子 |
| 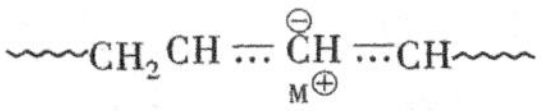 | 金属化的聚丁二烯 | 阴离子 |
| 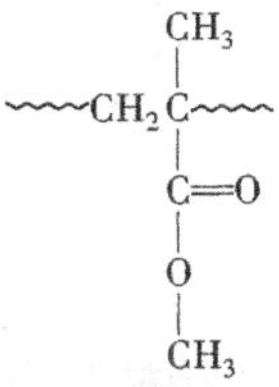 | 酯　基 | 阴离子 |

接枝共聚物可能是非交联聚合物中最难于准确表征的聚合物类型。除了混杂有大量的均聚物外，每个分子的接枝数目、间距、接枝链的平均长度、接枝链和主链的多分散性等都很难搞得十分清楚。

## 2.2　接枝共聚反应的分类

接枝共聚物合成方法有高分子 A 与单体 B 聚合的方法（包括大分子单体法）和在高分子 A 上接枝高分子 B 的方法。前一种方法比较常用，狭义的接枝只指前者，后一种方法主要应用于开发与生物体有关的材料。

### 2.2.1　高分子与单体的接枝共聚反应

高分子与单体的接枝共聚反应可以是（活性）自由基型、阳离子型和阴离子型，而目前用得最多的是自由基型的引发聚合反应。从合成的方法来说是利用聚合物也就是主干链的链转移反应形成自由基，由此而引发单体及链生长与链终止成为分枝。问题在于如何进行主干链的转移反应。是引发剂的自由基还是单体聚合所形成的长链自由基，这是很关键的问题。因为接枝聚合的关键在于接枝效率，而接枝效率的关键在于接枝点的形成。实践证明影响接枝效率的主要决定性的因素是引发体系，常用的引发剂有过氧化苯甲酰、过硫酸钾、过硫酸铵、亚铁离子和过氧化氢等。上面这种方法叫做链转移接枝。

对于接枝共聚反应而言，除了参与反应的母体和单体需要具有足够的反应活性之外，尽可能地使活性中心在母体上形成，是降低均聚物含量、提高接枝效率的最重要一环。采用母体上含有足够活性的羟基( $-OH$ )的聚乙烯醇、纤维素和淀粉与铈离子( $Ce^{4+}$ )反应: $\sim CH_2CH(OH)\sim + Ce^{4+} \rightarrow \sim CH_2C(OH)\sim + H^+ + Ce^{3+}$ ，接枝共聚时很少生成均聚物，接枝效率可大大提高。

高分子合成工业生产中，主要采用向聚合物(包括天然聚合物)进行链转移的反应方法来生产接枝共聚物。生产工艺的实施方法上可以采用本体聚合、溶液聚合、悬浮聚合和乳液聚合方法。但采用溶液聚合方法时单体浓度应当大于溶剂浓度，以提高接枝效率。

如果采用聚合物-单体-引发剂体系进行接枝共聚时，聚合物可溶解于单体中，原则上可以用以上四种实施方法之一进行接枝共聚，但工业生产中主要采用悬浮聚合法。如果聚合物不溶于单体中，则多采用乳液聚合法。最近20年来，用水溶性单体进行接枝共聚反应时，采用了新的合成方法——反相悬浮聚合法和反相(微)乳液聚合法。

不久前一种被称为大分子单体法制备反应型增容剂的技术得到应用。所谓大分子单体法是用一种具有聚合活性的大分子单体与其他类型低分子单体共聚制成接枝共聚物的方法，若低分子单体含有反应基团，此反应基团就进入接枝共聚物的主干，而大分子单体成为该接枝共聚物的支链，如图2-1所示。

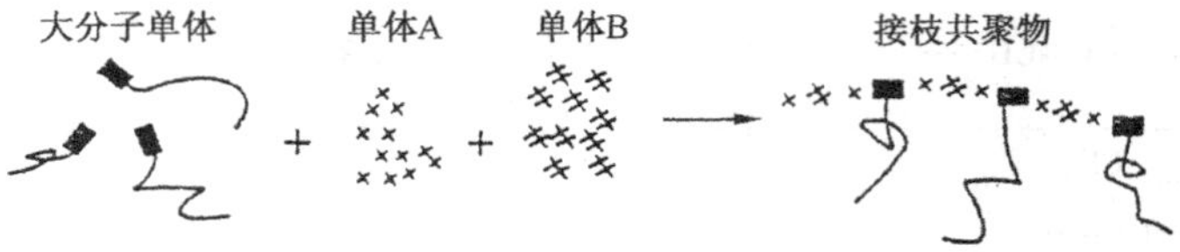


图2-1 大分子单体法制备接枝共聚物示意图

### 2.2.2 高分子相互间的反应

这是使末端主链或侧链上有官能团的主链高分子与具有官能团的接枝高分子反应，制成含支链高分子的方法。这类方法又分为两种，即官能团直接反应的方法和利用具有两个以上官能团的试剂，在主链高分子与接枝高分子之间交联的方法。

## 2.3 接枝共聚方法

聚合物接枝共聚方法即高分子主链上产生接枝点的方法，通常有链转移接枝、化学接枝和辐射接枝等方法。

### 2.3.1 链转移接枝

利用引发剂产生的自由基使其与聚合物主链上的氢发生提取反应产生接枝点，例如：

$$\sim CH_2-\underset{\displaystyle X}{\underset{|}{CH}}\sim + R\cdot \rightarrow \sim CH_2-\underset{\displaystyle X}{\underset{|}{\dot{C}}}\sim + RH$$

或者，

$$\sim CH_2-CH{=}CH-CH_2\sim + R\cdot \rightarrow \sim CH_2-CH{=}CH-\dot{C}\sim H\sim + RH$$

式中 $R$——由引发剂产生的自由基。

在接枝共聚过程中，通常有三种聚合物混合物：未接枝的原聚合物、已接枝的聚合物及单体的自聚物或混合单体的共聚物。因此，在接枝共聚物中需要考虑接枝效率问题，接枝效率可以用下式表示：

$$接枝效率\% = \frac{已接枝单体质量}{已接枝单体质量+接枝单体均聚物质量} \times 100\%$$

接枝效率的高低与接枝共聚物的性能有关。在链转移接枝中，影响接枝效率的因素有很多，例如：引发剂、聚合物主链结构、单体种类、反应配比及反应条件等。一般认为，过氧化苯甲酰（BPO）的引发效率比偶氮二异丁腈（AIBN）好，原因是 $C_5H_5\cdot$ 比 $(CH_3)_2\dot{C}-CN$ 活泼，更易获取主链上的 H。

如果聚合物主链上同时有几种可被提取的氢，则接枝点往往是在酯基的甲基上：

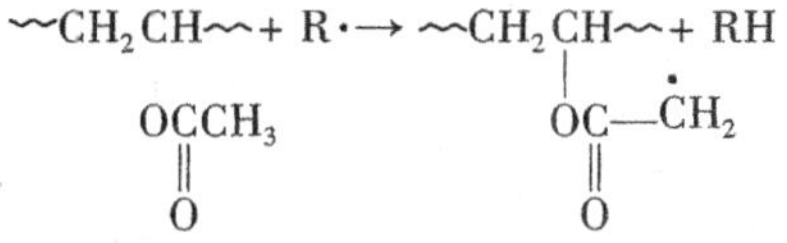

### 2.3.2 化学接枝

这里的化学接枝是指用化学方法首先在聚合物主干上导入易分解的活性基团，然后分解成自由基与单体进行接枝共聚。例如：

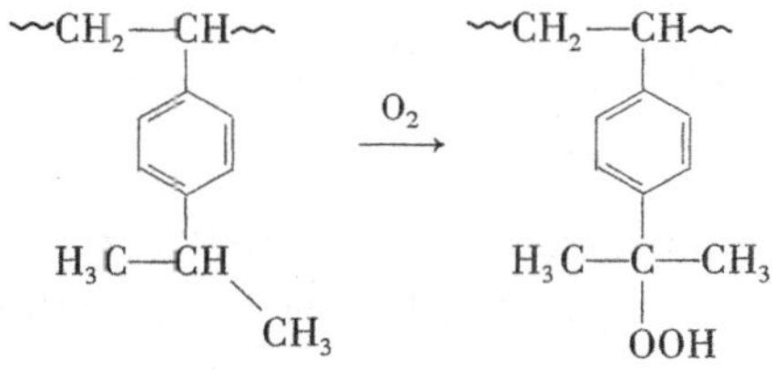


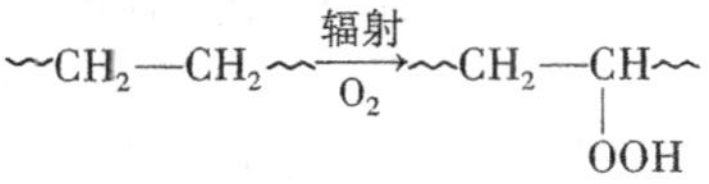


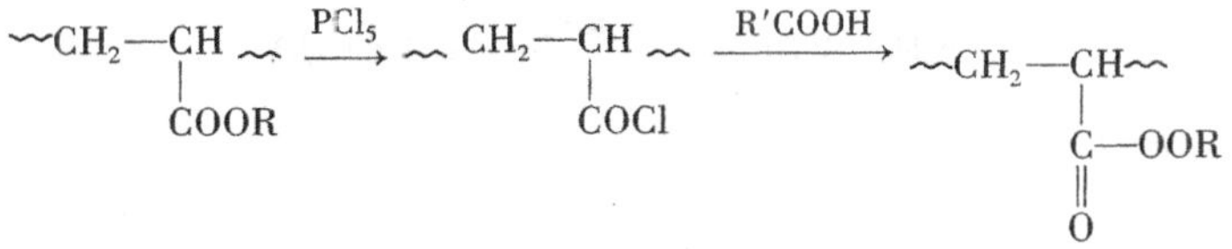


上述过氧化物分解产生两种自由基，产生的自由基位于主链上时是可以接枝的自由基。而产生 HO· 和 RO· 类的自由基时，这类自由基可引发单体自聚。为了提高接枝效率，需要除去这类自由基，除去方法为应用氧化还原体系，如：

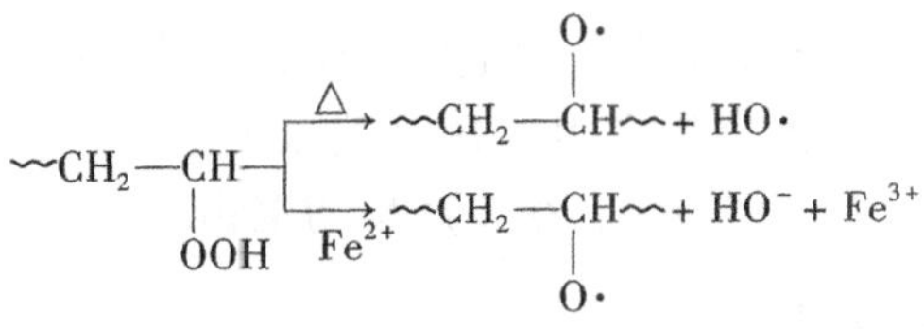

另外，也可以采用降低反应温度，提高单体和聚合物的浓度，减少主链上的空间位阻等提高接枝效率。

离子型聚合物也可实现化学法产生接枝点制备接枝共聚物，例如：

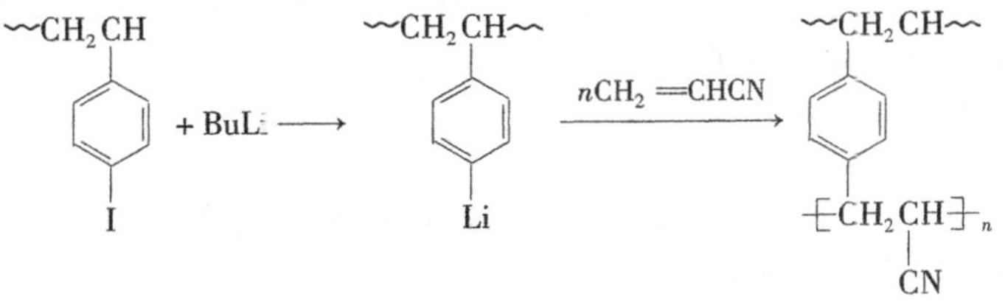

### 2.3.3 辐射接枝

利用辐射能使聚合物产生自由基型的接枝点与单体进行共聚。辐射接枝有直接辐射法和预辐射法两种。

直接辐射法是将聚合物和单体在辐射前混合在一起，共同进行辐射。常用的辐射源为紫外光，主链聚合物是那些容易受紫外光激发产生自由基的结构，如侧链含有 $>C{=}O$ 或 $>C{-}Cl$ ：

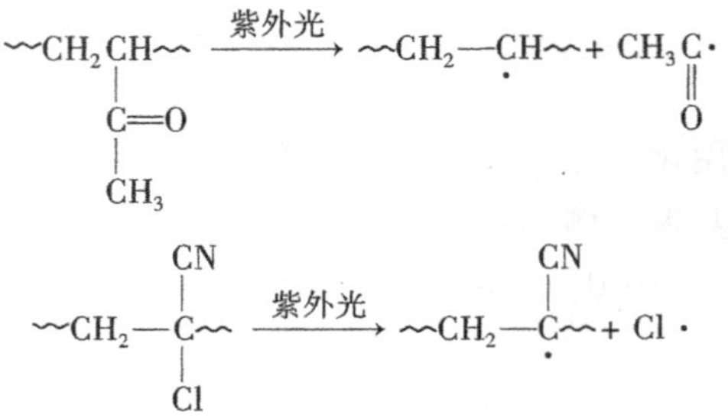

加入光敏剂如二苯甲酮可提高接枝效率，但在生成接枝共聚物的同时也生成均聚物。

预辐射法是先辐照聚合物，使之产生捕集型自由基，再用乙烯型单体继续对已辐照过的聚合物进行处理，得到接枝共聚物。预辐射法所用的辐射源为高能量 $\gamma$ 射线。在无氧的情况下，$\gamma$ 辐照有两种主要作用：

① 聚合物链无规地失去侧基或氢原子，产生自由基。

$$\sim CH_2CH_2CH_2\sim \xrightarrow{\gamma\ 辐射} \sim CH_2\dot{C}HCH_2\sim$$

② 主链断裂，产生自由基。

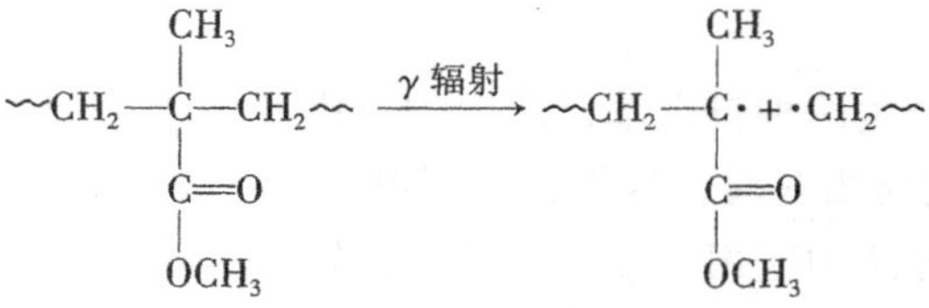

在接枝反应中，第二种情况是不希望发生的反应，为此，要求辐射的剂量必须控制在一定的范围内，但因此也会导致聚合物产生的自由基减少。总之，预辐射法产生的接枝点较少，但是其接枝效率较高，在该体系中，很少产生均聚物。

## 2.4 接枝共聚物的形成

### 2.4.1 通过链转移反应进行自由基接枝反应

这是形成接枝共聚物最简单的方法。它通过利用不同单体形成聚合物后，在单体的存在下进行自由基聚合反应。这种方法的必要条件是在反应中，在主链上形成活性中心。理论上，当引发步骤仅仅引发自由基进攻主链时，会发生该反应：

引发：

$$I{-}I \longrightarrow 2I\cdot$$

$$I\cdot + \sim A{-}A{-}A\sim \longrightarrow I{-}H + \sim A{-}\dot{A}{-}A\sim$$

然后，从主链的活性位置进行链增长：

制备：

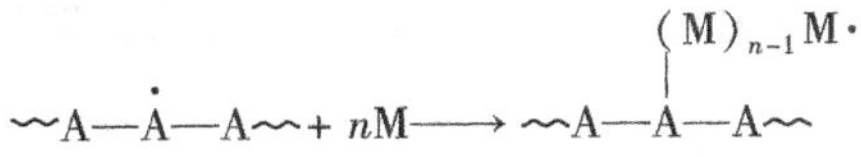

链终止可以有很多途径。其中双基终止会导致形成交联不溶的聚合物。理想的终止反应是链转移到另一个高分子主链，形成活性中心，导致链增长。

然而，上述终止只是理想状态。实际上，接枝率决定于下述因素：

① 反应物中存在不同物质对活性中心的竞争，如单体、溶剂和高分子主链。这包括链增长和链转移之间的竞争。

② 终止反应之间的竞争，如异构化和链转移。

反应条件可以变化很大，可以在本体、溶液和乳液聚合中进行。在乳液聚合中，反应条件极大地影响着反应的进行。其中分散速率是一个因素，必须考虑影响分散速率的所有因素，因为接枝效率决定于链转移至主链的效率。有关链转移常数的内容可以帮助我们预计反应的收率。有时，不能从文献中查到相关的链转移常数。但人们可以从具有类似结构的低相对分子质量物质的反应中获得相关信息。一般假定高分子对自由基都是等活性的，这种假定的有效性已经在低聚物中得到了证明。

自由基对高分子主链的反应性是不同的，因而会影响接枝效率。例如，利用苯甲酰基过氧化物引发甲基丙烯酸甲酯聚合时，在聚苯乙烯的存在下会产生许多接枝共聚物。然而，当利用二叔丁基过氧化物引发该反应时，产生的接枝共聚物很少。偶氮二异丁腈也只能产生很少量的接枝共聚物。这是由于叔丁氧基和异丁腈自由基对于高分子的链转移常数是比较低的。

不是所有的高分子链转移都会导致接枝共聚物的形成。其中的一个例子是在聚(甲基丙烯酸甲酯)存在下乙酸乙烯酯的聚合反应，不能得到任何接枝共聚物，而且与引发剂的反应性无关。实际上，不能用这种方法制备聚乙酸乙烯酯对聚甲基丙烯酸甲酯和聚苯乙烯的接枝共聚物。

接枝效率随着温度的升高而增加。这是由于转移反应的活化能比增长反应的活化能高的原因。然而，温度并不是对所有反应都有很大影响，例如，当在乳液中，把聚苯乙烯接枝到聚丙烯酸丁酯上时，利用这种方法，60℃和90℃时的结果没有明显的差异。

聚合物主链上具有更高链转移常数的活性中心的存在可以增加接枝效率。可以有意地引入这样的活性中心。例如，利用 $H_2S$ 与含有环氧基团的聚合物进行反应可以形成硫醇，这就是活性中心：

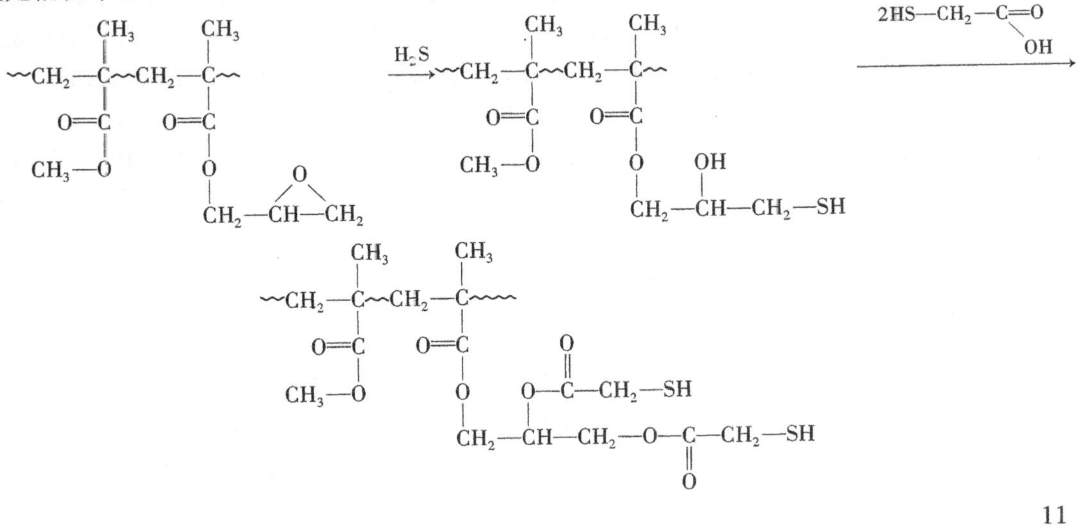

在上述主链存在时，丙烯酸和甲基丙烯酸酯类化合物会发生自由基聚合反应，可以制备高收率的接枝共聚物。

另一个例子是为了形成接枝共聚物，在葡萄糖上形成硫醇官能团：

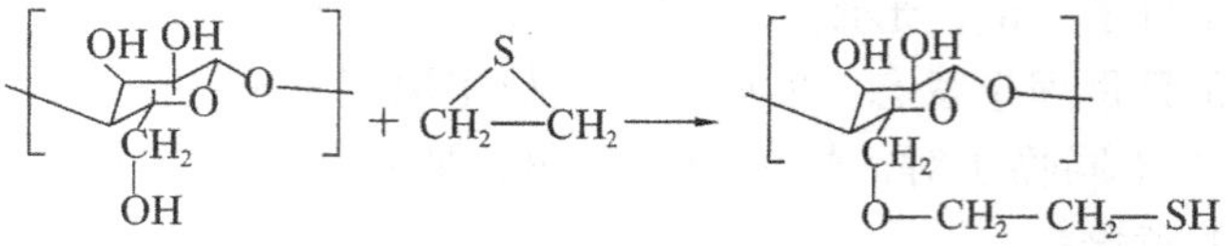

在链转移接枝反应中，侧硝基也是高效的。因而，聚苯乙烯与对硝基苯甲酸乙酸酯葡萄糖和聚(对硝基甲酸乙烯酯)的接枝共聚物可以很容易地形成。侧硝基比侧链双键更容易按自由基机理进行接枝反应。

### 2.4.2 聚合物与双键的自由基接枝反应

不管是侧链还是主链的碳碳双键都能被自由基进攻。除了双键以外，丙烯基上的氢也是潜在的链转移位置。因为合成或天然橡胶中含有这样的不饱和基团，因此它们被广泛地用于接枝反应的主链。目前还没有完全确定引发自由基的反应性对于接枝反应的重要性。然而，当使用苯甲酰基过氧化物引发剂时，可以使聚甲基丙烯酸甲酯以很好的收率接枝到杜仲胶上。而使用偶氮二异丁腈作为引发剂，只能得到均聚物的混合物。利用$^{14}C$标记的自由基进行的研究表明，主自由基既通过与双键进行加成的反应，也通过向甲烯基转移的方式发生链转移。然而，对于聚丁二烯的接枝反应，按照从增长链自由基向主链发生链转移的机理进行接枝反应。不过，也有数据表明，引发剂自由基可以直接与高分子主链发生作用。

当制备聚苯乙烯与天然橡胶的接枝共聚物时，接枝上的聚合物支链的链长与在反应中生成的没有接上的聚苯乙烯均聚物链长相等。可以得到以下的一些结论：

① 当橡胶浓度增加时，接枝链的链长减少，而它们的数目不变。

② 当引发剂浓度增加时，接枝链的链长减少，而接枝链的数目增加。

③ 当单体浓度增加时，接枝链的链长也增加，而它们的数目减少。

④ 当聚合时间增加时，接枝链的链长不变，而它们的数目增加。

### 2.4.3 大分子辅助制备接枝共聚物

利用链转移的方法制备接枝共聚物受到效率低和均聚物污染的困扰。然而，利用大分子辅助的话可以使接枝效率提高。这里的大分子可以是大分子单体、低聚物或具有可聚合末端基的聚合物。当大分子与其他单体共聚时，可以形成梳形的聚合物。共聚合反应可以按照自由基或离子反应的机理进行。利用大分子辅助制备接枝共聚物的一种制备方法可以用下式表示：

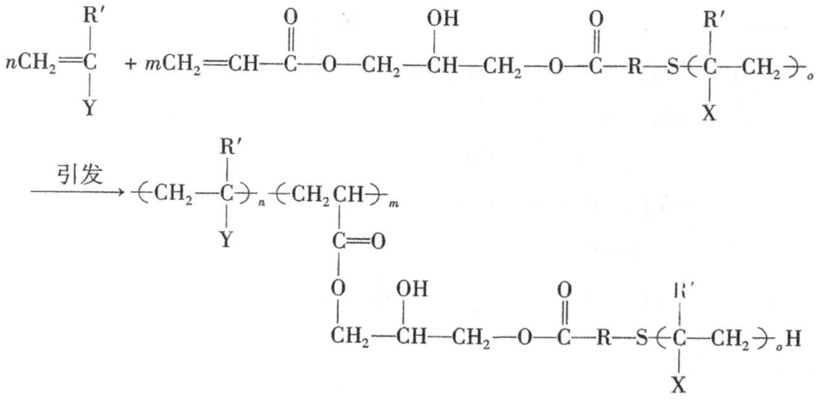

可以在上述方法的基础上进行很多改进。

### 2.4.4 从聚合物主链上引发聚合

当从聚合物主链上按自由基聚合机理引发聚合时，可以获得高的接枝度。一种方法是通过在主链上形成过氧化物，这些过氧化物的分解会生成引发自由基。所生成的自由基中有一半是键合在聚合物主链上的。其中的一个例子是制备聚苯乙烯的接枝共聚物：

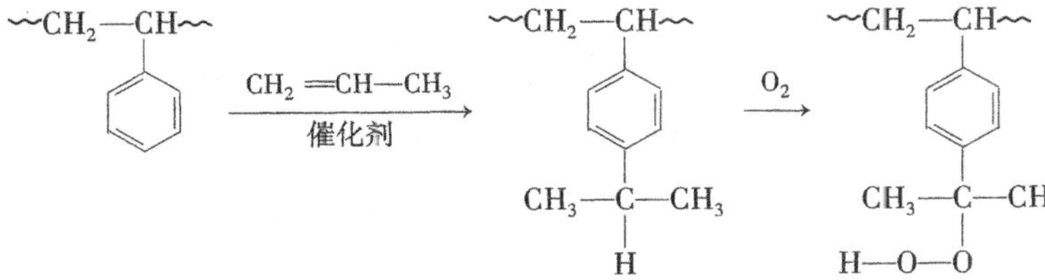


上述过氧化物的热分解会生成带有自由基活性中心的大分子。羟基自由基也会同时形成，并最终引发聚合形成均聚物。上述过氧化物的氧化还原分解可以增加接枝共聚物的收率，但不能阻止羟基自由基的形成：

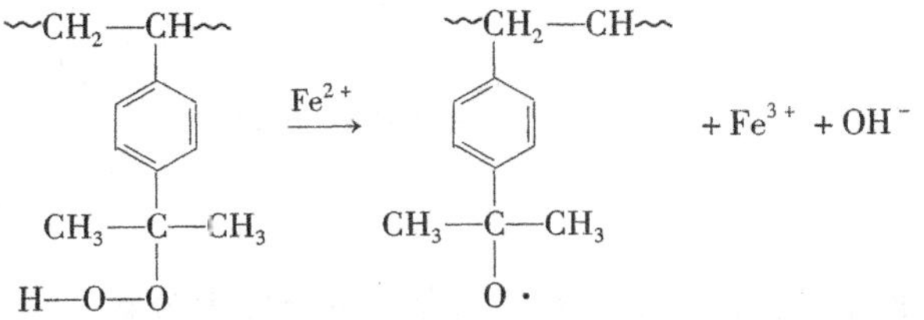


仍然生成一些均聚物。

聚丙烯的空气氧化可以在三级氢的位置形成氢过氧化物。当聚丙烯溶解在含有一些异丙基苯氢过氧化物的异丙基苯中时，在 70～80℃时也会发生氧化，形成含有 0.8% 氧（以氢过氧化物的形式存在）的产物，这种产物可以发生反应形成接枝共聚物。很多种单体都可以使用，如乙酸乙烯酯或 2－乙烯基吡咯烷酮。

其他的高分子氢过氧化物可以用来形成接枝共聚物。一个例子是聚对苯二甲酸乙烯酯和 $\varepsilon$－己内酰胺的氢过氧化，所得到的产物与各种丙烯酸酯和甲基丙烯酸酯以及丙烯酸和甲基丙烯酸发生反应形成接枝共聚物。

高分子的臭氧化处理能引起活性氢的氢过氧化。然而，它也能引起聚合物主链的降解，因为臭氧进攻主链的双键，使它们形成不稳定的臭氧化物。淀粉可以被臭氧化形成接枝共聚物。纤维素、聚氯乙烯、聚乙烯也能形成氢过氧化物，而不会发生明显的降解，因而可以发生进一步反应，形成接枝共聚物。

按同样的方法，丙烯酰氯或甲基烯丙酰氯的共聚物与氢过氧化物之间的反应也是可能的，反应过程描述如下：

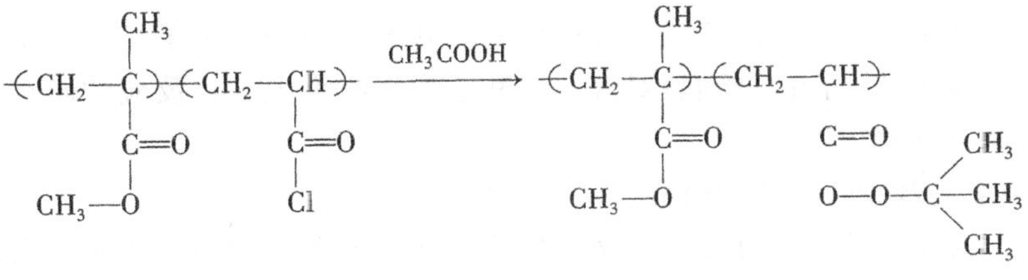

在烯烃单体的存在下侧基过氧化物的分解可以产生接枝共聚物和均聚物的混合物。

具有重氮官能团的聚合物的制备和分解也能用来形成接枝共聚物。其中的一个例子是硝化聚苯乙烯可以被还原成胺，然后重氮化。所生成的重氮盐分解后形成自由基：

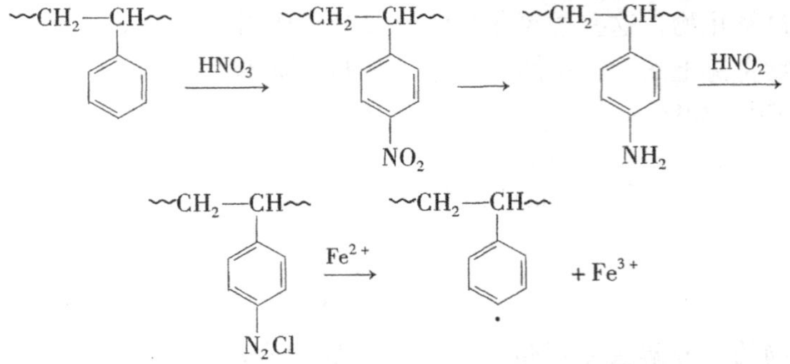

所得的活性自由基可以引发单体聚合。纤维素也可以采用同样的方法。丝光棉和羧甲基纤维素的钠盐可以与对氨基苯甲酰氯反应：

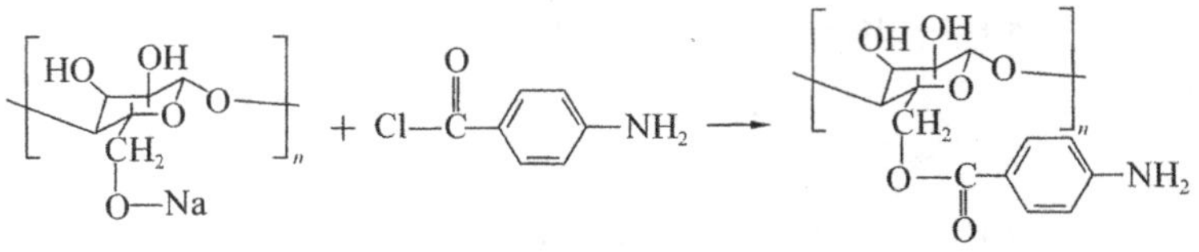

所得物质可以转化为重氮盐，在铁离子的存在下会发生分解，当烯烃单体存在时会发生反应制备接枝共聚物。丙烯腈可以很轻易地形成接枝共聚物，而不会产生任何均聚物。然而，苯乙烯和乙酸乙烯酯除了形成接枝共聚物外，也形成均聚物。在乳化剂存在下进行重氮化反应可以使该方法得到改进。利用丙烯酸和甲基丙烯酸单体和 *N* - 乙烯基砒咯烷酮反应时，生成接枝共聚物的多少与乳化剂的本质、pH 值、反应时间、温度都有关系。

通过氧化还原机理可以使铈离子与各种高分子反应形成接枝共聚物。反应可以表述如下：

$$R—CH_2OH + Ce^{4+} \rightarrow [R—CH_2—OH— \text{铈的络合物}] \rightarrow R—\dot{C}H—OH(\text{或 } R—CH_2—O\cdot) + Ce^{3+} + H^+$$

几乎所有生成的自由基都在聚合物主链上，因此所形成的产物中几乎没有均聚物。

利用这个反应可以从聚乙烯醇、纤维素、淀粉合成接枝共聚物。然而，对于在二级和三级碳上没有自由羟基的多糖酶来说，不能形成接枝共聚物。推测认为在反应过程中，也许在葡萄糖上含有仲羟基和叔羟基的碳之间的键发生断裂，形成自由基。然而，这个结论并不被接受。相反，人们认为铈离子最有可能进攻多糖酶链的末端葡萄糖的 $C_1$ 碳。这个结论的依据是形成接枝共聚物的必要条件是葡萄糖先进行氧化反应。

利用其他离子也可以按氧化还原机理进行接枝共聚。如利用铁离子和氢过氧化物在葡萄糖主链上进行接枝。在尼龙和聚酯主链上也可以发生氧化还原接枝反应。例如，可以利用锰离子、钴离子、铁离子将甲基丙烯酸酯接枝到尼龙 6 上。另一个例子是利用铁离子 - 氢过氧化物将聚甲基丙烯酸甘油酯接枝到聚对苯二甲酸乙烯酯纤维上，该反应的影响因素有单体浓度、氢过氧化物、时间、温度。

### 2.4.5 接枝共聚物的光化学合成

聚合物链上的光活性基团可以作为光引发接枝共聚的活性中心。例如，当乙烯基酮的聚合物和共聚物在丙烯腈、甲基丙烯酸甲酯、乙酸乙烯酯的存在下受到紫外线的照射时，可以形成接枝共聚物：

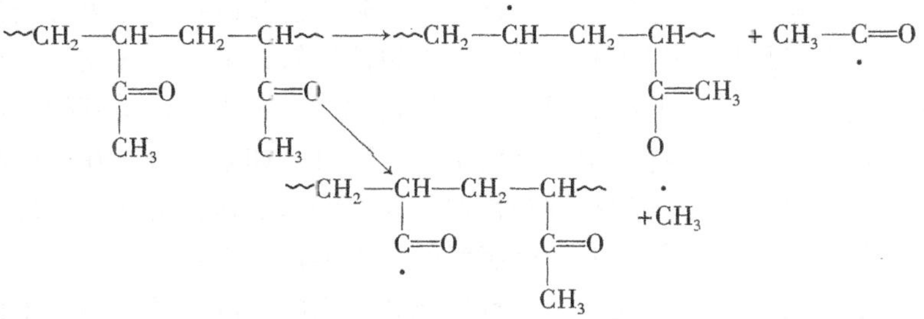

没有键合到聚合物主链上的自由基，如上式所列的甲基自由基，也能引发聚合形成相当量的均聚物。

有时，当光解一些光敏材料时，会发生链转移形成接枝共聚物。其中的一个例子是在二苯甲酮和紫外线存在下，可以将聚丙烯酰胺接枝到天然橡胶、聚乙烯基砒咯烷酮或糊精上。二苯甲酮光解生成的自由基通过链转移反应与高分子进行反应，形成高分子自由基，然后从聚合物主链上引发丙烯酰胺的增长。光敏染料可以利用这种方式与纤维素形成接枝共聚物。因而，蒽醌染料可以被纤维素吸附，当受到紫外线照射时会脱去氢，在多糖酶的主链上形成引发自由基：

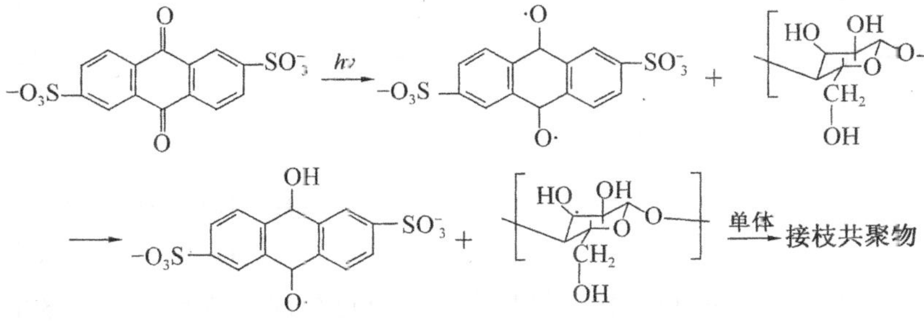

上述染料单自由基发生异构化反应时形成氢醌和醌。向溶剂的链转移会导致均聚物的形成。这种方法可以形成高收率的甲基丙烯酸甲酯与纤维素的接枝共聚物，丙烯腈也能形成类似的聚合物。但是，利用苯乙烯或乙酸乙烯酯单体只能形成少量的接枝共聚物。

通过在纤维的表面覆盖光敏剂的方法也可以在它表面形成接枝共聚物，如二苯甲酮和单体覆盖在纤维表面，然后在紫外线照射下反应可以形成接枝共聚物。与上述的蒽醌类似，在激发三线态的二苯甲酮脱去氢，在表面形成自由基。

### 2.4.6　高能射线照射下接枝共聚物的形成

高能射线源包括从放射元素放出的 γ 射线、从电子加速器放出的电子束、从核反应堆放出的 γ 射线。这些源放出的射线的能量足够使碳碳双键断裂，形成自由基。可以有几种方法形成接枝共聚物。其中一种是在大气中辐射，形成的自由基与氧反应，在聚合物主链上形成过氧化物和氢过氧化物。这些物质在单体的存在下，逐渐分解形成引发自由基，然后引发聚合形成接枝共聚物。当它们在热的作用下分解时，氢过氧化物比过氧化物要产生较多量的均聚物。然而，当在室温下按氧化还原机理分解时，均聚物的生成减少。另一个方法是真空辐射。在这种情况下，会在聚合物主链上形成截留基。在辐照过后，聚合物在无氧条件下与单体一起加热可制备接枝共聚物。当在较低的温度，低于聚合物的 $T_g$ 下进行辐照时可以得到较好的结果，因为链的流动会导致截留基的损失，聚合物的结晶度高也是有利的。然而，当加入单体时，必须加热才能反应，这样会导致自由基的损失。第三种方法是在惰性气氛下，对单体和高分子同时进行辐照，高分子被单体溶解或溶胀。在这种方法里，单体和高分子对光的敏感度是一个重要的影响因素。接枝效率决定于主链自由基的形成。只要有小量的单体自由基形成，所得的产物将主要是均聚物。而且，如果高分子在辐照的作用下发生降解的话，将形成嵌段共聚物。溶剂和链转移剂的存在将减少接枝的量。另外，高能重离子也能形成接枝共聚物，所得结果与用电子束照射的结果类似。而且，文献报道了利用等离子体修饰膜表面的方法，当有单体存在时，会有接枝共聚物的形成。其中的一个例子是利用氩等离子体使聚丙烯酰胺接枝到聚苯胺膜上。近紫外线等离子体可以引发反应，其他可以被接枝的单体有 4 - 苯乙烯磺酸和丙烯酸。

**2.4.7　利用离子链增长的方法制备接枝共聚物**

可以利用阴离子和阳离子反应机理来制备接枝共聚物。利用阴离子机理制备接枝共聚物的一个典型的例子是将聚丙烯腈接枝到聚苯乙烯上：

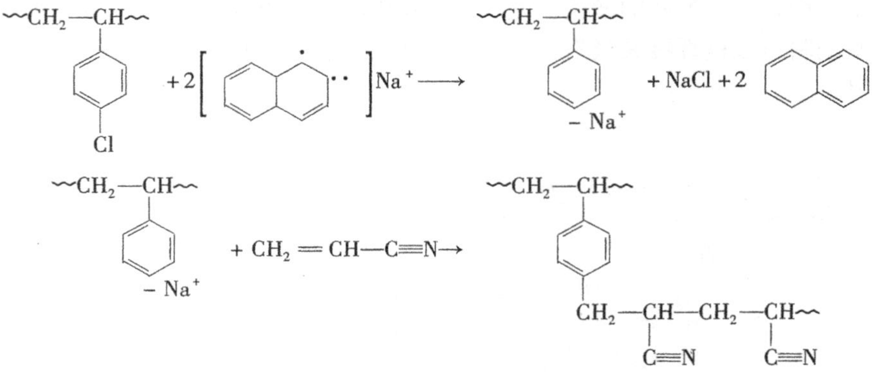

利用 Ziegler - Natta 催化剂可催化烯烃聚合，亦可进行离子接枝共聚。这个过程包括两步：第一步是二乙基铝氢化合物与双键的加成，所得产物接着与过渡金属氯化物反应生成催化烯烃聚合的活性催化剂。按这种方法可以使聚乙烯和聚丙烯接枝到丁二烯苯乙烯共聚物上。丙烯单体的聚合可以形成全同聚合物接枝：

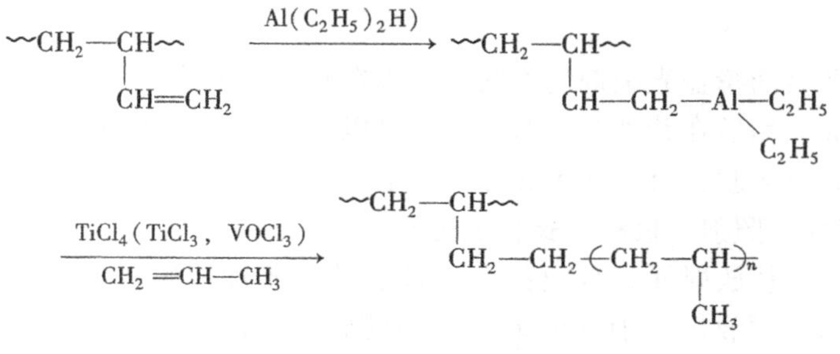

另外，甲醛与淀粉、糊精、聚乙烯醇可形成接枝共聚物。首先使萘化钾在二甲基亚砜中与主链高分子反应，然后在醇盐溶液中引入气态甲醛。类似的反应被用来制备聚乙烯氧化物与葡萄糖乙酸酯的接枝共聚物。聚乙烯氧化物也可以被接枝到淀粉上。例如，一种氯甲酸盐封端的预聚物可以与淀粉醇钾反应：

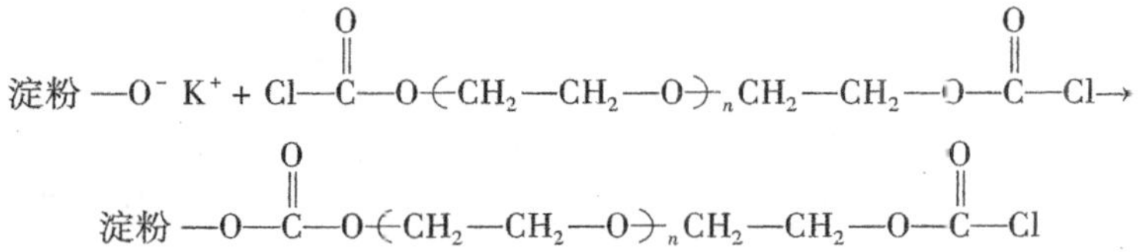


通过阳离子接枝反应可将聚异丁烯接枝到聚苯乙烯主链上。聚苯乙烯被氯甲基化，然后在二硫化碳溶液中与溴化铝反应，引入异丁烯形成接枝共聚物：

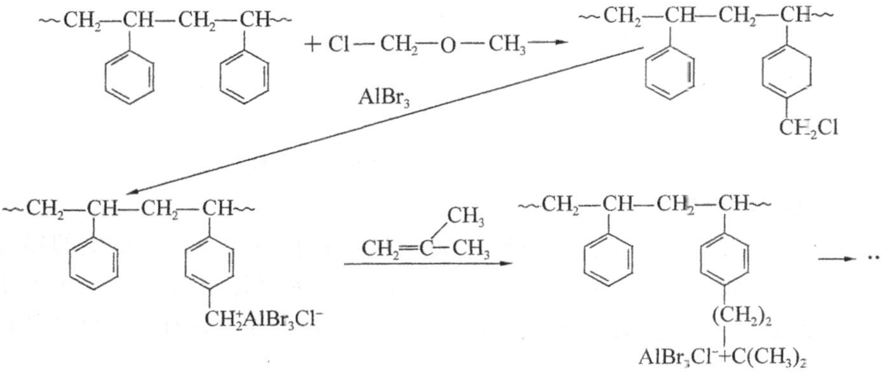

此外，如葡萄糖的接枝反应。$BF_3$可以被吸附到聚合物表面，然后与羟基反应，产生的活性中心可以使 $\alpha$ - 甲基苯乙烯与异丁烯进行阳离子聚合。这些反应可以在 −80℃进行。

利用一系列高分子如聚乙酸乙烯酯、聚对苯二甲酸乙烯酯、聚乙烯基缩丁醛的活性C—O—C 键，能进行三噁烷的阳离子接枝共聚。利用开环聚合可以形成许多接枝共聚物。侧链上含有活性氢的官能团如羟基、羧基、胺、酰胺、硫醇等可以引发一些开环聚合反应。其中的一个例子是制备环氧乙烷与苯乙烯的接枝共聚物。苯乙烯与乙酸乙烯酯（1% ~2% 发生水解，水解产物为乙烯基醇）的共聚物可以引发环氧乙烷的聚合，形成接枝共聚物。

Kennedy 等利用烷基铝化合物作为引发剂引发接枝共聚。在该引发剂存在下，烯丙基氯化物可以形成非常活泼的阳离子。对于大分子，也可以生成碳阳离子。在许多聚合中，利用大分子碳阳离子源和烷基化合物可以得到很高的接枝效率。有些情况下可以形成大于 90% 的接枝共聚物。接枝反应可以描述如下：

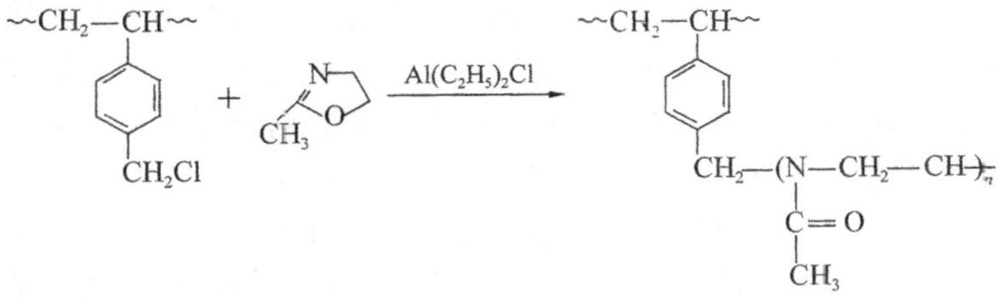

反应温度和铝化合物的性质是影响聚合的重要因素。

另一方面，利用阳离子机理进行的许多接枝共聚反应只有很低的接枝效率。而且，会同时形成大量的均聚物。然而，利用活性阳离子反应可以解决这个问题。如将聚异丁烯接枝到聚苯乙烯的反应：

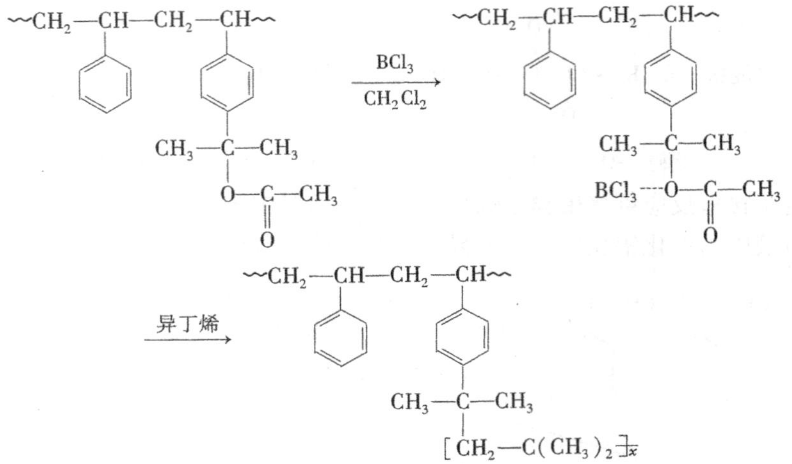

### 2.4.8 其他接枝共聚合

一个比较有趣的反应是环氧乙烷与尼龙 66 之间的接枝共聚反应，形成的接枝共聚物的柔韧性增强，而且保持高熔点。例如，含有 50% 的聚乙烯氧化物的尼龙 66 仍然在 221℃ 熔化，玻璃化温度低于 -40℃，在非常宽的范围内，仍然保持柔韧性和其他优良的性质：

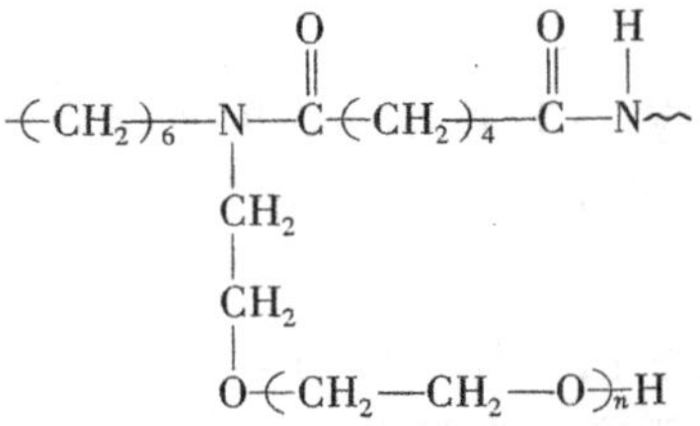

利用逐步聚合的方法形成接枝共聚物是一个完全不同的方法。甲醛与苯酚、对甲醛、对壬基苯酚缩合形成的树脂与尼龙6、尼龙66、尼龙610、尼龙11 主链键合。首先，在尼龙存在下，在足够高的温度下，不使用任何催化剂，使甲醛与过量的苯酚发生预缩合，然后，在较低的温度下加入甲苯磺酸。当反应混合物中不再存在可以引起凝胶的游离甲醛时，线型酚醛分子与尼龙主链成键。除去过量的苯酚后，得到纯的接枝共聚物。

## 2.5 接枝聚合物的分离和表征

### 2.5.1 接枝聚合物的分离

用大多数合成方法得到的接枝聚合物，几乎都掺杂有相关的均聚物。为了对这些接枝聚合物进行表征，必须先使它们从产物中分离出来。分级方法已被用来分离接枝聚合物。但是不能仅仅根据相对分子质量的大小来进行分级，而必须根据化学组成和链段的分布来进行分级。溶剂与接枝聚合物的作用能力不仅与接枝聚合物的相对分子质量有关，而且还与链段的化学性质以及链段的长度、数量和分布等因素有关。因此不存在一种普遍适用的统一分离方法。通常，某一种体系，必须用某一种专门的方法加以分离。当然这些分离方法又都有一条共同的准则，那就是它们必须是可以单独地、有选择性地使接枝聚合物从聚合物体系中分离出来，同时又不会使之受到污染。

(1) 沉淀分离法

应用沉淀法进行分离时，首先必须寻找一种能够溶解反应产物中各个组分的共同溶剂。而且，这种溶剂最好能在室温下有效地溶解它们。例如对于合成聚丙烯腈 - g - 甲基丙烯酸甲酯的反应产物体系，可以选择二甲基甲酰胺(DMF)作为溶剂。在选择沉淀剂时，又必须使均聚物有一个较宽的沉淀范围。因为一般说来，接枝共聚物往往是在均聚物沉淀范围中间的某个区域发生沉淀的。接枝聚合物沉淀范围的宽度和位置主要与其整体组成有关，而不仅仅与链段的分布有关。除了某些具有特殊的“三明治”式结构的共聚物外，一般体系的沉淀范围可以从有关文献中查阅到。

(2) 分级沉淀法

所谓分级沉淀法，就是对合成接枝聚合产物的溶液中逐次滴入沉淀剂，使之分批沉淀的方法。在这一系列沉淀剂中，首先加入的沉淀剂应当使最不容易溶解的组分发生沉淀。然后，依次加入沉淀效果较好的沉淀剂，从而使各级分按溶解度不同而分离。但是往往只得到高度溶胀的凝胶，因而虽然发生了沉淀，却很难分离。为此，除了考虑沉淀范围以外，沉淀以后的接枝聚合物的性质，也应当作为决定是否使用这种溶剂－沉淀剂体系的依据。随着沉淀过程的进行，在溶液中常常会出现一些白色的浑浊(一般由光的反射所致)或棕色的浑浊(一般由光的吸收所致)。这都与光在聚合物胶粒上的散射有关，因为沉淀下来的聚合物，通常聚集成团粒。但是，如果这些沉淀物质的折射率与溶液的折射率相差并不很大，那么即使发生了沉淀，浑浊现象仍有可能不很明显。因此，有时虽然没有明显的浑浊出现，却并不能排斥体系中存在接枝聚合物的可能性。然而，如果体系中出现明显的浑浊，则其中必然有接枝组分存在。

(3) 选择性的沉淀法

选择性的沉淀是一种很有效的分离方法，可得比较纯净的分离级分。选择性的沉淀法与分级沉淀不同，它所选择的沉淀剂有针对性，只能使体系中的某一组分发生沉淀，不能再使体系中的其他组分发生沉淀。一般，可以分两步来实现分离。例如，聚苯乙烯和聚甲基丙烯酸甲酯的接枝聚合物可以在1:1的苯－氯苯溶液中，以甲醇作为沉淀剂，使聚苯乙烯的均聚物从混合体系中沉淀出来，再将残液中的聚合物在1:1的苯－丙酮溶液中，以石油醚作为沉淀剂使聚甲基丙烯酸甲酯均聚物沉淀出来。在这两步沉淀过程中，每一种沉淀剂都只能使一种组分(均聚物)发生沉淀。经过二次有选择性的沉淀以后，剩下的就是接枝聚合物了。为了防止发生共同沉淀，在分离过程中必须不停地维持匀速搅拌，并且缓慢地加入沉淀剂。对于每一次沉淀得到的级分，应进行分析。此外，还须保证每种沉淀剂的专一性，亦就是说，每加入一种沉淀剂都只能使一种均聚物组分发生沉淀。而对于其他各种组分，即使在加入过量沉淀剂的情况下，仍然不会发生沉淀，这样就可以避免发生共沉淀现象，从而确保分离效果。

(4) 抽提分离法

抽提分离法是与逐次分级沉淀法正好相反的一种过程，这种方法是在接枝聚合产物体系中逐次加入溶解能力不同的溶剂来抽提各种不同的组分。这种逐步提高溶解能力来抽提聚合物试样的方法所耗用的溶剂数量较沉淀过程所需的量少。因此，比较适宜进行大规模的工业分离过程。此外，也可以采用固定抽提剂中溶剂与沉淀剂的比例，而通过逐步增加温度的办法来达到抽提分离的目的。这时，使用的抽提液，对于某一组分，在高温下是良溶剂；而在温度下降时，对该组分却成为不良溶剂，甚至是沉淀剂。由于温度变化的范围较广，所以改变温度进行抽提分离的方法具有很广泛的实用性。这种分级抽提法，可以用来分离很多聚合物体系。如果选择得当的话，每一种溶剂都只能溶解一种聚合物组分(即，对其他聚合物组分为沉淀剂)，因此，往往可以得到很好的分离效果。

接枝聚合物的物理性能与分离的方法有很大关系，这是因为聚合物的链段在不同条件下可以采取不同的形态，例如全部蜷曲的、部分伸展的和全部伸展的。这与它们是由非溶剂、不良溶剂或良溶剂中分离出来的过程有关。例如，在丙烯腈的聚合过程中所形成的聚合物是不溶于单体的。因此，在聚合过程中所分离出来的组分具有高度蜷曲的形态。

同理，接枝聚合物的链段可以呈现完全不同的蜷曲或伸展程度。如果接枝聚合物是由A、B两种组分组成的，那么，这种接枝聚合物可以有4种不同的形态：(a)A单体单元形成的链段是蜷曲的，B单体单元形成的链段是伸展的；(b)A单体单元形成的链段是蜷曲的，B单体单元形成的链段也是蜷曲的；(c)A单体单元形成的链段是伸展的，B单体单元形成的链段也是伸展的；(d)A单体单元形成的链段是伸展的，B单体单元形成的链段是蜷曲的。如果A单体单元形成的是高弹性链段，B单体单元形成的是热塑性链段，那么，这些不同形态的接枝聚合物的性质之间的差别就相当明显。这时，具有(a)形态的接枝聚合物是硬性的，类似角质的物质，具有(d)形态的接枝聚合物则是软性的，类似橡胶状物质。而具有(b)、(c)两种形态的接枝聚合物的性能则介于(a)、(d)两者之间。

将抽提方法和沉淀方法结合起来使用，比单独使用其中的一种具有更佳的分离效果。例如，在分级沉淀过程中如发现某一均聚物和接枝共聚物的沉淀范围之间的空隙很小，这表明两种级分发生共沉淀的可能性很大，此时可以选择一种溶剂先抽提出其中的一种组分，再用沉淀法对余下的组分进行分离。例如，对于聚苯乙烯和天然橡胶的接枝聚合物来说，可以这样来设计分离顺序：先用石油醚提取产物中未接枝的橡胶，然后，再在残剩物的苯溶液中，以甲醇作为沉淀剂进行分级沉淀，从而使接枝聚合物分离出来。

### 2.5.2 接枝聚合物的表征

在分离过程中，可以获得有关该接枝共聚物的可能结构的大量信息，例如在分离过程中，证明均聚物的存在，就等于排除了共聚物组分仅仅是一种简单的无规共聚物或规整共聚物的可能性。这表明，体系中存在的共聚物具有接枝或嵌段的结构。

一般，可以先将某一级分在一给定的溶剂-沉淀剂体系中的沉淀范围与在同一溶剂-沉淀剂体系中某一组分确定的聚合物的沉淀范围进行比较。再对逐次沉淀的级分进行分析，以确定在该种体系中是否存在稳定的沉淀物。接着再测定它们在一系列不同溶剂中的溶胀行为和溶解行为，借以了解接枝聚合物的结构。当然，对于接枝聚合物来说，没有一种通用方法来确定其结构。每一种体系，都必须按照分离过程中所反映出来的信息进行专门的处理。

例如，用过苯甲酸使苯乙烯-g-(丁二烯-苯乙烯)共聚物中双键打开，就是一种方法。这种方法适用于可以溶解的丁二烯的共聚物，但是对于天然橡胶的共聚物却并不适用。这是因为在这种情况下双键的分解是不完全的，并且可以导致交联发生。

此外，环化也是常常用来区别各种共聚物结构的一种手段。例如苯乙烯和甲基丙烯酸甲酯的共聚物可以通过Friedel-Crafts催化剂来实行环化，使相邻的苯乙烯和甲基丙烯酸甲酯单元之间，由分子内部的缩合而形成四萘满酮环，可用红外光谱来测定苯乙烯和甲基丙烯酸甲酯单元的消失和四萘满酮环的形成来测定环化程度。交替共聚物的环化程度可以达到86.5%，无规共聚物的环化程度可以达到81.5%(或稍少些)，而接枝聚合物只有在聚苯乙烯和聚甲基丙烯酸甲酯之间的连接才可能发生环化。

研究接枝聚合物溶液的光学性质，例如光扩散、光散射和流动双折射等方法，都有助于阐明共聚物的结构。然而，这些方法都比较复杂，对实验现象的解释也比较困难。

对结晶图谱的研究，也有助于测定接枝改性的聚乙烯和聚四氟乙烯的结构。例如，将苯乙烯接枝到聚四氟乙烯的表面，再用X光衍射和电子显微镜法确定其结构，结果发现，聚四氟乙烯的结晶度受到了影响，但其晶体结构却并未受到影响。这表明，大部分接枝反应发生于聚合物的无定形区域中。

综上所述可见，只用单一的方法不大可能测定接枝聚合物的结构，而必须根据具体的研究对象指定专门的测定方法。

## 2.6 接枝共聚物的性能与用途

采用接枝聚合对聚合物改性的主要优点在于：接枝共聚物这种杂交类型不同于共混物，它是单一的化合物，可以发挥每一个组分的特征性质，而不是它们的平均性质。间接地接枝共聚物的形态结构很大程度上依赖于接枝链和主链的体积分数。而较高浓度的组分，通常形成连续相，对共聚物的物理性质影响较大，当两个组分的浓度相等时，相的连续性随着样品的制作条件而急剧地变化，这种效应首先是在丙烯酸甲酯接枝到天然橡胶上的两相共聚物中观察到的。

接枝共聚物存在着两相形态，还反映在它们的热转变行为上。与物理共混物相似，这些接枝共聚物表现出两个不同的玻璃化转变温度，所不同的是由于接枝共聚物的链段间以化学键相连，在形态上具有更精细的结构 如果不混杂有均聚物，则其无定形体系应有良好的光学透明性。

接枝共聚物有一个主要特性是，容易和它们相应的均聚物共混。这一特性在刚性体和弹性体方面都已获得应用。如用苯乙烯－丁二烯接枝共聚物改性聚苯乙烯的冲击性能。

均聚物PS具有较好的着色性、表面装饰性，抗辐射性好，电性能优良，具有较高的刚性、表面硬度和光泽度，但是其冲击性能和韧性差，限制了其作为电器制品等领域的应用，而将St和PB进行接枝共聚反应得到的接枝共聚物，其韧性得到明显改善，具有较高的冲击强度。抗冲击型PS(IPS)有中等抗冲击PS、高抗冲PS及超高抗冲PS，IPS的韧性及冲击强度提高的程度如表2－2所示。

**表2－2 HIPS与PS性能比较**

| 性能＼种类 | PS | 中等IPS | 高IPS | 超高IPS |
|---|---|---|---|---|
| 熔体流动速率/g·10min$^{-1}$ | 2.8～13 | 2.8～14 | 2.8～6 | 6.5 |
| 拉伸强度/MPa | 33～42 | 19～35 | 15～20 | 14.5 |
| 悬臂梁冲击强度/kJ·m$^{-1}$ | 0.01 | 0.04～0.06 | 0.07 | 0.08 |
| 断裂伸长率/% | <25 | 25～30 | 35 | 35 |
| 维卡软化点/℃ | 85～99 | 84～97 | 87～94 | 84 |

接枝共聚物HIPS的冲击强度和伸长率增加，获得了较高的冲击性能，但是，需要指出的是冲击型PS的拉伸强度下降，拉伸强度不如PS。而将接枝共聚物用于物理共混中可作为增容剂(Compatibilizing)起到增容的作用。

接枝共聚物与其组分聚合物具有较好的相容性，原因在于接枝共聚物具有独立组分的微相结构，从而可以较自由地控制接枝共聚物与组分聚合物形成的共混物的相容性。例如ABS树脂，其组成成分PAS和PB的相容性较差，但是将苯乙烯(St)与丙烯腈(AN)共接枝聚合到PB上得到的PB、PAS接枝聚合物，由于其各聚合物组分是以化学键结合，因而具有良好的相容性，并且克服了PAS冲击性能差的不足，获得的接枝型ABS树脂，由于PB为玻璃化转变温度较低的弹性体，因而该 ABS 在低温下仍具有高冲击强度和高韧性。

又如将 St 与 PB 发生接枝共聚反应，得到的高抗冲聚苯乙烯 HIPS 显示出对 PS 的增容作用。图 2 - 2 表示在“溶解”过程中接枝共聚物微相结构共混物与 PS 相对分子质量间的相互关系。图 2 - 2(a) 中均聚物 PS 的相对分子质量是接枝共聚物的 20 倍，在 PS 基体上形成 0.2 ~ 5μm 圆状微区。在该微区内，2.5 ~ 30μm 蚯蚓状的 PB 和 PS 微相互相交叉，形成了 HIPS 的微观结构。在图 2 - 2(a) 的微区中，HIPS 对 PS 无增容能力。当均聚物 PS 的相对分子质量为 3 倍时[如图 2 - 2 中(b)所示]，接枝共聚物以微区分散在基体中；当 PS 的相对分子质量变小时(1.5 倍及比接枝共聚物的相对分子质量小)，分别如图 2 - 2 中(c)和图 2 - 2

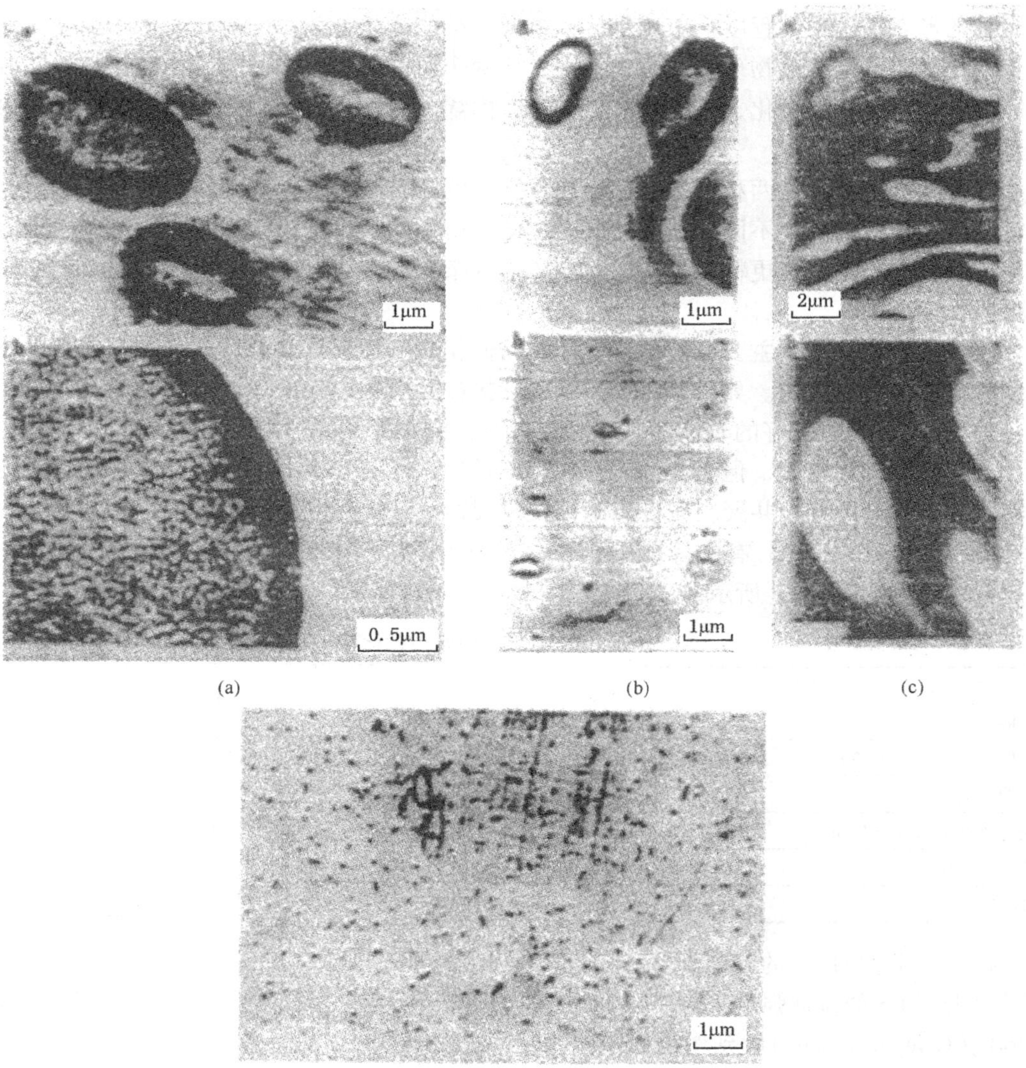


(a) (b) (c)

(d)

图 2 - 2　在溶解过程中接枝共聚物微结构共混物与 PS 相对分子质量间的相关关系

(a) 均聚物 PS 相对分子质量为接枝共聚物的 20 倍的共混体系(PS - g - PS/PS：15/85)；
(b) 均聚 PS 的相对分子质量约 3 倍的共聚物；(c) 均聚物 PS 相对分子质量约 1.5 倍的共聚物；
(d) 均聚物相对分子质量比接枝共聚物小

中(d)所示，球状或块状的PB微区进一步变小，能够均匀地分散在基体中。即接枝共聚物HIPS与PS完全相容。

因此，为了最大限度地发挥接枝共聚物的增容能力，应使接枝聚合物的相对分子质量比均聚物的相对分子质量高为宜。

此外，接枝共聚物在医学材料抗凝血作用方面也取得了较好的应用研究结果。如在链体段型聚醚氨酯(SPEU)上，接枝聚合丙烯酰胺，使支链形成长侧链结构，这种接枝共聚物改善了SPEU的抗凝血性。在高密度聚乙烯、聚乙烯醇缩丁醛膜上接枝丙烯酰胺等接枝共聚物的抗凝血效果也有不同程度的改善。

接枝共聚物的应用非常广泛，主要包括以下几个方面：

(1) 在耐冲击性树脂方面的应用

在高分子合成工业中，接枝共聚方法用来改进合成树脂与塑料的柔韧性，以提高其抗冲击性能。工业上典型的用接枝共聚方法生产的高抗冲合成树脂如：ABS树脂。ABS树脂是将丙烯腈(A)的强固、丁二烯(B)的耐冲击性和苯乙烯(S)的优良流动性巧妙地组合在一起的产品。除了ABS之外，还有MBS树脂、高抗冲改性聚苯乙烯(HIPS)等。

(2) 在薄膜改性方面的应用

疏水性高分子表面用丙烯酸或丙烯酰胺等亲水性单体接枝可赋予其亲水性，改善高分子薄膜的黏合性、防雾性、抗静电性和可涂装性，从而扩大该高分子膜材料的用途。

尼龙-6膜分别用丙烯酸、苯乙烯磺酸和丙烯酰胺接枝共聚，得到的三种膜进行盐水渗透实验，结果发现水的水力学渗透系数均增大；但用电解质单体接枝的膜，尽管水力学渗透系数增大，盐的排除率并不降低。将亲水性单体(如丙烯酸等)接枝在聚氨酯薄膜上可得到具有良好血液相容性的高分子医用材料。

(3) 在纤维工业上的应用

纤维接枝共聚的目的是赋予纤维以新的功能(如耐磨、亲水性、抗静电性、抗菌性、弹性、染色性、阻燃性和耐热性等)。如聚氯乙烯纤维通过丙烯腈、丙烯酸或甲基丙烯酸接枝，可赋予纤维以亲水性和抗静电性；棉与聚酯混纺纤维用*N*-羟甲基丙烯酰胺接枝、交联可改进抗皱性和耐污性；羊毛纤维经接枝共聚后，可以改善其染色性、耐老化性、抗微生物的作用等性能；大豆蛋白经丙烯腈接枝共聚生产的合成纤维与蚕丝相似；纤维素用丙烯酰胺和膦酸双($\beta$-氯乙烯)乙烯酯接枝共聚，可制成具有自熄性阻燃纤维素；在聚乙烯醇上接枝氯乙烯单体可制得既非聚氯乙烯又非聚乙烯醇的合成纤维，新纤维能弥补两者缺点，具有优良的耐热性和染色性。

(4) 在絮凝剂改性方面的应用

高分子絮凝剂是近年来世界上发展迅速的新材料，其中以聚丙烯酰胺最具代表性。聚丙烯酰胺(PAM)的絮凝效果和它的相对分子质量关系甚大，最近石油工业和制糖等工业要求制备相对分子质量2000万以上的PAM，要达到此目的，只用均聚法是比较困难的。据报道，采用接枝共聚法，引入适当的支链可增加相对分子质量及分子的空间体积，产物的絮凝能力比PAM均聚物强。例如羟乙基纤维素(HEC)和丙烯酰胺的接枝共聚物与PAM均聚物比较，发现均聚物PAM的$\overline{M}_n=80$万(即$\overline{M}_w=170$万)时，其分子宽度(用链的均方距$(R^2)^{1/2}$表示)约1000nm，而HEC-g-AM接枝物的$\overline{M}_n$只要30万，分子宽度就可达到相同的数值。因此，伸张的纤维素骨架使接枝共聚物高分子在溶液中具有庞大的体积，这是接枝共聚物絮凝能力提高的重要原因。在石油工业中发现PAM的抗盐性能较差，絮凝效果受碱度和温度的影响甚大。若采用纤维素接枝共聚物作絮凝剂，由于存在分子链伸展，在水中溶胀成很大体积的纤维素分子作骨架，既能使 PAM 支链呈比较伸张的状态，又能对支链的伸张状态起一定的固定和约束作用，故这种高分子絮凝剂对碱度及温度变化的适应性较强。纤维素接枝共聚的另一特点是纤维素本身是烯类单体聚合的共存聚合物，烯类单体通过和共存聚合物络合而引发聚合这一点保证了产物有较高的接枝率和接枝效率，并可控制适当的反应条件而得到超高相对分子质量产物，故有一定的理论和实际意义(淀粉代替纤维素也有类似的效果)。

(5) 在造纸工业助剂方面的应用

高分子电解质作为造纸工业助剂的用途是很多的，如阴离子型高分子电解质中，高相对分子质量、低水解度的作助留剂，中等相对分子质量及低水解的作增强剂，而低相对分子质量、高水解度的作分散剂；阳离子型高分子电解质中，高相对分子质量、低电荷密度的作絮凝剂和脱水剂，中等相对分子质量和高电荷密度的为增强剂等。

纤维素(或淀粉)接枝共聚物作为造纸助剂的一个独特的优点，就是它对纸页强度的贡献，它能部分克服由于高相对分子质量的聚电解质助留效果好、但纸页强度下降的矛盾。例如国外 Ashmawy 等学者用稻草浆和丙烯酰胺接枝共聚，发现接枝率为 3% 时，可使纸质断裂强度增加 20%，爆裂强度增加 70%，撕裂强度增加 32.8%。国内有人利用高相对分子质量的微晶纤维素和丙烯酰胺接枝共聚物作甘蔗渣低浆的助剂，用量为 0.1%，经过抄纸试验，证实它除了有和均聚物 PAM 相同的优良助留、助滤效果(低页定量可增加 6.76%，填料保留率增加 46.88%)之外，对成纸的强度影响甚少，断裂强度仅下降 2.67%，比均聚 PAM 纸页断裂强度下降达 19.02% 要小得多。作者近年来所制备的含聚氧乙烯支链新型阳离子聚丙烯酰胺微粒，还可达到增强和助留两个指标同时上升，既保证纸页质量，又能降低成本增加经济效益之目的。

(6) 在超强吸水性材料方面的应用

超强吸水性材料也是一种典型的接枝共聚物。它不仅吸水能力强，而且保水能力也很强，它是功能高分子材料中发展最快的材料之一。它是利用有强亲水性支链和能溶胀成庞大体积的骨架相结合，把水分牢牢结合起来，骨架材料最好是淀粉，因为它能糊化和均匀分散。纤维素和淀粉一样，也是吸水材料骨架物的理想选择。

(7) 在复合材料方面的应用

填充无机物的高分子具有单独高分子不可能有的良好力学性能，在许多领域有重要用途。这种材料的力学性能与构成物质界面间的粘接力有关。为了增加粘接力，常在高分子或无机物上施行接枝共聚反应。

聚丙烯或聚乙烯用少量不饱和羧酸接枝，可以提高与玻璃纤维的亲和力，从而制得高机械强度玻璃纤维高分子复合材料，这是因为界面间的粘结性增强，机械强度也得到提高。用同样的方法还制成了碳酸钙高分子复合材料。

无机物表面经化学改性后与高分子接枝共聚，其机械性能和热力学性质大幅改善。如铁氧体表面改性后接枝高分子，能提高铁氧体在高分子中的填充量，从而显著增强高分子磁体的磁力。

(8) 在胶黏剂、压敏胶和涂料方面的应用

接枝共聚物在这些方面的应用和复合材料方面的应用一样，也是通过提高不同种物质界面间的亲和性，从而发挥材料的真正功能，得到单成分材料不能达到的强度。

在胶黏剂方面，有通过非极性高分子接枝化，从而提高粘接性能的方法和胶黏剂本身用

接枝共聚的方法。两种方法都能大幅提高粘接性和强度。

天然橡胶有优良的黏附性和很强的内聚性，适合压敏胶，但未交联的天然橡胶有耐候性差等问题，通过部分交联或用甲基丙烯酸甲酯或乙酸乙烯酯接枝共聚可改善其耐热性、粘接性和耐溶剂性。

接枝共聚物在涂料方面的应用主要是取代低分子乳化剂形成稳定乳液，制成耐水、耐碱、机械性能优良的涂料。当主链高分子为不溶性物质时，接枝部分可起表面活性剂作用，使接枝共聚高分子分散于溶剂中。如此制得的涂料兼具高固体分溶剂性涂料和水性乳胶涂料两方面的优点，即兼具溶剂性涂料的耐水、耐碱性和水性乳胶涂料的黏性。这类涂料正向无溶剂型涂料发展，颇引人注目。

(9) 在生物医学方面的应用

近年来，高分子材料大量应用于生物医学领域，所用的高分子材料不仅要求强度高，而且要求有一定的功能性，因此，接枝共聚物在这方面占有重要地位。

人造血管、导尿管、外科用缝合线等都要求有抗血栓性。在使用末处理的高分子材料时血液会在其表面上凝聚成血栓，但如用甲基丙烯酸羟乙酯、丙烯酰胺接枝共聚，就可赋予材料抗血栓性，肝素和尿激酶在高分子表面接枝(固定化)，可以显示优良的抗血栓性，在肝素上用丙烯酰胺或甲基丙烯酸羟乙酯接枝共聚，得到的高分子材料的活性大致上与末处理的肝素相同。

固定化酶也可看做是接枝共聚物。为使酶能重复使用，各种醮可用各种适当的载体固定化。例如，以丙烯酰胺接枝的纤维素为载体，使用α-淀粉酶固定化，可得到高活性的固定化酶。这可能是因为接枝部分起着水溶性作用，故酶显示出高活性。作为母体可以是合成高分子也可以是天然高分子，例如淀粉、纤维素等。

综上所述，我们可以看到接枝共聚在聚合物改性中的重要地位。本书将以聚丙烯的化学接枝改性(第三章)、聚氯乙烯接枝共聚物(第四章)、ABS 树脂及其应用(第五章)和无机材料的接枝共聚合(第六章)为应用实例，详细讨论接枝共聚物的合成原理及制备方法等。

# 第三章 聚丙烯的化学接枝改性

聚丙烯(PP)在五大通用树脂中发展历史最短、增长最快。PP具有良好的力学性能、电性能、化学性能等，且其价格低廉，故被广泛应用于日常生活、工农业和军事等许多领域。但聚丙烯具有非极性和结晶性，因此其与极性聚合物、无机填充及增强材料等相容性差，共混及复合使用时需加入相容剂来降低界面张力，增加界面粘接，另外其染色性、抗静电性、亲水性也很差，这些缺点制约了其进一步推广应用。

聚丙烯的改性方法多种多样，根据在改性过程中是否有化学反应可以划分为化学改性和物理改性两类。对聚丙烯最为突出的改性目的是改善其透明性能，提高韧性、耐寒性、耐气候性、刚性、染色性等。

聚丙烯的化学改性是指通过化学方法改变聚丙烯分子链上的原子或原子团的种类及组合方式的改性方法，主要指共聚、接枝、交联等。经化学改性后的聚丙烯，其分子链结构发生变化，从而对材料的聚集态结构或织态结构产生影响，改变材料性能，因此，通过化学改性可以得到具有不同应用性能的新材料。

近年来，采用合金化或复合化等改性技术得到高性能PP材料的研究引起了广泛关注。但由于PP的非极性，使其与极性聚合物、无机填料以及增强性纤维之间的相容性差，从而极大地阻碍了PP高性能化的进程。常用的提高聚合物改性体系相容性的方法主要是在体系中加入接枝、嵌段共聚物或低相对分子质量化合物作相容剂。相容剂的加入可以使不相容的两相通过物理作用或化学反应取得协同效应，增加混溶性，并提高改性体系的性能。因此，国内外很多学者和技术人员在PP改性用相容剂的研究和开发方面做了大量的工作。其中研究最多的相容剂是通过接枝共聚的方法得到的各种PP接枝物。

## 3.1 PP的接枝改性

### 3.1.1 PP常用的接枝方法

PP是非极性聚合物，通过接枝改性可赋予PP以极性，从而改进PP的黏结性、涂饰性、油墨印刷性。接枝后的PP可作为挤出复合膜的黏结层、热熔胶，也可作为PP与各种极性聚合物和刚性粒子共混用相容剂。PP接枝按照接枝物形态主要有溶液接枝法、熔融接枝法和固相接枝法；按照提供能量的方式主要有辐射接枝法、光接枝法、自由基接枝法、等离子接枝法等。接枝方法的优缺点比较如表3-1所示，在工业上具有实用性的主要是熔融接枝法和固相接枝法，溶液接枝法适用于小批量生产，在实验室研究方面有很大价值。用于接枝共聚的单体主要有马来酸酐、丙烯酸及其衍生物、苯乙烯、马来酰亚胺等，也可以采用两种或两种以上的单体进行接枝反应。

通过接枝反应可以在PP主链的某些原子上接枝化学结构与主链完全不同的聚合物链段。根据接枝聚合物所用的PP种类、接枝链段的种类、长短和数量以及接枝聚合物的相对相对分子质量及分布而有所不同。一是以提高PP的拉伸强度、冲击强度为目的，二是提高PP与其他材料黏结性为目的。在PP分子链上接枝弹性链段有助于提高PP的冲击强度和低温性能。

**表3-1　4种PP化学接枝方法的特点**

| 项　目 | 溶液接枝法 | 熔融接枝法 | 固相接枝法 | 悬浮接枝法 |
| --- | --- | --- | --- | --- |
| 原料状态 | 粉末、颗粒 | 粉末、颗粒 | 粉末 | 粉末 |
| 宏观特点 | 均相、整体改性 | 非均相、整体改性 | 非均相、局部改性 | 非均相、局部改性 |
| 常用单体 | 马来酸酐(MAH)、丙烯酸(AA)等 | MAH、AA、甲基丙烯酸缩水甘油酯(GMA)、苯乙烯(St)等 | MAH、AA、GMA、St等 | MAH、AA |
| 反应温度 | 低于溶剂沸点 | 高于PP熔点 | 低于溶剂沸点 | 低于介质沸点 |
| 反应时间 | 长、大于1h | 短、约10min | 较长、约1h | 较长、约1h |
| 溶剂用量 | 多 | 无 | 少量 | 无或少量 |
| 副反应 | 较少 | 多 | 较少 | 较少 |
| 后处理脱单体 | 较难 | 难 | 容易 | 容易 |
| 生产方式 | 间歇式 | 可连续化 | 间歇式 | 间歇式 |
| 生产成本 | 高 | 低 | 低 | 低 |
| 环境保护 | 不好 | 一般 | 较好 | 好 |

(1)溶液法

溶液法是接枝方法中应用最早的一种，该方法是在20世纪60年代发展起来的。将聚丙烯溶解在合适的溶剂中，然后以一定的方式引发单体接枝。引发的方法可采用自由基、氧化或高能辐射等，但以自由基方法居多。PP溶液接枝法所采用的溶剂通常为甲苯、二甲苯或苯等有机物。该方法反应温度较低(100~140℃)，副反应少，产物纯度高，PP降解程度低，接枝率相对较高。但是，此方法所用的溶剂量大，需要蒸馏分离，产物也必须从溶剂中分离并进行干燥，过程麻烦且溶剂往往有毒，故操作费用高，环境污染严重，已经逐渐被淘汰。但对于实验室研究，由于其简便易行(在普通玻璃仪器中即可实现)，仍有一定应用价值。我国的胡海东等及国外的一些学者都对聚烯烃的溶液接枝进行了研究，考察了各因素对接枝率及接枝效率的影响。

(2)悬浮法

悬浮法接枝PP是在不使用或只使用少量有机溶剂的条件下，将PP粉末、薄膜或纤维与接枝单体一起在水相中引发反应。反应前通常在较低的温度下使聚合物和单体接触一定时间，而后升温反应。该方法所用接枝单体的沸点应较高一些，比较适宜的单体是马来酸酐及酯类，丙烯酸及酯类也可用这种方法接枝到聚丙烯上，接枝反应是以自由基机理进行的。如果采用“架桥”法在聚丙烯链上接枝非烯烃单体(大分子单体)，也是通过熔融法进行的，但官能团之间是缩聚反应。该法不但继承了溶液法反应温度低、工艺及设备简单、PP降解程度低、反应易控制等优点，而且产物后处理简单，也相对环保。悬浮溶胀接枝法避免了固相接枝过程中较高反应温度下存在的PP降解、产品发黄、接枝物粘连等问题。费建奇等采用悬浮溶胀法合成了苯乙烯的PP接枝乙烯基单体共聚物。徐春等利用悬浮法制得甲基丙烯酸-$\beta$-羟乙酯接枝PP，并对接枝前后PP结晶形态作了比较，结果发现，接枝链增加了PP的不规整性，使共聚物结晶度有所下降。邬润德等采用水相悬浮溶胀法合成了接枝PP，通过研究反应条件、组分等因素对PP接枝率和接枝效率的影响，发现溶胀剂、悬浮剂、引发剂、催化剂是该接枝物的主要影响因素。

(3)熔融法

熔融法是指聚烯烃在熔融状态下(180~230℃)与接枝单体和各助剂在一定条件下加入

挤出机、密炼机或开炼机中进行熔融反应，该方法始于20世纪70年代。熔融法具有反应时间短，接枝效率高，设备简单及可连续化生产等特点，加之不需要溶剂，工序简单，易实现PP接枝改性的工业化，是目前应用最为广泛的一种接枝改性方法。但是由于反应温度高使副反应(交联或降解)严重，PP严重降解，接枝率也较低，对材料性能有严重的负面影响，且对于挥发性的单体适用性不佳。另外，残余的未反应单体对产物会产生不良影响。熔融法接枝改性PP在国内外均进行了大量的研究，谢续民等对多单体熔融接枝PP进行了研究，并将接枝PP作为增容剂研究了其在PP6/HIPS共混体系中的增容作用。傅和青等研究了熔融PP-g-MAH，加入助剂能减少PP降解，并提高MAH的接枝率。Rooverl则对PP熔融功能化的机理、本质及酸酐在链上接枝的位置及浓度都作了探讨。Mai等研究了熔融AA接枝PP的物性，发现随着接枝率的增加，共聚物的结晶温度和结晶度都随之增加，接有AA的PP机械性能和热稳定性都有所提高。Cha等提出了双螺杆挤出机MMA接枝PP的动力学模型。Guldogan等通过对粉末状和颗粒状MAH接枝PP的比较，发现前者的接枝效果更好一些。

（4）固相法

固相法是20世纪90年代新兴的一种制备改性聚烯烃的方法。它是将PP粉末直接与适量的单体、引发剂以及其他适当的助剂接触直接反应。反应温度一般控制在聚烯烃软化点以下(100~130℃)，常压反应。根据所接枝的聚丙烯的形态又可分为薄膜接枝、纤维接枝和粉末接枝。前两种是成型产品的表面接枝。与其他接枝方法相比，固相接枝法有许多显著优点：反应时间短，成本低，PP降解少，接枝效率高，接枝率高，不使用溶剂或使用少量有机溶剂作为表面活性剂，溶剂被PP表面吸收，后处理简单，结合了溶液法和熔融法的优点，克服了二者的缺点，高效节能，有着良好的发展前景。

Ide Fumio等对固相接枝反应进行了较早的研究，R. Rengrajan等对聚丙烯接枝马来酸酐的固相接枝方法作了详细的研究。后者使用了一种催化剂，在120℃时接枝率可达8%~9%。国内许多学者也用此方法进行了不同单体的接枝研究。美国Akron大学的Rengarajan则对全同立构聚丙烯(iPP)固相接枝马来酸酐进行了全面的研究，他们认为界面活性剂用量虽少，但作用很大，起到润湿和溶胀PP的无定形区的作用；作者还讨论了温度、引发剂浓度、催化剂浓度等因素的影响，指出接枝率受到上述各因素的影响。陶颖等考察了MAH固相接枝低全同立构PP过程中单体、引发剂和时间与接枝率的关系，并且将接枝物进行了分离，探讨了等规指数与接枝率的关系。童身毅等通过对PP-g-MAH的研究，提出PP固相接枝反应主要发生在PP的非结晶区或结晶区的微空、缺陷处的PP主链上。童身毅等还将PP-g-MAH作为增容剂研究了其在聚丙烯/碳酸钙复合物和iPP/$CaSO_4$中的增容作用，结果表明，PP-g-MAH能起到很好的增容作用，使复合材料的性能明显提高。张立峰等研究了共聚单体邻苯二甲酸二烯丙酯和异氰脲酸三烯丙酯对MAH固相接枝PP的作用：一方面可以提高接枝率，另一方面还进一步抑制PP降解。

（5）辐射接枝法

辐射接枝是指用高能射线照射聚合物产生自由基，然后自由基与接枝单体反应生成共聚物。与传统高分子化学接枝共聚合方法相比主要具有以下的特点：①能够完成一般高分子化学合成法难以进行的接枝聚合反应，如固态纤维接枝改性，常规化学引发难以在固态纤维中形成均匀的引发点，而γ-射线辐射穿透力强，可在整个固态纤维中形成均匀的自由基。②γ-射线可被物质非选择性吸收，因此比紫外辐射引发接枝共聚合应用更为广泛。③辐射接枝操作简单易行，可以通过调整射线辐照剂量、剂量率、接枝聚合单体浓度和向基材溶胀的深度控制反应程度，从而实现对接枝浓度、接枝率和接枝深度的控制。④辐射接枝共聚反应是由射线引发的，无须引发剂，可以得到清洁、安全的接枝共聚物，并且辐射共聚合的同时还起到消毒的作用。但其主要对象局限于聚烯烃薄膜和纤维，而且该过程费用昂贵，工业连续化也成问题。陈涛采用了$^{60}Co-\gamma$射线为辐射源，引发PP纤维辐射接枝苯乙烯－二乙烯苯，研究了反应物料达到中试生产规模时剂量率、辐射时间以及回收的母液对接枝纤维导入率的影响。董缘等采用PP无纺布为基材，甲基丙烯酸甲酯(MMA)为单体，$^{60}Co-\gamma$射线预辐射接枝共聚的方法制备接枝共聚物，讨论了辐射剂量、反应温度、反应时间、单体浓度、阻聚剂和交联剂的用量等对接枝率的影响。结果表明，接枝反应的最佳条件为：辐射剂量60kGy以上、接枝温度65℃、接枝时间2h、MMA质量分数20%、交联剂质量分数5%、阻聚剂用量0.3g，该条件下PP的接枝率为6.5%。董缘等还对PP无纺布预辐射法固相接枝4－乙烯基吡啶进行了研究。

（6）其他方法

利用超临界$CO_2$流体技术进行聚合物改性是近年来发展起来的一种新方法。超临界$CO_2$流体(临界温度31.1℃，临界压力7.38MPa)能够溶解大多数小分子有机物和少数含F、Si的高分子，对绝大多数聚合物不溶解，但能不同程度地溶胀。利用这一性质，可将单体和反应物渗入聚合物，然后对高聚物进行改性。此法具有不破坏聚合物外观、操作和分离简单的明显优点。许群等利用超临界$CO_2$作为溶胀剂和携带剂，使小分子单体马来酸酐和苯乙烯单体(MAH与St)及引发剂过氧化苯甲酰(BPO)插嵌进入PP基质中，然后在100℃条件下反应4h得到接枝产物。对样品分析表明，共单体确实接枝到了PP分子链上，并随着接枝率的提高，材料的熔点及表观结晶度下降。李春生等研究了超临界$CO_2$中PP与MAA的接枝反应，考察了单体浓度、引发剂用量、反应压力、反应时间等反应条件对接枝率的影响。结果表明：在合适的反应条件下，MAA的接枝率最高可达14.6%，而且接枝后PP颗粒的外观可以保持不变。

### 3.1.2 接枝单体

聚丙烯的接枝改性是指通过化学方法改变聚丙烯分子链上的原子或原子团的种类及组合方式的方法。经接枝改性后的聚丙烯，其分子链结构发生了变化，从而会对材料的聚集态结构或织态结构产生影响，改变材料性能。通过选择不同的接枝单体，可以在聚丙烯分子链上引入各种各样的原子团，从而改性后可以得到具有不同应用性能的新材料。目前，常用的接枝单体种类较多，例如马来酸酐(MAH)、甲基丙烯酸缩水甘油酯(GMA)、丙烯酸(AA)、甲基丙烯酸甲酯(MMA)、甲基丙烯酸羟乙酯(HEMA)、醋酸乙烯酯(Vac)和丙烯酰胺等。工业化生产也比较普遍，如上海日之升公司生产的PP和马来酸酐接枝物，牌号为CMG9801，在市场上已广为使用。目前工业化生产多数选择熔融接枝的方法，主要是因为设备简单，生产效率高，但采用这种方法就要求接枝单体的沸点要高，在加工温度以上为佳。

熔融接枝PP体系，通过小分子引发剂(如过氧化二异丙苯)的引发，首先由引发剂裂解成自由基，并与PP分子链上的$\alpha$－氢反应生成大分子自由基，然后这个大分子自由基再引发单体聚合。但是在整个反应体系中，PP大分子自由基很容易发生$\beta$－断链，即PP的降解，因此反应过程难以控制，产物的接枝率低，材料的性能劣化且不稳定。近年来，一些研究集中在使用共单体方面，实际上就是多种单体共同接枝的体系，选择了合适的接枝单体的前提下，在体系中加入少量的共单体，就可明显提高接枝单体的接枝率，并且控制PP的降解。那么，什么样的单体才能作合适的共单体？Alfrey - Price 的半经验公式，即 $Q-e$ 式，如式(3 - 1)所示：

$$r_i = \left(\frac{Q_1}{Q_2}\right)\exp[-e_1(e_1-e_2)]$$

$$r_i = \left(\frac{Q_2}{Q_1}\right)\exp[-e_2(e_2-e_1)] \tag{3-1}$$

式中，$r_i(i=1,\ 2)$为竞聚率；$Q$ 值表征的是单体的共轭效应；$e$ 值表征的是单体的极性效应。其基本原理就是，若两单体的 $Q$ 值大小比较接近，则说明这两种单体容易发生共聚；反之，若两单体的 $Q$ 值大小相差很大，则表明它们不容易发生共聚反应。合适的共单体应满足两点要求：①本身具有强的稳定 PP 大分子自由基的作用，如 St 和对甲基苯乙烯等，这样的单体与 PP 大分子自由基的反应性比一般接枝单体更大。②共单体与接枝单体的 $Q$ 值较接近，这样才能保证共单体与 PP 大分子自由基反应生成的自由基能与接枝单体很好地进行共聚反应。如果只满足第一条件，而它的 $Q$ 值却与接枝单体的 $Q$ 值相差很大，则虽然能有效地抑制 PP 的降解，但同时也会导致接枝单体接枝率下降。应注意，由于 $Q-e$ 规则没有考虑空间位阻效应，使用 $Q-e$ 规则时也会存在一些例外。

从表 3 - 2 中可以清楚地看出各单体在 $Q$ 值上的差别，接枝单体 GMA 和 MMA 与 St 的 $Q$ 值十分接近，因此当在熔融接枝体系中加入 St，在形成苯乙烯基大分子自由基之后，GMA 和 MMA 单体均能很容易地与苯乙烯基大分子自由基进行共聚反应，这样也就能使更多的接枝单体通过 St 接枝到 PP 的长链上，从而它们的接枝率有大幅度的提高。

**表 3 - 2　一些单体的 $Q$、$e$ 值**

| 单　　体 | $Q$ | $e$ |
|---|---|---|
| 苯乙烯(St) | 1.00 | -0.80 |
| 甲基丙烯酸缩水甘油酯(GMA) | 0.96 | 0.20 |
| 甲基丙烯酸甲酯(MMA) | 0.78 | 0.40 |
| 甲基丙烯酸羟乙酯(HEMA) | 1.78 | -0.39 |
| 马来酸酐(MAH) | 0.86 | 3.69 |
| 醋酸乙烯酯(Vac) | 0.026 | -0.88 |

### 3.1.3　引发剂的选择

引发剂是易分解成自由基的化合物，分子结构上有弱键，主要可分为偶氮类引发剂和过氧类引发剂，前者一般分解后形成的自由基是碳自由基，缺乏脱氢能力，因此一般很少用作接枝聚合的引发剂。过氧化物引发自由基聚合反应是合成接枝共聚物方法中最简单、最古老和最广泛应用的方法。一般情况下，较理想的引发剂必须具备以下特征：非氧化性、具有取代氢的能力以及在相应接枝条件下具有合适的半衰期。常用的引发剂有过氧化二苯甲酰、过氧化二异丙苯和二叔戊基过氧化物等。

引发剂分解活化能过高或半衰期过长，则分解速率过低，将使聚合时间延长。但活化能过低或半衰期过短，则引发过快，温度难以控制，有可能引发暴聚；或引发剂过早分解结束，在低转化率阶段即停止聚合。一般应选择半衰期与聚合时间同数量级或相当的引发剂。

此外，在选用引发剂时，尚需考虑对聚合物有无影响，有无毒性，使用储存时是否安全等问题。

### 3.1.4 溶剂的选择

一般用二甲苯作溶剂。改变溶剂二甲苯的加入量，产物的接枝率先随着二甲苯加入量的增加而增加，达到最大值后，再增加其用量时，接枝率反而下降。当二甲苯的加入量较少时，体系的黏度较大，笼蔽效应严重，引发效率下降，导致接枝率较低；当二甲苯用量过大时，虽然笼蔽效应大大降低，但初级自由基浓度以及反应物浓度都相应降低，碰撞概率减小，致使接枝率显著降低。

## 3.2 接枝机理的探讨

不同的接枝方法，其接枝反应机理往往不同。总的来说，反应历程首先是引发剂产生自由基，自由基对PP链脱氢产生PP自由基。偶氮类引发剂脱氢能力低于有机过氧化物型引发剂。在不存在反应单体时，甲基与亚甲基脱氢后，倾向于交联，次甲基脱氢后，由于立构位阻而倾向于裂解。因此，PP的接枝反应往往伴随着降解反应。

以MAH单体为例，B. D. Roover等认为PP大分子在接枝前发生$\beta$-断裂，产生大分子自由基，大分子自由基再和MAH发生接枝共聚反应。R. Renggaraijan等人用核磁共振的方法推导了固相接枝反应PP-g-MAH的结构，他们认为由于固相过程中清晰度较低，$\beta$-断裂倾向削弱，故其直接发生接枝反应，而后发生$\beta$-断裂。G. Ruggeri等人研究了溶液接枝过程中可能的接枝机理，得出了与R. Rengaraijan等人类似的结论。

## 3.3 接枝工艺

### 3.3.1 反应温度

反应温度对接枝率的影响取决于温度对引发剂分解速率及对单体接枝与自聚速率的影响。接枝率通常随温度的升高而上升，尤其是当温度从120℃升高到130℃时，接枝率显著提高，130℃后略有下降。单体不同，接枝率达到最高点时的温度不同。这是因为在较低温度下引发剂的分解速率慢，在聚合物骨架上形成的活性点数量较少，接枝上单体的量较少；随着反应温度的升高，引发剂分解形成初级自由基的速率逐步增加，有利于接枝反应。温度较高时，引发剂的半衰期极短，自由基来不及进攻聚合物骨架即发生双基终止自行消亡，诱导分解等副反应的速率增大，使初级自由基浓度增加的趋势变缓，接枝率反而下降。

### 3.3.2 反应时间

反应时间主要依据所采用的引发剂在反应温度下的半衰期长短确定，一般为半衰期的4~6倍。反应时间如果过长，PP的降解更严重，对接枝物的性能不利。值得注意的是，对于MAA接枝PP的固相反应，接枝率随时间的延长而增加，2.5h接枝率最高，而后接枝率随时间的增加而下降。可能是因为反应时间过长，甲苯挥发程度增加，无助于溶胀作用，甲基丙烯酸析出，导致接枝率下降。

### 3.3.3 其他因素

在固相接枝反应中，还经常加入催化剂和界面活性剂。催化剂的作用是用来形成自由基并稳定自由基，降低接枝反应活化能。常选用一些多官能团单体，如(异)氰脲酸三烯丙酯、二乙烯基苯、三甲基丙烯酸三羟甲基丙烷酯等。不过这些多官能团单体也会导致PP接枝过程中产生交联结构。界面活性剂会溶蚀和溶胀聚合物表面，提供接枝反应的位置，因此可以选择苯、甲苯、二甲苯、十氢萘、四氢萘等能溶解和溶胀PP的溶剂。界面活性剂通过溶胀聚合物，增加了接枝反应的比表面积，能明显增加接枝率，随着溶剂用量的增加，接枝率增加。当界面活性剂能够溶解聚合物时，必须考虑溶剂用量的增加会形成有“隔离”作用的溶剂单分子层，导致接枝率下降。

## 3.4　接枝物的表征

### 3.4.1　接枝物的纯化

聚丙烯接枝反应通常是由接枝单体与聚丙烯在有机过氧化物引发剂存在下经自由基接枝反应制得，引发剂分解产生的初级自由基使聚丙烯脱氢产生聚丙烯自由基，生成的聚丙烯自由基除与单体发生接枝反应外，也会带来PP的降解，这些副产物需要通过纯化处理与接枝物分离，否则会直接影响表征结果。此外，在接枝过程中，体系还会残留未完全反应的剩余物，如接枝单体、引发剂等，也需要通过纯化处理予以除去。为得到纯度比较高的接枝产物，一般采用的方法是溶剂选择性分离。首先应对未纯化接枝物先进行真空干燥，产物表面的部分未反应的MAH等单体因升华被除去。将经干燥处理的接枝物倒入溶剂(甲苯或二甲苯)中，加热回流，使其完全溶解，然后再把热溶液立刻滤入未加热的大量丙酮中，过滤时所得不溶物质回收后真空干燥计算凝胶含量。滤液在丙酮中出现絮状沉淀，由于丙酮是MAH及其均聚物的良溶剂，故通过这样的处理可以将MAH及其均聚物完全除去，将沉淀物滤出后再用丙酮清洗数遍并干燥后，即得到精制接枝产物。

Sun等人将回流结束的PP接枝物分别倒入甲醇和丙酮中沉析，前者可以沉析改性PP和反应中产生的其他均聚物，而后者仅对PP接枝物起沉淀作用，通过这两种不同的沉淀法可以对接枝反应中可能发生的均聚、共聚反应之间的关系以及其对接枝反应本身的影响加以研究。

### 3.4.2　接枝物的表征

3.4.2.1　聚丙烯接枝物的接枝率

(1) 接枝率的测定方法

接枝率一般是指连接在骨架聚合物上的支链聚合物与接枝聚合物的质量比，接枝率的测定是接枝产物的表征中最关键的问题，也是研究接枝反应机理、产物的结构形态的主要手段之一。

① 化学滴定法　为了确定接枝到聚丙烯上的酸酐官能团的浓度，通常采用的方法是酸碱滴定法。滴定前需要对接枝物进行真空干燥，其目的有两个：一是利用升华除去游离态的接枝单体及其他挥发物；二是保证接枝物中可能部分水解的酸酐基团还原成环酐基的形式。通常在75～120℃下真空干燥24h左右。必须强调的是，过度的干燥时间与干燥温度对接枝物是不利的，尤其是通过过氧化物引发的自由基反应，过度的干燥可能使接枝物热氧化降解或是产生新的官能团。滴定在芳香族溶剂中进行，如甲苯和二甲苯，也有报道使用丁醇－二甲苯的混合溶剂。

化学滴定法测定通常是在加热回流的接枝物和二甲苯溶液中，回流一段时间，待接枝物完全溶解后，趁热用碱的醇溶液进行滴定，到终点后再加入少量碱液，使用酸反滴至终点。趁热滴定可以保证聚烯烃在溶剂中的溶解能力，使滴定过程中不会出现聚烯烃沉淀或悬浮物，确保了接枝率的可信度，这种酸碱滴定法目前仍为大多数研究者沿用着。

② 仪器分析法

a. 红外光谱分析法　红外光谱分析法是根据谱图中出现的接枝单体的特征吸收峰来判定接枝单体是否接到聚丙烯链上。首先我们将纯化后的聚丙烯接枝物在180℃的平板硫化机上压制成厚度为100μm左右的透明薄膜，用红外光谱仪测定。确认接枝反应是否发生，可以通过对官能化改性及原生聚丙烯的红外谱图进行比较。例如MAH的特征吸收峰区域主要有：850$cm^{-1}$和1784$cm^{-1}$，分别对应C ═O 的对称和不对称伸缩振动；3130$cm^{-1}$和847$cm^{-1}$分别为C—H的伸缩振动及面外摇摆振动峰；700$cm^{-1}$ ~ 720$cm^{-1}$和1596$cm^{-1}$为C ═C的面外摇摆振动及其对应于C ═O的共轭伸缩峰；另外，还有1060$cm^{-1}$处出现的五元酸酐特征峰等。通过这些特征峰，我们就可以判断出MAH是否接枝到聚丙烯链上。此外，我们可以测定其接枝单体的特征吸收峰和聚丙烯大分子的特征吸收峰，并计算吸光比$R$，如式(3 -2)：

$$R = \frac{\lg x_1/x_2}{\lg y_1/y_2} \tag{3-2}$$

式中，$x_1$、$x_2$分别是接枝单体在吸收峰基部和顶部的透光率；$y_1$、$y_2$分别是聚丙烯在900$cm^{-1}$处吸收峰基部和顶部的透光率。吸光比$R$可以表征接枝物中接枝单体的接枝率的高低。

b. Heraeus元素分析仪　称取一定量的纯化后的聚丙烯接枝产物和特定碳催化剂，分别用锡纸包好，用镊子依次装入自动进样器，在高温下燃烧，样品中的氧全部转化为CO，由载气带入BINOS检测器，由于非分散性IR光度计在一定波长范围内的辐射能可以被非均匀的气体分子吸收，所以可选择性地测出CO的浓度，检测出样品的氧含量。

通过Heraeus元素分析仪测出的氧含量，再根据式(3 -3)计算出接枝率$P$：

$$P = \frac{M_1 \times W_{O_2}}{M_2} \tag{3-3}$$

式中，$M_1$和$M_2$分别代表接枝单体相对分子质量和氧相对分子质量；$W_{O_2}$为氧含量，%。

3.4.2.2　接枝聚丙烯的极性表征

根据接枝率我们只能知道接枝单体在聚丙烯中的含量，但不能直接说明在一个固定的接枝率下聚丙烯适合涂层还是印刷，这是因为即使在同一个接枝率下，接枝单体极性不同会导致接枝聚丙烯的极性也随着改变。这样，我们可以测量改性前后聚丙烯与检测液体的接触角，或测定接枝聚丙烯的表面自由能，通过这两种方法判断聚丙烯的极性，能够更好地反映聚丙烯化学改性的效果。表3 -3为常规塑料表面自由能参数。

**表3 -3　塑料表面自由能**

| 塑料名称 | PE | PP | PS | ABS | PC | PET | PVC |
|---|---|---|---|---|---|---|---|
| 表面自由能/mJ · $m^{-2}$ | 33 | 32 | 37 | 44 | 45 | 50 | 48 |

在测接触角和表面自由能前，首先把接枝聚丙烯用平板硫化机在180℃温度下压成2mm的簿片，每种簿片均裁剪至20mm × 25mm大小，然后用蒸馏水和丙酮清洗，之后在150℃下干燥2h。

(1) 接触角的测定

聚丙烯接触角随检测液体的不同而不同，通常我们选择同一种检测液体，来测量聚丙烯改性前后的接触角，通过接触角的变化值来判断接枝改性的效果。因为这种方法操作简单、方便、时间短，在实际研究工作中经常被采用。接触角的测量方法很多，例如贴泡法、小液滴法、透过高度法，但适合测量固体片材的接触角主要有以下两种方法：

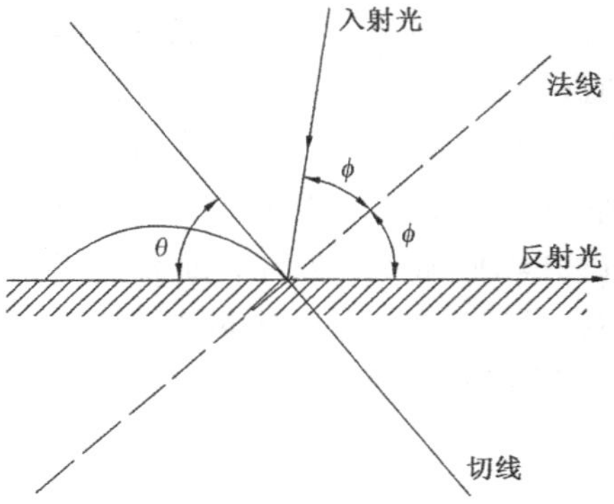


图 3－1　光反射法示意图

① 光反射法　如图 3－1 所示，用强光的光源通过狭缝，照射到三相交界处，改变入射光的方向，当反射光刚好沿着固体表面发出时，可根据入射光与反射光的夹角 $2\phi$，按式(3－4)计算出接触角。根据这个原理，世界上有许多仪器公司制造了光学接触角仪，如美国莱姆哈特(Ramé－hart)精典手动型光学接触角仪系列和日本 KYOWA 协和全自动表面张力仪。

$$\theta = \frac{\pi}{2} - \phi \tag{3-4}$$

② 垂片法　将待测片垂直插入液体中，如图 3－2 所示，液体沿固体片上升的高度 $h$ 与接触角关系如式(3－5)所示，式中 $\rho$、$\gamma$ 分别表示检测液体的密度和表面张力。上海衡平仪器仪表厂和德国 Dataphysics 公司以及芬兰 KSV 公司推出了自动表面张力仪，并在此原理基础上加以改进，制造出全自动表面张力仪，更方便使用者的操作。

$$\sin\theta = 1 - \frac{\rho g h^2}{2\gamma} \tag{3-5}$$

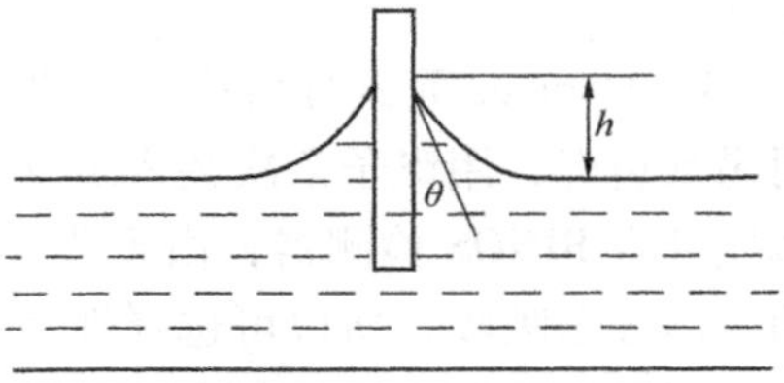


图 3－2　垂片法示意图

(2) 固体表面自由能的测定

固体表面自由能是固体比表面吉布斯函数的简称，又称固体比表面自由能。它是指在某温度压力下生成单位新的固体表面所引起的体系吉布斯函数的增加量，它也等于某温度压力下生成单位固体表面时所需的可逆功。故固体表面自由能是固体本身特有的属性，它与所选择待测液体没有关系，是一个定值。固体表面自由能的测定尚无公认的标准方法，目前有 Good－Girifalco 方法、Fowkes 方法、Zisman 方法、Wu 方法和 Van Oss 的 Acid－Bsde 方法，他们的适用范围不相同，接枝聚丙烯的测试方法通常选用 Van Oss 的 Acid－Bsde 方法。C. J. Van Oss 等人认为，表面能 $\gamma$ 由其 Lifshitz－vander Waals 分量 $\gamma_L^{LW}$ 和 Lewis 酸－碱分量 $\gamma^{AB}$ 组成，其中 $\gamma^{AB}$ 又包含 Lewis 酸分量 $\gamma^+$ 和 Lewis 碱分量 $\gamma^-$。即选用三种已知 $\gamma_L^{LW}$、$\gamma_L^+$、$\gamma_L^-$ 待测液体，用上述提到的仪器测量接枝聚丙烯簿片与三种试剂的接触角，通过式(3－6)算出聚丙烯固体片的表面能参数($\gamma_S^{LW}$、$\gamma_S^+$、$\gamma_S^-$)，再根据式(3－7)最终算出接枝聚丙烯的表面自由能 $\gamma_S$。

$$\left(\gamma_L^{LW} + 2\sqrt{\gamma_L^+\gamma_L^-}\right)(1+\cos\theta) = 2\left(\sqrt{\gamma_S^{LW}\gamma_L^{LW}}\right) + 2\left(\sqrt{\gamma_S^+\gamma_L^-}\right) + 2\sqrt{\gamma_S^-\gamma_L^+} \tag{3-6}$$

$$\gamma_S = \gamma_S^{LW} + 2\sqrt{\gamma_S^+\gamma_S^-} \tag{3-7}$$

我们可以把测出的表面自由能的值与表 3－3 的数据相对照，就可以判断出是否满足印刷的条件。固体表面自由能可以更直接有效地反应聚丙烯化学改性的好与坏。大量研究表明，检测液体选择也会使最终测量聚丙烯表面自由能的值略有偏差，适合测量的聚丙烯表面自由能的液体有水、乙二醇、甲酰胺和二碘甲烷四种液体。

## 3.5　接枝共聚物的结构及性能

接枝反应将极性基团引入 PP 大分子链，不可避免地会对 PP 的结构性能产生影响。许多学者在合成接枝物的同时，也对它们的结构与性能进行了表征。

### 3.5.1 热学性能

解孝林、童身毅等人用广角 X 射线对 PP－g－GMA 体系的研究表明，在一定接枝率范围内，半结晶期及结晶诱导期均缩短，极性单体对结晶起成核作用，致使结晶温度有所提高，结晶速度加快；但接枝率大于某一值后却阻碍了 PP 分子链的有序排列，延长半结晶期及结晶诱导期。

对于 PP，接枝物的热分解温度高于纯 PP，如熔融法制备的 PP－g－GMA 和溶液法制备的 PP－g－GMA 随接枝率的增大而提高，在接枝物的相对分子质量低于未接枝 PP 的情况下，接枝物的起始分解温度和半分解温度仍得到提高，同时耐氧化性得到提高，这些都是因为不稳定的次甲基在接枝过程中被脱除的缘故。

### 3.5.2 黏合性能

PP 接枝改性后，其黏结性能得到改善，可用作聚烯烃的胶黏剂，也可替代交联聚乙烯制取管、板和其他结构材料。作为黏结性树脂，可用于聚烯烃与尼龙、铝箔、纸、布、塑料薄膜等黏结复合，制得气密性优良并耐蒸煮的食品软包装用复合薄膜以及性能优良的多层板、多层管和多层中空制品等。作为黏合层制造 PP 与铝箔等金属或以高分子制作的网状材料的层压材料，使得该层压材料具有耐温、无毒、强度高的特点。

### 3.5.3 力学性能及其他

徐卫兵等人研究了 PP－g－GMA 的力学性能，随着 PP－g－GMA 的接枝率增加，其拉伸强度增加，由于接枝共聚物分子间作用力增大，缺口冲击强度在接枝率为 1.8% 处出现极大值。Ghosh 等人研究了接枝共聚物的机械性能，发现聚烯烃接枝 AA 后其强度和韧性得到提高，但接枝丙烯酸丁酯，其性能反而下降。

张良均等人研究了 PP－g－GMA 的流变性质：PP－g－GMA 在熔融流动时，一般具有剪切变稀行为，属于假塑性流体。当剪切速率增大到一定程度后，其流变行为类似于牛顿流体。由于在接枝过程中，PP 的相对分子质量下降，因此，接枝共聚物通常具有较低的熔体黏度，且接枝率越高，其熔体黏度越低。

# 第四章 聚氯乙烯接枝共聚物

## 4.1 聚氯乙烯改性方法

PVC 的改性方法很多，针对不同的应用目的可以采用不同的改性方法或改性技术，PVC 的改性方法大致可以分为两大类，即化学改性和物理改性。

### 4.1.1 化学改性

化学改性是指通过一定的化学反应使 PVC 的结构发生变化，从而达到改性的目的。化学改性的途径有共聚合反应和大分子反应两大类。共聚合是 PVC 化学改性的主要方法，通常采用无规共聚和接枝共聚两种方式。无规共聚还可以分为二元共聚和多元共聚，所得共酯聚物兼有 VC 和改性单体的性能。接枝共聚可以用改性聚合物作主链，接上 VC 单体生成支链；也可以将其他改性单体接到 PVC 主链上。

接枝共聚的主要目的是提高 PVC 的抗冲性能，因此通常将 VC 单体接到柔顺性好的聚合物上或在 PVC 上接上柔性单体。如在氯化聚乙烯、聚丙烯酸酯、乙烯－乙酸乙烯酯共聚物上接技氯乙烯或在 PVC 上接枝丁二烯、丙烯酸丁酯等。以软质基体接枝 VC 也可以得到增塑效果稳定的 PVC。PVC 的大分子化学反应改性有氯化和交联。PVC 经氯化后树脂的含氯量提高从而使热变形温度提高，在溶剂中的溶解能力加强。在 PVC 树脂制备或在 PVC 加工过程中，加入少量交联剂或采用放射线进行辐射交联，可以使 PVC 分子链间产生一定程度的交联，从而提高 PVC 的拉伸强度（尤其是高温下的拉伸强度）、尺寸稳定性、耐燃性，使软质 PVC 具有更优的弹性，因此，交联也是 PVC 实用的化学改性方法之一。

### 4.1.2 物理改性

物理改性不涉及 PVC 分子结构的改变，比化学改性更易实施。填充、复合、共混是 PVC 物理改性最主要的改性方法。从广义上说，在 PVC 加工过程中加入增塑剂、热稳定剂，可以认为是最早的物理改性。

PVC 填充材料主要是采用无机物、金属、气体等，填充改性既有增量作用，又有改性效果，可改进制品的硬度、刚度、耐热性、阻燃性等，并可降低成本。

PVC 复合材料常用玻璃纤维与 PVC 复合以提高拉伸强度，改善 PVC 的脆性、耐蠕变性和耐化学性，提高耐热温度等。纤维增强的 PVC 在一定程度上可以作为工程塑料使用。

PVC 共混通常是指将 PVC 与其他聚合物混合在一起，常用机械共混法来实现，也有采用乳液或溶液共沉淀法来实现的。共混的主要目的就是改性，如改善加工性能、提高冲击强度、改善耐热性等。此外还可降低成本，如利用废料与新料共混制再生品等。常用的 PVC 共混改性剂有 NBR、CR、ABS、CPE、EVA、ACR、PU、PMMA、CPVC 等。PVC 树脂也可以用来改善其他高聚物的性能，如改善 ABS 等材料的阻燃性，并可降低成本。两种高聚物的相容性是决定共混是否成功的关键，采用合适的增容剂可以提高原不相容的两聚合物的相容性。

## 4.2 氯乙烯接枝共聚

氯乙烯接枝共聚是指以其他聚合物为主链与氯乙烯单体的接枝共聚。其作用主要有两个：一是改进硬质 PVC 的抗冲性能；二是改进软质 PVC 的增塑稳定性。提高抗冲性能主要是乙烯-乙酸乙烯酯共聚物(EVA)、氯化聚乙烯(CPE)、聚丙烯酸酯(ACR)、乙丙橡胶(EPR)等与氯乙烯接枝共聚，改进软质 PVC 增塑稳定性主要是 EVA(高含量)、热塑性聚氨酯(TPU)等与氯乙烯接枝共聚。

对于抗冲改性的氯乙烯接枝共聚物，基体聚合物大多是 PVC 的冲击改性剂，其含量不高，PVC 是接枝产物的主要成分，并以均聚和接枝到基体聚合物上两种形式存在，接枝产物具有 PVC 的主要特征。但是接枝 PVC 的存在能提高均聚 PVC 与基体聚合物(抗冲改性剂)的相容性，从而提高接枝产物的抗冲性能。以改进软 PVC 增塑稳定性为目的的 VC 接枝共聚，采用的基体聚合物往往是柔性聚合物，在接枝产物中含量较高，以达到增塑效果。

VC 接枝共聚是可以采用悬浮、乳液、溶液等聚合方法。根据 VC 与基体聚合物的溶解(溶胀)特性及两者配比，悬浮接枝共聚又可分为悬浮溶解接枝、悬浮溶胀接枝和低压法等。表 4-1 列举了不同接枝共聚方法的特征及应用实例。

**表 4-1 VC 接枝共聚主要方法**

| 聚合方法 | | 主要特征 | 实　例 |
|---|---|---|---|
| 溶液接枝共聚 | | 基体聚合物溶于 VC 单体，或基体聚合物和 VC 同溶于一溶剂中，采用油溶性引发剂引发聚合 | TPU-VC 接枝共聚(溶剂甲乙酮) |
| 悬浮法接枝共聚 | 溶解法 | 基体聚合物溶于 VC 单体，分散于分散介质中聚合，引发剂和分散剂类似于 VC 悬浮聚合 | VC/EVA > 5 时的 EVA-VC，TPU-VC 接枝共聚 |
| | 溶胀法 | VC 单体全部或部分溶胀于基体聚合物中，分散于分散介质中聚合。引发剂和分散剂类似于悬浮聚合 | EVA-VC、CPE-VC、EPR-VC、ACR-VC 接枝共聚物 |
| | 低压法 | VC 单体全部溶胀于基体聚合物中，无液相 VC 存在，一般采用分步或连续加 VC、分散介质、引发剂和分散剂等，类似于 VC 悬浮聚合 | VC/EVA < 1 时的 EVA-VC 接枝共聚 |
| 乳液接枝共聚 | | 接枝单体全部或部分溶胀于基体聚合物胶乳中，分散介质，引发剂和乳化剂同 VC 乳液聚合 | ACR-VC 接枝共聚 |

### 4.2.1 乙烯-乙酸乙烯酯共聚物与氯乙烯接枝共聚

EVA-g-VC 共聚物是产量最大的接枝共聚改性 PVC 品种，也是产量仅次于氯醋共聚物的共聚改性 PVC。根据 EVA 含量的高低，EVA-g-VC 共聚物可分为两大类：一是 EVA 含量在 6% ~10% 的硬质抗冲性，二是 EVA 含量在 30% ~60% 的软质增塑型。

近年来有些公司在 EVA-g-VC 共聚物的制造过程中还加入其他单体(如乙烯、丙烯酸酯)等，进一步提高硬质 EVA-g-VC 共聚物的抗冲性或改进软质 EVA-g-VC 共聚物的加工性。

4.2.1.1 EVA-g-VC 共聚物的制备

EVA 是乙烯-乙酸乙烯酯无规共聚物的简称，商品化的 EVA 大多为粒料，在接枝共聚前必须进行粉化处理。工业上一般采用 VC 溶胀法粉化 EVA，即在分散剂水溶液中，以 VC

为溶胀剂充分溶胀 EVA，再通过机械搅拌作用粉化 EVA。此方法具备简单、操作方便和成本低的优点，而且可以实现 EVA 粉化和 EVA - VC 接枝共聚一体化。

EVA - g - VC 共聚物可以采用悬浮和乳液聚合方法生产，工业上以悬浮聚合为主。根据 VC/EVA 配比，悬浮法又可以分为溶解法(VC/EVA >5)、溶胀法(1 < VC/EVA <3 -5)、低压法(VC/EVA <1)。共聚反应温度一般在 50 ~65℃之间，聚合温度升高有利于接枝效率，但 PVC 的相对分子质量下降。悬浮聚合采用的分散剂类似 VC 均聚，主要为纤维素醚类和聚乙烯醇类分散剂。

4.2.1.2 EVA - g - VC 共聚树脂的加工与应用

EVA - g - VC 共聚树脂的加工配方与 PVC 类似，但制品冲击强度对稳定剂的种类较为敏感，采用铅系稳定剂时冲击强度提高较小，使用钡/镉系稳定剂冲击强度提高较大。硬质 EVA - g - VC 共聚物的加工性能优于均聚 PVC，加工温度较低，流动性较好。EVA - g - VC 共聚物的冲击强度对加工条件也较为敏感，加工温度不宜太高，加工时间也不宜太长，如辊炼加工时，温度一般在 170 ~180℃，时间以 4 ~6min 为宜。EVA - g - VC 共聚物可以采用类似 PVC 的加工方法和设备进行加工。

EVA - g - VC 共聚物的用途较为广泛，既可单独使用，也可以作为 PVC 的抗冲改性剂使用。硬质 EVA - g - VC 共聚抗冲型产品主要用于挤出成型建材、上下水管、排污管、电缆护套、窗框、面板、板条、家具等；注塑管件、室外标牌、配盘、电器外壳等；压延成型高透明包装片材，或再加工成包装容器。EVA - g - VC 共聚树脂与 PVC 共混，能在比普通 PVC 加工温度低 5 ~10℃下成型，制备具有高抗冲性能的制品。

高 EVA 含量的软质 EVA - g - VC 共聚物制品与添加小分子增塑剂的软质 PVC 相比，无增塑剂迁移所造成的环境污染及产品性能劣化等问题，产品具有较好的热老化性、耐候性和耐寒性，因此特别适用于寒冷地区，用作透明软薄及高档鞋料，也可制作食品、医疗用容器、瓶子，还可用于电线、电缆包覆材料以及 PVC 抗冲改性剂。

**4.2.2 氯化聚乙烯与氯乙烯接枝共聚**

氯化聚乙烯(CPE)是一种饱和性含氯弹性体，具有优良的耐热性、耐臭氧、耐热老化、阻燃、耐化学药品和耐油性能，而且这种材料的原料来源丰富、工艺简单、性能可调性大，用途十分广泛。CPE 是应用较早的一种 PVC 抗冲改性剂，用共混的方法在 PVC 中加入 8 ~12 份 CPE，冲击强度有较大幅度提高，扩展了 PVC 的应用领域。但采用共混的方法，存在 PVC 与 CPE 相容性问题，对 CPE 的选择性较高，界面层 CPE 橡胶粒子与 PVC 之间以分子间作用力相连，改性效果受组分相容性和加工条件限制较大。若采用 CPER 接枝 VC 共聚物，CPE 与 PVC 以化学键相连，改性效果显著。

由于 CPE - g - VC 共聚物具有优异的综合性能，美国孟山都公司和 Hooker 化学公司、德国 Nobel 公司、日本电气化学和日天公司都进行了研究开发，国内安徽省化工研究所、山东潍坊化工厂及浙江大学等单位进行了 CPE - g - VC 共聚物的研究，但目前尚未形成大的生产规模。

4.2.2.1 CPE - g - VC 共聚树脂的制备

CPE - g - VC 接枝共聚主要采用水相悬浮聚合。但在接枝共聚前 CPE 要经 VC 充分溶胀，以减少 VC 均聚物的形成，提高接枝率。CPE - VC 悬浮溶胀接枝共聚的典型配方如表 4 -2所示。其操作工艺为：先经聚合釜内加入水和分散剂，再加入 CPE 粉末和其他助剂，密封抽真空，压入 VC 单体，升温搅拌使 CPE 被 VC 溶胀 0.5h 以上，然后加入引发剂溶液进行聚合，聚合过程和后处理工艺与 VC 悬浮聚合相似。

**表 4-2　CPE-VC 悬浮溶胀接枝共聚配方**

| 物　料 | 用量/份 | | 物　料 | 用量/份 | |
|---|---|---|---|---|---|
| | 1 | 2 | | 1 | 2 |
| VC | 100 | 100 | 分散剂 | 适量 | 适量 |
| CPE-35 | 20 | 100 | 湿润剂 | 适量 | 适量 |
| 去离子水 | 150 | 250 | 其他助剂 | 适量 | 适量 |
| EHP | 0.04 | 0.04 | 聚合温度/℃ | 57 | 57 |
| LPO | 0.03 | 0.03 | | | |

为了提高聚合产物的接枝率，可以采用后期升温的两段悬浮接枝共聚法，产物的冲击强度比含胶量相同的共混物提高 10 倍左右，拉伸强度、透明度、加工性和耐候性均较好。

4.2.2.2　CPE-g-VC 共聚物的加工与应用

CPE-g-VC 共聚物可以采用 PVC、PVC/CPE 共混物的加工配方和加工工艺。和 PVC 一样，CPE-g-VC 共聚物也是含氯聚合物，受热、光作用会分解，因此必须加入足够的热稳定剂及耐候剂，以提高加工热稳定性及耐候性，PVC 用的各类热稳定剂均可用于 CPE-g-VC 共聚物的加工。共聚物可以采用挤出、注塑、压延等方法进行加工，加工温度和加工时间对制品性能有一定的影响，如辊炼温度为 175~185℃时，制品的缺口冲击强度较高，低于 175℃或高于 185℃时冲击强度较低。

CPE-g-VC 共聚树脂应用较广，可以直接应用，也可以作为增韧改性剂，特别适用于 CPE 改性 PVC 而冲击强度仍不能满足要求的场合。低 CPE 含量的 CPE-g-VC 树脂通常用于制备硬质制品，如硬板、硬片、硬管、工业管道、波纹管、户外使用的门窗、楼梯扶手等。高 CPE 含量的 CPE-g-VC 树脂具有增塑作用稳定、耐低温性、耐溶剂萃取、电绝缘性优良等特点，可以生产弹性密封条、防水卷材、塑料地板、耐油电缆等。

### 4.2.3　聚丙烯酸酯类与氯乙烯接枝共聚

聚丙烯酸酯类聚合物(简称 ACR)是又一类 PVC 改性剂，它分为 ACR 加工助剂和 ACR 抗冲助剂两大类。ACR 抗冲改性剂，通常是以交联聚丙烯酸丁酯(PBA)为核、甲基丙烯酸甲酯聚合物为壳的核/壳结构的弹性体，当 ACR 冲击改性剂与 PVC 共混时，壳层与 PVC 相容，交联 PBA 形成橡胶分散相，分散相弹性较高，能吸收冲击能，从而提高 PVC 材料的抗冲性能。

在欧美日等发达国家，ACR 型加工助剂和抗冲助剂已得到广泛应用。我国山东淄博塑料助剂厂、江苏安利等化工厂开发生产了 ACR 产品，但以 ACR 加工助剂为多，ACR 冲击改性剂发展很快。目前，ACR 已有多家万吨级企业。

ACR-g-VC 共聚物是开发较晚的 VC 接枝共聚树脂，它可以提高 PVC 和 ACR 的相容性和界面作用力，对提高 PVC 的抗冲性能更有利。国内天津化工厂和北京化工研究院曾进行 ACR-g-VC 共聚树脂的研究，但尚未形成大的生产规模。

4.2.3.1　ACR-g-VC 共聚物的制备

ACR-g-VC 接枝共聚物的制备可以采用乳液、悬浮聚合方法。乳液法是合成 ACR 胶乳的基础上直接与 VC 进行乳液接枝共聚，得到 ACR 含量为 5% 的共聚物。悬浮聚合又可分为两种方法，一是破乳后的 ACR 粒子与 VC 悬浮接枝共聚，一是直接用 ACR 胶乳与 VC 进行悬浮接枝共聚，后一种方法应用最广。ACR 胶乳的存在会增加 VC 悬浮聚合的难度，通过调节分散剂等可以制备颗粒形态符合要求的 ACR－g－VC 共聚树脂。表 4－3 为 ACR 胶乳悬浮接枝 VC 的典型配方。

**表 4－3　ACR 胶乳与 VC 悬浮接枝共聚配方**

| 物　料 | 用量/份 | 物　料 | 用量/份 |
|---|---|---|---|
| 去离子水 | 1400 | 脱水山梨糖醇单月桂酸酯 | 12 |
| VC 单体 | 9500 | 过氧化二月桂酰 | 12 |
| 交联 ACR 胶乳(固含量 25%) | 2300 | 巯基乙醇 | 4 |
| 聚乙烯醇 | 55 | | |

4.2.3.2　ACR－g－VC 共聚物的加工与应用

ACR 弹性体可赋予接枝共聚物优异的抗冲性能，共聚物中的 ACR 的含量、结构、组成对抗冲性能有很大影响。商品化的 ACR－g－VC 共聚物中 ACR 含量高时，作为冲击改性剂与 PVC 共混使用，ACR 含量在 10% 以下时，可直接使用。

ACR－g－VC 共聚物可以采用类似 PVC 的加工配方和加工技术。由于 ACR 不仅具有抗冲改性作用，而且还有改善加工性能的作用，因此，ACR－g－VC 共聚物的加工性能优于纯 PVC，塑化时间短、熔体强度较高，注塑性、吹塑性、基础加工性和发泡成型性都较好。ACR－g－VC 共聚物可用于生产抗冲性能要求高的 PVC 硬制品，同时由于 ACR－g－VC 不含双键，耐候性能优异，因而特别适合制造户外使用的制品，如壁板、门窗框、雨水槽、输送管和导线管等。

### 4.2.4　乙丙橡胶与氯乙烯接枝共聚

乙丙橡胶(EPR)是乙烯－丙烯二元共聚物和乙烯－丙烯－非共轭双烯三元共聚物的统称，是一种综合性能较优的橡胶材料。由于与 PVC 的相容性较差，一般不能直接用于 PVC 的抗冲改性。通过 EPR 与 VC 接枝共聚，可以得到的 EPR－g－VC 共聚物是 EPR 与 PVC 的增容助剂，因此 EPR 的接枝共聚可以得到抗冲性能优良的 PVC 聚合物。

EPR－g－VC 共聚物的制备可采用悬浮溶胀接枝共聚方法。典型的聚合配方和工艺条件如表 4－4 所示。

**表 4－4　EPR－VC 悬浮接枝共聚配方及工艺**

| 项　目 | 数　据 | 项　目 | 数　据 |
|---|---|---|---|
| 原料/份 | | 明胶 | 0.15 |
| VC | 90～95 | 溶胀剂 | 适量 |
| EPR | 5～10 | 工艺 | |
| 去离子水 | 200 | 冷搅时间/h | 2.5 |
| 偶氮二异丁腈 | 0.2 | 聚合温度/℃ | 55 |

EPR－g－VC 共聚物具有较高的冲击强度，其耐候性、耐化学腐蚀性与 PVC 相当，热变形温度与高抗冲聚苯乙烯相当。此类共聚物具有良好的加工性能，尤其是注塑性能较好，适于注塑。

EPR－g－VC 共聚物硬制品包括电器元件外壳、显像管框架、收音机外壳、家具、窗框、汽车底板、耐腐蚀性管道、容器等，可代替 ABS 的部分用途；软质制品可用于电缆、电线包覆材料等，也可用作 PVC 的改性剂。

### 4.2.5　热塑性聚氨酯(TPU)与氯乙烯接枝共聚

TPU 是一种性能优异的弹性材料，用 TPU 改性 PVC 能得到耐磨、压缩永久变形、耐环境和耐腐蚀及低温性能优良的软质 PVC 材料。通常共混的方法改性效果不佳。通过接枝的方法得到的 TPU - g - VC 共聚物具有优良的耐磨、耐油、耐寒等性能和 PVC 的阻燃性、加工性能。接枝共聚物在不加增塑剂的情况下就是具有软质 PVC 的特性，从而不存在小分子增塑剂渗出、挥发和迁移等现象。

4.2.5.1 TPU - g - VC 共聚物的制备

接枝过程中选用的 TPU 应能在 VC 单体中溶解或溶胀，一般为聚酯、聚醚型多羟基化合物与脂肪族二异氰酸酯反应得到的产物。由芳香族二异氰酸酯制备的 TPU 在光照下易形成醌式结构而使制品变黄，因此一般不被选用。TPU - g - VC 接枝共聚可采用悬浮、乳液和溶液聚合方法，并以悬浮聚合法为主。悬浮聚合采用的是悬浮溶解或溶胀聚合工艺，典型的共聚配方工艺如表 4 - 5 所示。

**表 4 - 5 TPU - VC 悬浮接枝共聚配方和工艺**

| 项目 | 数据 | | | |
|---|---|---|---|---|
| | 1 | 2 | 3 | 4 |
| 原料/份 | | | | |
| TPU(PandexT - 5265) | 20 | 40 | 20 | 20 |
| VC | 80 | 60 | 60 | 60 |
| 丙烯酸丁酯 | — | — | 20 | — |
| 偏氯乙烯 | — | — | — | 20 |
| 去离子水 | 200 | 200 | 200 | 200 |
| PVA(KH - 17) | 0.8 | 0.8 | 0.8 | 0.8 |
| 过氧化二碳酸二(2 - 乙基己酯) | 0.05 | 0.05 | 0.05 | 0.05 |
| 工艺 | | | | |
| 聚合温度/℃ | 58 | 58 | 58 | 58 |
| 聚合时间/h | 15 | 15 | 15 | 15 |
| 聚合转化率/% | 90 | 90 | 80 | 90 |
| 共聚物中 TPU 含量/% | 22 | 44 | 22 | 22 |

接枝共聚时 TPU 与 VC 的投料比最好为 20 ~ 150 份/100 份，相应的接枝产物中 TPU 的含量为 17% ~ 65%。TPU 含量越大，接枝产物的硬度越小。TPU - g - VC 共聚物兼具 TPU 与 PVC 的优点，具体有以下特点：

① 完全不用增塑剂，因而不会有附着性、表面污染性等问题；

② 耐油性、耐磨耗性、耐热老化性、耐候性和耐寒性优良；

③ 优良的二次加工性和非迁移性；

④ 透明性、着色优异，可以高度填充；

⑤ 硬度在 60 ~ 95 范围内调节，柔软性优良；

⑥ 机械性能良好，在高温下仍能保持较好的机械性能。

4.2.5.2 TPU - g - VC 共聚物的加工与应用

TPU - g - VC 共聚物的加工过程中添加的助剂与普通 PVC 基本类似，但它对热稳定剂的选择性较强，多用钡 - 锌系或钙 - 锌系稳定剂，若用铅系或锡系稳定剂，制品的机械强度会降低。根据制品需要，TPU - g - VC 共聚物可采用压延、挤出、注塑、吹塑等方法加工。

TPU - g - VC 共聚物是兼具 TPU 与 PVC 特性的软制品，可代替聚氨酯和软质 PVC 而用来制作医疗器械、电线电缆、汽车部件、日用品等。用 TPU - g - VC 共聚物生产的医疗机械（如输血袋、输液袋、输液管、人工肾脏回路等）具有不易渗透、溶血性小、高温消毒时耐热性好、生物相容性优异等特点；其电线电缆材料低温性能优异，适合在寒冷地区应用；利用其良好的耐磨性、耐油性和弹性，可用于制作高档旅游鞋料。另外，TPU - g - VC 共聚物还可用于制作各种软管、异型材料、防水布、皮革等，产品综合性能优良，使用期长，适用于要求较高的场合。

#### 4.2.6 其他聚合物与氯乙烯接枝共聚

除了以上常见的 VC 接枝共聚物外，聚乙烯、聚丙烯、聚苯乙烯、聚四氟乙烯、丁二烯共聚物、聚酯、聚醚、聚乙烯醇、聚乙烯醇缩醛和纤维素等均可以与 VC 接枝获得接枝共聚物，但这些接枝共聚物目前仅见文献和专利报道，缺乏实际应用。

聚丙烯与氯乙烯接枝共聚物也是采用悬浮溶解法或是悬浮溶胀法生产，共聚物的加工流动性随 PP 含量的增加而变优，接枝共聚物制品的硬度、拉伸强度通常都小于均聚 PVC，而冲击强度大于 PVC 均聚物。

① 聚乙烯与氯乙烯接枝共聚 PE 和 PVC 同属通用塑料，两者相容性较差，难于直接共混。PE - g - VC 共聚物若以 PVC 为主要成分，则是硬质或半硬质产品，具有较好的韧性及良好的拉伸性能，并具有较低的加工温度和良好的流动性。

② 聚四氟乙烯与氯乙烯接枝共聚聚四氟乙烯是耐热性、耐溶剂性和耐磨性优异的高分子材料，缺点是加工困难，以聚四氟乙烯为基体接枝 VC，可得到耐热、耐磨、耐溶剂优良而又容易加工的接枝共聚物。

③ 聚苯乙烯与氯乙烯接枝共聚 PS 是常用的发泡聚合物之一，为了改进其阻燃性，可以在 PS 上接枝 VC。

## 4.3 聚氯乙烯接枝共聚

聚氯乙烯接枝共聚是指以 PVC 分子为主链，接上其他单体形成支链。PVC 接枝共聚改性的主要目的是：提高硬质 PVC 的抗冲性能和耐热性；增加软质 PVC 的增塑稳定性。抗冲改性和增塑改性主要是接枝软单体，如乙酸乙烯酯，丁二烯和丙烯酸丁酯等。耐热改性则主要是接枝刚性单体，如甲基丙烯酸甲酯、$N$ - 苯基马来酰亚胺，$\alpha$ - 甲基苯乙烯和平共处苯乙烯等。

悬浮溶胀和乳液法是制备 PVC 接枝共聚物的主要方法。目前，有关 PVC 接枝共聚的研究较多，但实现工业化生产的品种不多。

#### 4.3.1 聚氯乙烯与乙酸乙烯酯接枝共聚

PVC - g - VAc 共聚物是目前已实现商品化的少数的 PVC 接枝共聚物之一。VC 与 VAc 无规共聚，仅能得到内增塑型的共聚物，其抗冲性能、热稳定性能并没有提高。而 PVC 与 VAc 接枝共聚，则能得到加工、抗冲和热稳定性都得到改善的 PVC 树脂。该树脂既适用于生产软质制品，也适用于制备高抗冲和加工流动性好的硬质制品。

PVC - g - VAc 共聚可采用水相悬浮法、乳液法、溶液法等制备，其中水相悬浮法最常用，典型的生产配方及工艺条件如表 4 - 6 表示。

PVC 接枝 VAc 主要通过 PVC 脱除不稳定氯原子形成 PVC 大分子自由基，引发 VAc 在 PVC 上形成支链，部分 VAc 形成均聚物。影响 PVC - g - VAc 共聚物结构的主要因素有 VAc/PVC 配比、聚合温度、聚合转化率和引发剂浓度等。

PVC－g－VAc 共聚物可以采用类似 PVC 的加工技术和加工设备进行加工，由于热稳定性和加工性能均优于 VPC 均聚物，故加工成型较 PVC 容易。低 VAc 含量的接枝共聚物适用于制造管材、板材、异型材等硬制品，也可以制备抗冲性能要求较高的注塑制品和薄膜。高 VAc 含量的接枝共聚物可制造人造革、包装材料、软管、吹塑和注塑制品等。

表 4－6　典型的 PVC－VAc 悬浮接枝共聚配方及工艺

| 原　料 | 用量/份 |
|---|---|
| PVC | 6750 |
| VAc | 750（50℃时加入） |
| $H_2O$ | 1600（50℃时加入） |
| 过氧化二碳酸异丙酯 | 8（30℃时加入） |
| 聚合温度/聚合时间 | 50℃/2h<br>161℃/0.5h |

### 4.3.2　聚氯乙烯与丁二烯接枝共聚

聚氯乙烯与丁二烯接枝共聚物可采用乳液法、悬浮法和辐射法进行制备。乳液法是首先制备 PVC 胶乳，然后加入丁二烯单体进行接枝共聚；悬浮法是在 VC 悬浮聚合后，在除去 VC 单体的浆料中加入丁二烯单体进行共聚合，表 4－7 为美国气体产品公司悬浮接枝共聚配方。

表 4－7　PVC－Bd 悬浮接枝共聚配方

| 原　料 | 用量/份 | 原　料 | 用量/份 |
|---|---|---|---|
| PVC（含 4% 丙烯） | 100 | 去离子水 | 200 |
| Bd | 12 | 甲基纤维素 | 0.1 |
| | | 引发剂 | |
| α－甲基丙烯腈 | 2.8 | 聚合温度/聚合时间 | 70℃/3h |

辐射接枝共聚法是日本从 20 世纪 60 年代开始研究的，70 年代初达到了连续化中试规模。该方法采用粉末 PVC 树脂，配入微量润滑剂后连续送入带辐射源的圆筒型反应器中，和 Bd 气体逆向接触的同时，用 $Co^{60}-\gamma$ 射线辐照发生接枝聚合，接枝过的 PVC 从反应器上部送至辐射室外的储槽中，未反应气体从反应器上部送至焚烧炉，经焚烧后排放入大气。在 PVC 辐射接枝 Bd 过程中，反应器的选择很重要，为了提高接枝效率和实现过程的连续化，采用同时带搅拌的移动层式反应器。采用辐射法制备 PVC－g－Bd 共聚物具有许多优点：首先是 Bd 均聚物少；第二是反应温度低，通常在室温与 PVC 的 $T_g$ 之间，这样的接枝的 PBd 的相对分子质量大，对提高抗冲性有利；第三是可通过辐射参数调节，实现 PVC 的整体均匀接枝或表面接枝；第四是反应易控制，过程简单，可连续生产。

PVC 接枝丁二烯共聚物可用通常 PVC 加工方法成型加工，此类共聚物主要用于生产抗冲强度要求高的制品，如重包装容器等。

### 4.3.3　聚氯乙烯与丙烯酸酯类单体可以得到抗冲改性的 PVC 树脂

自 20 世纪 80 年代开始报道了 PVC 溶胀接枝丙烯酸酯类单体的专利，常用的接枝单体为 BA，有关 PVC 接枝 BA 共聚的热力学、动力学也有文献报道。日本钟渊公司采用两步法悬浮溶胀聚合，使 100 份 PVC 与 6 份 BA 和 2 份 MMA 接枝共聚，得到的接枝产物与 MBS 等共混后，其抗冲性能、加工性能均优于 PVC。

### 4.3.4　聚氯乙烯与甲基丙烯酸甲酯接枝共聚

将 MMA 接枝到 PVC 分子链上可以提高材料的 $T_g$、耐热性和刚性，但使用单一 MMA 单体接枝提高耐热性的效果不明显，一般加入刚性更大的第二单体如 *N*－MI（*N*－聚代马来酰亚胺）、α－MeSt、AN 等，接枝共聚得到耐热 PVC。

PVC－g－MMA 接枝共聚可采用悬浮法、乳液法、溶液法和本体法实施，由于悬浮法除热效果好、生产效率高，且比较经济，故通常采用悬浮法。其配方与工艺如表 4－8 所示。

**表 4－8　PVC－MMA 悬浮接枝共聚配方与工艺**

| 原　料 | 用量/份 | 原　料 | 用量/份 |
|---|---|---|---|
| PVC（粒子，特性黏度[η]＝0.54） | 100 | 过氧化新戊酸叔丁酯 | 0.3 |
| MMA | 90 | 工艺 | |
| α－甲基丙乙烯 | 10 | 聚合温度 | 60℃ |
| 去离子水 | 400 | 聚合时间 | 16h |
| | | 单体转化率 | 97.9% |

为了提高接枝效率，在接枝共聚前可将 PVC 进行某种化学处理，如采用胺化 PVC 接枝 MMA 可使 MMA 在 PVC 上的接枝率大大提高，达到 30%～70%。将 PVC 在碱性水溶液中加热脱去部分 HCl 形成不饱和键，然后与 MMA 接枝共聚，接枝效率最大可达 33%。

PVC－g－MMA 共聚物可采用类似 PVC 的加工配方技术成型加工。由于共聚物具有的耐热性能，共聚树脂主要用于生产高温使用的硬质 PVC 制品。

#### 4.3.5　聚氯乙烯与其他烯类单体接枝共聚

① 聚氯乙烯与甲基丙烯酸－2－羟乙酯接枝共聚甲基丙烯酸－2－羟乙酯（HEMA）是亲水性单体，其均聚物具有较高的 $T_g$，用 HEMA 接枝改性 PVC，所得共聚物不仅具有较高的 $T_g$ 和良好的物理机械性能，而且具有良好的耐化学药品、耐辐射性和生物相容性，特别适用于制作医用制品。但目前此类共聚物尚处于研究阶段还没有形成大规模生产。

② 聚氯乙烯与苯乙烯接枝共聚 PVC－g－St 共聚物是研究较为广泛的 PVC 接枝共聚物品种之一，其制备方法可采用自由基、阳离子、阴离子聚合方法，对不同方法制备的PVC－g－St 共聚物的性能研究表明，该共聚物的热稳定性优于 PVC 均聚物。但到目前为止，尚未有工业化产品生产。

③ 聚氯乙烯与（甲基）丙烯酸接枝共聚在 PVC 上接枝甲基丙烯酸（MAA）或丙烯酸（AA），能提高 PVC 的亲水性和生物相容性。由于单体溶于水，所以不能采用悬浮或乳液法制备，因此研究中大多数采用溶液聚合。此类共聚物制品大都用于医疗机械生产，因此，只要制品表面具有亲水性和生物相容性就足够了，这时可将制品浸在含 MAA 或 AA 的溶液中，通过辐射或引发剂引发而在制品表面形成接枝层。

### 4.4　接枝共聚物增韧聚氯乙烯

#### 4.4.1　引言

近五十年来，塑料制品在使用范围和所涉及的科学领域方面发展很快。这一形势的出现，除了由于近年来开发了少数塑料新品种以及由于加工成型技术的创新改革以外，在一定程度上是由于对一些老品种进行改革并赋于新的性能所促成。在这方面，对一些脆性塑料或韧性不够的塑料进行增韧处理所获得的效果最为明显，因此也最受重视。

关于对塑料增韧处理，有些人往往理解为单纯提高韧性，这种看法其实是片面的。实际上，在进行增韧的同时，必须尽可能设法不防碍其他有价值的性能，或者至少使这些性能维持在最起码的水平上。否则，所得不足以弥补所失，增韧就失去了意义。

迄今为止，增韧的主要手段是以少量的橡胶（5%～20%）作为分散相混至硬质的塑料连续相中。所得的复合材料与初始未改性的母体相比，冲击强度可以成倍或成十倍地增加，断裂伸长率等也明显增大。但是，常常不可避免地也使材料的一些性能，如模量、抗张强度，透明度和熔体流动性等有所下降，同时价格则有所增加。例如高抗冲聚苯乙烯(HIPS)除具有卓越的韧性外，还基本保持了聚苯乙烯的刚性、加工性能和着色性，但断裂抗张强度和透明度有所下降(见表4-9)。

**表4-9 PS与HIPS性能的比较**

| 性能 | 模量/GPa | 屈服抗张强度/MN·m$^{-2}$ | 屈服抗张伸长率/% | 断裂抗张强度/MN·m$^{-2}$ | 断裂抗张伸长率/% | 缺口冲击强度/kJ·m$^{-2}$ | 热变形温度/℃ | 透明度 |
|---|---|---|---|---|---|---|---|---|
| PS | 3.5 | 无 | 无 | 54 | 2.1 | 10 | 100 | 透明 |
| HIPS | 1.6 | 17.3 | 2 | 21 | 40 | 45 | 96 | 不透明 |

塑料增韧改性的制备方法主要有物理(机械)共混法和共聚-共混法两大类，物理共混包括粉料(干粉)共混、熔体共混、溶液共混和乳液共混，共聚-共混则包括接枝共聚-共混和嵌段共聚-共混。

共聚-共混法进行塑料增韧改性是一种化学方法，这一点是与物理(机械)共混显然不同的。共聚-共混法又有接枝共聚-共混与嵌段共聚-共混之分，在塑料增韧改性共混物方面，接枝共聚-共混法更为重要。

接枝共聚-共混法的典型操作程序是，首先制备一种聚合物(聚合物组分Ⅰ)，随后将其溶于另一聚合物(聚合物组分Ⅱ)的单体中，形成均匀溶液后再依靠引发剂或热能的引发使单体与聚合物组分Ⅰ发生接枝共聚，同时单体还会发生均聚作用。上述反应产物为聚合物共混物，它通常包含着三种主要聚合物组分，即聚合物Ⅰ、聚合物Ⅱ以及聚合物Ⅰ为骨架接枝上聚合物Ⅱ的接枝共聚物。接枝共聚组分的存在促进了两种聚合物组分的相容。所以接枝共聚-共混产物的相畴较机械共混法产物的相畴微细。影响接枝共聚-共混产物性能的因素很多，其中主要有原料聚合物组分Ⅰ和Ⅱ的性质，它们的比例，接枝链的长短、数量等。

接枝共聚-共混法制得的增韧塑料，其性能通常优于机械共混法的产物，所以近年来发展很快，应用范围逐渐推广。目前，主要用于生产橡胶增韧塑料。例如抗冲聚苯乙烯及ABS胶增韧聚氧乙烯等也开始研究用此法生产。

橡胶增韧塑料是以玻璃化温度较低的橡胶作分散相。以 $T_g$ 较高的硬质塑料母体为连续相的一种复合材料。材料的好坏，除了分散的橡胶粒子尺寸(通常约为0.1~0.2μm)这一因素以外，更重要的一个因素是橡胶粒子和母体两相之间的黏结能力。当两相的大分子相互间完全排斥时，相与相之间存在明显的界面，彼此可以完全分开。此时材料内部留下薄弱部位，材料的力学性能必然变坏。另一极端是当两相的大分子彼此间不仅不排斥而且亲如一“家”时，那就必然使两种大分子实现分子分散，使橡胶粒子不复存在。作为增韧塑料，上述两种极端情况大多不符合要求，即完全相容或完全不相容都是不理想的，而是希望介乎两者之间，以保证在形成橡胶分散相的同时，母体和胶粒有良好的黏结能力。另一方面，当以橡胶增韧的塑料和另一种热塑性塑料共混时，则要求前者的母体与后者能够完全相容，以使后者能够获得增韧效果。例如当少量ABS树脂与PVC树脂共混时，PVC的韧性就能够有所改善，这是由于ABS中母体S-AN共聚物能够和PVC相容的缘故。否则，它将导致性能变劣。由此可见，关于两种聚合物之间相容性的理论在这里是一个基础理论。

作为大塑料品种之一的聚氯乙烯，目前世界上的产量仅次于聚乙烯。在我国合成树脂生产中，PVC 的产量约占 50%，而且对 PVC 的应用也从原来的软制品为主，变为硬制品的比例愈来愈大，目前硬制品的比例占 PVC 制品的 50%。由于 PVC 原料价廉易得，而且具有许多优良性能，因此在化工、仪表、建筑、农业、日用品等国民经济部门以及航空航天等国防建设中得到了广泛的应用。但是另一方面由于 PVC 热稳定性及加工性能较差、材料呈脆性，使 PVC 硬制品的开发应用受到限制。长期以来，人们致力于 PVC 的改性研究，其中研究最多的是对 PVC 的增韧改性的研究。用作 PVC 增韧改性的聚合物有多种，主要有天然橡胶（NBR）、聚丁二烯（PB）、乙烯与乙酸乙烯酯共聚物（EVA）、氯化聚乙烯（CPE）、丙烯酸酯单体的共聚物（ACR）、ABS 和 MBS 等，其中只有 ACR 和 MBS 可用于透明制品。MBS 是上述几种 PVC 改性剂中价格较为便宜的品种。ACR 虽各项性能优良，但价格较昂贵，使它的应用推广有一定的困难。国外，也由于价格因素，ACR 仅在美国得到较广泛应用。故价格较便宜，性能优异的 MBS 便占据了 PVC 透明制品改性剂的市场。

### 4.4.2 MBS 树脂接枝聚合与 PVC 共混改性

MBS 树脂是甲基丙烯酸甲酯（MMA）-丁二烯（B）-苯乙烯（S）三元接枝共聚物。它是良好的韧性材料，在 85 ~ 90℃具有足够的刚性，在 -40℃仍具有良好的韧性。MBS 主要用于 PVC 改性，以提高其抗冲性、耐寒性和加工流动性而又可以保证 PVC/MBS 共混物的透明性。目前世界 MBS 树脂总产量约 30 万吨，主要用于 PVC 透明片材、板材、薄膜及其他 PVC 异型材。

自 20 世纪 50 年代末，美国 Borg Warner Rohm - Hass 公司首先开发用于提高 PVC 树脂抗冲击性改性剂——MBS 树脂以来，许多学者都积极投身于该领域的开发研究工作，并有许多公司推出各种系列的 MBS 树脂，如日本钟渊化学公司的 KANE - ACE - B 系列，日本吴羽化学工业公司和美国 Rohm - Hass 公司联合开发的 BTA 系列。各种牌号的 MBS 树脂在对 PVC 树脂的增韧效果、保持 PVC 制品的透明性、改善 PVC 树脂加工流动性等方面各有其独特的优势，并可分别用于不同的需要。近 10 年来，日本钟渊化学公司所推出的牌号KANE - ACE - B - 51（简称 $B_{51}$）MBS 树脂具有高透明、高抗冲而无应力泛白现象，尤其在低温条件下的抗冲性是别的 MBS 树脂不可比拟的。

目前，我国 PVC 产量已超过 150 万吨，透明片生产能力约 25 万吨/年，需 MBS 在万吨以上，但到现在为止，我国所用的 MBS 树脂大部分依靠进口，这不仅耗费大量的外汇，而且限制了 PVC 透明硬制品生产的发展。为了促进我国 MBS 产品的开发，国家曾将“PVC 改性剂 MBS 树脂技术开发”项目列为“七五”和“八五”重点攻关课题，经过多年的研究已开发出 QIM - 01 和 QIM - 02 牌号 MBS 树脂，并已完成中试，准备上万吨级装置。目前虽然整个聚合反应体系稳定性和各种工艺条件还需进一步完善和改进，但不久的将来，我国自行研制的 MBS 树脂将填补这个空白。为此，下面以 MBS 树脂作为 PVC 改性剂的典型代表来讨论。

#### 4.4.2.1 核 - 壳结构的乳液聚合原理

前面已知，MBS 是三元接枝共聚物。其合成是以丁苯胶乳（SBL）为种子，然后先接 S 后接枝 MMA 的核 - 壳乳液接枝过程，即复合高分子乳液制备过程。

高分子复合技术是材料科学与工程发展的重要方向，复合高分子乳液的出现，使复合技术从宏观进入微观领域。目前，复合乳液领域的研究颇为活跃，其中以核 - 壳结构高分子乳液的研究为最多。

核 - 壳结构乳液属于异种高分子复合乳液，是由两种或多种性质不同的单体在一定条件下按阶段聚合，即种子聚合或多阶段聚合，使乳液颗粒的内层和外层分别富集不同的成分，通过核和壳的不同组合，得到一系列不同形态的非均相胶乳粒子，赋予核和壳各不相同的功能，得到不同性能的复合乳液聚合物。近年来，人们在复合乳液领域开展了许多系统性的研究工作，探讨了核-壳乳液聚合机理，分析了胶乳粒子形态与各反应参数间的关系。

Williams 和 Grancio 根据 Smith-Ewart 关于乳液聚合阶段Ⅱ的动力学理论，由苯乙烯的种子乳液聚合动力学、形态和溶胀数据，首先提出了核-壳模型，他们认为增长的胶乳粒被单体非均匀溶胀是由聚合物富集的核和单体富集的壳构成的，壳层是聚合反应的主要场所。

Vanderhoff 探讨了核-壳乳液聚合的机理。他在研究 PS(Ⅰ)/S-AN(Ⅱ)体系时，发现存在两种类型的粒子：一种是小尺寸的新粒子，另一种是大尺寸的增长粒子。薄层色谱法(TLC)分析表明：新生成的小粒子是 S-AN 共聚物，大粒子是由 PS 核、S-AN 共聚物壳组成的，而核-壳之间存在 PS-g-(S-AN)共聚物。据此，提出了如下的聚合机理：①聚合反应是在被单体溶胀的增长粒子中进行的；②水相齐聚物和初级粒子在增加过程中凝聚，即接枝机理。Vanderhoff 进一步研究了 PBA/PS 核-壳体系，即苯乙烯主要是在水相聚合生成 PS 壳层粒子，主要的聚合机理是新成核粒子的吸收与富集于种子颗粒表面的单体聚合之间的平衡。自核-壳理论提出后引起了广泛的争论，争论的焦点是第二阶段单体的聚合场所，到目前为止没有一个较全面的理论。

4.4.2.2　核-壳型复合胶乳的形态

在乳液共聚中，粒子的形态是控制胶乳性能的关键。在实际应用中，复合胶乳粒子的形态对于获得理想的物理性能是至关重要的。然而直到现在，如何控制胶乳粒子的形态，仍未完全弄清。虽然乳胶粒可通过两阶段聚合来制备，但并非总能得到核-壳型的形态结构。文献报道中曾出现有关其他的形态结构，这些胶乳粒子的结构一般被描述为“草莓型”、“夹心型”、“雪人型”、“翻转核-壳型”、“核-壳型”(见图4-1)。

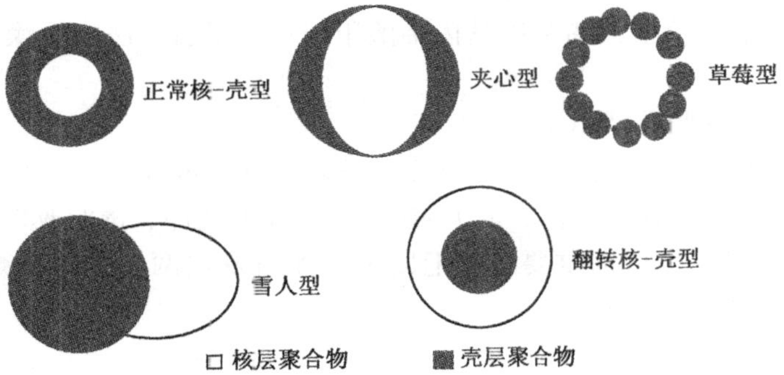


图4-1　核-壳乳液聚合可能得到的胶乳粒子的结构形态

Lee 等研究了两阶段单体用量比例、聚合物相对分子质量、聚合物的亲水性对颗粒形态的影响后指出，对于两阶段胶乳体系，分散介质的界面混合一般不会干扰粒子的内部形态，所以聚合物粒子处于准静态，并且粒子形态依赖于第二阶段的乳液聚合参数，即：①热力学参数，如聚合物的不相容性和界面张力；②动力学参数，如聚合物的流动性和聚合物场所的黏度。Lee 还提出了“反相”核-壳结构的概念，指出：“反相”核-壳形态的形成不仅依赖于两种聚合物的亲水性、界面张力、亲水性聚合物的相对分子质量，也依赖于两种聚合物的相分离程度。Lee 比较好地总结了各种类型的粒子形态，即单体和单体混合物Ⅱ在聚合物种子Ⅰ(均聚物或共聚物)存在下的两阶段乳液聚合所得胶乳粒子的形态：①如果聚合物Ⅰ不溶于单体Ⅱ中，则聚合物Ⅰ将形成“葱皮层”，如 PVC(Ⅰ)/PEA(Ⅱ)等；②如果聚合物Ⅱ与聚合物Ⅰ相容，且两者的亲水性没有差别，则形成聚合物富集的外层，产生核-壳结构，如PS(Ⅰ)/PS(Ⅱ)、PEA(Ⅰ)/PMMA(Ⅰ)等；③如果单体Ⅱ溶胀聚合物Ⅰ，但聚合物Ⅱ与聚合物Ⅰ不相容，则产生相分离，可能产生许多不同的结构，如PEA(Ⅰ)/PS(Ⅱ)，PS(Ⅰ)/S-B(Ⅱ)等。④如果聚合物Ⅰ是交联的且与聚合物Ⅱ不相容，则聚合物Ⅰ可以被网住，形成相互穿透的网络，连续相被聚合物Ⅱ富集的壳包围。⑤如果聚合物Ⅱ比聚合物Ⅰ的亲水性大，则聚合物Ⅱ相分离而进入聚合物Ⅰ中，形成许多不同的结构，其中包括"反相"核-壳结构。

Vanderhoff 等对影响粒子形态的工艺参数作了系统的研究，认为核-壳类型的结构依赖于聚合方法，影响其粒子形态的参数有：pH 值、引发剂种类(水溶性或油溶性)及用量、固含量、搅拌速度、壳阶段乳化剂的滴加速度、离子强度和种子尺寸等。要弄清粒子的形态，需要考虑许多因素。总之，聚合物形成的粒子大小取决于单体的相对亲水性和早期形成的聚合物以及单体在胶乳粒子中的溶解度。非均相胶乳粒子中的相分离程度决定于不同聚合物的共混性或相容性，每个聚合物组分的流动性，增长链与早期阶段生成聚合物之间的接枝反应，以及乳液形成的热过程等。

Morgan 等认为，在种子乳液聚合中，第一步形成的大分子 A 和第二步的大分子 B 在粒子中的可能位置有：①A 与 B 的无规共聚物；②B 穿透 A 核；③B 壳均匀包覆着 A 核；④A 和 B 分离为半球形或哑铃形。对 ABS 种子乳液聚合研究表明：形成一个完美的壳层结构的必要条件之一是种子乳液中游离的乳化剂浓度低于临界胶束浓度(CMC)，否则，由于新粒子的形成，对壳层单体的竞争会使壳层形成不完全，而导致橡胶核的黏结。Vanderhoff 也曾指出，体系中最初种子粒子的表面积的控制，是制备完美核-壳形态粒子的一个重要参数。

4.4.2.3 MBS 树脂的制备

MBS 的合成制备过程大致可分为四步：①乳液法制丁苯胶乳或聚丁二烯胶乳；②调节胶乳的粒径；③乳液法接枝乙烯和甲基丙烯酸甲酯；④凝析、洗涤干燥等后处理。现简述如下：

(1) 乳液法制丁苯胶乳(SBL)

目前 MBS 树脂的生产，大部分都是在丁苯胶乳上进一步接枝而得的。SBL 作为 MBS 的橡胶核，它的性能在很大程度上，决定了 MBS 对 PVC 的抗冲、透明改性效果，因此，对丁苯胶乳的合成研究就显得特别重要。现把以水溶性引发剂两步加丁二烯的合成过程说明如下：

主要原料：

单体：丁二烯、苯乙烯

乳化剂：硬脂酸钾、歧化松香皂

引发剂：过硫酸钾($K_2S_2O_8$)

相对分子质量调节剂：十二烷基硫醇

操作过程：依次加入配方量的乳化剂、引发剂、氯化钠、氢氧化钠(调 pH=9~10)等水溶液，苯乙烯、十二烷基硫醇，然后通氮排空，加入一定量的丁二烯，搅拌，加热升温至60℃，待反应到一定转化率后，再加入剩余的丁二烯，继续反应，直至转化率符合要求后，冷却终止反应，排空出料。

(2) 接枝共聚

在反应釜中，投入配方量的 SBL、水、调节 pH 为 9~10，然后升温至反应温度。

到达反应温度后，向釜中加入配方量的苯乙烯、引发剂 $K_2S_2O_8$ 和十二烷基硫醇（视具体配方而定），记录反应时间，每隔 1h 测一次转化率。当第一次接枝转化率≥85%时，加入配方量的甲基丙烯酸甲酯进行第二次接枝。当总的转化率≥95%时，停止反应，冷却至室温出料。

一般的接枝配方举例如表 4－10。

**表 4－10　接枝聚合配方**

| 第一次投料 | | 第二次投料 | |
|---|---|---|---|
| 物料名称 | 用　量 | 物料名称 | 用　量 |
| 丁苯胶乳（干基） | 47%～63% | 水 | 调节固含量为 20%～25% |
| 苯乙烯 | 15%～23% | 甲基丙烯酸甲酯 | 22%～30% |
| 乳化剂 | 0 或 3%（以单体计） | 乳化剂 | 0 或 3%（以单体计） |
| 引发剂 | 1.5～2mmol · $L^{-1}$（$H_2O$） | 引发剂 | 0mmol · $L^{-1}$ 或 2mmol · $L^{-1}$（$H_2O$） |
| | | 十二烷基硫醇 | 0～0.5%（以单体计） |

图 4－2 是采用上述接枝配方得到的 MBS 胶乳粒子透射电镜（TEM）照片，从图中可知，MBS 粒子具有明显的核－壳结构，形态较为规整、均匀，为 PVC/MBS 共混物增韧时两相界面的粘合提供了保证。

（3）后处理

1）絮凝　絮凝可采用正凝法和反凝法。

配方：防老剂 2、6、4 占 MBS 固体量的 5%，絮凝剂 $H_2SO_4$（浓度为 5%～8%）占 MBS 固含量的 8%～10%，加水稀释到 MBS 胶乳的固含量约 15%。

过程：

① 正凝聚法　聚合所得的 MBS 胶乳出料后，加水稀释至固含量 15%，于 50℃下搅拌慢慢加入 5%～8% 的 $H_2SO_4$ 水溶液，至破乳完成。升温至 75℃恒温搅拌 20～30min，再升温至 90℃，恒温搅拌 30min，使粒子熟化。

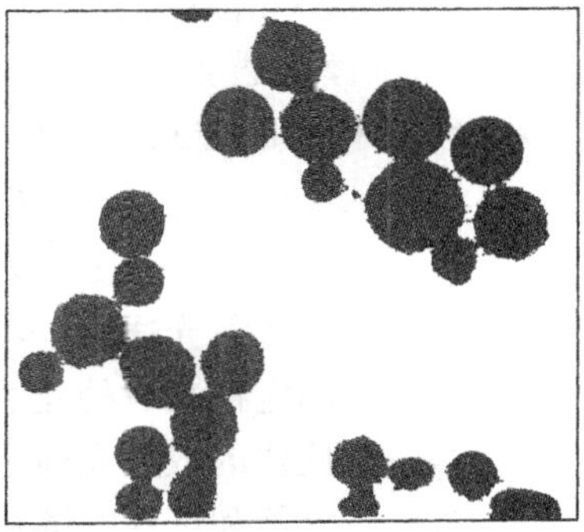

图 4－2　MBS 胶乳粒子形态图（110000 倍）

② 反凝聚法　将所需的 $H_2SO_4$，防老剂 2、6、4（用无水酒精配成约 10% 的溶液）和软水加入反应釜中。加热至 50℃左右，开始滴加 MBS 胶乳，恒温搅拌一定时间后，升温至 90℃恒温熟化。

2）洗涤　熟化好的物料冷却至室温，用离心机离心脱水，并用软水洗涤数次，直至洗涤水呈中性。

3）干燥　离心得到的 MBS 树脂在 50℃的热风中干燥，直至恒重，产物为白色粉末。

4.4.2.4　PVC/MBS 共混物的制备

（1）PVC/MBS 共混物的配方

一般配方举例如表 4－11。

（2）共混过程

将上述物料按配方预混好，在 60 寸双辊开炼机上混炼，混炼温度为 165℃，混炼时间 6～10min。混炼后在平板硫化机上模压成 1mm 和 4mm 透明板，压板温度 180℃，压板时间为预热 10min、加压 6min、冷压 10～15min，即成试片，可供性能测试用。

4.4.2.5 分析与测试

（1）接枝率测定

称取0.5gMBS粉末试样（准确至0.0001g），用已经恒重的滤纸包好，放入索氏抽提器中，用1:1（体积比）的丙酮和丁酮作混合溶剂，在80℃恒温水浴中抽提48h，取出滤纸和试样在80℃下干燥恒重后称量，按下式进行计算：

表4－11 PVC/MBS共混物配方

| 物料名称 | 用量/份 |
|---|---|
| PVC | 100 |
| MBS | 5～10 |
| 其余按透明板配方 | — |

$$\text{接枝率 } G = \frac{\text{试样中不溶物质量} - \text{试样中 SBL 橡胶质量}}{\text{试样中 SBL 橡胶质量}} = \frac{W'_n \times W_0 - W_{SB}}{W_{SB}} \times 100\%$$

$$\text{接枝效率 } E_g = \frac{W'_n \times W_0 - W_{SB}}{W - W_{SB}} \times 100\%$$

式中 $W'_n$——试样中不溶物与MBS质量之比，%；

$W_0$——试样MBS的质量，g；

$W_{SB}$——试样MBS中丁苯橡胶的质量，g。

（2）冲击强度的测定

按照GB 1043—79标准，将前述4mm厚的透明板在万能制样机上裁成标准试样，用XCJ－4型Charpy冲击试验机测试试样的冲击强度。

（3）透光率和浊度的测定

将1mm厚的透明板裁成20mm×25mm的试样，用WGW光电雾度计，根据GB 2410—80标准测定样品的透光率和浊度。

$$\text{透光率} = (T_2/T_1) \times 100\%$$

$$\text{浊　度} = (T_4/T_2 - T_3/T_2 + T_3/T_1) \times 100\%$$

式中 $T_1$——为入射光通量（＝100）；

$T_2$——测定样品时的光通量；

$T_3$——仪器的散射光通量；

$T_4$——仪器和试片的散射光通量。

### 4.4.3 MBS结构与PVC/MBS共混物性能的关系

4.4.3.1 透明性与抗冲性

透明性与抗冲性往往是不一致的。要获得同时具有高抗冲、高透明和没有折叠泛白现象的MBS树脂往往是有一定困难的。换句话说，抗冲强度是评价MBS对PVC的改性作用好坏的一个重要指标。冲击强度高，说明MBS对PVC改性效果好；透光率也是评价MBS对PVC改性作用好坏的又一个重要指标。如何综合考虑，这是首先要弄清的重要问题。

MBS作为透明PVC的增韧剂必须解决两方面的问题。一是MBS的折光率与PVC的折光率相匹配；二是要求微观结构的MBS接枝层具有一定的厚度，而且比较均匀。在增韧PVC塑料的体系中，由于加入分散的橡胶相的折光率与塑料相的折光率不同，在两相间的界面上发生散射而导致透光性的降低，甚至不透明。一般而言，若两相折光率之差在0.005以下，则可大大减少光散射。为了制备透光率高的改性PVC塑料，MBS的折光率与PVC的折光率（$n_{D(PVC)}=1.539$）之差应小于0.005。MBS是丁苯橡胶为核，接枝层为壳的核－壳结构，丁苯核与接枝壳的折光率均应等于1.539±0.005。利用对单体组成的加合性质，折光率可由下式计算：

$$n_{D丁苯核} = n_{D(St)} \times w_{St}^{C} + n_{D(Bd)} \times w_{Bd}^{C}$$

$$n_{D接枝层} = n_{D(St)} w_{St}^{S} + n_{D(MMA)} w_{MMA}^{S}$$

$$n_{D(MBS)} = n_{D(St)} \times (w_{St}^{C} + w_{St}^{S}) + n_{D(Bd)} \times w_{Bd}^{C} + n_{D(MMA)} w_{MMA}^{S}$$

式中 $n_{D(St)}$——苯乙烯的折光率，为1.547；

$n_{D(Bd)}$——丁二烯的折光率，为1.378；

$n_{D(MMA)}$——甲基丙烯酸甲酯的折光率，为1.414；

$w_{St}^{C}$，$w_{Bd}^{C}$——丁苯核中苯乙烯和丁二烯的质量分数,%；

$w_{St}^{S}$，$w_{MMA}^{S}$——壳层中苯乙烯和甲基丙烯酸甲酯的质量分数,%。

影响MBS与PVC共混物透光率的另一重要因素是壳层(S+MMA)包裹丁苯核的均匀性，即接枝层厚度大小。如果接枝层不够完善，MBS与PVC共混易产生空穴，甚至造成MBS核层的相互粘接，不仅造成透光率下降，而且使MBS的加工流动性变差。根据界面相互渗透原理，渗透厚度只有大于10nm以上才能使得界面粘合的情况良好，即可消除空穴产生光散射的可能性。因此对MBS的接枝层应具有一定的厚度范围，一般为10~20nm。

MBS的组成对PVC/MBS共混物的透明与抗冲性影响很大，为提高冲击强度，可增加MBS中的B含量，但这样又可能使透光率下降，因为MBS中橡胶较多时，MBS与PVC的界面出现分离，产生的空穴将造成光散射，导致透光率降低。在合适的范围内，随着B含量增加，共混物的微观形态从海岛结构向网络结构变化，体系从脆性断裂过渡至韧性断裂，冲击强度提高。但如B含量过高，MBS难以在PVC中分散，反而使冲击强度下降，而且B含量增加使体系的透光率下降。日本钟渊公司研制出一种具有多层核-壳结构的MBS，这种MBS主要是在制丁苯橡胶核(SBR)种子乳液时作了改进，使SBR种子具有富含PS的核和富含PB壳的核-壳结构，再用这种种子乳液接枝S和MMA，结果表明，这种多层核-壳结构MBS比非核-壳结构种子的MBS，在改性PVC上具有更优异的性能，做到了提高MBS中B含量使共混物冲击强度有较大提高的同时，又较好地保存了PVC良好的透明性和耐应力泛白性能。这充分说明了制备多包藏PS的SBR橡胶核，再接枝S和MMA，比在PB或少PS包藏物的SBR种子上接枝所得的MBS，对PVC有更好的改性效果，因为前者胶粒中包藏大量PS，形成蜂窝结构，大大地强化了少量橡胶的增韧效果。

橡胶相粒子也是影响橡胶增韧塑料体系性能的一个不可忽视的因素。对于不同的增韧体系，要求不同的最适宜胶粒尺寸。例如，HIPS要求胶粒直径1~10μm、ABS要求0.1~1μm，PVC似乎以0.1μm的粒子较为适宜。一般认为，粒径的分布不宜过宽，但也有报道，不少商品ABS都是由两种粒径混合的，其中一种为0.1~0.2μm，另一种为1~2μm，认为大粒子引发裂纹，小粒子产生剪切带。Bucknal等人对含有小胶粒的HIPS进行试验得出结论：小橡胶粒子不能终止由相邻粒子引发的银纹，但对于银纹化和剪切带同时形成的体系，由于剪切带提供了银纹终止的另一种机理，只要求胶粒大到足以引发银纹和剪切带即可。PVC/MBS也属于这种体系，对胶粒尺寸要求远不如PS等体系的大，以0.1~0.2μm为宜。

由于高抗冲强度要求大粒径的橡胶粒子，但大胶粒的存在又会影响共混物的透明性，因此透明抗冲型PVC改性剂MBS的胶粒尺寸研究较多。日本钟渊公司曾报道，PB种子乳液粒径在0.1μm以下，最好是0.01~0.08μm的粒子占50%以上，接枝后的MBS与PVC共混物的抗冲性能及透明性均佳。而在同样条件下，用较大粒径的胶乳接枝得到的MBS与PVC共混物透明性差，折叠泛白现象严重。类似的报道则认为：当种子胶乳粒径为0.07μm，两次接枝后平均粒径为0.092μm的MBS，它与PVC共混物抗冲和透明性都很好；若胶乳粒径增大为0.26μm，接枝后粒径为0.27μm，虽然PVC/MBS共混物冲击强度提高了，但透光率却很低。许多学者还认为，当MBS种子粒径大于0.1μm，接枝的MBS层就很难分布在橡胶粒子周围，所得的PVC/MBS共混物应力泛白现象严重；如果粒子过大，由于和连续相接触的比表面积减少，诱发银纹少，同时单位体积中粒子数目减少，粒子间的平均距离增大，对银纹终止不利，粒子周围应力场的相互作用小，结果共混物的抗张强度也不高。

为了综合平衡抗冲与透明二者的性能对粒径的要求，日本学者斋腾一雄提出了合成具有簇状结构粒子的设想(图4-3)。这种簇状粒子由几个小粒径的丁苯胶核凝聚，并以接枝链连接而成，当体系受到外力作用时，簇状粒子中几个胶粒的应力互相传递，便起到一个胶粒的作用，光线又可绕过小粒子，不从粒子之间的间隙穿过，而不致影响透光率。日本钟渊公司制得这种MBS，将其与PVC共混后，共混物的冲击强度及透光率都很高。

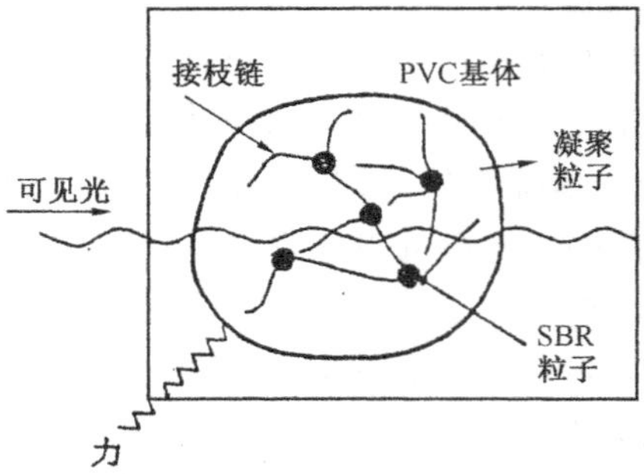

图4-3 兼有增韧和透光作用的PVC/MBS结构示意图

另外，为了获得高抗冲和高透明的PVC/MBS共混物，也可在体系中加入其他组分，日本钟渊公司报道在丁苯胶乳接枝S和MMA时，加入少量丙烯腈(AN)，则制得的MABS与PVC的折光率能达到最佳匹配，共混物有优良的透光性；美国某公司则是在橡胶核中加入一些丙烯酸类的单体(用量少于5%)，以增加整个体系的相容性；在PVC/MBS体系中加入MS共聚物，作为MBS折光率的调节剂，获得的制品透明度高，表面光滑，而且PMS还可改善MBS的加入所引起的PVC抗张强度和硬度的降低。

4.4.3.2 SBR对PVC/MBS共混物性能的影响

(1) 丁苯橡胶(SBR)结构

MBS增韧PVC体系属于非均相体系，MBS粒子作为橡胶相分散于PVC塑料连续相中，当MBS用量不很高时，PVC/MBS共混物呈“海-岛”结构。MBS粒子的结构形态对其共混体系的性能影响很大。MBS粒子一般是交联的SBR胶核接枝PS-PMMA壳层的核-壳结构。接枝壳层的主要目的是借助外层PMMA与PVC的良好的相容性($\delta_{PMMA}=9.6$，$\delta_{PVC}=9.6$)，增加橡胶相在塑料PVC中的分散及两相界面的黏结力，使橡胶相能有效地增韧PVC，并保持体系的透明性。而真正起橡胶增韧作用的是MBS中的SBR橡胶核，SBR粒子的结构形态不同，其在接枝反应以及共混物中的作用都不同，SBR的结构对决定MBS以及PVC/MBS共混物的性能起着关键性的作用。换句话说，SBR作为MBS的橡胶核，它的性能在很大程度上决定了MBS对PVC的抗冲、透明的改性效果，因此，对丁苯胶乳的合成研究是至关重要的。

某研究单位用不同比例B/S与不同投料方式合成A、B、C、D四种型号的SBR作了详尽的研究。

A型SBR：选用丁苯90胶乳，在这种丁苯胶乳中，B:S=90:10(质量比，下同)，两种单体都在开始投料时全部加入体系中；B型SBR：选用丁苯65胶乳，在这种丁苯胶乳中，B:S=65:35，开始时先加入B单体的70%及全部S单体进行聚合，转化率达到50%时，再加入剩余的30%的B单体继续进行聚合至结束(下面简称为两次投料的SBR)；C型SBR：一次投料丁苯65，它的B:S=65:35，两种单体都在反应开始时一次全部加入体系之中(简称纯核-壳丁苯胶乳)；D 型 SBR：是纯 PS 核丁苯 65 胶乳，B: S = 65: 35，聚合时，先加入 S 单体至反应接近完全(转化率 >98%)，再加入 B 单体进行聚合。

分别以上述 A、B、C、D 四种 SBR 作种子乳液，以投料比 B: S: M = 40: 33: 27，进行两步种子乳液接枝聚合反应，第一步接枝 S，第二步接枝 MMA，得到的 MBS 树脂的结构及性能各异，下面分别讨论。

TEM 分析表明，上述四种胶乳合成的 SBR 结构是不同的：A 型和 C 型——所得丁苯胶的结构为丁二烯和苯乙烯的无规共聚物；D 型——这种纯核-壳丁苯胶完全是以 PS 为核 PB 为壳，当然也存在一部分的均聚物(纯 PS 粒子和纯 PB 粒子)；B 型——形成以 PS 为核、PB 为壳的核-壳丁苯胶乳。在这种核-壳结构胶乳中，其核并不完全是 PS，而是掺杂有一定量的 PB，壳层则大部分为 PB，这种类型是较理想的情况，制备这种 SBR 时，B 单体分二次加入，第一次投料的混合单体就生成掺杂有 PB 相而又含有较多 PS 相的核，后期加入 B 单体使其在富含 PS 的共聚物核上包一层富含 PB 的共聚物壳，富 PB 的壳层能产生交联，保护橡胶粒子无论在接枝 MS 过程或 PVC 共混及其他后处理过程，始终以完整的橡胶粒子形态存在，在 MS 壳层接枝体系中，B 型 SBR 种子主要是这种完整的橡胶粒子，得到较完整的接枝层。

胶乳粒子的形态不同，所得 MBS 的形态也不一样。宏观上，表现为 MBS 性能的差异，也就是对 PVC 抗冲、透明及抗折叠泛白等性能的改性效果是不一样的(见表 4-12)。

**表 4-12　不同 SBR 核结构的 PVC/MBS 共混物的改性效果**

| MBS 类型 | A | B | C | D | 日本 MBS | | 纯 PVC |
|---|---|---|---|---|---|---|---|
| | | | | | $B_{31}$ | $B_{51}$ | |
| 冲击强度/kJ · $m^{-2}$ | 11.03 | 15.10 | 16.60 | 13.03 | 14.68 | 13.52 | 4.2 |
| 透光率/% | 82.6 | 86.8 | 84.1 | 71.4 | 84.7 | 83.8 | 86.4 |

从上表可看出，B、C 型 MBS 对 PVC 的抗冲改性效果优于 A、D 型 MBS。在 B、C 共混体系中，起增韧作用的 SBR 粒子形成 PS 次包裹物，具有蜂窝状微观结构，使共混物很好地融合了橡胶和塑料的优良性能，增韧效果好。

含有包藏大量 PS 包藏物的分散相橡胶粒子在共混物中引发银纹的作用及形态变化方面完成不同。有大量 PS 包藏物的粒子在外力作用下，粒子被拉长，而其中的 PS 包藏物因模量较高而基本上不变形，于是，橡胶局部地产生微纤化，但它们被包藏的 PS 微区隔开，故不会产生大的空隙，因此在银纹化过程中，发生粒子尺寸变化的同时，并未产生有害的空穴。不含 PS 包藏物的橡胶粒子，在试样受力时，胶粒作为整体产生形变，若沿张力方向伸长为 $\lambda$，在侧向必伴随着明显的收缩 $\lambda^{1/2}$，由于处于胶粒表面的接枝物不可能这样变形，便产生了细小的垂直于外力方向的橡胶“系带”，连接橡胶粒子外层和银纹之间，系带承受较大的应力，因此很易被破坏，并发展为空隙，进而以内包藏区域尺寸小，个数多为好。B 型 SBR 粒子正是具有如此结构，富含 PB 又掺杂少量 PS 的外壳包裹着 PB-PS 微蜂窝状的富 PS 核。C 型 SBR 粒子也是含有较多 PS 内包藏的无规共聚物粒子。B、C 型胶粒增韧效果优异的原因归纳为：①胶粒中 PS 包藏物的存在，起到了塑料补强橡胶的作用，限制了胶粒内部因受力产生的小银纹向大裂纹发展，而且不致因软的橡胶相的加入造成塑料相 PVC 的模量有较大下降；②橡胶核(尤其在表面)少量 PS 的存在，可防止 PB 的高度交联，有利于进行 MS 壳层的接枝反应，因为接枝反应主要是通过活性链对胶核表面的链转移反应，而链转移的位置主要是 PB 双键的 $\alpha-H$，也有部分是打开双键的反应，因此，交联度太大，即双键失去太多，实现接枝的链转移反应机会就减少；③橡胶相中掺杂了塑料相，增大了橡胶相的有效体积，从而强化了少量橡胶的增韧效果。

D 型 SBR 胶粒虽然有与 B、C 型相同量 PS，但由于包藏区域尺寸大，个数少(一个 PS 核)；A 型胶粒中 PS 包藏物少(B: S = 90: 10)，而且橡胶粒子数目也少。因此，四种 MBS 的增韧 PVC 效果是 B、C > D > A。

比较表 4 - 12 中各种 PVC/MBS 共混物的透光率得大小顺序为：B > C > A > D。

非均相共混体系中，影响光学性能的主要因素有：①分散相粒子的大小；②两相界面粘合状况；③两相折光率匹配情况。四种 SBR 粒子尺寸相近，故其对共混体系的影响相近，若说粒子体积因素对光透过造成障碍，A 体系胶粒数量少，造成的障碍小，应该是 A 的透光率最好，但事实并非如此，说明是其他因素造成的差别更主要。对实验事实可作如下解释：

四种 MBS 的投料比 B: S: M 均为 40: 33: 27，而接枝转化率都大于 95%，故产品的组成可近似地以投料组成代替。由折光率的线性加和公式求得折光率为 1.534，与 PVC 的折光率 1.539 相近，但考虑到共混物中真正以分散相存在的是 MBS 的 SBR 核，壳层由于 PMMA 的 $\delta$ 与 PVC 的 $\delta$ 值相近，两者可达到几乎链分散程度，因此接枝层对共混物的透明性影响较小，主要的影响来自 SBR 核的组成和结构。当 B: S = 65: 35，计算得到折光率 $n_{SBR} = 1.542$，极接近 $n_{PVC} = 1.539$；A 体系的胶核为丁苯 90，其 $n_{SBR} = 1.524$，与 $n_{PVC} = 1.539$ 相差较大。因此 B、C 型 MBS 与 PVC 的共混物的透光率比 A 型高。又由于 B 胶核的微观结构比 C 型均匀，粒子完整性好，接枝率高，故 B 型 MBS 与 PVC 的界面相容性比 C 型好，而 B 型 MBS 的内在相容性，即核与壳的结合也比 C 型好，因此，B 型共混物中导致光散射的缺陷必定比 C 型体系少，透光率就更好一些，甚至比 PVC/$B_{31}$型 MBS 及空白 PVC 的透光率还高。

D 型 SBR 核虽然也是 B: S = 65: 35，但它的结构类似于两种不相容的均聚物，而 $n_{PS} = 1.591$，$n_{PB} = 1.49$，它们彼此以及与 $n_{PVC}$差别都很大，接枝率也较低。同样的原因也造成这四种 PVC/MBS 共混物的折叠泛白现象的严重性是 A、D > C > B。

增韧效果好，透光率高和应力泛白现象较轻的 B 型 MBS 的结构是典型的“海 - 岛”结构，这是由于 MBS 经加热后，接枝层 MS 塑料相融合在一起形成海相，而结构完整紧密的交联胶核被包裹它们的完整的接枝层隔开，各胶核孤立地成为岛相分散于海相中，因此，这种海岛形态也证明这种 MBS 粒子是具有核 - 壳结构的。经 TEM 分析证明，日本的 $B_{31}$、$B_{51}$ 型 MBS 也是呈典型的“海 - 岛”结构。可见，具有这种结构的 MBS 作为透明抗冲型 PVC 的改性剂有较理想的改性效果。比较 B 型 PVC/MBS 共混物和 $B_{31}$、$B_{51}$与 PVC 共混物性能，可看出 B 型 MBS 的改性效果不差于 $B_{31}$和 $B_{51}$。

将不同 SBR 核结构的 MBS 进行动态黏弹谱分析，它们的各个玻璃化转变温度测定结果见表 4 - 13，其中低温区的转变表征 MBS 的 SBR 核，高温区的转变表征 MS 壳。

**表 4 - 13　不同 SBR 结构的 MBS 玻璃化转变温度**

| MBS 类型 | A | B | C | D |
|---|---|---|---|---|
| $T_{g1}$/℃ | -59.2 | -23.2 | -22.0 | -68.0 |
| $T_{g2}$/℃ | 132.7 | 138.7 | 144.5 | 128.8 |
| $T_{g2} \sim T_{g1}$/℃ | 191.9 | 161.9 | 166.5 | 196.8 |

表 4 - 13 表明，A 型和 D 型 MBS 的低温区转变温度 $T_{g1}$较 B 型和 C 型 MBS 的 $T_{g1}$低，且接近 PB 的玻璃化转变温度($T_{gPB}$ = -72℃)，这是因为 A 型 MBS 的胶核是丁苯 90 无规共聚

物，此共聚物中PB约占90%，因此，$T_{g1A}$较低，但由于PB的交联以及无规共聚物中少量的PS相，使$T_{g1A}$仍高于$T_{g1B}$。

D型MBS的胶核为纯PS核丁苯65，尽管B:S=65:35，但其结构主要是PS核外包裹一层厚PB层，PB和PS的相分离明显，低温区的动态力学行为显然是PB相在起作用，因为PB相无掺杂PS，故PB特征比丁苯90表现得更明显，因此$T_{g1D}$比$T_{g1A}$低。只是毕竟PB壳包了一颗硬PS塑料核，并且PB还有较高的交联度，故$T_{g1D}$依然高于$T_{g1pB}$。

C型MBS的胶核是一次投料丁苯65无规共聚物，PS相和PB相互相掺杂，类似PS塑料增强PB橡胶，由于含有较多的PS，且交联度较高，故$T_{g1C}$较高，为-22.0℃。

B型MBS的胶核为核-壳丁苯65，结构为PB和PS相互掺杂且含较多PS的表面包裹一层以PB为主、掺杂有少量PS的壳，也许是由于SBR壳层中富含PB，故$T_{g1B}$稍低于$T_{g1C}$。

文献中给出的PMMA和PS的$T_g$都为105℃左右，但考察A、B、C、D四种MBS的壳层的$T_{g2}$都高于此值，原因是它们并非自由的MS链，而是接枝在交联度较高的SBR胶核上，链运动受到较大限制，导致$T_{g2}$升高。其中A、D型MBS的壳层是接枝在较软的橡胶核（$T_g$较低）上，所受的牵制不如B、C的大，故$T_{g2A}$和$T_{g2D}$低于$T_{g2B}$和$T_{g2C}$。

两个玻璃化转变温度之差$T_{g2}-T_{g1}$，还体现了MBS内部核与壳的相容性，差值愈小，则相容性愈好。从表4-13的数据可见，四种MBS内部在相容性为B>C>A>D，显然，A、D远差于B、C。A型的SBR胶核是丁苯90对于同样组成的MBS，A型MBS的PS成分主要集中在第一接枝层，没有接枝的游离均聚物也较其他体系多，故在谱图上表现出较强的PS特征峰。另外，B、C型MBS中胶核是PS含量较高的SB无规共聚物，有利于接枝PS层向内渗透，使PS这一接枝过渡层较好地融合于SBR核与PMMA层中，因此，B型与C型MBS核与壳的相容性较好。

（2）SBR核粒径的影响

在核-壳结构与PVC共混体系中，真正起橡胶增韧作用的是SBR胶核，其粒径大小是影响共混物性能的一个关键因素。它的作用首先表现在MBS的接枝状况上。一般而言，随着SBR种子粒径增加，MBS粒子的接枝层更厚更完善（见表4-14）。

**表4-14　SBR与对应MBS的粒径**　　nm

| | | | |
|---|---|---|---|
| SBR粒径 | 93 | 111 | 135 |
| MBS粒径 | 105 | 130 | 165 |
| 接枝层厚度 | 6 | 9.5 | 15 |

组成及质量相同的SBR粒子尺寸愈小，粒子数目就愈多，总表面积也愈大。而在种子上的接枝反应是一个表面控制过程，接枝到种子上的聚合物随种子表面积的增加而增加，但接枝表面积大，接枝能力增大，使接枝链相对分子质量下降，于是随着种子的粒径减小，接枝率增加，而接枝层厚度减少（见图4-4和表4-14）。

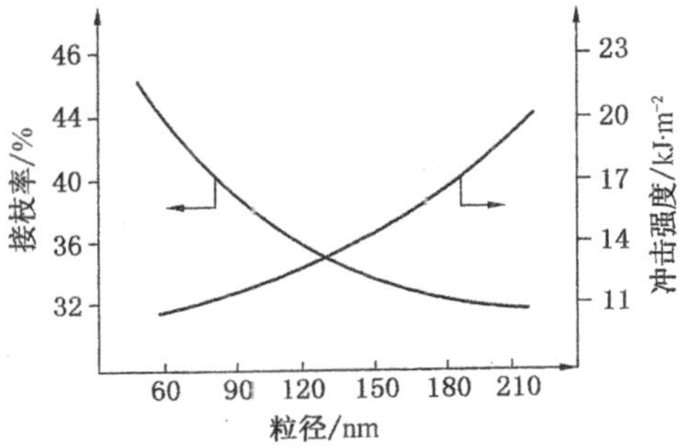

图4-4　SBR的接枝率和PVC/MBS共混物抗冲强度与SBR粒子的关系

图4-4还表示了SBR粒径对PVC/MBS共混物力学性能的影响，从图中可看出，随着粒径增加，PVC/MBS共混物冲击强度提高。对一定的橡

胶增韧塑料体系，存在着一个橡胶粒子临界尺寸。当胶粒尺寸非常小时，它与塑料基体完全相容，此时胶粒几乎没有增韧效果。不同种类的聚合物要求不同的最适宜胶粒尺寸，文献较多认为增韧 PVC 橡胶粒径为：0.1 ~ 0.2μm。

SBR 的粒径对 PVC/MBS 共混物的透明性的影响有着不可忽视的影响(见表 4 – 15)。

由表 4 – 15 可见，SBR 粒径为 93nm 的体系透光率最好，与纯 PVC 透光率的相当。也就是说，加入 MBS 后，没有使 PVC 固有的优良透明性受到损害。粒径比 93nm 大的两个体系透光率不如 93nm 好。这是因为大粒子会阻碍光线通过，产生光散射。可见光波长为 0.4 ~ 0.7μm，一般认为，作为透明材料的改性剂，橡胶粒径大小 0.2μm 时对透光率影响较小。表中所用的 SBR 粒径均小于 0.2μm，因此尽管是粒径较大的两个共混体系，透光率仍有 83%，比纯 PVC 降低不多，在工业上还是可以接受的。

**表 4 – 15　不同 SBR 粒径的 PVC/MBS 共混物的透光率**

| SBR 粒径/nm | 65 | 93 | 157 | 184 | 纯 PVC |
|---|---|---|---|---|---|
| 透光率/% | 85.5 | 86.8 | 83.7 | 83.4 | 86.4 |

SBR 粒径为 65nm 的体系透光率亦不如 93nm 的体系高，此时粒子体积较小，不应是阻碍光线通过的主要原因，主要原因可能是小粒子体系的接枝层不如大粒子完善，在 PVC 与 MBS 的接触界面上形成黏结缺陷，而且小粒子体系的总表面积大，也即与 PVC 的界面积大，在接枝不完善的情况下，出现黏结缺陷的机会也大，这些缺陷会使通过的光线发生散射，从而降低材料的透明性。

综上所述，MBS 所用的丁苯胶乳粒径以 90 ~ 100nm 为宜。

(3) SBR 核凝胶含量的影响

用于 MBS 树脂合成用的丁苯胶乳必须具有一定的交联度，才能使制品获得良好的光学性能、抗冲性以及成型加工性。而橡胶的交联程度常用凝胶含量来衡量。用于制备 MBS 的丁苯胶乳与通常的丁苯橡胶最大的差别之一就是具有较高的凝胶含量。一般要求其凝胶含量不低于 70%。

影响凝胶含量的因素有聚合温度、转化率、体系中丁二烯的量及其加料方式、链转移剂和交联剂等。下面仅讨论凝胶含量与体系中丁二烯的量及其加料方式、转化率的关系，并将不同凝胶含量的胶乳在相同条件下接枝，观察凝胶含量对 PVC/MBS 共混物性能的影响。

① 凝胶含量与体系中丁二烯的量及其加料方式的关系　丁二烯与苯乙烯在引发剂作用下，丁二烯可发生 1，4 加成或 1，2 加成聚合反应。凝胶的生成主要是通过 1，2 结构单元的双键打开，形成交联。

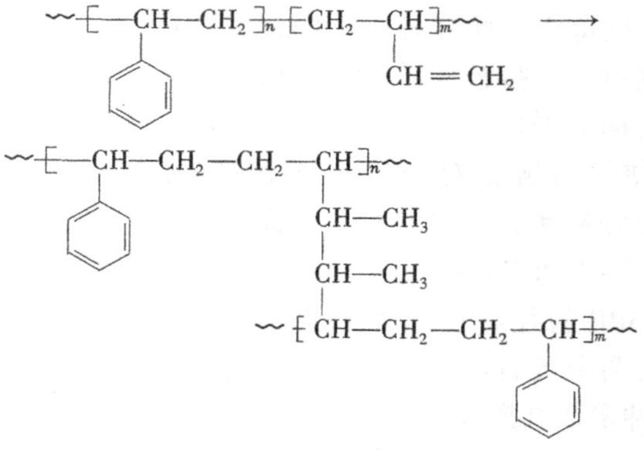

当体系中丁二烯含量增加时，聚合物残存的双键数目增加，因而交联的可能性增大。若采用两次添加丁二烯的加料方式，使得胶乳粒子的外层丁二烯的浓度大大提高，则交联的可能性也增大，在转化率不高，B:S 只有 65:35 的情况下，往往也能获得较高凝胶含量的胶乳（见表 4-16）。

**表 4-16 SBR 中凝胶含量（B:S=65:35）**

| 转化率/% | 凝胶含量/% | 转化率/% | 凝胶含量/% |
|---|---|---|---|
| 84.27 | 87.64 | 88.97 | 89.07 |
| 85.22 | 88.72 | 83.92 | 86.31 |

② 转化率对凝胶含量的影响　转化率是影响凝胶含量的重要因素。在转化率较低时，胶粒中聚合物的浓度比较低，只要体系中单体液滴还没有消失，它便可源源不断地向乳胶提供单体，因此，活性链向聚合物丁二烯链节的链转移反应比较少，胶乳的凝胶含量就很低。当反应进入乳液聚合阶段Ⅲ（阶段Ⅱ结束时转化率约为 50%），单体液滴已消失，乳胶粒内单体减少，聚合物浓度急剧升高，黏度剧增，出现交联的机会增大，因此在转化率较高的情况下，凝胶含量较高（见表 4-17）。提高转化率不仅可以获得适宜的凝胶含量，还可减少单体的消耗及省去复杂的单体回收设备。

**表 4-17 SBR 中凝胶含量**

| 转化率/% | 凝胶含量/% | 转化率/% | 凝胶含量/% |
|---|---|---|---|
| 84.27 | 87.64 | 88.97 | 89.07 |
| 85.22 | 88.72 | 93.92 | 86.1 |

③ 凝胶含量对 PVC/MBS 性能的影响如表 4-18 所示，随着乳胶凝胶含量的增大，对应的 PVC/MBS 共混物的冲击强度和透光率都有增高的趋势。MBS 橡胶核交联度的提高，在受到冲击时，更能保持粒子的完整性而不至于被破坏，因此凝胶含量增加，PVC/MBS 的抗冲强度提高，至于透光率也有增高的趋势，其原因还不大清楚。

**表 4-18 凝胶含量对 PVC/MBS 性能的影响**

| 凝胶含量/% | PVC/MBS 冲击强度/$kJ \cdot m^{-2}$ | PVC/MBS 透光率/% |
|---|---|---|
| 78.22 | 17.72 | 81.22 |
| 84.14 | 16.41 | 86.12 |
| 81.03 | 14.44 | 83.30 |
| 79.26 | 13.28 | 86.10 |

### 4.4.4 MBS 合成工艺条件的选择

4.4.4.1 乳化剂的选择

乳化剂的选择是乳液聚合中的一个重要参数。因为它不但影响聚合速率，而且影响合成胶乳的粒子粒径、粒径分布和胶乳的稳定性。一般认为阴离子乳化剂效率高、机械稳定性好，制得的胶乳粒径小，但化学稳定性欠佳；而非离子型乳化剂聚合速度相对较小，化学稳定性好，但机械稳定性较差，且合成出的粒子直径较大。故在工业生产上，多采用阴离子型与非离子型乳化剂复合使用，取长补短。例如 ACR 改性剂合成中，常采用十二烷基苯磺酸钠壬基酚聚氧乙烯醚复合。通过实验发现，反应较稳定，所合成的 ACR 的粒径和 PVC/ACR 混合物的冲击强度均比它们单独使用为好。

对 PVC 改性剂的选择，要求改性剂的粒子有一定的大小，一般小于 100nm 为好。众所周知，乳液聚合中，除了乳化剂种类外，决定粒子大小的一个主要因素是乳化剂的浓度。无论是对种子胶乳还是对后来二阶段的接枝，粒子直径都是随乳化剂浓度的增加而降低，若要大于 100nm，乳化剂浓度有一个最低值。对合成 ACR 而言，乳化剂浓度为 3% 左右（占单体）。

如前所述，核－壳型胶乳粒子通常是由两步或多步聚合得到。第一步制备种子乳液，然后加入其他不同组分的单体进行聚合，单体在种子粒子上聚合生长成复合粒子，这些粒子一般具有核－壳结构的特征。一般地，要使第二步及后来加入的单体全部在种子粒子上增长，必须使体系的乳化剂浓度低于临界胶束浓度（CMC），即要求乳化剂分子对体系中种子覆盖率小于 100%。对 ABS 种子乳液聚合的研究表明：形成一个完美的壳层结构的必要条件之一是种子乳液中游离的乳化剂浓度低于临界胶束浓度，否则，由于新粒子的形成，对壳层单体的竞争会使壳层形成不完全，即导致橡胶核的粘接。这说明体系中最初种子粒子的表面积控制是制备完美核－壳形态粒子的一个重要参数。因此，在保证种子乳液聚合足够稳定的条件下，最好是不加或尽量少加乳化剂。

在 MBS 的制备中，一般采用的乳化剂是二种阴离子型乳化剂——歧化松香皂和硬脂酸钾的复合。歧化松香皂在低温时对胶乳的保护作用优良，后处理时，也较易除去。但其临界胶束浓度（CMC）较高（0.025～0.03mol·$L^{-1}$，25℃），因而单独使用时，聚合速率较低；而硬脂酯钾有较低的临界胶束浓度（0.0012～0.0015mol·$L^{-1}$，25℃），可使反应速率加大，但硬脂酸钾黏度大，难加料而且成本也较高。因此，采用歧化松香皂和硬脂酸钾复合乳化剂。一般当歧化松香皂/硬脂酸钾＝3.5/1.5 时，可获得较理想的聚合速率。歧化松香皂比例太大时，聚合时间延长。乳化剂用量越大，聚合速率越大，但乳化剂用量增大，胶乳粒子粒径变小，也难除尽，这对 PVC/MBS 共混物的透明性是有影响的。因此，在体系稳定的前提下，乳化剂的用量不可太大，尽量少加为好（见表 4－19）。

从表 4－19 可以看出，加乳化剂后所得 MBS 的接枝率，接枝效率要比不加乳化剂的要低，这是因为加入乳化剂易形成新粒子，使得接枝到壳层的单体减少；不仅造成接枝率下降，而且使壳层的接枝层不完善。PVC 和 MBS 共混时两相界面粘合比较差，导致透光率下降和浊度上升。新粒子的形成，使合成所得 MBS 中的均聚物比例增加，真正起抗冲作用的接枝共聚物的比例减少。导致 PVC/MBS 共混物的抗冲性能比较差，只有 8.9kJ/$m^2$。因此，在以 SBL 为种子接枝 S、MMA 的多阶段乳液聚合中最好不加乳化剂。

**表 4－19　乳化剂对 MBS 接枝率和 PVC/MBS 共混物性能的影响**

| 乳化剂 | 接枝率/% | 接枝效率/% | 冲击强度/kJ·$m^{-2}$ | 透光率/% | 浊度/% |
|---|---|---|---|---|---|
| 不加 | 48.94 | 55.80 | 16.7 | 87.5 | 3.2 |
| 加 3%（占单体） | 44.70 | 49.48 | 8.9 | 86.0 | 3.5 |

4.4.4.2　引发剂（体系）的选择

引发剂是乳液聚合配方中最重要的组成部分之一，引发剂的种类和用量都会直接影响到产品的产量和质量，并影响聚合反应速率。我们知道，引发剂有油溶性引发剂如过氧化氢异丙苯、偶氮二异丁腈、过氧化苯甲酰（BPO）等和水溶性引发剂如过硫酸钾、过硫酸铵等。对正常乳液聚合过程来说，要求引发剂溶于水相，而对于反相乳液聚合过程来说，则要求引发剂溶于油相。对于 MBS 的合成，两种都有采用。但引发剂性质不同对粒子形态有显著的影响，其是控制粒子形态的主要参数之一。下面就水溶性和油溶性两种类型引发剂引发种子乳液聚合的机理分析如下。

（1）以水溶性过硫酸钾为引发剂的种子乳液接枝聚合的原理

过硫酸钾溶于水相中，它分解出的初级自由基在水相，$K_2S_2O_8$在水相中分解产生的初级自由基首先和溶解水的微量单体进行反应，即在水相中引发聚合，生成低聚物，其反应式如下：

$$S_2O_8^{=} \longrightarrow 2SO_4^{\overset{.}{-}}$$

$$M + SO_4^{\overset{.}{-}} \longrightarrow {}^{\cdot}MSO_4^-$$

$$M + {}^{\cdot}MSO_4^- \longrightarrow {}^{\cdot}M_2SO_4^-$$

$$\vdots \qquad \vdots \qquad \vdots$$

$$M + {}^{\cdot}M_{n-1}SO_4^- \longrightarrow {}^{\cdot}M_nSO_4^-$$

式中的M为单体，$n$为低聚物自由基的聚合度。有人证明，对于乙酸乙烯酯的乳液聚合来说，最大的$n$值为50。这样的低聚物自由基的硫酸根离子末端为亲水端，而带有自由电子的一端为疏水端，亲水端带电荷，疏水端不带电荷。疏水端出现就增大了自由基被乳胶粒吸收的趋势。结果带有自由电子的疏水端很容易进入被单体溶胀的丁苯胶乳中，在其表面进攻丁二烯双键上的$\alpha$－氧进行如下的接枝反应：

$$PSB^{\cdot} + {}^{\cdot}M_nSO_4^- \longrightarrow PSB^{\cdot} + HM_nSO_4^-$$

$$PSB^{\cdot} + M \longrightarrow PSBM^{\cdot}$$

$$\vdots \qquad \vdots \qquad \vdots$$

$$PSBM_{n-1}^{\cdot} + M \longrightarrow PSBM_n^{\cdot}$$

带有硫酸根离子的亲水端被截留在表面上。由此可知，以SBL为种子，接枝S、MMA的过程是一个表面控制的过程，最终形成的MBS的结构层次为：最外层为MMA，第二层为S，最里层为丁苯层。

（2）以油溶性过氧化氢异丙苯为引发剂的种子乳液接枝原理

过氧化氢异丙苯(CHP)的引发是在油相单体中进行的。在以SBL为种子接枝S、MMA的体系中，单体溶胀丁苯核，一部分单体溶胀在丁苯核的内层。过氧化氢异丙苯引发有两个场所，一是丁苯核外层的单体中。二是丁苯核内层溶胀的单体中。那么聚合反应有两种情况，一是单体自由基进攻丁苯核进行链转移的接枝反应，二是丁苯核内的单体自由基进行链增长反应，因为丁苯核是交联的核，增长链只能向丁苯核外伸长，最后的壳层应由这两部分所组成。由于界面张力和扩散渗透的不均匀性，可以预测最终形成的MBS壳层虽然比较厚(即接枝率高)，但是，接枝层不均匀，易出现“偏心”现象。接枝层不均匀的MBS共混物的冲击强度和热加工性能下降。

为了验证两种接枝聚合机理，在相同的工艺条件下分别以$K_2S_2O_8$、CHP为引发剂进行接枝聚合反应。表4－20列出了两种体系下制备的MBS有关结果。

**表4－20　引发剂对MBS接枝率及PVC/MBS共混物的影响**

| 引发剂 | 接枝率/% | 接枝效率/% | 冲击强度/$kJ \cdot m^{-2}$ | 透光率/% | 浊度/% |
|---|---|---|---|---|---|
| $K_2S_2O_8$ | 35.20 | 52.93 | 11.24 | 88.1 | 3.1 |
| CHP | 42.72 | 64.24 | 9.32 | 87.1 | 3.4 |

从表4－20可知，CHP引发所制备的MBS接枝率和接枝效率均比$K_2S_2O_8$所制备的要高，这是因为油溶性引发剂所制备的MBS接枝层是由外层接枝和内层接枝两部分所组成，所以接枝率比较高，这与聚合机理是一致的。PVC/MBS共混物的性能，无论是冲击强度、透光率还是浊度，水溶性要比油溶性的好，这是因为虽然油溶性引发剂所制备的MBS接枝率比较高，但是因为界面张力和扩散渗透的不均匀性，使得PVC/MBS共混时界面粘合不够好，而导致冲击强度和透光率的下降。

综上所述，在多阶段乳液接枝共聚反应中，要得到规整的核－壳结构粒子形态，最好采用水溶性引发剂体系。

接枝效率与引发剂的用量(浓度)有关，其关系曲线有一极大值。首先，接枝效率随引发剂用量的增加而增加，然后随之变化不大，但在引发剂用量较多时，接枝效率则随引发剂用量的增加而略有下降。一般认为，引发剂用量少时，其用量的增加，主要导致接枝活性点的增加；而引发剂用量较多时，引发剂的主要作用是参加链终止反应，其用量的增加，导致接枝链变短。在以SBL为种子接枝S、MMA的乳液聚合反应中，存在着一对竞争反应。

一是以链转移为主的接枝反应：

$$PBS + PS^{\cdot} \xrightarrow{k_{tr}} PSB^{\cdot} + PSH$$
$$R_{tr} = k_{tr}[PSB][PS^{\cdot}]$$

二是链终止反应：

$$PS^{\cdot} + PS^{\cdot} \xrightarrow{k_t} PS - SP$$
$$R_t = k_t[PS^{\cdot}][PS^{\cdot}] = k_t[PS^{\cdot}]^2$$

接枝反应的速率与单体自由基的浓度成一次方关系，而链终止反应速率则与单体自由基的浓度成二次方的关系，随着引发剂浓度的增加，接枝效率有所下降。一般情况下，引发剂浓度为0.5%～0.6%(占单体)，相当于$K_2S_2O_8$在水相中浓度约2mmol/L(水相)为宜。在这样的引发剂浓度下，整个反应过程比较平稳，放热容易控制。

4.4.4.3 温度的影响

接枝率一般随反应温度的升高而增大，接枝聚合反应的活化能比均聚反应的要大。在保证合适的反应速率的情况下，适当地提高温度有利于接枝反应的进行。如前所述，接枝率还与引发剂的类型及用量密切相关。所以，接枝率的大小不是温度的单值函数。当采用水溶性引发剂$K_2S_2O_8$时，分别取温度为55℃、60℃、65℃为例，结果见表4－21。

**表4－21 温度对MBS接枝率和PVC/MBS共混物性能的影响**

| 温度/℃ | 接枝率/% | 接枝效率/% | 冲击强度/kJ·m$^{-2}$ | 透光率/% | 浊度/% |
|---|---|---|---|---|---|
| 55 | 48.94 | 55.8 | 16.7 | 87.5 | 3.2 |
| 60 | 61.40 | 70.0 | 17.8 | 85.2 | 3.9 |
| 65 | 69.76 | 79.5 | 14.1 | 87.7 | 3.0 |

从表4－21可以看出，接枝率随温度的升高而增加，这是因为温度升高有利于聚合反应的进行。就抗冲性而言，55℃与60℃的值相差不大，而65℃的抗冲性比较小。这可以从接枝率得到解释，共混物两相间的粘结情况决定于MBS接枝率的高低，接枝率太高，接枝层过厚，导致两相间的混溶性太大，橡胶颗粒太小，橡胶含量相对减少，既不能有效地诱发银纹，也不可能有效地阻止银纹；接枝率太低，橡胶相本身凝集成块，或由于与PVC的粘合

恶劣，两相出现剥离。这两种情况均不能有效地改善 PVC 的性能。只有适当的接枝率，才能使分散相 MBS 与基体 PVC 有一定的相容性，这样获得的表面上看来是均相，实际上微观上仍处于相分离的多相体系，形成所谓的部分相容的复合体系。这种体系虽然不是热力学上的稳定状态，但它是一种准稳定状态，宏观上性能表现为具有优良综合性能的均相混合物。温度为 65℃，接枝率虽高达 69.76%，MBS 与 PVC 共混时混溶性太大，不能有效地诱发和阻止银纹，因此，其抗冲性比较小。温度 55℃ 和 60℃ 相比，二者抗冲性相差不大，60℃ 的透光率和浊度稍差，但其接枝率比 55℃ 的要高，这是因为 60℃ 的 MBS 颗粒形态稍不够规整，接枝层稍不均匀，甚至有个别颗粒的“偏心”现象，与 PVC 共混时两相界面粘合稍不良，而导致透光率的下降和浊度的上升。

总之，以 $K_2S_2O_8$ 为引发剂，适当地降低反应温度（55 ~ 60℃），有利于典型的规整的核 - 壳结构的形成。

4.4.4.4　接枝单体的加料方式

多阶段的乳液聚合单体的加料方式通常有三种：①间歇法——先向反应釜中加入种子胶乳和水，升至反应温度，然后加入引发剂、单体、相对分子质量调节剂等进行反应；②溶胀法——将单体、种子乳液、水等一起加入反应釜中，在室温或反应温度下溶胀一段时间，然后加入引发剂进行反应；③滴加法——先向反应釜中加入种子胶乳和水，升温至反应温度，加入引发剂等，然后单体以一定的速度滴入反应釜中进行反应。

在 MBS 树脂的合成中，对于接枝单体的加入方式，曾有不少学者做过研究。毫无疑问，不同的加料方式直接影响到 MBS 的微观结构和宏观性能。换句话说，将导致产品 MBS 结构形态上的差别，从而造成性能上的不一致。

从 TEM 分析看，三种加料方式所得的 MBS 均具有明显的核 - 壳结构。其中滴加法的壳层较厚。从粒子的规整性来看，间歇法的 MBS 颗粒比较规整，接枝层比较均匀。滴加法的壳层虽较厚，但其壳层的均匀性较差，甚至有“偏心”现象。溶胀法所得的 MBS 的接枝层比滴加法要完善，但其规整性不如间歇法，从规整性和接枝层的均匀性综合考虑间歇式的加料方式为好（见表 4 - 22）。

从表 4 - 22 可知，滴加法的接枝率最高，间歇法次之，溶胀法最小，这是因为加料方式不同，单体在丁苯核周围的接枝情况不同。间歇法和溶胀法相比，单体在丁苯核周围的浓度较小，不易在丁苯核上很快形成一层壳层，因而 PBS˙ 的活性比较大，单体接枝的机率较大，因而其接枝率比较高。滴加法又称为“饥饿法”，与一次缺料相比，多批加入单体可提高产品中接枝物的含量，因而接枝率最高。滴加法的接枝率较高，但是 MBS 粒子规整性比较差，接枝层有偏心现象，因而导致 PVC/MBS 共混物的冲击强度和透光率均比较差，间歇法和溶胀法的接枝率在 35% ~50% 的范围内，当 PVC/MBS 共混时一方面保证了共混物两相界面之间的充分粘合，另一方面又保证了共混物有明显的两相结构，因而表现出优良的综合性能。

**表 4 - 22　加料方式对 MBS 接枝率和 PVC/MBS 共混物性能的影响**

| 加料方式 | 接枝率/% | 接枝效率/% | 冲击强度/kJ · $m^{-2}$ | 透光率/% |
|---|---|---|---|---|
| 间歇法 | 48.94 | 16.7 | 87.5 | 83.2 |
| 溶胀法 | 43.39 | 21.5 | 86.7 | 83.4 |
| 滴加法 | 55.07 | 11.1 | 85.8 | 84.3 |

有人对加料方式进一步研究，把溶胀与间歇结合起来称之为间歇－溶胀法，把其与滴加法作比较，结果见表4－23。

**表4－23　加料方式对PVC/MBS共混物性能的影响**

| 加料方式 | 冲击强度/$kJ\cdot m^{-2}$ | 透光率/% |
|---|---|---|
| 间歇－溶胀法 | 19.7 | 86.8 |
| 滴加法 | 18.1 | 84.5 |

从表4－23可知，间歇－溶胀法的透光率和抗冲击强度均比较好。

总之，从MBS综合性能与对PVC改性效果来看，只要工业生产能较好地解决散热的前提下，采用间歇－溶胀法或间歇法为佳。

4.4.4.5　接枝单体的加料顺序

关于接枝单体加入顺序一般可有以下几种：①先加S后加MMA；②先加MMA后加S；③先加S与部分MMA的混合单体，当第一步接枝后再加入余下的MMA单体进行第二次接枝；④MMA与S混合单体一次加入法。究竟那一种的综合性能比较好，到目前为止还没有统一的结论。

据日本吴羽化工公司的有关专利报道，先加S与MMA的混合单体，要求混合单体中MMA含量小于40%，第一步接枝完后再加入余下的MMA单体进行第二次接枝，得到对PVC改性效果良好的MBS树脂；日本钟渊公司认为，先接MMA，再接S，这种顺序对胶乳的稳定性有利。

由于PMMA、PS、PVC的溶解度参数分别为$\delta_{PMMA}=9.6(cal\cdot cm^{-3})^{1/2}$、$\delta_{PS}=9.1(cal\cdot cm^{-3})^{1/2}$、$\delta_{PVC}=9.5(cal\cdot cm^{-3})^{1/2}$，根据聚合物相容性的溶解度参数相近原则，文献中更多的是采用先接枝S，后接枝MMA的两步接枝法(即PMMA与PVC的相容性比PS和PVC的相容性好，这是先接S后接MMA的原因)。先接S使种子胶粒生成较多的PS包藏和接枝，这种有较多PS包藏物的橡胶粒子可强化橡胶对塑料的增韧作用，后接枝MMA使MBS粒子的外层为PMMA，促进了粒子在PVC中的分散，也保证了两者界面间的粘合，可望得到透明性和抗冲强度俱佳的PVC/MBS共混物。

总之，无论哪一种方法，关键在于壳层对核区的包裹程度和包裹质量，我们都希望塑料相能够将橡胶相完整地包裹起来，而不应该有结构的缺陷。为了得到抗冲与透明俱佳的PVC/MBS共混物，还是先加S后接枝MMA为好。

4.4.4.6　核/壳比的影响

(1) 核/壳比对接枝状况的影响

要使MBS树脂在PVC中均匀分散，界面粘合良好，而且保证PVC/MBS共混物有明显的两相结构，MBS的壳层应比较均匀且有适宜的厚度(即MBS粒子应有完整的接枝层)。改变SBR/SM核/壳比可使接枝层的状况发生变化。用相同粒径的SBL，改变核/壳比为50/50、60/40、70/30，其接枝状况如表4－24所示。

**表4－24　核/壳比对接枝状况的影响**

| | 核/壳比 | | |
|---|---|---|---|
| 粒径为93nm的SBL胶乳 | 50/50 | 60/40 | 70/30 |
| 接枝后MBS的粒径/nm | 120 | 105 | 100 |

由表4－24可看出，核/壳比为50/50的MBS接枝层明显地较核/壳比为70/30MBS的接

枝层厚，这三种 MBS 都是粒径为 93nm 的 SBL 接枝的，而接枝后的 MBS 粒径分别为 120nm、105nm、100nm，可见，它们的接枝层随核/壳比的增加而变薄。随着核/壳比的增加，接枝率减少。显然这是由于核/壳比较大的体系，接枝单体浓度较小的缘故。

（2）核/壳比对 PVC/MBS 共混物力学性能的影响

屈服模量较低的橡胶相的加入，使共混物的屈服模量比纯 PVC 的有所降低，这也是橡胶能对塑料起增韧作用的原因，因为当体系外力作用时，分散于 PVC 中的具有较低屈服模量的橡胶粒子就起到应力集中的作用，引发剪切带和银纹，吸收大量的能量，同时胶粒和剪切带又起到终止银纹的作用，这就使体系具有高冲击强度。如图 4－5 所示，随着核/壳比增加，共混物中橡胶含量增加，屈服模量下降。

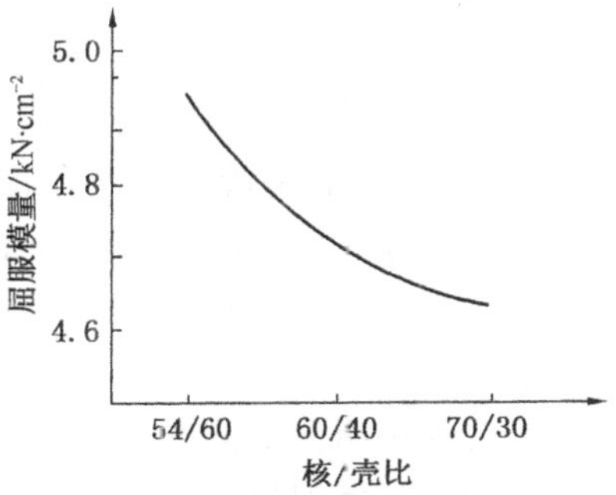

图 4－5　核/壳比与共混物屈服模量的关系（纯 PVC：6.20kN · $cm^{-2}$）

然而，尽管橡胶相的屈服模量低，但本体模量与母体 PVC 相当，也就是说，橡胶的加入并没有削弱材料本体承受破坏的强度，相反地，共混物中橡胶粒子能够支持巨大的静水应力，而且在一定范围内，核/壳比增加，体系的橡胶量增加，粒子间距减少，应力场的相互作用加强，因此在两相间黏结良好的情况下，核/壳比增加，共混物的抗冲强度提高。

（3）核/壳比对 PVC/MBS 共混物透光率的影响

表 4－25 列出了几种核/壳比的 MBS 与 PVC 共混物的透光率及 MBS 的折光率计算值。

**表 4－25　不同核/壳比的 MBS 与 PVC 共混物的透光率**

| 核/壳比 | 50/50 | 60/40 | 70/30 | 纯 PVC |
|---|---|---|---|---|
| 透光率/% | 86.2 | 86.8 | 85.3 | 86.4 |
| 折光率 | 1.532 | 1.534 | 1.536 | 1.539 |

从以上数据可看到，核/壳比为 70/30 的 MBS 的折光率与 PVC 折光率最接近，从折光率匹配考虑，应该是这一共混物的 MBS 核/壳比大，使接枝层不如其他两者完善，与 PVC 的界面粘合出现缺陷的机会比其他两个体系大，而且共混物中橡胶数量多，造成光散射的因素也增加，因此它的透光率就不如其他两个体系高。另外，核/壳比为 60/40 的 MBS 与 PVC 共混物的透光率较 50/50 的稍好，可能是这两种共混物的 MBS 与 PVC 相界面粘合良好，且前者的折光率匹配比后者好所致。

# 第五章　ABS 树脂及其应用

## 5.1　基本概念

ABS 是指聚丁二烯橡胶与苯乙烯和丙烯腈的接枝共聚物。其中，A 为丙烯腈，提供耐化学性和热稳定性，B 为丁二烯，提供韧性和抗冲性，S 为苯乙烯，赋予刚性和易加工性。

接枝反应的同时，苯乙烯和丙烯腈会发生共聚生成游离的 SAN（丙烯腈和苯乙烯共聚物），实际得到的是接枝共聚物和 SAN 的混合物，商业上通常称为 ABS 树脂。

其具有复杂的二相结构：分散相——橡胶；连续相——SAN。橡胶以颗粒状分散在基体树脂中，由于橡胶的存在，使 ABS 树脂具有更优异的性能，尤其是抗冲性能提高几倍甚至十几倍。

改变 3 种组分之间的比例，按其配料组成的不同，ABS 树脂可分为通用型、中抗冲型、高抗冲型、耐低温抗冲型、耐热型、阻燃型、透明型和耐候型等品种。

## 5.2　技术与发展

ABS 树脂是在聚苯乙烯树脂改性的基础上发展起来的。1947 年，美国橡胶公司，采用共混法工艺实现了工业化生产；1948 年，美国橡胶公司获第一项 ABS 树脂专利；1954 年，美国 Borg - Warner 公司的 Marbon 分公司，接枝型 ABS 树脂工业化生产"Cycolae"。之后，前西德、法国、英国和日本引进 ABS 生产技术，相继建厂，进而开发生产技术，实现工业化生产。到 20 世纪 80 年代美国 Dow 化学公司和日本三井东亚公司分别开发出本体 ABS 生产技术，将 ABS 树脂生产技术推向了新的阶段。

我国树脂的研发始于 1963 年，兰州石化公司合成橡胶厂开始了 ABS 树脂的研究工作，其应用工作的研究几乎和日本同步。但由于 ABS 树脂生产工艺复杂，工序配套难度大，兰州石化和上海高桥石化先后依靠自身力量研究开发了两套装置均未能形成生产能力，进入了淘汰行列。到了 20 世纪 80 年代，我国 ABS 市场需求加大，国内开始陆续从国外引进技术和装置，进入 20 世纪 90 年代，国产 ABS 开始快速发展，改造、新建、联建三种方式使得生产厂家的生产规模不断扩大。此时国外厂商也纷纷到我国投资建厂，产能迅速扩大。近 10 年来，我国 ABS 产能增长了约 10 倍，其中浙江宁波 LG 甬兴化学公司的 30 万 t 装置是目前国内规模最大的 ABS 生产装置。

ABS 树脂生产装置的生产规模逐步扩大，各种性能以及专用料的开发日趋成熟。目前工业化的 ABS 树脂生产技术有：乳液接枝聚合法；乳液接枝掺混法和连续本体聚合法。其中乳液接枝掺混法又分为：乳液接枝 - 乳液 SAN 掺混法；乳液接枝 - 悬浮 SAN 掺混法；乳液接枝 - 本体 SAN 掺混法。这几种 ABS 树脂工业生产技术综合评价见表 5 - 1。

世界 ABS 生产能力由 2000 年 621.9 万 t 增加到 2007 年的 827 万 t。表 5 - 2 列出截至 2007 年底统计的世界各地区主要 ABS 生产能力。

**表 5－1　ABS 树脂生产技术综合评价一览表**

| 项　目 | 乳液接枝聚合物 | 乳液接枝掺混法 | | | 连续本体聚合法 | 本体悬浮聚合法 | 乳液－悬浮聚合法 | 乳液－本体聚合法 | 乳液接枝本体－悬浮联用法 |
|---|---|---|---|---|---|---|---|---|---|
| | | 乳液 SAN 掺混 | 悬浮掺混 | 本体掺混 | | | | | |
| 技术水平 | 已落后，仍有生产 | 经济效益差，仍在生产 | 国外广泛采用 | 广泛发展 | 尚不完善 | 技术成熟 | 有专利 | 技术基本过关，采用不多 | 方法好 |
| 环　保 | 差 | 差 | 较差 | 中 | 最好 | 一般 | 较差 | 中 | 差 |
| 发展趋势 | 淘汰 | 无进一步发展趋势 | 在一段时间仍有发展 | 发展中的方法 | 前景广阔，有待完善 | 不会成为主要方法 | — | 有待完善 | 有广泛应用的可能性 |

**表 5－2　2007 年统计的世界各地区主要 ABS 生产能力**

| 地　区 | 公　司 | 生产能力/万 t |
|---|---|---|
| 北　美 | | |
| 美　国 | | |
| | GE 塑料 | 38.8 |
| | 朗　盛 | 21.0 |
| | 巴斯夫 | 13.0 |
| | Diamond 聚合物 | 2.2 |
| 墨西哥 | | |
| | Polimar | 2.5 |
| 南　美 | | |
| 阿根廷 | | 1.0 |
| 巴　西 | | 2.0 |
| 哥伦比亚 | | 0.5 |
| 欧　洲 | | |
| 比利时 | 巴斯夫 | 20.0 |
| 法　国 | GE 塑料 | 5.5 |
| 德　国 | 朗盛 | 15.0 |
| | 巴斯夫 | 10.0 |
| 意大利 | Polimeri 欧洲 | 7.5 |
| 荷　兰 | 陶氏 Benelux | 15.5 |
| | GE 塑料 | 7.0 |
| 西班牙 | 朗盛 | 13.0 |
| 英　国 | GE 塑料 | 7.0 |
| 东　欧 | | 1.0 |
| 中　东 | | 7.0 |
| 亚太地区 | | |
| 澳大利亚 | | 0.8 |
| 中国 | | 203.0 |
| | 宁波 LG 甬兴化学 | 48.0 |
| | 中石化上海高桥分公司 | 20.0 |
| | 台湾化学和纤维（宁波） | 15.0 |
| | 镇江奇美 | 35.0 |
| | 其他 | 85.0 |
| 印度 | | |
| | LG 化学① | 10.0 |
| | 朗盛② | 6.0 |
| 日本 | | |
| | Techno 聚合物③ | 33.0 |
| | UMG ABS④ | 17.6 |
| | 旭化成 | 8.0 |
| | 东丽工业 | 7.0 |
| | 电气化学 | 6.5 |
| | 协同聚合物 | 3.5 |
| 韩国 | | |
| | LG 化学 | 56.0 |
| | Cheil 工业 | 43.0 |
| | 巴斯夫 | 25.0 |
| | 锦湖化学 | 20.0 |
| | 其他 | 1.5 |
| 中国台湾 | | |
| | 奇美 | 100.0 |
| | 台湾化学和纤维 | 39.0 |
| | 大太平洋 | 8.0 |
| | 台达化工 | 6.0 |
| | 大东方树脂 | 3.0 |
| | 陶氏化学 | 1.5 |
| 泰国 | | |
| | 朗盛 | 12.0 |
| | 泰国 ABS | 6.0 |
| | 大太平洋 | 1.2 |
| 马来西亚 | | |
| | 东丽塑料⑤ | 22.0 |

① 2008 年投产，至 2010 年扩至 15 万 t/年。

② 将扩至 8 万 t/年，2008 年进一步扩至 10 万 t/年。

③ 为三菱化学与 JSR 的合资企业。

④ 为宇部工业（持股 42.7%）、三菱合成纤维（42.7%）和 GE 先进材料公司（14.6%）的合资企业。

⑤ 另增 11 万 t/年，于 2008 年初投产。

据统计，截至2007年世界前10位ABS生产商分别为：中国台湾奇美公司(125.0万t/年)、LG化学公司(100.0万t/年)、英力士ABS公司(79.5万t/年)、巴斯夫公司(78.0万t/年)、GE塑料公司(61.5万t/年)、台湾化学和纤维公司(51.0万t/年)、韩国Cheil公司(43.0万t/年)、陶氏化学公司(38.5万t/年)、日本Techno公司(33.0万t/年)、日本东丽公司(31.0万t/年)。截至2007年，中国拥有ABS生产能力为203万t/年，居世界各国之首。

## 5.3 乳液接枝掺混法合成ABS树脂

### 5.3.1 乳液接枝主干胶乳合成

5.3.1.1 接枝主干胶乳的种类

ABS接枝主干胶乳有聚丁二烯胶乳(PBL)，丁苯胶乳(SBRL)，丙烯酸酯胶乳(ARL)和丁腈胶乳(NBRL)等，还有聚丁二烯胶乳与丁苯胶乳的混合胶乳。采用聚丁二烯作接枝主干，可使树脂有较好的耐寒性；采用丁苯橡胶作接枝主干，有助于改善树脂的流动性；采用丁腈橡胶作接枝主干，可提高树脂耐油性。选择胶乳品种的重要因素是其橡胶的玻璃化温度$T_g$和溶解度参数$\delta$，相关数值列于表5-3。

**表5-3 各种聚合物的$T_g$和$\delta$值**

| 聚合物 | $T_g$/℃ | $\delta$/$(J \cdot cm^{-3})^{1/2}$ |
|---|---|---|
| 天然橡胶(NR) | -72 | 16.2~17.1 |
| 聚丁二烯橡胶(EBR) | -86 | 16.6~17.6 |
| 丁苯橡胶(SBR) | -56(BD/ST=76/24)<br>-13(BD/ST=44/56) | 16.6~17.6(BD/ST=72/28~75/25)<br>17.7~17.8(BD/ST=60/40) |
| 聚苯乙烯(PS) | 100 | 17.6~18.6 |
| 丁腈橡胶(NBR) | -32(BD/AN=61/39) | 21.1 |
| 聚丙烯腈(PAN) | 98 | 26.1~31.5 |

制造ABS多用橡胶$T_g$低(一般为-40℃以下)的胶乳，最常用的是聚丁二烯胶乳。由于该胶乳采用热法乳液聚合，形成的橡胶已包含了足够高的结构凝胶，所以不须用二乙烯基苯或三乙烯基苯单体交联增强橡胶；而丙烯酸酯类橡胶，需加入交联剂增强。

聚丁二烯中，不仅有顺式、反式1，4-结构单元，而且有1，2-结构单元。其中的顺式结构含量高时玻璃化温度低，而1，2-结构的聚丁二烯由于侧链上存在乙烯基更有利于接枝。

采用SBR胶乳时，要求苯乙烯含量在50%以下；使用NBR胶乳时，要求AN含量在10%以下。

5.3.1.2 聚丁二烯胶乳的合成

(1) ABS用专用PB胶乳概述

由于PB的玻璃化温度低(最低达-86℃)，所以PB胶乳是乳液接枝掺混法的首选胶乳。通用ABS、耐寒ABS都以PB胶乳为接枝主干。PB胶乳按自由基乳液聚合机理进行。

用于乳液接枝掺混法制ABS时，要求PB胶乳的结构凝胶含量在30%~80%。生产耐热ABS时，有使用结构凝胶含量高达90%的PB胶乳的实例。但由本体聚合法制ABS时，要求PB橡胶凝胶含量为零。

为了使ABS有足够高的冲击强度，要求PB胶乳的粒径要足够大，至少大于250nm。

大粒径聚丁二烯胶乳的合成方法分2种：一种方法是在聚合过程中直接合成大粒径胶

乳，故称一步法；另一种方法是先合成小粒径胶乳，再将小粒子附聚成大粒子，故称二步法。后者又分为化学附聚和物理附聚两类，如图5－1。

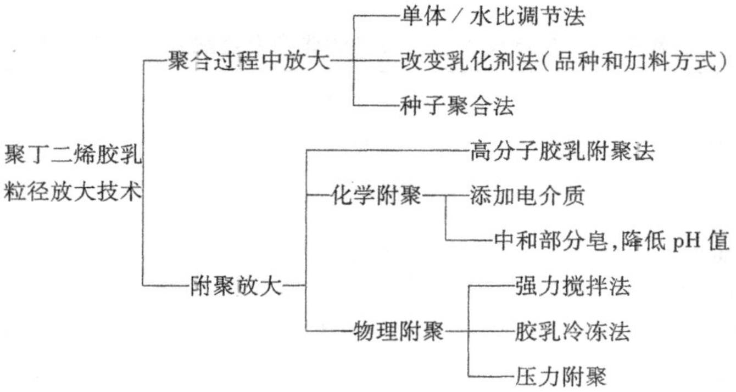


图5－1　聚丁二烯胶乳粒径放大技术

一步法合成大粒径聚丁二烯胶乳聚合时间长，至少在20h以上。在聚合中既要保证有足够快的反应速率，又要控制凝胶含量，还要达到要求的大粒径，致使过程不好控制。为了缩短丁二烯聚合时间，增大胶乳生产灵活性，可先生产小粒子胶乳，再进行附聚，由此生成大粒子胶乳的方法较好，是目前研究开发的方向之一。

(2) 小粒子聚丁二烯胶乳合成

生产小粒子胶乳的反应速率快，一般可在8～12h内完成聚合，凝胶含量还可在较宽的范围内调节。因而可根据具体要求，通过附聚方便地得到不同凝胶含量、不同平均粒径的大粒子胶乳。

在某些情况下，小粒子聚丁二烯胶乳可不经附聚直接得到应用，如用于特殊牌号的ABS树脂，因而对其专门予以讨论。

① 小粒径聚丁二烯胶乳生产工艺流程，如图5－2所示。

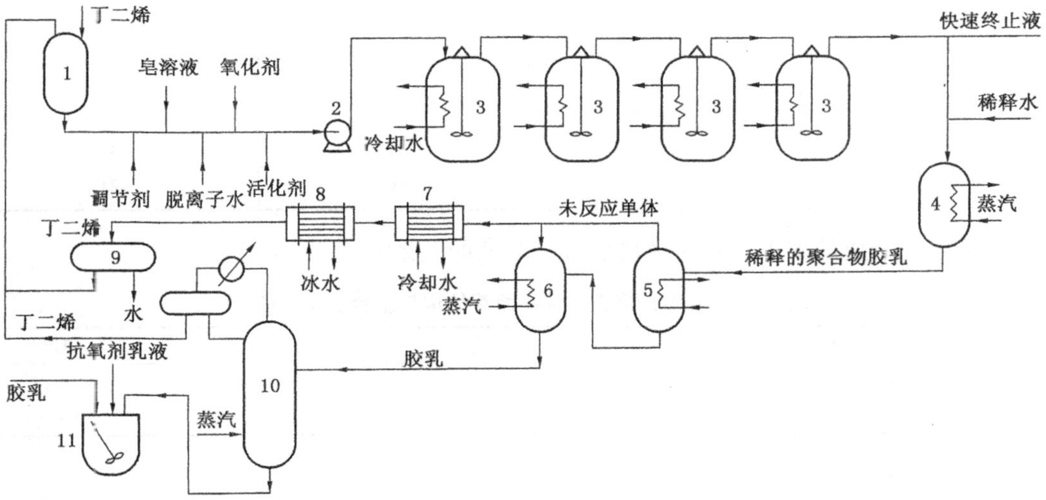


图5－2　聚丁二烯胶乳的生产工艺流程

1—混合槽；2—混合泵；3—聚合釜；4—卸料槽；5—高压闪蒸槽；6—低压闪蒸槽；7—冷凝器；8—冷却器；9—滗析器；10—胶乳汽提器；11—胶乳储槽

② 聚合配方及工艺条件　小粒径聚丁二烯胶乳制备方法有2种，即低温聚合和高温聚合方法。目前，生产ABS用小粒径聚丁二烯胶乳主要采用高温聚合方法。两种方法的基本配方见表5-4。

**表5-4　生产聚丁二烯胶乳的典型聚合配方及工艺条件**

| 配方与条件 | | 低温聚合 | 高温聚合 |
|---|---|---|---|
| 聚合配方/份 | 丁二烯 | 100 | 100 |
| | 水 | 160~200 | 120~190 |
| | 松香酸皂 | 2~3 | 3~4 |
| | 脂肪酸皂 | 3~2 | — |
| | 叔十二碳硫醇 | 0.2~0.4 | 0.2~0.6 |
| | 引发剂 | 0.15~0.4 | 0.15~0.4 |
| | 活化剂 | 0.2~0.3 | 0.2~0.3 |
| | 电解质 | — | 0.2~0.5 |
| | 磷酸钾 | — | 0.3~0.5 |
| | 过硫酸钠 | — | 0.2~0.4 |
| 工艺条件 | 聚合温度/℃ | 5±1 | 50~80 |
| | 聚合时间/h | 8~10 | 8~14 |
| | 单体转化率/% | >95 | >95 |

GE公司制小粒子聚丁二烯胶乳不用链转移剂和电解质，使用过硫酸钾($K_2S_2O_8$)作引发剂，加入少量螯合剂，如乙二胺四乙酸(EDTA)，还加入一定量的氮基二醋酸盐。此法可进行到丁二烯单体全部聚合。

聚丁二烯胶乳的凝胶含量随引发剂及链转移剂的用量、反应温度和转化率的变化而变化，转化率的变化必然引起胶乳黏度的变化。其黏度、凝胶含量与转化率的关系见表5-5。

**表5-5　丁二烯转化率与胶乳黏度及凝胶含量的关系**

| 转化率/% | 胶乳黏度/$dL\cdot g^{-1}$ | 凝胶含量/% | 膨　胀　度 |
|---|---|---|---|
| 48.2 | 2.10 | | |
| 55.2 | 2.20 | | |
| 66.0 | 2.45 | | |
| 70.0 | 2.60 | | |
| 74.0 | 0.55 | 71 | 30 |
| 85.0 | 0.40 | 80 | 21 |

③ 乳液法合成的聚丁二烯的微观结构与其$T_g$的关系见表5-6。

**表5-6　乳液法聚丁二烯的微观结构与聚合物$T_g$的关系**

| 聚合物 | 顺式-1，4结构/% | 反式-1，4结构/% | 1，2-结构/% | $T_g$/℃ |
|---|---|---|---|---|
| 低温聚合物(5℃) | 13.0 | 69.9 | 16.5 | -78 |
| 高温聚合物(50℃) | 19.0 | 62.7 | 18.8 | -86 |

(3) 一步法合成大粒径胶乳

目前的ABS生产过程中，利用一步法合成聚丁二烯的大粒径胶乳仍然是普遍采用的方法。其生产技术已比较成熟，技术改进的重点是通过配方和工艺优化以提高ABS产品质量、缩短聚合时间、提高单体转化率和胶乳的固含量(相应降低生产成本)、控制胶粒形态和粒径分布等。

以常规的乳液聚合法制备的聚丁二烯胶乳，粒径在0.1μm左右。所以如何生产出合成ABS所要求的平均粒径不小于0.25μm的聚丁二烯胶乳，是生产ABS用聚丁二烯胶乳的技术关键。

20世纪80年代前，采用一步法制备聚丁二烯胶乳的过程中，粒径每小时仅增大不足0.01μm，要达到0.3μm大小的粒径，至少需要40h以上。

20世纪90年代，一步法合成聚丁二烯胶乳的聚合时间已缩短至20多小时。

由于聚合过程中放大粒径方法(即一步法)所得的胶乳粒子形态好，粒经分布窄，反应易于控制，所以是目前生产经常采用的方法。这种方法放大粒径采取的技术如下。

① 适时补皂法　该法是在起始反应时，只加入少量乳化剂，随着聚合时间的延长，粒子直径逐渐增长，为保证增长着的乳胶粒稳定增大而适时补加乳化剂的一种方法。在实施该法时，影响乳胶粒稳定性和尺寸的主要因素是补加乳化剂的数量、时机和补加次数，如一次补加量过多，使体系乳化剂超过临界胶束状态，即会形成新的粒子，使平均粒径趋小；反之，则会造成乳胶粒子不稳定，体系出现絮凝物。另外，反应温度提高，乳聚速度加快，粒径也变小。通过上述几种因素的综合优化，筛选的配方如表5-7所示。

**表5-7　补皂法合成大粒径胶乳的配方**

| 组　　分 | 配方/份 | 组　　分 | 配方/份 |
|---|---|---|---|
| 丁二烯 | 100 | 过硫酸钾 | 0.3 |
| 松香酸钾 | 1.5 | 叔十二碳硫醇 | 0.3 |
| 碳酸钾 | 1.2 | 水 | 75 |

反应起始温度53℃，到转化率30%左右时，温度达57℃；转化率70%左右时，温度控制在65℃；在转化率为50%~80%时，连续补加松香酸钾共2.0份。累计反应时间62~68h，最终转化率95%~97%，凝聚物含量0.5%~0.8%。

该聚合过程即是在初期加入较少量的皂(为1.5份)，用较大量的电解质，油/水为100/75。在反应转化率达到50%左右时，胶乳粒子出现不稳态。如不补皂，将发生粒子附聚，使反应速率骤降。此时开始补皂，保持胶乳粒子不被破坏，连续补加的皂增强了原胶乳粒子的稳定性，又不生成新的胶粒。这些胶粒不断吸收单体，持续反应，粒子逐步增大，直至反应结束。这种方法的反应时间通常为70~85h。连续补皂的量及时机既要考虑体系的稳定性要求，又要考虑胶乳粒径增大的需要。

② 加入溶剂法　在聚合过程中，加入非聚合性溶剂，可使胶乳粒径增大。所用溶剂可以是单一溶剂，也可以是混合溶剂，具体过程是先按表5-8所示的配方向聚合釜中投料，当聚合釜温度达到65℃后，加入溶有0.25份过硫酸钠的水溶液至反应器中，在65℃维持反应，当反应进行至6~16h时，往聚合釜中连续补加组成如表5-9所示的物质。

**表5-8　首次投料配方**

| 组　　分 | 配方/份 | 组　　分 | 配方/份 |
|---|---|---|---|
| 1，3-丁二烯 | 100.0 | 脂肪酸皂 | 0.3 |
| 丁醇 | 3.0 | 歧化松香钾皂 | 0.6 |
| 十二碳硫醇 | 0.2 | 碳酸钠 | 0.35 |
| 氢氧化钠 | 0.1 | 水 | 55 |

表 5－9　补加物组成表

| 组　分 | 配方/份 | 组　分 | 配方/份 |
|---|---|---|---|
| 歧化松香钾皂 | 0.3 | 氢氧化钠 | 0.05 |
| 脂肪酸皂 | 0.1 | 重硫酸钠 | 0.15 |
| 过硫酸钾 | 0.1 | 水 | 45 |

连续补加结束后，升温至 80℃，反应总时间达 30h 开始降温，结束反应。最终转化率为 90%，重均粒径为 0.31μm。

③ 补加单体法　20 世纪 80 年代中期，白石良多等为了改善胶乳的性能，在聚合配方中添加碱金属盐，通过两段聚合，制得一种平均粒径为 0.25μm 以上的胶乳。其具体聚合工艺是先将 100 份丁二烯、70 份水、2.0 份环烷酸钾、0.4 份油酸钾、0.2 份萘磺酸甲醛缩合物、1.2 份碳酸钾、0.3 份过硫酸钾和 0.2 份叔十二碳硫醇，置于氮气置换好的聚合釜中，在氧化还原催化体系的作用下，升温至 60℃进行乳液聚合。当单体转化率达 50% 时，再将 25 份丁二烯加入聚合体系，继续进行聚合反应，使单体转化率达 90% 以上，制得一种平均粒径为 0.29μm，凝聚物含量低于 0.01% 的胶乳。

此方法的另一实例是 100 份丁二烯、100 份水、2.0 份松香皂、0.4 份硬脂酸钾、1.2 份碳酸钾、0.3 份过硫酸钾和 0.2 份叔十二碳硫醇，在转化率达 50% 时，补加 23 份丁二烯，转化率达 90% 时出料。

日本合成橡胶公司的生产工艺是先将表 5－10 所示的配方物料投入聚合釜中，在 60℃进行聚合。

表 5－10　日本合成橡胶公司聚合配方

| 组　分 | 配方/份 | 组　分 | 配方/份 |
|---|---|---|---|
| 1，3－丁二烯 | 100 | 萘磺酸钠甲醛缩合物 | 0.2 |
| 水 | 70 | 碳酸钾 | 1.2 |
| 歧化松香钾皂 | 2 | 过硫酸钾 | 0.3 |
| 油酸钾 | 0.4 | 叔十二碳硫醇 | 0.2 |

聚合转化率达 50% 时，补加 25 份丁二烯，继续反应到转化率达 90%。整个反应为 50h，胶乳平均粒径为 0.29μm，凝聚物含量在 0.01% 以下。单体加入量和加入时机的影响见表5－11。

表 5－11　补加单体量和补加时机的影响

| 项　目 | | 1 | 2 | 3 | 4 | 5 | 6 | 7 | 8 |
|---|---|---|---|---|---|---|---|---|---|
| 聚丁二烯胶乳 | 单体补加量/份 | 25 | 40 | 50 | 25 | 25 | — | 25 | 25 |
| | 单体补加时机/% | 50 | 50 | 50 | 30 | 77 | — | 10 | 85 |
| | 总反应时间/h | 50 | 57 | 62 | 53 | 50 | 42 | 48 | 55 |
| | 胶乳粒径/μm | 0.29 | 0.36 | 0.29 | 0.29 | 0.28 | 0.22 | 0.22 | 0.23 |
| | 凝聚物/%　　< | 0.01 | 0.01 | 0.01 | 0.01 | 0.01 | 0.01 | 3.0 | 5.1 |
| ABS 树脂 | 熔体流动速率/$cm^3 \cdot (10min)^{-1}$ | 11 | 10 | 10 | 11 | 10 | 8 | 9 | 9 |
| | 冲击强度/$J \cdot m^{-1}$ | 460 | 480 | 490 | 470 | 461 | 372 | 363 | 372 |

④ 种子聚合法　在聚合体系中加入种子胶乳，以此胶乳粒子为种子，使之长成大粒子。种子聚合法所得胶乳粒径取决于种子数目、种子粒径、配方性质及聚合技术。通常种子加入

量为 1.5% ~10%（干基），种子聚合配方实例如表 5 – 12 所示。

表 5 – 12　种子聚合配方实例

| 组　分 | 配方/份 | 组　分 | 配方/份 |
|---|---|---|---|
| 丁二烯 | 100 | 种子胶乳 | 2 ~6 |
| 水 | 20 | 次甲基 – 萘磺酸盐 | 1.5 |
| 松香皂 | 1.3 | 过硫酸钾 | 0.2 |
| 油酸钾 | 1.0 | 叔十二碳硫醇 | 1.0 |

种子胶乳带入的水与反应过程中补加的水之和为 70 份。在 60℃下聚合，反应 48 ~54h。此配方的胶乳粒径可达 250 ~320nm，转化率可达 90% ~95% 。

⑤ 聚合后期自聚集法　聚合初期在反应体系中加入皂总量的 80%，提高初始反应温度至 70℃，提高硫醇用量，使前期生成大量小粒子；反应到 16h 左右时，胶乳粒子大规模聚集。此时，补加少量皂，使聚集后的胶乳稳定下来，并通过提高反应温度和补加过硫酸钾补偿由于聚集和单体浓度降低等引起的反应速率下降。这种方法制得的胶乳粒径分布窄，平均粒径可达 300 ~380nm，总反应时间 26 ~36h。

⑥ 中和部分皂或降低 pH 值法　在聚合过程中加入与体系中原有乳化剂性质相反的乳化剂；或添加电解质和一定量的皂，使聚合过程中生成的小乳胶粒子，边反应边聚集成大粒子。

（4）附聚法合成大粒径 PB 胶乳

① 冷冻附聚　冷冻附聚法是将总固含量 40%，pH 值为 8.2 ~8.5，乳化剂为脂肪酸钾皂的小粒径(60 ~70nm)聚丁二烯胶乳送入冷冻转鼓，在胶乳冻点下，利用胶乳中水结冰形成的压力使胶乳附聚形成大粒子。该法于 1952 年由美国 B. F. Goodrich 公司工业化，日本合成橡公司、加拿大共聚物公司都曾用过此法。冷冻附聚法产品纯净，易于工业化，反应周期短，但放大粒度有局限性，只能得到中粒度的胶乳。胶乳冷冻时会析出凝胶，并且动力消耗较大。

② 压力附聚　压力附聚是让小粒径胶乳在高于 7MPa 的压力下，通过均化器的一个小收缩孔实现附聚的。当胶乳通过锐孔时，在其内部产生空穴，而形成剪切力，使胶乳粒子的稳定性下降，粒子间迅速聚集。此法对小粒径胶乳 pH 值高（可达 13）、乳化剂多的情况也有效。胶乳的总固含量、温度及 pH 值也会影响该法的粒径。附聚后，胶乳的组成不变，缺点是粒径分布宽，附聚后还会含未附聚的初级粒子。这种方法虽显落后，但在一些工厂仍然用得很好。GE 公司的附聚粒径放大工艺就是以单釜间歇聚合制备小粒径聚丁二烯胶乳，反应时间 15h，然后进行连续压力附聚，附聚后粒径为 0.3μm，总生产周期 17h，其工艺流程如图5 – 3 所示。

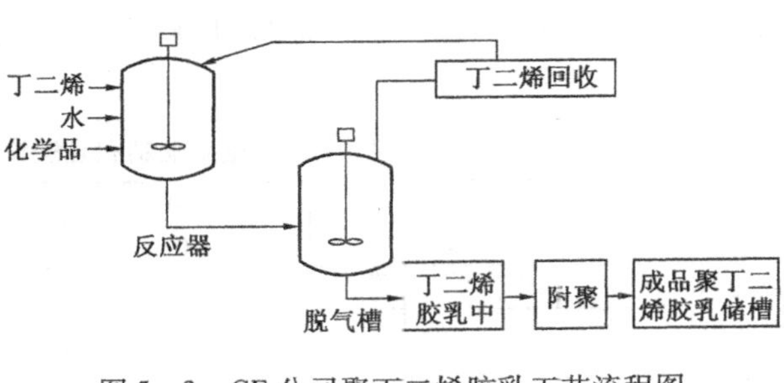


图 5 – 3　GE 公司聚丁二烯胶乳工艺流程图

③ 机械搅拌附聚　提高搅拌强度，也可得到大粒径胶乳。该法所用聚合配方示于表 5 – 13。

反应在45～60℃下进行，转化率40%～50%时，增强搅拌1h，反应转化率达65%，直径在0.44μm以上的粒子占74.5%。

表5－13　增强搅拌附聚的聚合配方

| 组　分 | 配方/份 | 组　分 | 配方/份 |
|---|---|---|---|
| 丁二烯 | 100 | 正十二碳硫醇 | 0.5 |
| 松香酸钾 | 1.0 | 过硫酸钾 | 0.2 |
| 氢氧化钾 | 0.15 | 水 | 100 |

④ 化学附聚　向胶乳中加入无机盐、醋酸酐、有机溶剂，如丙酮、苯、甲苯及苯－醇混合物，亲水性聚合物聚乙烯醇、聚氧化物、聚氨酯、聚乙二醇甲基纤维和聚乙烯醇缩醛等化学物质，可进行附聚粒径放大。

例如，在聚合转化率50%左右时，加入硫酸镁，降低胶乳稳定性，然后加入海藻酸钠，使胶乳粒子发生附聚，增大胶乳粒径。附聚完毕后，应补加皂和引发剂。补皂的目的是使附聚后胶乳稳定，同时也可产生新的胶乳，补偿因附聚而发生的反应速率下降。补引发剂则可使附聚产生的死粒子重新复活，以提高反应速率。其配方如表5－14所示。

表5－14　反应过程中附聚增大胶乳粒径的合成配方

| 组　分 | 配方/份 | 组　分 | 配方/份 |
|---|---|---|---|
| 丁二烯 | 100 | 海藻酸钠 | 0.001 |
| 水 | 52 | 硫酸镁 | 0.02 |
| 歧化松香酸钠 | 1 | 正十二碳硫醇 | 0.20 |
| 过硫酸钾 | 0.3 | | |

在聚合过程中加入附聚剂藻朊酸钠和硫酸镁的混合物，可制备高固、多分散、大粒径聚丁二烯胶乳。其工艺过程是，在单体/水比为100/52的物料中，加入1份松香酸钠，在46℃开始聚合，当转化率达10%时，提高温度到52℃，转化率升到40%，再提高温度到66℃。在转化率50%～70%之间，将另外的乳化剂作为稳定剂加入，以防止过分附聚；在转化率60%时，加入其他助剂溶液，使其产生新粒子以弥补由于粒子数减少引起的聚合速率下降。最佳的加入量是100份单体加0.001份藻朊酸钠和0.02份硫酸镁，其他助剂如过硫酸钾0.0003份，正十二碳硫醇0.00025份。总固含量可达60%～70%，试验结果如表5－15。

表5－15　藻朊酸钠和硫酸镁对聚合反应的影响

| | | | | | |
|---|---|---|---|---|---|
| 藻朊酸钠/份 | 0.001 | 0.001 | 0.001 | 0.002 | 0.001 |
| 硫酸镁/份 | 0.02 | 0.02 | 0.02 | 0.02 | 0.05 |
| 温度/℃ | 46→52→66 | | | | |
| 时间/h | 69 | 71 | 71 | 70 | 72 |
| 总固含量/% | 58.0 | 57.9 | 58.7 | 56.0 | 55.9 |
| 黏度/Pa·s | 0.13 | 0.10 | 0.07 | 0.19 | 0.14 |
| 粒径分布/% | | | | | |
| 100nm以下 | | 7 | 3 | | |
| 100～200nm | | 15 | 24 | | |
| 200～300nm | | 38 | 33 | | |
| 300nm～400nm | | 10 | 7 | | |
| 400nm～800nm | | 23 | 23 | | |
| 800nm以上 | | 7 | 10 | | |

用大小不同的反应器进行聚合，结果表明有良好重复性，见表5-16。

表5-16　用藻朊酸钠放大制备高固胶乳的特性

| 反应釜容量/L | 10 | 20 | 60 | 1700 |
|---|---|---|---|---|
| 时间/h | 72 | 73 |  | 60 |
| 总固含量/% | 61.9 | 62.9 | 60.0 | 60.0 |
| 黏度/Pa·s | 0.16 | 0.14 | 0.26 | 0.19 |
| 凝胶含量/% | 78 | 83 | 83 | 84 |
| 溶胀指数 | 12 | 16 | 13 | 15 |
| 粒径分布/% |  |  |  |  |
| 100nm以下 | 9 | 3 | 12 | 2 |
| 100~200nm | 20 | 24 | 23 | 19 |
| 200~300nm | 40 | 33 | 27 | 38 |
| 300~400nm | 5 | 7 | 8 | 8 |
| 400~800nm | 22 | 23 | 19 | 23 |
| 800nm以上 | 4 | 10 | 12 | 10 |

一般说来，水溶性聚合物吸附在胶乳粒子上，可控制水和粒子间的互相作用。水溶性藻朊酸镁与聚合物粒子上的乳化剂发生反应，藻朊酸盐的镁离子将乳化剂剥落，而藻朊酸被吸收到粒子上使其附聚，形成大粒子。

化学附聚法的缺点是附聚后粒子尺寸受限制，温度、时间影响大，较难控制，不易重复。

⑤ 高分子胶乳附聚法 近年来出现的一种新型附聚方法，它是一种以聚合物乳液为附聚剂的方法。用于附聚的聚合物乳液主要有两种。

a. 非离子型胶乳　以聚氧化乙烯多嵌段非离子型乳化剂(POE-PS-POE)制备的胶乳用于附聚时附聚效果相当好。100g待附聚胶乳中加入0.05~20g附聚剂胶乳，室温下搅拌1min~1h，即可完成附聚。粒径可由0.1μm增大到0.4~0.8μm。经附聚的胶乳粒径大小和分布与附聚条件及附聚剂胶乳的配方有关。

若以$R$表示附聚剂胶乳与待附聚胶乳之质量比，附聚后胶乳粒径$d$与$R$之间的关系如图5-4所示。曲线在$R_m$处出现一个极大值。当$R<R_m$时，粒径为单峰分布，当$R>R_m$时，粒径为双峰分布。

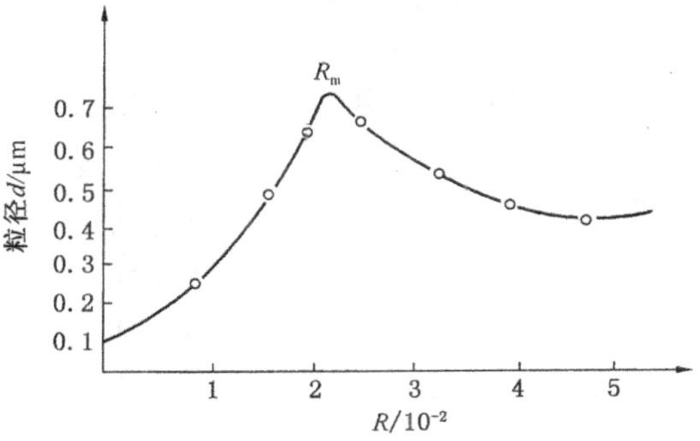

图5-4　附聚后粒径$d$与$R$的关系

附聚效果与嵌段结构的附聚剂胶乳相对分子质量、体系固含量等因素有关。附聚剂胶乳相对分子质量越大，附聚后胶乳粒径越大；体系固含量提高，附聚速度加快，粒径有所增大；提高温度，粒径变小。例如，当温度为17℃时，附聚后粒径为0.4μm。温度为65℃时，粒径就成0.3μm，一般附聚温度以17℃为宜。

b. α、β-不饱和羧酸共聚胶乳　最适用的此类胶乳是丙烯酸丁酯与甲基丙烯酸的共聚物。这种胶乳不饱和羧酸成分主要集中在胶粒表层，可显著提高附聚效果，羧酸含量一般为

3% ~30%，低于 30%，附聚作用不明显。在附聚过程中可加入少量电解质 KCl、NaCl、$Na_2SO_4$ 等，调整 pH 值在 7 ~13 范围为宜。对粒径 0.09μm 的聚丁二烯胶乳，用表 5 - 17 所示的配方制备附聚剂胶乳。

**表 5 - 17　不饱和羧酸类附聚剂胶乳制备配方**

| 组　分 | 配方/份 | 组　分 | 配方/份 |
|---|---|---|---|
| 丙烯酸丁酯 | 80 | NonsoTK - 1(半固钾皂) | 2.0 |
| 甲基丙烯酸 | 20 | Rapisol 80(辛磺基丁酸钠) | 1.0 |
| 过硫酸钾 | 0.5 | 水 | 200 |

于 70℃ 反应 4h，制成附聚剂胶乳。在 10 份聚丁二烯胶乳中加入 2 份上述胶乳，室温下搅拌 10min，即可附聚成粒径为 0.5μm 左右的大粒径胶乳。

日本三菱人造丝公司以前所用的 EBR 胶乳全部从瑞翁和住友公司购买，现在 30% 用自行开发的用附聚剂胶乳放大的聚丁二烯胶乳。以间歇乳液聚合制备粒径为 0.1μm 的聚丁二烯胶乳，聚合时间 15h，转化率 95%。附聚剂胶乳则由两种丙烯酸单体乳液聚合制得，其聚合时间 10h，转化率 95%。这是一种粒径为 0.1μm、表面带正电荷的胶乳。

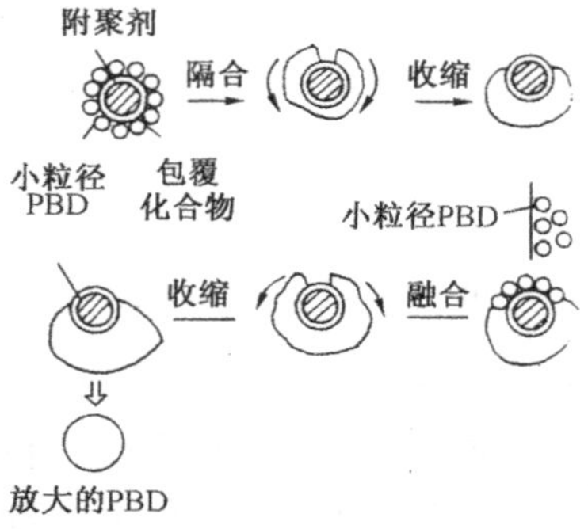

图 5 - 5　小粒径聚丁二烯胶乳附聚放大机理

把小粒径聚丁二烯胶乳送至带搅拌的槽中，然后加入附聚剂胶乳，搅拌混合 1h 即得 0.3μm 的大粒径胶乳。以附聚剂胶乳为核心使聚丁二烯胶乳附聚放大机理如图 5 - 5 所示。

5.3.1.3　合成 ABS 用丁苯胶乳

丁苯胶乳(SBRL)是丁二烯和苯乙烯通过自由基型乳液聚合的方法制得。

同聚丁二烯胶乳一样，可通过一步法直接合成及小粒子附聚得到符合接枝要求的胶乳。

(1) 小粒径 SBRL 合成

小粒子 SBRL 聚合的基本配方见表 5 - 18。其聚合温度为 50℃，转化率 >90%。

**表 5 - 18　合成小粒子 SBRL 的基本配方**

| 组　分 | 配方/份 | 组　分 | 配方/份 |
|---|---|---|---|
| 丁二烯 | 70 ~ 78 | 过硫酸钾 | 0.2 ~ 0.4 |
| 苯乙烯 | 22 ~ 30 | 叔十二碳硫醇 | 0.2 ~ 0.4 |
| 皂 | 3 ~ 5.5 | 水 | 140 ~ 180 |

若想制备色彩良好的 ABS 树脂，其 SBRL 胶乳的配方需作如下调整(干基)：1，3 - 丁二烯 90 份；苯乙烯 10 份；过硫酸钾 0.15 份。

该小粒子胶乳可供某些特殊牌号的 ABS 树脂直接使用，也可通过附聚放大制备大粒径 SBRL。

(2) 一步法大粒径 SBRL 合成

① 调节电解质，分阶段补水，制大粒径 SBRL　朝枝真二和田上英二郎等在聚合配方中，添加 0.1 ~ 1.0 份无机电解质，聚合开始时加 10 ~ 50 份水，当单体转化率至 5% 以上时，再加入适量的水，继续进行聚合反应，制得粒径为 0.21 ~ 0.25μm 的胶乳。其具体工艺是：

将75份丁二烯、25份苯乙烯、0.5份叔十二碳硫醇、3.0份玫瑰酸钾、0.2份过硫酸钾和0.3份硫酸钠置于氮气处理好的聚合釜中，升温至60℃开始聚合；加入13份水，在单体转化率达8%和30%时，分别添加30份和40份水，继续进行聚合，至单体转化率为99%，制得一种性能良好的大粒径SBRL。

② 种子法制大粒径SBRL　以100nm的SBRL为种子胶乳，加入以丁二烯为单体的聚合体系中，在62℃下反应62h，可以得到转化率96%，胶乳粒径300～320nm的丁苯胶乳。其配方如表5－19所示。

**表5－19　种子法制大粒径SBRL的配方**

| 组　　分 | 配方/份 | 组　　分 | 配方/份 |
|---|---|---|---|
| 丁二烯 | 90 | 叔十二碳硫醇 | 0.2 |
| SBRL(干) | 10 | 过硫酸钾 | 0.3 |
| 歧化松香酸钾 | 0.5 | 水 | 60 |

③ 分批加料法　三菱人造丝公司的技术是在初始投料时加苯乙烯40份，丁二烯760份，在60℃下反应6h。转化率达35%时，再投入丁二烯680份，苯乙烯120份，升温至60～70℃下反应，聚合18h，得粒径为0.26μm，凝胶为83%的丁苯胶乳。

（3）附聚法制大粒径SBRL

附聚的方法是：一边搅拌小粒径SBRL，一边添加附聚剂胶乳和电解质$Na_2SO_4$，在5s内加完。加完后，继续搅拌30min。根据所需要的最终SBRL的粒径，可添加不同量的附聚剂胶乳。当附聚剂胶乳用量为1.5份时（干），可得粒径为0.38μm的SBRL胶乳。用量为1.8份时，可得粒径为0.45μm的SBRL胶乳。

5.3.1.4　合成ABS专用丁腈胶乳

同聚丁二烯胶乳一样，可通过小粒子合成、一步法直接合成及小粒子附聚得到符合接枝要求的胶乳。

（1）ABS专用小粒径NBRL合成

小粒径NBRL不能直接单独用于ABS合成，必须经过附聚以后，制成大粒径NBRL，才可用于ABS合成。小粒径NBRL合成配方如表5－20所示。

**表5－20　小粒径NBRL合成配方**

| 组　　分 | 配方/份 | 组　　分 | 配方/份 |
|---|---|---|---|
| 丁二烯 | 95.0 | 油酸钾 | 1.5 |
| 丙烯腈 | 5.0 | 水 | 140 |
| 过硫酸钾溶液(1%) | 15.0 | 叔十二碳硫醇 | 0.2 |
| 焦磷酸钾 | 3.0 | | |

依以上配方在65℃下反应12h，得到转化率94%，固含量40%，重均粒径0.1μm的NBRL。利用该胶乳粒子附聚后作橡胶相，可制备具有高冲击强度、高抗拉强度、耐氟氯碳化合物侵蚀的ABS。在制备加工烟量少、低臭味、热稳定性好的ABS树脂，或者强度好、含水率低、吸漆性低的ABS树脂产品时，也用此种小粒子胶乳。

若制备具有高落球冲击强度、高抗张强度、良好光泽、回收料仍有良好机械性能的ABS时，可附聚下述小粒子丁腈胶乳。所用小粒子丁腈胶乳配方见表5－21。

表 5-21 制备高强度 ABS 树脂用 NBRL 合成配方

| 组　分 | 配方/份 | 组　分 | 配方/份 |
|---|---|---|---|
| 丁二烯 | 93 | 油酸钾 | 1.5 |
| 丙烯腈 | 7 | 过硫酸钾 | 0.15 |
| 叔十二碳硫醇 | 0.2 | 水 | 140 |
| 焦磷酸盐 | 3 | | |

物料在 70℃ 下反应 12h，转化率可达 98% 以上，胶乳固含量达 41%，胶乳粒径 0.12μm。

（2）一步法合成大粒径 NBRL

日本旭化成工业公司在乳聚丁二烯时加入 0.5～5 份丙烯腈于丁二烯中，亲水性较强的丙烯腈与乳化剂共同形成大量胶束，加速了聚合反应。乳化剂起始用量为 0.5～1.5 份，乳化剂的减少缩短了聚合诱导期。以补加乳化剂的时机（转化率 20%～50%）、乳化剂量（0.3～0.7 份）来控制粒子的大小、粒径分布和附聚时间。随着聚合初期生成的小粒子增长，乳化剂对其表面的覆盖率降低，粒子发生附聚而增大。控制聚合使其平稳开始，在引发剂快速分解、单体迅速聚合的温度下加入引发剂，可以得到呈粒径单分散分布的胶乳。其反应时间为 30h，粒径 0.2～0.5μm，在平均粒径 ±20% 范围内的粒子，占全部粒子质量的 80% 以上。该法所用的聚合配方见表 5-22。

表 5-22 一步法合成大粒径 NBRL 的聚合配方

| 组　分 | 配方/份 | 组　分 | 配方/份 |
|---|---|---|---|
| 丁二烯 | 97.0 | 牛脂皂 | 0.3 |
| 丙烯腈 | 3.0 | 氢氧化钾 | 0.1 |
| 叔十二碳硫醇 | 0.2 | 碳酸氢钠 | 0.35 |
| 歧化松香皂 | 0.6 | 脱盐水 | 55.0 |

把上述物料投入真空脱气的聚合釜中，升温到 65℃，加入溶有 0.15 份过硫酸钠的水溶液开始聚合，当聚合进行到第 6h 时，连续加入表 5-23 给出的物料，至第 16h 补加完毕。

表 5-23 补加物料的组成

| 组　分 | 配方/份 | 组　分 | 配方/份 |
|---|---|---|---|
| 歧化松香钾皂 | 0.3 | 氢氧化钾 | 0.05 |
| 牛脂皂 | 0.1 | 碳酸氢钠 | 0.15 |
| 过硫酸钠 | 0.1 | 脱盐水 | 45.0 |

补加完后，将温度升到 80℃，到 30h 完成聚合。反应 6h 时的转化率为 40%，最终转化率是 90%，电镜分析平均粒径为 0.31μm，其中 0.25～0.37μm 的粒子占 85%。

大粒径 NBRL 还可用附聚法制备，不再赘述。

5.3.1.5 ABS 专用丁二烯-丙烯酸酯类胶乳合成

（1）ABS 专用丁二烯-丙烯酸酯类胶乳特点

丁二烯-丙烯酸酯类胶乳也可用作 ABS 接枝主干胶乳。在 ABS 中，该主干胶乳也是分散相，是 SAN 的增韧剂，能提高 ABS 的冲击强度。因此，丁二烯-丙烯酸酯类胶乳粒径应大于 0.25μm。当把丁二烯－丙烯酸酯类胶乳用于乳液接枝掺混法制 ABS 时，还要求该胶乳有足够的交联度，即凝胶含量要在 30% ~80% 范围内。该类胶乳用作接枝主干制得 ABS 的外观较好。丁二烯－丙烯酸酯类胶乳中，丙烯酸酯含量通常为 0.2%，常用的丙烯酸酯是二甲基丙烯酸乙二醇酯、丙烯酸丁酯等。

（2）丁二烯－二甲基丙烯酸乙二醇酯胶乳合成

合成该类胶乳的聚合配方见表 5－24。

**表 5－24　丁二烯－二甲基丙烯酸乙二醇酯胶乳合成**

| 组　分 | 配方/份 | 组　分 | 配方/份 |
|---|---|---|---|
| 丁二烯 | 150 | 蒸馏水 | 190 |
| 过硫酸钾溶液(1%) | 15 | 二甲基丙烯酸乙二醇酯 | 0.13 |
| 油酸钾 | 2.0 | | |

依以上配方在 65℃ 下反应 12h，转化率可达 94%，固含量约 40%，胶乳重均粒径 0.1μm。将此胶乳附聚后进行接枝，用于制造 ABS。

在制造低臭 ABS 时，也可用上述胶乳，只是乳化剂不同；在制备高抗冲、高抗张、高光泽，并且有优良成型性 ABS 时，用上述小粒径胶乳附聚制大粒径胶乳。

5.3.1.6　附聚剂胶乳的合成

附聚剂胶乳主要用作小粒径聚丁二烯等接枝主干胶乳的附聚放大，一般为丙烯酸及其酯类的共聚物。在主干胶乳的合成过程中，只需添加少量附聚胶乳。

在制备具有高落球冲击强度、高光泽、高拉伸强度，成型时无臭味的 ABS 时，采用的聚丁二烯胶乳及丁苯胶乳是由表 5－25 所示配方合成的胶乳将相应的小粒子胶乳附聚而成的。

**表 5－25　附聚剂胶乳配方(Ⅰ)**

| 组　分 | 配方/份 | 组　分 | 配方/份 |
|---|---|---|---|
| 丙烯酸乙酯(或丁酯) | 85.0 | 二辛基磺基琥珀酸钠 | 1.0 |
| 丙烯酸(或甲基丙烯酸) | 15.0 | 过氧化氢异丙苯 | 0.4 |
| 叔十二碳硫醇 | 0.3 | 甲醛合次硫酸氢钠 | 0.3 |
| 油酸钾 | 2.0 | 水 | 200 |

表 5－25 所列组分在 70℃ 下聚合 4 ~5h，转化率可达 95% ~98%，pH 值为 6.0 左右，胶乳粒子重均粒径大约 0.07μm。改变助剂体系，用丙烯酸丁酯与甲基丙烯酸共聚胶乳也可做上述用途的附聚剂，其配方见表 5－26。

**表 5－26　附聚剂胶乳配方(Ⅱ)**

| 组　分 | 配方/份 | 组　分 | 配方/份 |
|---|---|---|---|
| 丙烯酸丁酯 | 80 | NonsoTK－1(半固钾皂) | 2.0 |
| 甲基丙烯酸 | 20 | Rapisol 80(辛磺基丁酸钠) | 1.0 |
| 硫酸钾 | 0.5 | 水 | 200 |

若要附聚丁二烯－丙烯酸酯胶乳，所需的附聚剂胶乳配方见表 5－27。在 75℃ 下反应 5h，转化率可达 95%，pH 值约为 6.0。

表 5-27　附聚剂胶乳配方(Ⅲ)

| 组　分 | 配方/份 | 组　分 | 配方/份 |
|---|---|---|---|
| 丙烯酸乙酯 | 90~92 | 十二烷基硫酸钠溶液(10%) | 0.5 |
| 丙烯酸(或甲基丙烯酸) | 8~10 | 正十二碳硫醇 | 0~1.0 |
| 过硫酸钾溶液(1%) | 0.5 | 水 | 200.0 |

### 5.3.2　乳液接枝聚合

5.3.2.1　基本概念

(1) 接枝聚合

所谓接枝聚合是指在主干聚合物上聚合其他可聚合单体，使其作为侧链化学结合在主干聚合物上的过程。

(2) 接枝度

又称接枝率，通常以接枝 SAN 共聚物质量与接枝主干聚合物质量之比表示。

接枝度(或接枝率) = 接枝 SAN 共聚物质量/接枝主干聚合物质量 ×100%

接枝度是控制 ABS 树脂物理机械性能及其颗粒形态学特征的重要参数。一般控制接枝度在 35% ~70% 之间，使接枝主干颗粒内外具有较好的相分离，以保证 ABS 的高冲击强度。

(3) 接枝效率

指接枝 ABS 共聚物质量与投入的单体总质量的比。

接枝效率 = 接枝 SAN 共聚物质量/投入的单体总质量 ×100%

该指标与接枝主干物含量无关，直接反映的是单体丙烯腈(AN)与苯乙烯(ST)进行接枝共聚合的程度。一般要求接枝效率高一些，通常控制在 50% ~75% 之间。

(4) 接枝密度

它是指两个相邻接枝点之间接枝主干聚合物的平均聚合度的倒数。以 $P$ 表示聚合度，则接枝密度 = $1/P$。

接枝密度实质上表示接枝侧链在接枝主干聚合物颗粒内外表面上的分布，它直接关系到相界面的结构。研究表明，接枝密度适宜才能获得较高的冲击强度。

5.3.2.2　聚丁二烯胶乳接枝聚合

(1) 聚合机理

在 ABS 接枝共聚过程中，聚丁二烯链上的双键受自由基攻击，形成接枝点。此外，聚丁二烯链节含有两个 α-H，这些 α-H 易受自由基攻击脱氢而产生大分子链自由基，这些大分子链自由基可以和单体(苯乙烯、丙烯腈等)进行接枝反应，形成 ABS 接枝共聚物，同时伴随游离 SAN 生成。

① 接枝共聚合反应机理　以 R、M、P 和 $R^{\cdot}$、$M^{\cdot}$、$P^{\cdot}$ 分别代表引发剂、单体、聚合物的分子及相应的自由基。

分子链自由基的形成以下列反应为主：

$$R^{\cdot} + P \longrightarrow P^{\cdot} + RH \text{ 或 } R^{\cdot}P$$

$$RM_{n+1}^{\cdot} + P \longrightarrow RM_{n+1}P^{\cdot} \text{ 或 } P^{\cdot} + RM_{n+1}$$

接枝共聚物的形成以下列反应为主：

$$P^{\cdot} + M \longrightarrow PM^{\cdot} \xrightarrow{nM} PM_{n+1}^{\cdot}$$

$$P^{\cdot} + RM_{n+1}^{\cdot} \longrightarrow PM_{n+1}R$$

链终止以下列反应为主：

$$PM_n^{\cdot} + PM_n^{*} \longrightarrow PM_{n+m}P \text{ 或 } PM_m + PM_n$$

$$PM_n^{\cdot} + R^{*} \longrightarrow PM_nR$$

② PB 分子链自由基的形成机理　以引发剂自由基攻击为主。其反应过程可图解为：

$$R^{\cdot} + PB \longrightarrow (\text{—}CH_2\text{—}^{\cdot}CH\text{—}CHR\text{—}CH_2\text{—})\text{（打开双键）}$$

$$R^{\cdot} + PB \longrightarrow (\text{—}^{\cdot}CH\text{—}CH{=}CH\text{—}CH_2\text{—}) + RH\text{（进攻 }\alpha-H\text{）}$$

③ 游离 SAN 形成机理　以 M 代表苯乙烯和丙烯腈。

引发：$R^{\cdot} + M \longrightarrow RM^{\cdot}$

链增长：$RM^{\cdot} + (n-1)M \longrightarrow RM_n^{\cdot}$

链终止：$M_n^{\cdot} + M_m^{\cdot} \longrightarrow M_{n+m}$ 或 $M_n + M_m$

$M_n^{\cdot} + PBM_m^{\cdot} \longrightarrow M_{n+m}PB$ 或 $M_n + PBM_m$

$M_n^{\cdot} + R^{\cdot} \longrightarrow M_nR$ 或 $M_n + RH$

$M_n^{\cdot} + PB^{\cdot} \longrightarrow PBM_n$ 或 $M_n + PBH$

(2) 影响接枝聚合的因素

1) 影响接枝聚合反应速率的因素 Locatell、Jean L 等人对接枝聚合反应速率进行了详细研究。研究指出，在聚丁二烯存在下进行接枝聚合反应出现抑制效应，而抑制效应与聚丁二烯 1，2－结构含量、橡胶相中自由基产率以及溶液相中自由基的分布有关。

① 聚丁二烯(PB)结构及其数均受相对分子质量($M_n$)的影响　试验使用偶氮二异丁腈(AIBN)和过氧化氢异丙苯($BZ_2O_2$)作为引发剂，结果如表 5－28 所示。

**表 5－28　PB 结构及其 $M_n$ 与接枝聚合反应速率的关系**

| PB 数均相对分子质量($M_n$) | 1，2－结构含量/% | AIBN | | $BZ_2O_2$ | |
|---|---|---|---|---|---|
| | | 转化率/% | $R_p/R_{po}$ | 转化率/% | $R_p/R_{po}$ |
| 15000 | 18.5 | 25.7 | 0.71 | 24.6 | 0.68 |
| 8000 | 0 | 31.4 | 0.86 | 30.1 | 0.84 |
| 8000 | 70.0 | 45.0 | 1.23 | 43.2 | 1.20 |
| 500000 | 95.0 | 53.0 | 1.43 | 52.2 | 1.45 |
| 185000 | 4.0 | 23.5 | 0.63 | — | — |
| 无 PB | — | 36.4 | 1.00 | — | — |

① $R_p$ 为 PB 存在时聚合速率，$R_{po}$为无 PB 存在时聚合速率。

由表 5－28 可见，PB 的 1，2－结构含量增加时，抑制效应减小。1，2－结构含量相近时，PB 的 $M_n$ 大的抑制效应亦较大，但引发剂品种对抑制效应似乎无关。

② 引发剂种类及浓度对接枝聚合反应速率的影响　引发剂的种类不同，其分解成自由基的活化能也不同。过氧化氢、有机过氧化氢及过硫酸盐等工业中常用的氧化剂，受热分解生成自由基的活化能比较高，但向氧化剂加入还原剂以后，由于改变了自由基的生成机理而使反应活化能大为降低。表 5－29 列出了过氧化氢、过硫酸钾及过氧化氢异丙苯等化合物在热分解时及加入一定量还原剂以后反应活化能的变化情况。

**表 5-29　不同引发体系的反应活化能**

| 引发体系 | 反　　应 | 活化能/kJ · mol$^{-1}$ |
|---|---|---|
| 过氧化氢 | $HOOH \longrightarrow 2 \cdot OH$ | 217.7 |
| 过硫酸钾 | $S_2O_8^{2-} \longrightarrow 2SO_4^{-\cdot}$ | 140.3 |
| 过氧化氢异丙苯 | $C_6H_5C(CH_3)_2OOH \longrightarrow C_6H_5C(CH_3)_2O\cdot + \cdot OH$ | 125.6 |
| 过氧化氢-氯化亚铁 | $HOOH + F_e^{2+} \longrightarrow OH\cdot + F_e^{3+} + OH^-$ | 39.4 |
| 过硫酸钾-氯化亚铁 | $S_2O_8^{2-} + F_e^{2+} \longrightarrow SO_4^{-\cdot} + SO_4^{2-} + F_e^{3+}$ | 50.7 |
| 过硫酸钾-亚硫酸氢钠 | $S_2O_8^{2-} + HSO_3^- \longrightarrow SO_4^{-\cdot} + SO_4^{2-} + HSO_4^-$ | 41.87 |
| 过氧化氢异丙苯-氯化亚铁 | $C_6H_5C(CH_3)_2OOH + Fe^{2+} \longrightarrow C_6H_5C(CH_3)_2O\cdot + OH^- + F_e^{3+}$ | 50.7 |

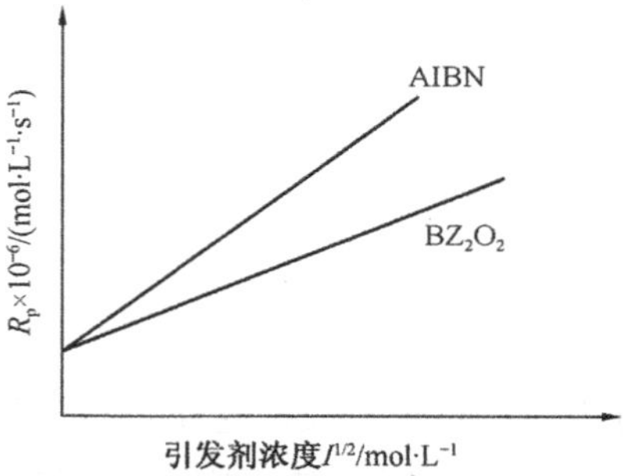

图 5-6　引发剂种类及浓度与接枝聚合反应速率的关系

由于采用氧化还原体系大大降低了生成自由基的活化能，所以在反应条件不变的情况下，采用氧化还原体系可以提高聚合反应速率。

图 5-6 表明，接枝聚合反应速率与引发剂品种有关，用 AIBN 比用 $BZ_2O_2$ 时较快，且与引发剂浓度的平方根成正比关系。

③ 聚丁二烯浓度对接枝聚合反应速率的影响　有 J-L15000型 PB(顺式 1，4-结构含量 21%，反式 1，4-结构含量 60.5%)，在引发剂浓度分别为[AIBN] = $0.11 \times 10^{-2}$mol/L，[$BZ_2O_2$] = $0.23 \times 10^{-2}$ mol/L 的条件下进行试验，结果列于表 5-30。

由表 5-30 可见，PB 浓度增大后，无论用哪一种引发剂，随着 PB 浓度增加接枝聚合速率均下降。

**表 5-30　$R_p/R_{po}$随 PB 浓度的变化**

| 聚丁二烯的浓度/mol · L$^{-1}$ | $R_p \times 10^{-6}$/mol · L$^{-1}$ · s$^{-1}$ | | $R_p/R_{po}$ | |
|---|---|---|---|---|
| | AIBN | $BZ_2O_2$ | AIBN | $BZ_2O_2$ |
| 0 | 23.2 | 20.1 | 1.0 | 1.0 |
| 0.165 | — | 19.3 | — | 0.96 |
| 0.280 | 21.0 | — | 0.90 | — |
| 0.51 | 18.4 | 15.4 | 0.79 | 0.77 |
| 0.73 | 15.2 | 13.4 | 0.66 | 0.67 |
| 1.02 | 13.2 | 11.0 | 0.58 | 0.61 |

④ 单体浓度对接枝聚合反应速率的影响　单体浓度[M]对接枝聚合速率的影响如图 5-7 所示。

由图 5-7 可知，单体浓度增加，接枝聚合速率加快。

综上所述，引发剂浓度及单体浓度为接枝聚合反应速率的基本参数，而聚丁二烯浓度是接枝聚合反应的特定因素。聚丁二烯的 1，2-结构最易引发接枝聚合反应，故其含量高时抑制效应减小或消失。

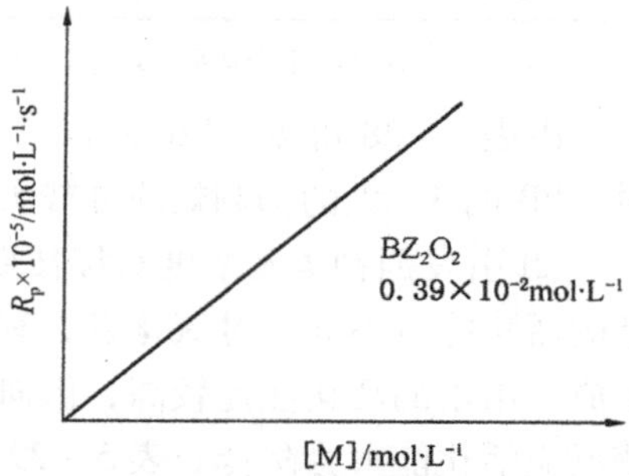

图 5-7　单体浓度与聚合速率的影响

2）影响接枝效率的因素

① 引发剂品种及浓度　引发剂品种对接枝效率的影响很大，如表5－31所示。

**表5－31　接枝效率与引发剂品种的关系**

| 转化率/% | AIBN | | $BZ_2O_2$ | |
|---|---|---|---|---|
| | 引发剂浓度 | 接枝效率 | 引发剂浓度 | 接枝效率 |
| 10 | 7 | 11.5 | 8 | 23.50 |
| 24 | 16 | 11.5 | 16 | 21.00 |
| 25 | 1 | 11.45 | 2 | 28.50 |
| 45 | 0 | 11.6 | 4 | 47.20 |

由表5－31可见，用 $BZ_2O_2$ 时，接枝效率远较用AIBN时大；而且用AIBN时，接枝效率几乎不受转化率的影响。使用AIBN时接枝效率低，其原因是AIBN生成的初期游离基较稳定，不能使顺式1，4－结构的烯丙基H－原子发生转移。

接枝效率几乎不受引发剂浓度的影响，而接枝密度则明显随着引发剂浓度的增加而增大，如表5－32所示。

**表5－32　接枝效率、接枝密度与引发剂浓度的关系**

| 引发剂种类 | 引发剂浓度/mol·L$^{-1}$ | 接枝效率/% | 接枝密度 |
|---|---|---|---|
| AIBN | $0.55\times10^{-3}$ | 11.50 | 0.02 |
| AIBN | $1.35\times10^{-3}$ | 11.45 | 0.028 |
| AIBN | $1.6\times10^{-3}$ | 11.20 | 0.032 |
| AIBN | $2.8\times10^{-3}$ | 11.60 | 0.041 |
| $BZ_2O_2$ | $1.45\times10^{-3}$ | 46.20 | 0.061 |
| $BZ_2O_2$ | $1.80\times10^{-3}$ | 43.00 | 0.096 |
| $BZ_2O_2$ | $2.35\times10^{-3}$ | 42.20 | 0.101 |
| $BZ_2O_2$ | $3.10\times10^{-3}$ | 43.20 | 0.125 |
| $BZ_2O_2$ | $4.20\times10^{-3}$ | 40.80 | |

② 接枝反应转化率　使用 $BZ_2O_2$ 作引发剂时，转化率达到一定值后，接枝效率出现恒值现象；而使用AIBN时接枝效率几乎不随转化率的增大而变化。

③ 单体浓度　采用 $BZ_2O_2$ 为引发剂，控制转化率为10%的实验表明，随着单体浓度的增加，接枝效率下降，接枝度上升，如表5－33所示。接枝度增大明显是由于接枝SAN相对分子质量（$M_w$）增大之故。

**表5－33　单体浓度与接枝效率的关系**

| 单体浓度/mol·L$^{-1}$ | 接枝效率/% | 接枝度/% | 单体浓度/mol·L$^{-1}$ | 接枝效率/% | 接枝度/% |
|---|---|---|---|---|---|
| 2.05 | 40.80 | 0.31 | 5.6 | 29.10 | 0.38 |
| 3.6 | 35.20 | 0.325 | 7.5 | 26.70 | 0.43 |

④ 聚丁二烯浓度　一般来说，接枝效率随聚丁二烯浓度的增加而增加，但增加的快慢却与所用引发剂品种有关，如表5－34所示。用AIBN时，聚丁二烯浓度的变化对接枝效率影响不大；而用 $BZ_2O_2$ 时，接枝效率却随丁二烯浓度的增加迅速提高。

⑤ 聚丁二烯微观结构　用1，2－结构含量不同的聚丁二烯进行接枝反应，结果表明，随着1，2－结构含量的增加，接枝效率亦增加，如表5－35所示，但其增长速度与引发剂

性质有关。其原因在于用 AIBN 引发剂时以在1，2-结构上接枝为主，而用 $BZ_2O_2$ 时，在1，2-结构和1，4-结构上的接枝反应能力相差较小。

表 5-34 聚丁二烯浓度与接枝效率的关系

| 聚丁二烯的浓度/mol·$L^{-1}$ | 接枝效率/% | |
|---|---|---|
| | AIBN | $BZ_2O_2$ |
| 0.165 | | 9.5 |
| 0.280 | 11.20 | |
| 0.510 | 11.50 | 21.0 |
| 0.730 | 12.30 | 33.0 |
| 1.020 | 13.40 | 43.7 |

表 5-35 聚丁二烯结构与接枝效率的关系

| 1，2-结构含量/% | 接枝效率/% | |
|---|---|---|
| | AIBN | $BZ_2O_2$ |
| 0 | 8.5 | 23.7 |
| 4.0 | 17.2 | |
| 18.5 | 11.5 | 21.0 |
| 70.0 | 29.0 | 34.4 |
| 95.0 | 46.5 | 44.8 |

⑥ 反应温度 在 ABS 的接枝聚合反应中，接枝反应温度对接枝反应的影响结果见表5-36。试验条件为 PB60 份，AN 单体 12 份，ST 单体 28 份，以过硫酸钾(KSP)引发反应。

表 5-36 接枝反应温度对接枝反应结果的影响

| 温度/℃ | 转化率/% | 接枝胶乳粒径/nm | 接枝效率/% | 温度/℃ | 转化率/% | 接枝胶乳粒径/nm | 接枝效率/% |
|---|---|---|---|---|---|---|---|
| 60 | 90 | 372.0 | 37 | 75 | 99 | 369.0 | 64 |
| 65 | 94 | 385.6 | 55 | 65/70/75/80 | 98 | 390.6 | 67 |
| 70 | 98 | 396.0 | 72 | | | | |

接枝效率出现先扬后趋平稳之态势。先扬的趋势是因为自由基进攻橡胶主链的活化能比自由基进攻单体的活化能大的缘故，后趋平缓则表明较高的反应温度已使两种反应的引发剂速率趋于一致。

⑦ 乳化剂种类 由于不同乳化剂的乳化能力不同，临界胶束浓度(CMC)也有差异，因此为控制接枝聚合反应速率和接枝效率，合理选择乳化剂种类是技术关键之一。以 PB60 份、AN 单体 12 份、ST 单体 28 份、过硫酸钾(KSP)引发体系在 70℃聚合，研究乳化剂种类对接枝反应的影响，实验结果见表 5-37。

表 5-37 乳化剂种类对接枝反应的影响

| 乳 化 剂 | 接枝效率/% | 单体转化率/% | 乳 化 剂 | 接枝效率/% | 单体转化率/% |
|---|---|---|---|---|---|
| 合成脂肪酸钾 | 62 | 95~97 | 十二烷基苯磺酸钠 | 60 | 97~98 |
| 十二烷基硫酸钠 | 65 | 97~98 | 歧化松香酸钾 | 50 | 98~99 |
| 十二烷基磺酸钠 | 71 | 98~99 | | | |

从表 5-37 看出，乳化剂种类对接枝效率影响较大。据资料报道，为使接枝反应中少发生或不发生凝聚结块现象及保证最佳接枝效率，尽管聚丁二烯胶乳中已含有乳化剂，但仍需补加一定量乳化剂，以满足聚合反应过程中乳胶粒不断增长的需要。为调整聚合体系的稳定性，补加其他种类乳化剂可以达到性能互补的效果。

⑧ 聚合加料工艺 随着 ABS 接枝技术的不继发展，其加料工艺已由一次加料发展为分批甚至连续加料，该方法使接枝聚合反应主要发生在胶乳粒子界面，提高产品外接枝，同时又可以降低反应速率，使聚合反应平稳易于控制。

(a) 单体加入方式的影响 单体分批加入的比例不同，其接枝效率也有所差异，考察结果见表5－38。

表5－38　单体加入方式对接枝效率的影响

| 单体加入方式 | 接枝效率/% | 单体加入方式 | 接枝效率/% |
|---|---|---|---|
| 一次加入 | 32 | 一次加入1/4，二次5h后加入3/4 | 70 |
| 一次加入1/10，二次6h后加入9/10 | 60 | 一次加入1/2，二次3h后加入1/2 | 55 |
| 一次加入1/8，二次6h后加入7/8 | 65 | 一次加入0，二次6h后全部加入 | 47 |
| 一次加入1/6，二次5h后加入5/6 | 67 | | |

由表5－38可知，采用二次加入单体比一次加入的接枝效率高。与一次加料相比，分批连续加入单体可大大降低聚合峰温和聚合反应速率，聚合反应变得平稳而易于控制。对高胶ABS而言，连续加入单体的量不能过大，否则用于溶胀聚丁二烯粒子的单体量减少，导致内外接枝比例失调而影响ABS树脂的性能。

(b) 乳化剂加入方式的影响　乳化剂加入方式对接枝效率的影响见表5－39。

表5－39　乳化剂加入方式对接枝效率的影响

| 乳化剂加入方式 | 接枝效率/% | 乳化剂加入方式 | 接枝效率/% |
|---|---|---|---|
| 全部加入水相 | 58 | 2/5加入水相，3/5加入油相连续加入 | 70 |
| 全部在油相连续加入 | 36 | 2/5加入水相，3/5二次补加 | 57 |
| 1/5加入水相，4/5加入油相连续加入 | 66 | 3/5加入水相，2/5二次补加 | 60 |

由表5－39可知，乳化剂加入方式对接枝效率影响较大。乳化剂分批连续加入，接枝效率有所提高，这是由于乳化剂的分批连续加入降低了聚合体系中乳化剂的初期浓度，减少了新胶束的数目，也就是减少游离SAN的生成。乳化剂量连续不断加入又保证了乳胶粒聚合增长时对乳化剂吸附量不断增加的需要，避免它们之间的相互凝结，从而得到粒径分布较窄的乳胶粒，提高接枝胶乳内在质量。

(c) 引发剂加入方式的影响　引发剂加入方式试验结果见表5－40。由表5－40可知，在合成ABS的接枝聚合过程中，引发剂加入方式直接影响聚合峰温和接枝效率。一次加入引发剂，聚合反应速率快，聚合峰温高，接枝效率低；多次加入引发剂，聚合峰温降低，接枝效率有所升高，但会造成聚合时间过长，不利于工业化生产。

表5－40　引发剂加入方式对聚合峰温及接枝效率的影响

| 加入方式 | 一次加入 | 二次加入 | 三次加入 | 四次加入 | 连续加入 |
|---|---|---|---|---|---|
| 峰温/℃ | 74.0 | 73.0 | 71.0 | 71.0 | 70.0 |
| 接枝效率/% | 42.2 | 50.6 | 61.4 | 65.1 | 72.7 |
| 聚合反应时间/h | 3.0 | 3.4 | 4.1 | 4.6 | 5.4 |

综合上述讨论可以看出，提高接枝效率和接枝均匀性的关键是控制聚合过程的反应速率，而聚合反应速率又与单体浓度、引发剂浓度和乳化剂浓度有关，所以控制聚合反应速率也就是控制聚合体系中这三者的总浓度和以加入速度控制的瞬时浓度。也就是说单体的加入速度应与单体的消耗速度一致；引发剂的加入速度需要适应引发接枝共聚单体的需要；乳化剂的加入速度应正好满足乳胶粒不断增长的需要而又不形成新胶束。

3）影响接枝SAN和游离SAN化学组成的因素　接枝SAN和游离SAN之间的互容性是影响ABS树脂物理机械性能尤其是耐冲击性能的重要因素，而两者的互容性又取决于两者在化学组成上的近似性。研究表明，接枝 SAN 的丙烯腈含量低于游离 SAN 共聚物中的丙烯腈含量，这主要是由于体系中各组分的溶解度参数和两种单体的竞聚率不同所致。

① 优先溶剂化 接枝共聚单体苯乙烯和丙烯腈实际上是有机溶剂，它们与聚丁二烯的互溶能力不同。一般常用溶解度参数表示聚合物与溶剂或单体互溶的难易程度。溶解度参数越接近者越易互溶。几种单体、聚合物的溶解度参数如表 5－41 所示。

**表 5－41 溶解度参数**

| 单体或聚合物 | 溶解度参数/ $(J \cdot cm^{-3})^{1/2}$ | 单体或聚合物 | 溶解度参数/ $(J \cdot cm^{-3})^{1/2}$ |
|---|---|---|---|
| 丙烯腈 | 21.5 | 聚苯乙烯 | 17.6～18.6 |
| 苯乙烯 | 19.0 | 聚丙烯腈 | 25.6 |
| 聚丁二烯 | 16.6～17.6 | SAN(含 AN24%) | 21.7～22.7 |

由表 5－41 看出，聚丁二烯与苯乙烯较易互溶，而与丙烯腈或 SAN 共聚物则不易互溶。因此，在接枝共聚反应体系中，产生聚丁二烯被苯乙烯优先溶剂化即优先吸附苯乙烯的问题。

聚丁二烯优先吸附苯乙烯致使反应物料分成两相：一相是聚丁二烯相附近吸附着比体系的苯乙烯/丙烯腈平均比更大的苯乙烯和丙烯腈，构成凝胶相。另一相则是由远离聚丁二烯的比体系的苯乙烯/丙烯腈平均比更小的苯乙烯和丙烯腈构成的溶液相。因而接枝 SAN 中 AN 含量较少，游离 SAN 中 AN 量较多。

② AN 与 ST 的竞聚率　在 50℃接枝共聚时，丙烯腈和苯乙烯的竞聚率不同，前者 $r_1 = 0.05$，后者 $r_2 = 0.37$。SAN 共聚物中 $r$ 值越大的组分含量越多，这就进一步导致接枝 SAN 和游离 SAN 中两种组分含量差值增大，从而影响 ABS 的物理机械性能。

综上所述，接枝 SAN 与游离 SAN 共聚物化学组成的差异颇多。因此，为增大二者的相容性，接枝反应温度不应低于 50℃；接枝单体混合物中 AN 含量不宜太高；采用恒分共聚条件或分批加料聚合工艺更为适宜。

4）影响接枝 SAN 和游离 SAN 的相对分子质量及其分布的因素

① 引发剂种类及浓度 引发剂性质对两种 SAN 的相对分子质量也会产生影响，试验结果见表 5－42。

**表 5－42 引发剂性质对 SAN 相对分子质量的影响**

| $M_w$(接枝 SAN) | | $M_w$(游离 SAN) | |
|---|---|---|---|
| AIBN | $BZ_2O_2$ | AIBN | $BZ_2O_2$ |
| 77000 | 655000 | 58500 | 58700 |
| 135000 | 108000 | 85000 | 87500 |
| 166000 | 129000 | 85000 | 82500 |
| 215000 | 161000 | 95000 | 103000 |

由表 5－42 可见，对接枝 SAN 而言，用 AIBN 引发时相对分子质量较大。对游离 SAN 而言，用 AIBN 或 $BZ_2O_2$ 引发时，其相对分子质量差别不大。同时，再次证明接枝 SAN 比游离 SAN 的相对分子质量高。

引发剂浓度增加时，接枝 SAN 或游离 SAN 的相对分子质量均有下降之势，但接枝 SAN 的 $M_w$ 下降更明显，如表 5－43 所示。

表 5-43　引发剂浓度对 SAN 相对分子质量的影响（转化率 10%）

| 引发剂种类 | 引发剂浓度（$I$）/ $mol \cdot L^{-1}$ | $I^{-1/2}$ | $M_w$（接枝 SAN） | $M_w$（游离 SAN） |
|---|---|---|---|---|
| $BZ_2O_2$ | $1.00 \times 10^{-3}$ | 31.6 | 138000 | 85000 |
| $BZ_2O_2$ | $1.45 \times 10^{-3}$ | 26.4 | 129000 | 82500 |
| $BZ_2O_2$ | $2.00 \times 10^{-3}$ | 22.4 | 109000 | 80000 |
| $BZ_2O_2$ | $2.35 \times 10^{-3}$ | 20.8 | 108000 | 80000 |
| AIBN | $0.55 \times 10^{-3}$ | 42.5 | 166000 | 85000 |
| AIBN | $1.35 \times 10^{-3}$ | 27.2 | 125000 | 79000 |

因此，引发剂浓度对接枝 SAN 的 $M_w$ 有较大影响。由处理后的数据得知，接枝 SAN 的 $M_w$ 与引发剂浓度的平方根呈反比关系。

② 接枝反应转化率　实验表明，随转化率的提高，接枝 SAN 和游离 SAN 的相对分子质量均有增大，至反应中期，接枝 SAN 相对分子质量的增大幅度似乎更为明显，如表 5-44 所示。

表 5-44　接枝反应转化率对 SAN 相对分子质量的影响

| 引发剂种类 | 引发剂浓度/$mol \cdot L^{-1}$ | 转化率/% | $M_w$（接枝 SAN） | $M_w$（游离 SAN） |
|---|---|---|---|---|
| $BZ_2O_2$ | $2.0 \times 10^{-3}$ | 11.5 | 109000 | 80000 |
| $BZ_2O_2$ | | 23.6 | 108000 | 87000 |
| $BZ_2O_2$ | | 49.5 | 161000 | 103000 |
| AIBN | $1.4 \times 10^{-3}$ | 10.6 | 166000 | 85000 |
| AIBN | | 35.0 | 188000 | 86000 |
| AIBN | | 43.8 | 215000 | 95000 |

③ 聚丁二烯浓度　随 PB 浓度增加，接枝 SAN 相对分子质量增加，游离 SAN 相对分子质量则下降，如表 5-45 所示。

表 5-45　聚丁二烯浓度与 SAN 相对分子质量的关系

| 引发剂 | PB 浓度/$mol \cdot L^{-1}$ | $M_w$（接枝 SAN） | $M_w$（游离 SAN） |
|---|---|---|---|
| $BZ_2O_2$ | 0.40 | 99500 | 88500 |
| $BZ_2O_2$ | 0.73 | 105000 | 82500 |
| $BZ_2O_2$ | 1.04 | 109000 | 80000 |
| $BZ_2O_2$ | 2.04 | 120000 | 70000 |
| AIBN | 0 | | 96000 |
| AIBN | 0.5 | 106000 | 88000 |
| AIBN | 0.85 | 123000 | 85000 |
| AIBN | 1.04 | 135000 | 85000 |

④ 共聚单体浓度　单体浓度增加，接枝 SAN 和游离 SAN 的相对分子质量均增大，但接枝 SAN 相对分子质量增大幅度更显著，如表 5-46 所示，其中引发剂 $BZ_2O_2$ 浓度为 $2.5 \times 10^{-3}$ mol/L，转化率 = 10%。

**表 5-46 单体浓度对 SAN 相对分子质量的影响**

| 单体浓度/mol · $L^{-1}$ | 接枝 SAN 的 $M_w$ | 游离 SAN 的 $M_w$ | 单体浓度/mol · $L^{-1}$ | 接枝 SAN 的 $M_w$ | 游离 SAN 的 $M_w$ |
|---|---|---|---|---|---|
| 2.05 | 129000 | 82500 | 5.6 | 290000 | 100000 |
| 3.6 | 200000 | 90000 | 7.5 | 418000 | 240000 |

5）影响聚合体系稳定性的因素　对 ABS 接枝聚合体系稳定性的影响因素，主要是乳化剂、加料工艺、反应温度和搅拌强度等。

① 乳化剂的影响　保持乳液体系稳定是成功地进行乳液聚合的必要条件。而乳化剂的种类和浓度以及影响乳化剂乳化作用的各种因素都会直接影响乳液体系的稳定性。

当采用较低的乳化剂浓度时，随着聚合反应的进行，覆盖乳胶粒表面的乳化剂分子就会逐渐显得不足。在这样的条件下，乳胶粒易发生聚结，由小乳胶粒变成大乳胶粒，严重时会发生凝聚现象，导致橡胶析出。但选择合适的乳化剂加入方式，会对聚合体系的稳定性起到一定的作用，见表 5-47。

**表 5-47 乳化剂加料方式对挂胶率的影响**

| 乳化剂加入方式 | 挂胶率/% | 乳化剂加入方式 | 挂胶率/% |
|---|---|---|---|
| 全部加入水相 | 0.28 | 2/5 加入水相，3/5 加入油相连续加入 | 0.11 |
| 全部在油相连续加入 | 0.12 | 2/5 加入水相，3/5 二次补加 | 0.20 |
| 1/5 加入水相，4/5 加入油相连续加入 | 0.13 | 3/5 加入水相，2/5 二次补加 | 0.15 |

由表 5-47 可知，乳化剂的分批连续加入使体系的稳定性升高，挂胶率降低。这是由于乳化剂的分批连续加入，降低了体系乳化剂的起始浓度，初生胶束数量减少。聚合后期连续补加的乳化剂，同时使不断长大的乳胶粒得到新加乳化剂的保护而稳定，从而避免它们之间的相互凝结和橡胶的析出。

② 加料工艺的影响　在 ABS 合成过程中，单体、引发剂、乳化剂的加入方式不仅对乳液体系的稳定性有影响，而且单体和引发剂的加入方式不同，聚合反应速率和体系稳定性也有较大差别。采用传统的一步法加料方式，由于聚合反应过于激烈，造成聚合体系稳定性降低，析胶增多；而采用分批或连续加料方式，则可大大降低聚合反应速率，从而稳定聚合体系。

③ 聚合反应温度的影响　聚合反应温度升高有利于提高聚合转化率，但会加剧乳胶粒的布朗运动，使乳胶粒之间撞合聚结加剧。同时温度升高时，还会使乳胶粒表面上的水化层变薄，这两种情况都会导致乳液稳定性降低。

④ 搅拌强度的影响　在乳液聚合过程中搅拌的一个重要作用是把单体分散在单体珠滴中，并有利于传质和传热。但是过于激烈的机械作用又会使乳液产生物理析胶或破乳，使乳液体系失去稳定性。这是由于搅拌作用将赋予乳胶粒以动能，当乳胶粒的动能超过了乳胶粒间的斥力或空间位阻作用时，乳胶粒就会聚结而产生析胶；另外，乳化剂在乳胶粒表面上有一定的结合牢度，当搅拌强度增大时，由于乳胶粒表面和周围水介质间的摩擦作用增强，乳胶粒上的乳化剂会被瞬时拉走，而使乳化剂在乳胶粒表面上的覆盖率降低，也会使乳液稳定性下降。

⑤ 放置时间的影响　接枝 ABS 胶乳在长期放置过程中由于布朗运动会发生乳胶粒间的碰撞而导致凝聚、析出，同时，由于重力的作用也导致乳胶粒的沉降或升浮而形成凝聚层。因此，为防止 ABS 胶乳在储存过程中凝聚析出，其存放时间不宜过长。

6）聚丁二烯胶乳粒径对接枝反应的影响　聚丁二烯胶乳粒径对接枝有很大的影响。由于其比表面积的不同，会导致小颗粒胶乳粒子先接枝，大颗粒胶乳后接枝。为了得到综合性能优异的ABS，接枝度应与橡胶主干物的粒径大小、交联度相匹配，否则就得不到高抗冲击的ABS树脂。橡胶粒径过大，使接枝度降低，橡胶相与树脂相的结合力就差，根据冲击韧性机理，树脂的耐冲击性能就低；而粒径小使接枝度过高，橡胶相与树脂相近似地成为一相，同样也使树脂的冲击强度降低。

粒径小，要达到最高冲击强度的接枝度范围就窄。例如：橡胶颗粒度为0.06μm左右时，接枝度为15%左右，树脂的抗冲击性能可以达到较高水平。但要达到此目的，生产上不易控制，条件稍有变化就会引起接枝度的变化，从而导致冲击性能的很大波动。

7）聚丁二烯胶乳凝胶含量对接枝反应的影响　以往人们认为，合成ABS用接枝主干物的凝胶含量控制在70%～85%之间，制得的ABS树脂的性能才好。而通过对ABS的大量实验现象表明，接枝主干物的凝胶控制在0%～90%的范围内都可以获得性能优良的ABS树脂。这是因为在合成ABS过程中，反应后期提高聚合转化率的同时，接枝主干物会发生交联反应，从而增加接枝主干物的凝胶含量。其交联反应程度与引发剂的性质和浓度、聚合反应温度以及聚合时间有关。对于低凝胶含量的接枝主干物而言，由于其对单体吸附能力增强，接枝反应活性点增多，所以接枝反应易进行，接枝效率就升高。同时，根据产品用途不同，可以通过调整接枝配方（引发剂的性质和浓度）和接枝工艺（提高聚合反应温度以及延长聚合反应时间）控制反应后期的交联反应程度，以满足不同品种的需要。接枝共聚物的凝胶高适合于制造耐热品级的ABS，凝胶低适合于制造延展性好、可吸塑成型的ABS。对于高胶ABS而言，选用低凝胶的接枝主干物可以提高接枝效率，改善ABS树脂的加工性能。

若设定条件为PB60份，AN12份，ST28份，用$K_2S_2O_8$引发，反应温度70℃，则可得到聚丁二烯胶乳凝胶含量对ABS接枝的影响情况，见表5－48。

**表5－48　聚丁二烯胶乳凝胶含量对接枝效率和ABS树脂性能的影响**

| 凝胶/% | 接枝效率/% | 冲击强度/$J\cdot m^{-1}$ | 拉伸强度/MPa | 静弯曲强度/MPa | 熔体流动速率/$g\cdot(10min)^{-1}$ | 维卡软化点/℃ | 硬度/R |
|---|---|---|---|---|---|---|---|
| 55 | 73.1 | 131.6 | 41.0 | 59.5 | 1.0 | 97.1 | 100.5 |
| 62 | 69.8 | 178.4 | 41.3 | 61.2 | 1.1 | 99.7 | 100.4 |
| 68 | 65.0 | 195.0 | 43.0 | 64.1 | 1.4 | 99.8 | 103.0 |
| 70 | 63.4 | 200.5 | 42.9 | 64.8 | 1.2 | 100.0 | 104.2 |
| 75 | 55.9 | 180.0 | 42.6 | 62.0 | 0.9 | 98.6 | 105.0 |

由表5－48可知，随着聚丁二烯胶乳凝胶含量升高，接枝效率随之降低。对这一接枝体系来说，接枝主干物聚丁二烯胶乳的凝胶含量在62%～70%范围内较好。

（3）接枝聚合过程中胶乳粒径的变化

由于聚合反应是分段进行的，所以考察接枝胶乳粒径随聚合进度变化情况对了解聚合反应进程是十分必要的。根据加料工艺将聚合反应分为4段，各段接枝胶乳粒径及相应的单体转化率见表5－49。

表 5 - 49　反应过程接枝胶乳粒径及单体转化率的变化

| 反应进程 | 单体转化率/% | 胶乳粒径/nm | 粒径分散度 |
|---|---|---|---|
| EBR 胶乳 | | 320 左右 | 0.080 |
| 一段反应结束 | 35 ~ 40 | 340 左右 | 0.197 |
| 二段反应结束 | 80 ~ 85 | 350 左右 | 0.163 |
| 三段反应结束 | 90 ~ 96 | 370 左右 | 0.264 |
| 四段反应结束 | 98 ~ 100 | 365 左右 | 0.173 |

由表 5 - 49 可知，一段反应结束，有部分单体溶胀聚丁二烯粒子，使其胀大，这时的粒径是假粒径不能反映出接枝胶乳粒径实际增长情况，其粒径分散度较宽；二段反应完毕，单体转化比较完全，粒径增长达正常水平，体系中乳胶粒吸附乳化剂分子处于饱和状态，乳胶粒数目稳定，粒径分散度也窄；三段单体的加入破坏了乳化剂分子的吸附平衡，要求吸附的增加使体系中乳化剂略显不足，导致小部分粒子聚集，粒径分散度再次变宽；四段的恒温反应使残留单体反应完全，单体转化率提高。随着乳胶粒内单体的进一步转化，乳胶粒的体积也会有所收缩，此时的乳胶粒比三段结束时小，粒径分散度也随着变窄。

5.3.2.3　其他种类胶乳的接枝聚合

对于丁苯胶乳(SBRL)而言，由于在丁苯聚合过程中初始生成的共聚物中丁二烯含量多，随着转化率提高，苯乙烯含量增加，致使胶乳粒子外部的苯乙烯含量大于粒子内部。所以丁苯胶乳接枝反应中会受两种结构因素制约。一是苯乙烯向胶乳粒子的渗透性增强，二是使丁苯胶乳粒子表面上的双键及 $\alpha - H$ 减少，导致接枝反应困难。因此，要求 SBRL 的苯乙烯含量控制在 50% 以下。

对于丁腈胶乳(NBRL)而言，AN 的存在会降低接枝 SAN 与游离 SAN 之间的 AN 含量差，增加两者的相容性，从而提高 ABS 树脂的性能。但 AN 的含量必须控制在 10% 以下，否则会影响接枝聚合反应的正常进行。

对于丙烯酸酯胶乳(ARL)而言，由于其聚合物分子链上不含有双键，所以其接枝聚合反应相对比较困难，一般采用分段或连续聚合法来提高接枝率。其接枝工艺主要有以下 3 种：

① 将 ARL 与 AN/ST 混合物直接滴加至由乳化剂、交联剂以及引发剂组成的体系中；

② 将 AN/ST 混合物滴加至含乳化剂、交联剂以及引发剂的 ARL 体系中；

③ 将少量 ST 滴加至 ARL 中产生一定的交联相，然后再滴加 AN/ST 的混合物。

5.3.2.4　ABS 接枝聚合物的热氧稳定性

众所周知，高聚物曝露在空气中会与空气中氧发生反应而老化，这种反应对于含不饱和键的聚合物更为显著。ABS 树脂的氧化反应在室温和避光条件下是十分缓慢的，但受热和光照射后会加速进行，使其迅速老化。这种反应往往是自加速过程，具有自由基型连锁反应的特征。防老化的原则是：一是阻止连锁反应开始；二是一旦连锁反应开始应迅速终止。因此，为了有效地延缓 ABS 的热氧老化过程，必须抑制自由基和破坏过氧化物。

### 5.3.3　接枝共聚物乳液的凝聚

5.3.3.1　凝聚机理

聚合物乳液的粒子直径在 10 ~ 5000nm 之间，要靠自然沉降是比较困难的。为了加速其沉降，就要设法破坏悬浮粒子在体系中的稳定性，促使其相互碰撞、聚集，增大粒子的体积，达到快速沉降的目的。这就是凝聚作用的基本原理。

然而，对高度分散的胶体微粒，并不容易使其聚沉。因为粒子在重力作用下有沉降趋势，但由于布朗运动，粒子又会由高浓度区向低浓度区移动，即由下向上扩散。若向下和向上两作用力相等，就达到沉积平衡状态。而且胶乳粒子在吸附离子后因静电斥力而阻碍粒子相互接近，不易聚集。同时，带有电荷的粒子及所形成双电层中的反离子又会和周围介质(水)分子发生强烈的溶剂化作用，形成水化壳层，这就会阻碍与更多的反离子结合以及粒子的聚集，一般是粒子带电荷越多，$\zeta$ 电势越大，扩散层就越厚，层内的反离子也越多，溶剂(水)化作用也越强烈，形成的(水)溶剂化壳层也越厚，分散体系就越稳定。要想使粒子聚集或凝聚，就需要从外界加入凝聚剂。

胶乳粒子的凝聚一般有如下3种机理：

① 电荷中和　带相同电荷乳胶粒子间有互相排斥作用，处于稳定状态。如加入一定量的反离子电解质，就会因电荷发生中和作用，使扩散层受到压缩，$\zeta$ 电势下降，粒子间没有排斥力，容易发生碰撞，形成较大的粒子团而出现聚沉。

② 附架桥　在稳定的胶乳中，添加高分子絮凝剂，一个长链大分子可同时吸附两个或多个粒子，或者一个粒子可同时吸附不同的多根高分子链，形成“架桥”结构，把粒子聚集成大的粒子团而絮凝。

③ 表面吸附　在稳定的胶乳中，加入带有极性基团的高分子絮凝剂，于是高分子链上的极性基团在粒子表面上进行无规则的吸附。往往一根大分子链上的极性基团可以同时吸附到多个粒子表面上，尽管用量很少($10^{-6}$级)，但能很快地在几秒或几十秒钟之内形成巨大的絮凝体。不同极性基团的高分子絮凝剂，絮凝行为和絮凝体的大小与强度也不一样。

上述三种凝聚机理中，第一种电荷中和的机理主要是双电层的作用，称为混凝作用。用于中和电荷，降低 $\zeta$ 电势而起到混凝作用的外加电解质，称为混凝剂，主要是低分子的无机盐类。第二种吸附架桥和第三种表面吸附而起凝聚作用的称为絮凝作用。所用的多为可溶性高分子化合物，统称为絮凝剂。混凝作用和絮凝作用合起来统称为凝聚作用。对于 ABS 来说，主要以第一种凝聚机理为主。

#### 5.3.3.2　凝聚效果的影响因素

凝聚是个重要工序。凝聚效果即凝聚颗粒的大小及其分布对洗涤、干燥、输送、加工等后处理过程的难易及最终产品 ABS 的机械性能都有影响。

影响凝聚效果的因素有：凝聚剂种类及其用量、破乳温度、水胶比、凝聚方式及设备、熟化温度及时间等。

(1) 凝聚剂种类

无机酸、无机盐或其混合物都可作接枝胶乳的凝聚剂。目前广泛采用的凝聚剂有：稀硫酸，稀盐水，稀硫酸镁(或铝)水溶液，氯化钙和硫酸钠水溶液等。也有用甲酸水溶液、聚乙烯胺的。

根据接枝采用的乳化剂，应选择与其相适应的凝聚剂，才能得到较好的效果。接枝胶乳采用十二烷基硫酸钠为乳化剂时，以氯化钙、氯化镁、硫酸钠、硫酸铝、硫酸分别凝聚，干燥后，粉末 ABS 在 130℃ 下分别存放 30min、60min、120min，其外观色调如表 5－50所示。

从表 5－50 可见，依稳定性而言，硫酸镁作凝聚剂较好。

**表 5-50　不同凝聚剂对 ABS 热稳定性的影响**

| 凝聚剂 | 加入量/% | 温度/℃ | 30min | 60min | 120min |
|---|---|---|---|---|---|
| 硫酸铝 | 3 | 92 | 不变色 | 变色 | 变茶色 |
| 硫酸 | 1 | 85 | 不变色 | 变茶色 | 变茶色 |
| 硫酸镁 | 5 | 92 | 不变色 | 不变色 | 不变色 |
| 硫酸钠 | 5 | 92 | 不变色 | 变黄 | 变黄 |

不同的凝聚剂对产品 ABS 的物理机械性能也有不同的影响，如表 5-51 所示。

由表 5-51 可见，用硫酸作凝聚剂，ABS 的冲击性能和加工性能好。

**表 5-51　凝聚剂对 ABS 性能的影响**

| 凝聚剂种类 | 冲击强度/J·$m^{-1}$ | | 屈服强度/MPa | 继裂强度/MPa | 相对伸长率/% | 熔融粘度/Pa·s |
|---|---|---|---|---|---|---|
| | 20℃ | -20℃ | | | | |
| 硫酸镁 | 360 | 220 | 47.1 | 39.9 | 22 | 500 |
| 氯化镁 | 350 | 210 | 50.1 | 40.9 | 18 | 480 |
| 氯化钙 | 270 | 150 | 50.0 | 43.0 | 16 | 640 |
| 硫酸铝 | 420 | 200 | 46.5 | 39.8 | 15 | 540 |
| 硫　酸 | 480 | 250 | 46.2 | 39.6 | 15 | 450 |

据报道，接枝乳化剂为十二烷基硫酸钠时采用硫酸镁作凝聚剂较宜。其原因在于十二烷基硫酸钠与硫酸镁反应生成十二烷基硫酸镁，它不溶于水，一部分包藏在凝聚颗粒中，起润滑剂作用，从而可以提高冲击强度。将接枝胶乳酸化后，用聚乙烯胺凝聚可得粒径大于 840μm 的粒状 ABS。选用凝聚剂时，还应考虑对加工设备有无腐蚀作用。

（2）凝聚剂用量

凝聚剂用量直接关系到凝聚颗粒的大小和洗涤的难易程度以及 ABS 的性能。决定用量的原则以接枝胶乳完全凝聚为原则。如硫酸镁用量过多，则颗粒中十二烷基硫酸镁残留量多，导致干燥不易，而且制品容易发生银纹，所以，一般用量在 4% ~10% 之间。

（3）破乳温度

随着破乳温度的升高，接枝粉堆积密度出现先扬后抑的趋势，70 ~75℃是接枝胶乳的最佳破乳温度，温度过低、过高都不利于堆积密度的提高。破乳温度低，凝聚速度慢，成粉细，堆积密度小；温度过高，凝聚速度快，凝聚物呈絮状，易产生包胶现象，形成“难凝胶乳”，使凝聚剂的消耗量增大，离心脱水困难，给 ABS 树脂性能也会带来影响。

（4）水胶比

随着水胶比的增大，粉料堆积密度先有所增大，后连续减小，水胶比为 5 ~6 时，堆积密度最大。这是因为水胶比太低时，凝聚剂的量过剩，成粉变细，堆积密度低，当水胶比增大时，使得凝聚剂相对浓度降低，使凝聚效果变差，堆积密度也会大幅度降低。

（5）凝聚方式及设备

① 凝聚方式　凝聚方式对凝聚粒子大小及其粒径分布有很大影响。

凝聚方式大致可分 2 种：正凝聚法和反凝聚法。前者是将接枝胶乳加到凝聚剂溶液中，而后者是把凝聚剂滴加到接枝胶乳中。实验表明，反凝聚法效果较好，凝聚粒子分布均匀，而正凝聚法则粒径较分散，如表 5-52 所示。可见，反凝聚法颗粒粒径分布均匀，易洗涤。但反凝聚法的关键是凝聚剂的滴加速度要适宜、均匀，否则，粒径分布宽，颗粒不硬。

**表 5-52　正、反凝聚方式的比较**

| 方　法 | 洗涤水透过时间/s | 灰分/% | 筛分/% | | | | |
|---|---|---|---|---|---|---|---|
| | | | 1.2mm | 0.6mm | 0.3mm | 0.15mm | 0.15mm 以下 |
| 正凝聚 | 14 | 0.28 | 0.8 | 4.9 | 23 | 41.8 | 29.5 |
| 反凝聚 | 7 | 0.27 | 12.8 | 30.2 | 30.4 | 15.4 | 11.1 |

据报道，凝聚剂溶液的 pH 值对凝聚颗粒大小有明显影响。接枝胶乳的加入会使凝聚剂液的 pH 值很快下降，致使难于控制凝聚颗粒大小。向胶乳预先加少量碳酸钠、碳酸氢钠之类的化合物，可使 pH 值下降缓慢。

凝聚胶乳的浓度亦应适宜，浓度过高，则凝聚颗粒太大，不均匀；浓度过低，粒子均匀，但太细，一般浓度要求在 10% ~16% 之间。ABS 接枝聚合物胶乳的凝聚工艺流程如图 5-8所示。

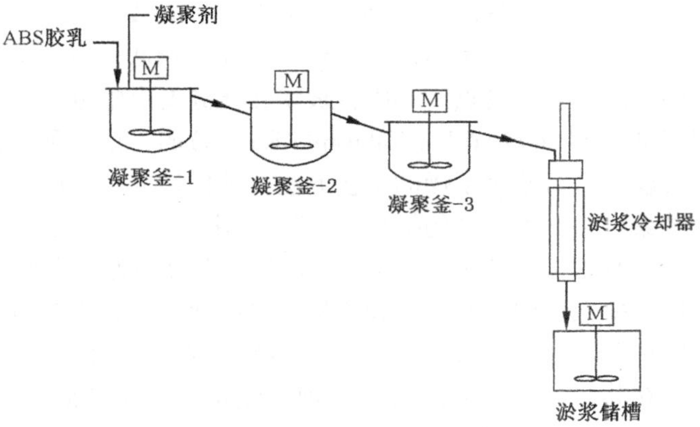


图 5-8　ABS 接枝乳胶凝聚工艺流程图

② 凝聚设备　凝聚设备一般采用普通型的釜，带搅拌，其容积不宜过大，否则凝聚不完全，用小容积釜连续凝聚效果较好。搅拌效率要适当，框式、锚式搅拌器效率低，而桨式和三叶后掠式搅拌器效率较高，凝聚颗粒分布均匀。

除釜式凝聚设备外，还有喷雾凝聚设备，将接枝胶乳和高压水蒸气或水一起由设备底部连续喷入凝聚剂液中，效果也较好，也有采用管式凝聚设备的。

在用硫酸作凝聚剂时，要考虑凝聚设备的防腐蚀问题。

凝聚淤浆易使器壁和管线有粘附物，要注意器壁及管壁的光洁。

③ 熟化温度及时间　熟化温度对凝聚颗粒大小有显著影响。一般熟化加热方式有两种：一种是水蒸气把接枝胶乳加热到熟化温度后凝聚，另一种是冷接枝胶乳凝聚后再加热到熟化温度。一般而言，熟化温度低，凝聚粒子细小；温度高，则粒子大，易结块，包藏的凝聚剂量较多，不易洗除，影响产品性能。熟化温度一般在 80 ~95℃之间，熟化时间以 15 ~30min 为宜，过长或过短对颗粒大小、产品性能都不利。

5.3.3.3　凝聚过程连续化

1982 年，美国宾夕法尼亚州匹兹堡大学的 R. G. Nichols 等首先提出采用多级螺旋式挤压机对胶乳进行凝聚、脱水和干燥，从而实现了 ABS 生产的连续化或半连续化。对此，该大学的材料科学工程系一直进行着锲而不舍的研究，在 20 世纪 90 年代发表的一篇论文中，报道了他们通过试验考察双螺杆挤出环境对胶乳凝聚粒子分布的影响。他们采用的实验装置是一个密闭的剪切槽，上部有可封闭的加料口，内部是一个混合室和一对构造类似于反向旋转的双螺杆挤出机的转子，转子为圆柱体形状，具有与轴对称的叶片，两种对比用转子分别有5mm和9mm高的叶片。

他们的研究结果证明：在凝聚、挤出脱水过程中，凝聚粒子的大小分布和构造对挤出脱水过程有重要影响，平均粒径最大的含水量最少。粒子孔隙度大，则脱水过程中发生依赖时间变化的毛细管流动现象。影响粒子分布和构造的因素有以下几方面：

① 胶乳的凝聚温度　粒子增大的最高速度发生在聚合物的玻璃转化点或在此附近。粒子构造的变化也与玻璃转化温度有关，在该温度点以下，随凝聚温度的提高，凝聚粒子的密度随粒径增大而减小。

② 转子的转速及构造(如叶片高度　叶片高为9mm者得到大粒子的量高于叶片低的，增大转速，则得到大粒子的数量减少。

提高凝聚温度和增高转子叶片高度，均可提高胶乳粒径增长速度，这有利于挤出脱水。但增加转速，尽管获得小粒子的几率增加，但粒子孔隙度降低，密度增加，也有利于挤出脱水。因此应在三者间寻求最佳控制点，其中在玻璃转化温度点附近凝聚是可考虑的措施。

日本一家公司(Nihon Plant GijuSTsu Kabnshiki Kaisha)的一份专利中，提出采用螺旋式挤压机对乳液接枝聚合粒子进行脱水干燥的工艺方法。他们认为，可以采用螺旋式挤压机脱水的先决条件是：接枝聚合物必须有高的接枝率(即单体接枝于橡胶粒子表面，而不是接枝到粒子内部)，并有至少50%的含胶量。若橡胶含量低，聚合物弹性太低，不能在螺旋式挤压机中畅流；若有效接枝率低，即使增加橡胶含量，也会导致挤压机在施加较大剪切力和压缩力时发生橡胶粒子的粘着，这将严重影响ABS成型品的抗冲击性。

日本旭化成公司在此基础上，又提出了一种能满足负荷生产的聚合胶乳的连续凝聚方法。其方法要点是：①将接枝聚合物胶乳、凝聚剂连续加入具有自我洗涤性的凝聚器中进行凝聚，凝聚的同时，向该凝聚器通入100～200℃、0.1～1.6MPa的饱和水蒸气，使之与凝聚物接触，对其进行固化处理，连续地排出聚合物粉末，而聚合胶乳中的水分，一部分也作为游离水被分离出；②凝聚器的操作压力高于大气压力，但小于1.0MPa。

本方法特点是：①聚合胶乳的凝结、聚集是在单桨釜中连续处理的；②构造上，本凝聚器具有自我洗涤性；③该凝聚器可提供100℃以上的饱和水蒸气，在一定压力下能与凝聚物接触。采用本方法得到的粒子物性为：湿粉含水率(脱水后)20.0%，堆积密度0.557g/cm$^3$，平均粒径700μm，无“白浊”现象。

综上所述，可以将接枝聚合胶乳的凝聚、脱水过程归纳如下：

① 接枝聚合胶乳与凝聚剂连续加到第一级凝聚槽中，凝结、聚集后，再导入第二级凝聚槽，在高温高压下处理。使用该法，必须加入大量水，以使浆料能保持流动状态，故造成后系统的废液处理问题。

② 双螺杆挤出机挤压脱水，胶乳和凝聚剂同时加入。此法的问题是从排水槽排出的水中含有未凝结聚合物胶体而呈白色浊水，且脱水能力有限。

③ 胶乳先在凝聚槽中凝结、聚集后，再导入挤出机，并通高温高压蒸汽，将与凝聚物接触的水分挤出。

从上述分析可知，第三种方法具有一定优势。

### 5.3.4　制备ABS树脂用SAN树脂的合成

作为ABS树脂的连续相，SAN树脂对ABS树脂的强度性能、耐热性能及加工性能都起着主要作用。而且制备 ABS 树脂用 SAN 树脂与商品用 SAN 树脂不同，对其相对分子质量及其分布和共聚物组成及其序列分布都有特殊的要求，以获得与 ABS 接枝粉良好的共混相容性。因而 SAN 树脂的合成与 EBR 胶乳、ABS 接枝粉的合成共同构成制备 ABS 树脂的三大合成技术，在 ABS 树脂的制备技术中起着至关重要的作用。

SAN 树脂可以通过本体、悬浮、乳液及溶液聚合法合成，其中前三种方法比较常用。

5.3.4.1 本体聚合法合成 SAN 树脂

本体聚合法是一方面把 ST、AN 及调节剂按一定的比例(有些生产中还加入少量溶剂)，连续地加入反应器让它聚合；另一方面连续地从反应器中排出反应液，在脱挥发分过程中未反应单体和聚合物分离开，聚合物送到挤出工序造粒成成品，未反应单体在回收工序中进行回收，全部返回到原料工序再循环使用。本体聚合法 SAN 树脂的工艺流程图如图 5－9 所示。

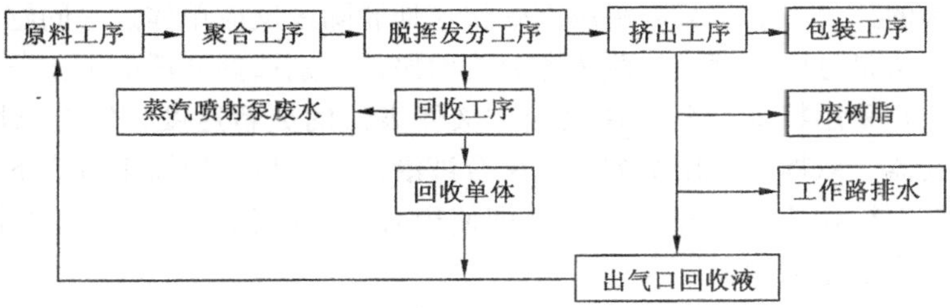


图 5－9 本体聚合法 SAN 树脂的工艺流程图

(1) 本体聚合法合成 SAN 树脂的基本配方

本体聚合由于采用连续加料连续出料的方式，反应体系中单体的配比及浓度基本保持恒定，因而可以在比较宽的单体配比范围内制得组成比较均一的 SAN 树脂。绝大多数合成 SAN 树脂的本体工艺采用热引发，并加入少量溶剂作为稀释剂以降低体系黏度。为了有利于聚合热的导出，本体聚合常常控制较低的转化率。常见的 SAN 树脂本体聚合工艺配方如表 5－53 所示。

**表 5－53 本体法合成 SAN 的配方和工艺条件**

| 项 目 | 数 据 | 项 目 | 数 据 |
|---|---|---|---|
| 苯乙烯/份 | 60～85 | 聚合温度/℃ | 110～160 |
| 丙烯腈/份 | 15～40 | 停留时间/h | 1～5 |
| 溶剂/份 | 5～15 | | |

(2) 本体聚合法合成 SAN 树脂的技术难点及解决方法

首先，在聚合过程中，由于 SAN 树脂是由两种单体共聚而成，保持树脂的透明性是其关键和难点之一；其次，由于本体聚合转化率控制在 50%～70% 时，体系黏度比较大，一般高过 10～100Pa·s，所以聚合反应热的撤除是本体聚合又一难点；第三，由于聚合体系的黏度较大，聚合物与新加入的低黏度单体之间的混合又是另一难点；第四，在脱除未反应单体时，要防止未反应单体继续聚合生成低聚物，破坏树脂组成而影响树脂色相及透明度，还要将树脂中的未反应单体降低到一定程度，以免影响树脂耐热性和安全卫生标准。另外，SAN 树脂在高温下长期滞留容易使色相变坏。

为了解决以上四个关键问题和技术难点，生产装置上采用了相应的技术措施和诀窍。

① 采用连续向聚合体系中加入组成恒定的反应液，并在聚合装置中采用多法混合系统，

使聚合体系的组成、温度成均匀分布，基本处于“稳态”条件下操作。使树脂的组成保持均一，以达到保证其高透明度的目的。

② 为了撤除聚合热，可以采用降低进入聚合体系物料温度的方法，利用单体显热和(或)汽化潜热撤除大量的聚合热。此外，还可以在反应器本身结构中采取措施，如增加导热列管、夹套等。有的装置采用了将部分聚合反应液引出聚合釜，冷却后再送入聚合釜的方法撤除聚合反应热。采用了这些措施后，解决了撤除聚合热的难题。

③ 采用螺旋主搅拌器使物料从下往上提升，在主搅拌器下部再采用叶轮式副搅拌器，可以使黏度较高的聚合液与黏度较低的新加入单体充分混合。此外，在前述基础上还可以采用体外混合法使不同黏度的物料达到充分混合。

④ 防止未反应单体继续聚合生成低聚物，将树脂中的未反应单体降低到一定程度，以免影响树脂耐热性和安全卫生标准以及 SAN 树脂在高温下长期滞留容易使色相变坏，实际上这是一个问题的三个方面。只要解决高效快速地脱除未反应单体这一问题，其他问题则迎刃而解。一种方法是分段脱挥，将脱挥器分为两段，分别选择合适的工艺条件达到预期的目的；第二种方法是采用特殊设备加速聚合物液体表面的更新速度，促进未反应单体快速蒸发，如薄膜蒸发器、双螺杆挤出机或者使聚合液沿多管式热交换器垂直流下而将热交换器直接连接(甚至部分伸入)在真空槽上，这样即使聚合液薄膜化，又由于气液相流动缩短了停留时间，也就解决了这个问题。

5.3.4.2　悬浮聚合法合成 SAN 树脂

悬浮聚合法合成 SAN 树脂是指溶解有引发剂和相对分子质量调节剂的单体溶液在分散剂和搅拌的作用下以液滴形式悬浮在水相中的聚合过程，一个单体液滴就相当于一个小本体，其反应机理与引发剂引发的本体聚合相同，区别在于分散悬浮和成粒机理。悬浮聚合属于间歇反应，体系主要由单体、油溶性引发剂、相对分子质量调节剂、分散剂和水组成。具体的工艺过程是，在常温下将 ST、AN 按一定比例配制成单体混合液(单体相)加入反应器中，开启搅拌；用部分单体配制成含引发剂和调节剂的单体溶液，按一定比例将水、分散剂和其他助剂混合配制成分散液(水相)，待单体混合液在反应器中搅拌一定时间后，停止搅拌，加入分散液，再缓慢搅拌一定时间，最后加入含引发剂和调节剂的单体溶液，在高速搅拌下升温聚合。聚合结束后，脱除未反应单体并加以回收利用，然后以洗涤、离心脱水、干燥和分离后即得珠状 SAN 树脂成品。其工艺流程图如图 5-10 所示。

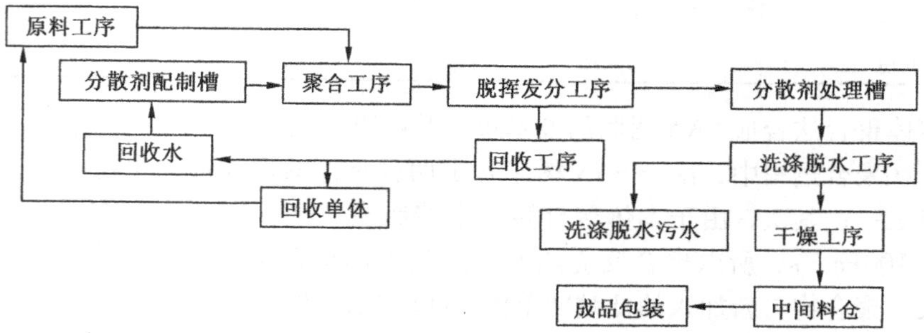


图 5-10　悬浮聚合法合成 SAN 树脂工艺流程图示意图

如果作为商品 SAN 树脂出售，则在成品包装工序之前还有挤出造粒工序。挤出造粒工序可以大大提高产品的综合物理机械性能，因而是必要的。

悬浮聚合法合成 SAN 树脂时，单体配比可调范围较小，基本上是在恒比点投料，通常采用油溶性的引发剂。其基本工艺、配方见表 5－54。

**表 5－54　悬浮法合成 SAN 的配方和工艺条件**

| 项　目 | 数　据 | 项　目 | 数　据 |
|---|---|---|---|
| 苯乙烯/份 | 70～80 | 水/份 | 100～300 |
| 丙烯腈/份 | 20～30 | 聚合温度/℃ | 60～85 |
| 引发剂/份 | 0.1～0.5 | 停留时间/h | 2～8 |
| 悬浮剂/份 | 0.2～1.5 | | |

5.3.4.3　乳液聚合法合成 SAN 树脂

在乳液聚合反应中，通过乳化剂使单体分散于水中，加入水溶性引发剂，开始聚合，绝大部分单体在增溶胶束中与扩散进来的自由基反应，生成乳胶粒，反应结束后成为 SAN 乳液。

乳液法合成 SAN 树脂的基本配方见表 5－55。

**表 5－55　乳液法合成 SAN 的基本配方**

| 组　分 | 配比/份 | 组　分 | 配比/份 |
|---|---|---|---|
| 苯乙烯 | 65～85 | 电解质 | 0.1～0.5 |
| 丙烯腈 | 15～35 | pH 缓冲剂 | 0.1～0.5 |
| 乳化剂 | 2.0～5.0 | 相对分子质量调节剂 | 0.1～0.5 |
| 引发剂 | 0.1～0.7 | 去离子水 | 110～200 |

乳液聚合中，ST 与 AN 的恒定组成是 71.5∶28.5，乳化剂可以采用阴离子型或非离子型表面活性剂，引发剂可以采用水溶性的均裂型引发剂，也可以采用氧化－还原引发体系。采用半间歇或连续乳液聚合，可以制备恒定组成以外的化学组成相当均匀的 SAN 树脂，半间歇会导致相对分子质量分布变宽。

与连续本体聚合的 SAN 树脂相比，乳液聚合得到的 SAN 树脂具有更高的相对分子质量，制备的 ABS 共混物具有较好的抗应力开裂性和耐热性。当乳液聚合的 SAN 树脂用于制备 ABS 树脂时，一般是将 SAN 乳液与 ABS 接枝胶乳掺混，然后一起共凝聚，产出 ABS 粉末混合物，最后再制得 ABS 树脂。

通常情况下，乳液聚合的 SAN 树脂，一般用于改性 PVC 或用在一些比较特殊的用途上，制备 ABS 树脂很少使用乳液聚合 SAN 树脂。

5.3.4.4　SAN 树脂合成技术的发展动态

SAN 树脂主要是作为中间体生产 ABS 树脂的，除此以外，也有相当一部分用于直接成型制成成品的，如打火机燃料罐、蓄电池壳、冰箱用果蛋盒等。作为中间体，SAN 树脂的合成方法基本上趋向于采用本体法生产（主要是出于环保和成本的考虑），从聚合工艺上进行改进，进一步降低能耗和物耗，从而降低生产成本。而作为 ABS 树脂改性的一个重要手段，SAN 树脂的改性一直是研究开发工作的重点，其中，提高 SAN 树脂的耐热性以制备耐热 ABS 树脂；改进 SAN 树脂的 AN 含量及化学组成的均一性以改善 ABS 树脂的加工性、抗冲击性、表面光泽性和强度性能等，以制备适应各种不同需要的 ABS 树脂。

另外，对于 SAN 树脂的聚合动力学研究（主要是高转化率情况下的反应动力学）、工业装置的操作函数等理论研究也在不断向更深和更高层次发展。

### 5.3.5　其他连续相树脂的合成

ABS 树脂从聚集态结构上讲，是两相结构，分为连续相和分散相。连续相除由 SAN 构成以外，尚有其他一些树脂也可以构成ABS树脂的连续相，这其中主要有：α－甲基苯乙烯与丙烯腈的共聚物、α－甲基苯乙烯－苯乙烯－丙烯腈共聚物、苯乙烯－甲基丙烯酸甲酯共聚物、苯乙烯－丙烯腈－甲基丙烯酸甲酯共聚物、苯乙烯－马来酸酐共聚物、苯乙烯－马来酰亚胺共聚物以及苯乙烯－丙烯腈－马来酰亚胺共聚物等。

α－甲基苯乙烯(α－MS，AMS)与丙烯腈的共聚物比相同丙烯腈含量的SAN树脂具有更高的耐热性和软化流动温度。α－MS－AN共聚物与SAN共聚物的热变形温度分别为104℃和96℃，它们的物理性能和耐化学性能基本相似。大多数α－MS－AN是用来制备耐高温ABS树脂和作为苯乙烯－丙烯腈－丙烯酸酯(ASA)共聚物的稀释剂的，α－MS－AN共聚物与聚氯乙烯树脂的相容性比较好，因而可以用来制作强度与透明兼有的共混物。生产SAN树脂的方法也可以用于生产α－MS－AN共聚物，只不过α－MS比苯乙烯反应速率慢，这样就大大延长了给定丙烯腈含量下的工艺停留时间，同时由于α－MS的终止速率比苯乙烯的大，加上α－MS低聚物具有较强的链转移反应以及单体纯度的影响，α－MS－AN共聚物难以获得高相对分子质量产品。另外，含有α－MS组分的材料与含有苯乙烯组分的材料比起来，也有泛黄现象。

α－甲基苯乙烯－苯乙烯－丙烯腈共聚物是在α－MS－AN共聚物的基础上发展起来的，针对α－MS－AN共聚物的反应速率比较慢的问题，引入少量的苯乙烯合成S－α－MS－AN共聚物，不仅加快了反应速率，也有助于提高产物的相对分子质量，但耐热性稍有下降。

苯乙烯－马来酸酐共聚物是一种比较好的耐热性树脂产品。苯乙烯很容易与马来酸酐反应生成SMA共聚物。与马来酸酐的共聚反应速率比单纯的苯乙烯或丙烯腈要高得多，因此必须仔细选择聚合反应条件，以控制好热量的转移，从竞聚率看，苯乙烯与马来酸酐在很大的单体配比范围内都可生成交替共聚物，所以在选择好反应条件的同时，也必须采用适当的加料方式以保证聚合物分子中化学组成的均一性。通常采用生产聚苯乙烯的工艺技术生产热塑性SMA树脂。

SMA树脂分为两大类。一类是低马来酸酐含量(＜25%)的高相对分子质量热塑性材料，应用于模塑和挤出成型方面；另一类是低相对分子质量高马来酸酐含量(25%～50%)的材料，用于碱溶性涂层和胶黏剂。

马来酸酐的最大优点就是提高了聚合物的耐热性，同时由于两种单体都是商品，这种体系的成本并不是很高。SMA共聚物具有高刚性和高的耐热性，通常用橡胶改性的方法来提高它的韧性，也可以用玻璃纤维增强。热塑性SMA树脂的维卡软化点在110～135℃，该品级主要应用于膨胀发泡领域和与PC(聚碳酸酯)共混后应用于强力工具外罩方面。对于结构性部件，通常采用橡胶改性的SMA在熔融条件下用玻璃纤维(一般用量高达20%)增强的材料，这些材料常常用在汽车内部。

SMA树脂在常温和遇热水时不稳定，在高温下会释放$CO_2$，遇热水，分子上的酸酐基容易水解，使材料表面受到损坏并使其强度降低。所以这类材料必须经过稳定化处理并在260℃以下加工使用，否则，制件会向外张开。该树脂可通过添加约1%的受阻酚类抗氧剂及硫酯类增效剂来稳定化。

苯乙烯－马来酰亚胺共聚物(SMI)具有比SMA共聚物更高的耐热性和热稳定性，它的玻璃化温度可以达到210℃，是一种不可多得的耐热性材料。有两种方法可以合成SMI共聚物。一种方法直接用苯乙烯和马来酰亚胺单体(例如*N*－苯基马来酰亚胺)进行共聚；另一种方法是首先合成SMA共聚物，然后再用氨或胺与SMA共聚物进行亚胺化反应来制备SMI

共聚物，由于亚胺化反应不可能完全将所有的酸酐都转化为酰亚胺基，所以采用这种方法制备的 SMI 共聚物常常含有少量的酸酐基团。

与 SMA 共聚物相似，苯乙烯与马来酰亚胺的共聚反应也有很强的交替倾向，所以也要采用一些特殊的聚合工艺方法（主要是必须控制高活性单体的加料速度）合成 SMI 共聚物。合成 SAN 树脂的方法都可以用于完成苯乙烯和马来酰亚胺单体的共聚反应以合成 SMI 树脂；SMA 树脂的酰亚胺化反应可以通过在排气式挤出机中注入氨或胺完成或在本体聚合反应中直接加入氨或胺完成。

SMI 树脂也可以用橡胶改性、玻璃纤维增强、与其他树脂共混制备聚合物合金或与第三单体（如丙烯腈、丙烯酸酯）进行共聚合，它与 PVC 及 SAN 树脂均有一定的共混相容性。与 SMA 树脂不同的是，SMI 树脂在高温下是稳定的，不存在宽展现象。

苯乙烯－丙烯腈－马来酰亚胺共聚物（SMIA）较 SMI 树脂的耐热性差，但易于加工，综合性能较好。

苯乙烯－丙烯酸酯共聚物中比较重要的是苯乙烯与甲基丙烯酸甲酯共聚物（MS）或苯乙烯与丙烯腈、甲基丙烯腈甲酯的共聚物（MAS），主要用其制备透明 ABS 树脂。通过调整 3 种单体之间的配比及接枝橡胶的粒径，达到缩小 ABS 树脂两相之间的折射率的差值，使 ABS 树脂透明化。一般而言，如果接枝橡胶的粒子足够小，小到可以与可见光的波长相比，则可以认为两相在光学上是均一的，产品表现为半透明状。如果两相的折射率再相等，则产品可以达到完全透明。所以用 MAS 或 MS 作 ABS 树脂的基体树脂，可以获得透明 ABS 树脂。但是，如果接枝壳不封闭，在加工过程或回火过程中橡胶粒子凝聚成团的话，即使两相的折射率完全相等也不会得到透明 ABS 树脂。

**5.3.6　掺混造粒方法**

本体法生产 ABS 树脂时，其两相结构是在聚合过程中形成的，不经过掺混工序可得到 ABS 树脂成品。但一般生产 ABS 树脂的方法都有掺混工序。

5.3.6.1　ABS 树脂的混合

ABS 树脂的混合主要是指除本体法外的其他所有 ABS 树脂生产法。为构成 ABS 树脂的连续相和分散相的混合，包括两个部分，第一部分是宏观状态的混合，即两相的掺混，其混合尺度在 0.01～5mm 级；第二部分是微观状态的混合，混合尺度在纳米～微米级，经过微观尺度的混合才可形成最终的 ABS 树脂。

宏观状态的混合一般采用机械搅拌的方法使 SAN 树脂与 ABS 接枝粉及各种助剂掺混均匀。通过宏观混合可以非常方便地调整 SAN 树脂与 ABS 接枝粉及各种助剂的比例，极大地丰富 ABS 树脂的品种和牌号，为各种用户提供不同性能的 ABS 树脂产品。

微观混合是将掺混好的 SAN 树脂与 ABS 接枝粉，在双螺杆挤出机中经过加热、塑炼，得到 ABS 树脂熔体，再经过冷却后拉成条状，最后用切粒机切成尺寸为 3cm 见方的粒料，即可作为 ABS 树脂的商品出售了。

5.3.6.2　ABS 树脂的混合性能

ABS 树脂的混合性能在不同的混合方法中具有不同的特点。对于普通的干法掺混而言，宏观混合的好坏主要取决于两相颗粒的大小和混合设备的结构设计，由于颗粒大小对 ABS 树脂的混合性能的影响比较大，所以在掺混时对 SAN 树脂和 ABS 接枝粉的粒径有一定的要求。如果是悬浮 SAN 树脂与乳液接枝 ABS 粉掺混，由于二者的颗粒大小接近，掺混时属于相互之间的分散过程，通过机械搅拌的作用，可以实现比较均匀的混合效果；如果是本体聚合的SAN树脂与乳液接枝ABS掺混，则实际上是ABS接枝粉对SAN树脂的填充，必须针对SAN树脂的堆积密度计算其空隙率，以设计合适的掺混配方。所以，ABS树脂的宏观混合性能取决于其生产方法，对于乳液/悬浮法工艺而言，在正常情况下其宏观混合性能良好。

而微观混合不仅取决于混合设备(即挤出机)的结构设计(主要是螺杆的设计)，而且与连续相和分散相的分子结构、化学组成及其分布、相对分子质量大小及分布及其加工工艺条件等因素有关，微观混合直接影响着ABS树脂的性能。

5.3.6.3　掺混方法

ABS树脂的掺混方法有湿法和干法两种。干法是作为连续相的SAN树脂和作为分散相的ABS接枝粉均经过干燥，脱除了其中的水分，以干态进入掺混设备，除此以外均可以称之为湿法掺混。湿法掺混中包括乳液或悬浮SAN与乳液ABS接枝粉共凝聚法、本体或悬浮SAN与ABS接枝粉湿料共混两种工艺。一般而言，湿法掺混都需要特殊的设备，如湿粉挤压机等。

干法掺混相对而言，对设备的要求不高，操作比较简单，工艺条件也容易控制，因而适应面比较广，但由于SAN树脂与ABS接枝粉，尤其是ABS接枝粉要经过干燥工序，增加了与热空气接触的时间，容易出现部分氧化的现象，造成ABS树脂的外观发黄，在市场竞争日益激烈的今天，湿法共混正越来越受到人们的重视。

5.3.6.4　掺混设备

干法掺混的掺混设备主要有锥形双螺旋粉料混合机、高速掺混器等。锥形双螺旋粉料混合机适合于连续化生产，高速掺混器适合于间歇化生产。其设备型号主要用容积来区分。

5.3.6.5　造粒设备及工艺条件

造粒设备主要是双螺杆挤出机。工艺参数主要有螺杆直径、主电机功率、螺杆最高转速、长径比和产量5项。

挤出造粒的工艺条件与生产的ABS树脂品种和挤出机的型号有关，一般4段温度控制挤出机的工艺条件为：

一段：150～200℃　　三段：180～240℃

二段：180～240℃　　四段：180～250℃

**5.3.7　典型的乳液接枝/掺混法生产工艺**

所谓乳液法生产工艺是指ABS接枝粉的生产工艺采用乳液聚合方法。依与ABS接枝粉掺混用的SAN树脂生产方法的不同，具体可分为乳液接枝ABS/乳液SAN掺混法、乳液接枝ABS/悬浮SAN掺混法和乳液接枝ABS/本体SAN掺混法三种。现分别叙述如下。

5.3.7.1　乳液接枝/乳液SAN掺混法

乳液接枝ABS/乳液SAN掺混法制备的ABS树脂，由于杂质含量比较多、SAN树脂的相对分子质量比较大，存在着外观差和加工性能不太好的缺点，但其强度性能较好，适合于一些对材料强度要求较高的应用领域。这种生产工艺目前已经很少应用于实际生产中了。

乳液接枝ABS/乳液SAN掺混法的工艺流程示意图，如图5－11所示。

5.3.7.2　乳液接枝/悬浮SAN掺混法

这种方法是目前占主流的ABS树脂生产方法。该工艺与乳液接枝ABS/乳液SAN掺混法的不同点，只是接枝胶乳合成后要经过凝聚、脱水和干燥工序，制成ABS接枝粉，然后再与经过悬浮聚合合成的SAN树脂掺混、造粒，最后得到ABS树脂产品。其工艺流程简图示意如图5－12。

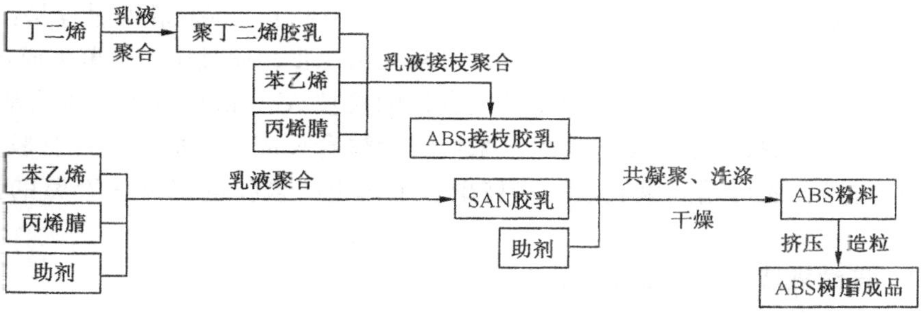


图 5-11　乳液接枝 ABS/乳液 SAN 掺混法的工艺流程示意图

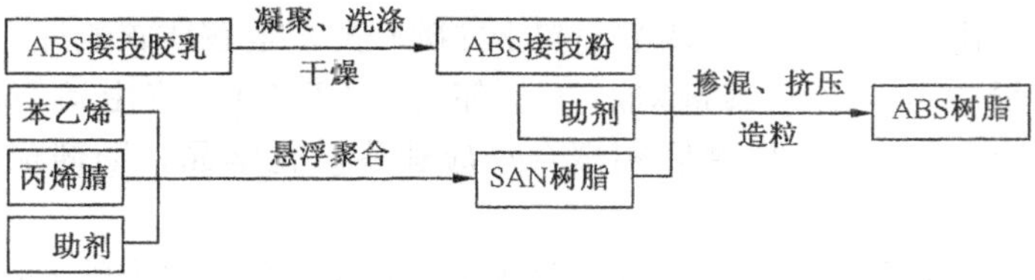


图 5-12　乳液接枝/悬浮 SAN 掺混法制备 ABS 树脂工艺流程示意图

这种工艺的优点主要有:

① 橡胶粒径的大小容易控制;

② 可以制备胶含量高、丙烯腈含量高的产品;

③ 可以按生产需要灵活地调整产品牌号。

缺点主要有:

① 残留乳化剂等杂质影响产品质量;

② 污水排放量大，必须建设污水处理装置。

5.3.7.3　乳液接枝/本体 SAN 掺混法

乳液接枝/本体 SAN 掺混法是指用本体法合成的 SAN 树脂与乳液接枝的 ABS 接枝粉掺混制造 ABS 树脂的一种方法。其流程与乳液接枝/悬浮 SAN 掺混法非常相似，只不过 SAN 树脂的合成采用了本体聚合工艺，在此工艺流程简图就不单独列出了。

乳液接枝/本体 SAN 掺混法的主要优点:

① SAN 树脂的合成工艺比较简单，对环境的影响较小;

② 可以实现对 SAN 树脂的相对分子质量、丙烯腈含量的有效控制，从而制造出综合性能好，特别是韧性和刚性均很高的 ABS 树脂;

③ 可以使通用型的 ABS 树脂等升级;

④ 可以增加 ABS 树脂的品种牌号。

## 5.4　连续乳液接枝-SAN 掺混法生产工艺

### 5.4.1　概述

连续乳液法接枝共聚物粉料的生产单元包括连续乳液法聚丁二烯胶乳单元、连续乳液接枝法制接枝共聚物粉料单元。其生产的接枝共聚物粉料和本体法或悬浮法 SAN 粒料按不同配方掺混生产多品种牌号、不同用途的 ABS 树脂。

美国通用电气公司(GE)于 1988 年购买的博格瓦纳(BorgWarner)ABS 工厂仍采用间歇乳液法聚合生产聚丁二烯胶乳。该公司既有在聚合过程中生成大粒径聚丁二烯胶乳的技术，也有二步法增大胶乳粒径的工艺技术。二步法合成大粒径聚丁二烯胶乳的过程是：第一步聚合生成小粒径聚丁二烯胶乳，聚合反应时间9～15h；第二步，通过压力附聚生成0.35μm左右粒径的聚丁二烯胶乳。用此胶乳能制得性能良好的接枝ABS粉状树脂。在此基础上，该公司开发的连续乳液法接枝聚合工艺技术，采用三台聚合反应器串联，生产含胶量30%的接枝ABS粉状树脂；还可用间歇乳液法接枝聚合工艺生产含胶量50%～75%的接枝ABS树脂粉。

### 5.4.2 连续乳液法聚丁二烯胶乳生产

5.4.2.1 聚合工序

连续乳液法聚合生产聚丁二烯胶乳所用的原料及催化剂、化学品主要有单体丁二烯、引发剂过硫酸盐、乳化剂油酸钾皂、调节剂叔十二碳硫醇、电解质碳酸钾、脱氧剂连二亚硫酸钠等。新鲜丁二烯中若含有阻聚剂对叔丁基邻二酚（TBC），应用稀NaOH溶液洗涤除去TBC，再经水洗后送去聚合，以免影响聚合反应速率。化学品、助剂配制成规定浓度的溶液，供聚合用。

原料丁二烯、除引发剂外的化学品、助剂经多缸计量泵按聚合配方量调节加料量，连续地在管道内混合进入均化器，单体丁二烯被均化，合适的皂将其覆盖成液滴，均化后的混合物料乳液冷却至15～17℃，进入聚合反应器。

混合物料的均化器是由均化区、锐孔、乳化区组成的。在均化区由活塞加压（约20MPa），经锐孔调整喷入乳化区，喷射速度达290～340mm/s。此时混合物料被均化成大小基本相同的液滴进入乳化区，混合物料乳液的液滴大小可通过调节均化区的压力、各物料组分的比例、pH值来控制。均化压力和混合物料进乳化区的间隙均由乳化区的弹簧阀调节，均化压力调节范围为4～40MPa，由此可得到不同的喷射速度。聚合反应过程中一次生成大粒径的聚丁二烯胶乳，除均化器均匀乳化混合进料外，要选用合适的乳化剂及其在反应液中的浓度，适量的电解质能降低胶束浓度而提高乳化剂的增溶能力。控制最佳的聚合工艺条件，就可制得合格的聚丁二烯胶乳。

5.4.2.2 胶乳脱气

从聚合反应器出来的聚丁二烯胶乳直接进入脱气槽，在0.011～0.012MPa绝压下闪蒸脱除未反应的丁二烯。脱气后的聚丁二烯胶乳总固含量24%～25%，残留丁二烯小于0.2%，送入聚丁二烯胶乳储槽，陈化3～4d使单体浸渗到胶粒内，分析胶乳质量合格后送往接枝聚合工序。闪蒸脱气出来的丁二烯经缓冲罐捕集夹带胶乳后加压至0.5MPa左右，再经冷凝回收，未凝气排入火炬气系统。

5.4.2.3 连续乳液法接枝共聚物生产

连续乳液接枝共聚物粉料的生产过程，包括接枝聚合、凝聚、脱水洗涤、干燥等工序，采用该工艺可生产高胶和低胶两个品种的接枝共聚物粉料，低胶品种含胶量为33%。生产用主要原料为聚丁二烯胶乳、苯乙烯、丙烯腈，引发体系为亚铁焦磷酸盐－有机过氧化物的氧化还原引发体系，引发剂为过氧化氢异丙苯，活化剂为硫酸亚铁，还有络合剂焦磷酸钠、还原剂右旋葡萄糖和甲醛次硫酸钠、乳化剂油酸钾皂、调节剂叔十二碳硫醇等。接枝聚合完成后还要加一定量的抗氧剂。

（1）接枝聚合工序

除引发剂和调节剂不需配制外，乳化剂、活化剂、抗氧剂、络合剂需分别配制成规定浓度的溶液。苯乙烯、丙烯腈、乳化剂、调节剂、活化剂、还原剂、络合剂经计量泵计量，然后与聚丁二烯胶乳在管道混合器连续混合，加热升温至50℃。

加热后的混合物料送入两个串联的浸渗塔，由于混合物料已加热到50℃，可使浸渗在近似恒温下操作，以减小浸渗过程的波动。浸渗作用是使单体苯乙烯和丙烯腈浸渗入聚丁二烯胶乳的胶粒中，该过程使胶粒溶胀而增大粒径，从而提高接枝聚合ABS的接枝度，并增加内包藏的SAN共聚物。

聚合反应系统为三个串联的反应器。第一、第二个是聚合反应器，第三个是陈化反应器，三个反应器均无外夹套，内有搅拌器。浸渗后的混合物料乳液进入第一反应器。引发剂分别连续定量地从第一反应器、第二反应器和第三反应器的特定部位加入，进行聚合反应。聚合为绝热反应，随着聚合转化率的增高，聚合放热使反应物料逐步升温，到第三反应器的反应温度达90℃。采用自动调节系统控制第三反应器的压力使单体不至于汽化。接枝聚合反应在第一、第二反应器内已基本完成，物料在第三陈化反应器内停留时间较长，主要是为了提高单体转化率。该过程最终转化率达94%，总聚合时间约16h。在聚合反应过程中，可改变引发剂、活化剂的加入量，以调节聚合转化率和反应温度。向第三陈化反应器出料的接枝共聚物乳液加入抗氧剂，以使接枝ABS聚合物在凝聚、干燥过程中具有热稳定性和抗氧化性。加入抗氧剂后的接枝ABS乳液在大容积储槽内掺合，调整其质量。

(2) 后处理工序

后处理工序的凝聚、脱水和干燥过程均为连续操作。配制好的凝聚剂明矾和硫酸混合液及接枝ABS乳液，连续送入凝聚槽内，搅拌混合，破乳凝聚成粒子，用直接蒸汽加热控制凝聚温度为70℃左右。凝聚的浆液流入与凝聚槽串联的熟化槽，加热维持温度90℃左右，使皂完全转化，固化颗粒，增强硬度。形成的较大颗粒经过具有粉碎功能的泵粉碎，然后送入长网式真空过滤机或离心机脱水，脱除含凝聚剂的部分母液返回配制凝聚剂溶液，以减少凝聚剂耗量和污水排放量。脱水后的接枝共聚物湿粉料含水量20% ~40%。干燥系统为两级，均采用内有旋转叶片的卧式干燥器，通入110 ~120℃的热空气，蒸发水分。从一级干燥器出来的热空气夹带的粉料经旋风分离器回收，废气经水洗后放空。从二级干燥器出来的接枝共聚物粉料含水量小于1%，用空气输送到料仓。采用热空气干燥接枝共聚物粉料，在空气中可能形成爆炸混合物。为防止发生爆炸，在两个干燥器上装设探测设施，超前测出瞬间产生的冲击压力变化。当压力骤增时，即自动打破灭火球，向干燥器内喷出灭火剂，同时关闭接枝共聚物粉料进口阀和热空气进口阀，防止爆炸及火灾。

## 5.5 乳液接枝 - 悬浮法生产工艺

### 5.5.1 乳液接枝 - 悬浮法的工艺特点

乳液接枝悬浮法合成ABS树脂工艺，是先将乳液接枝共聚物乳液进行凝聚，添加乳化剂，搅拌16h进行乳化，再加单体、引发剂、调节剂搅拌30min后加悬浮剂，进行悬浮聚合，而形成产品。

其工艺流程示意图如图5 -13所示。

实施悬浮接枝共聚的具体实例是在常温、搅拌的条件下，向定量接枝胶乳中，连续滴加

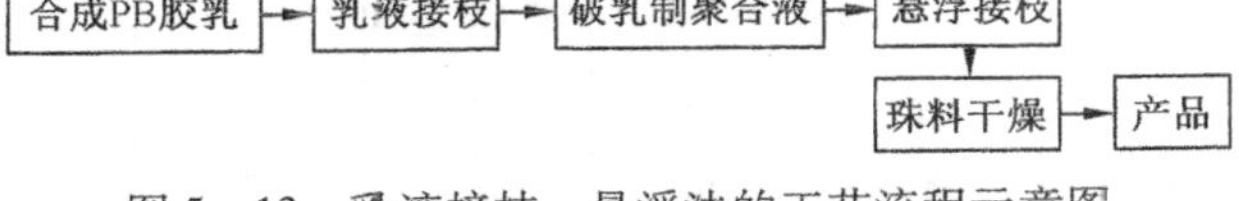


图5 -13　乳液接枝 - 悬浮法的工艺流程示意图

3.8 份的 19% 硫酸镁溶液进行凝聚；凝聚物经充分搅拌，加入单体、引发剂、脱离子水等，继续搅拌 30min，添加悬浮剂；升温至 78℃，加快搅拌转速，聚合 3h 后将温度升高至 100℃，脱除残余单体，制得悬浮接枝物的珠料；经与所需物料掺混，最终形成 ABS 树脂。

乳液接枝悬浮工艺集乳液接枝共聚合和悬浮接枝共聚合工艺为一体，具有化学污水排放量低，珠料干燥用蒸汽少等优点，故而世界上一些国家，仍在继续采用该工艺生产 ABS 树脂。

### 5.5.2 乳液接枝共聚物胶乳的指标

固含量 42%；接枝度 50%；pH 值 1.0；ST: AN 比为 70:30；胶乳粒径 0.1 ~ 0.5μm。

### 5.5.3 悬浮接枝共聚合基本配方

悬浮接枝共聚合的基本配方如表 5 – 56 所示。

**表 5 – 56 悬浮接枝共聚合的基本配方**

| 组 分 | 用量/份 | 组 分 | 用量/份 |
|---|---|---|---|
| ABS 接枝胶乳（干基） | 17.0 | 悬浮剂 | 0.30 |
| ST | 56.0 | 引发剂 | 0.70 |
| AN | 27.0 | 脱离子水 | 250.0 |
| 润滑剂 | 0.40 | | |

## 5.6 乳液接枝连续本体法

乳液接枝本体聚合工艺是 20 世纪 70 年代末开发的，有关专利很多。典型代表是日本东丽公司开发的工艺。

乳液聚合连续本体工艺近年来备受重视，已被世界上 ABS 生产者广泛采用。从投资和环保观点来看，该工艺是最好的工艺。日本东丽公司历经多年的研究，开发了乳液接枝 – 本体聚合工艺技术，并于 1997 年建成年产 34kt 的 ABS 树脂；美国博格瓦纳公司（Borg Warner Co.）也采用此工艺技术建成了 70kt/a 的 ABS 树脂装置。

乳液本体聚合工艺与溶液连续本体聚合工艺生产装置建设投资及生产成本对比见表 5 – 57。前者装置建设成本高，生产成本低；后者装置建设投资低，但生产成本高。

**表 5 – 57 ABS 树脂生产装置的建设投资及生产成本**

| 项 目 | 溶液连续本体聚合工艺 | 乳液本体聚合工艺 | 乳液本体聚合工艺<br>包括未反应丁二烯回收 | | | 乳液本体聚合工艺<br>不含未反应丁二烯回收 | | |
|---|---|---|---|---|---|---|---|---|
| 胶含量/% | | | 10 | 14 | 18 | 10 | 14 | 18 |
| 生产能力/kt · a$^{-1}$ | 100 | 100 | 33.3 | 33.3 | 33.3 | 33.3 | 33.3 | 33.3 |
| 投资/百万美元 | | | | | | | | |
| 界区内 | 45.4 | 60.4 | 31.2 | 28.8 | 27.6 | 29.3 | 27.3 | 26.3 |
| 界区外 | 23.1 | 29.5 | 12.9 | 12.8 | 12.8 | 12.4 | 12.3 | 12.3 |
| 总固定资产投资 | 68.5 | 89.9 | 44.0 | 41.6 | 40.3 | 41.6 | 39.6 | 38.6 |
| 生产成本/（美元/t） | | | | | | | | |
| 原料 | 911 | 565 | 637 | 641 | 643 | 637 | 641 | 643 |
| 副产品 | | | | | | –2 | –1.5 | –1.3 |
| 公用工程 | 13 | 19 | 30 | 30 | 30 | 30 | 30 | 30 |
| 可变成本 | 923 | 584 | 667 | 672 | 674 | 665 | 670 | 672 |

续表

| 项　　目 | 溶液连续本体聚合工艺 | 乳液本体聚合工艺 | 乳液本体聚合工艺<br>包括未反应丁二烯回收 | | | 乳液本体聚合工艺<br>不含未反应丁二烯回收 | | |
|---|---|---|---|---|---|---|---|---|
| 操作工/(人/班) | 6 | 6 | 7 | 7 | 7 | 7 | 7 | 7 |
| 操作工人 | 0.65 | 0.65 | 0.76 | 0.76 | 0.76 | 0.76 | 0.76 | 0.76 |
| 维修工人 | 0.62 | 0.82 | 1.27 | 1.18 | 1.13 | 1.20 | 1.12 | 1.08 |
| 控制实验室 | 0.13 | 0.13 | 0.15 | 0.15 | 0.15 | 0.15 | 0.15 | 0.15 |
| 维修材料 | 0.62 | 0.82 | 1.27 | 1.18 | 1.13 | 1.20 | 1.12 | 1.08 |
| 运转补给 | 0.06 | 0.06 | 0.08 | 0.08 | 0.08 | 0.08 | 0.08 | 0.08 |
| 总直接成本(美元/t) | 979 | 638 | 745 | 745 | 745 | 739 | 741 | 741 |
| 总生产成本(美元/t) | 1406 | 1104 | 1272 | 1262 | 1256 | 1256 | 1249 | 1245 |
| 产品价值(美元/t) | 1577 | 1329 | 1602 | 1573 | 1558 | 1568 | 1545 | 1534 |

### 5.6.1　乳液接枝－本体聚合法生产原理

乳液接枝－本体聚合工艺原理如图5－14所示。

根据图5－14，乳液接枝本体聚合工艺流程包括：①乳液接枝聚合，聚合物乳液中存在聚丁二烯(PB)、接枝聚合物、游离SAN共聚物粒子；②单体与接枝共聚物乳液混合；③凝聚脱水；④聚合物溶液配制；⑤本体聚合。

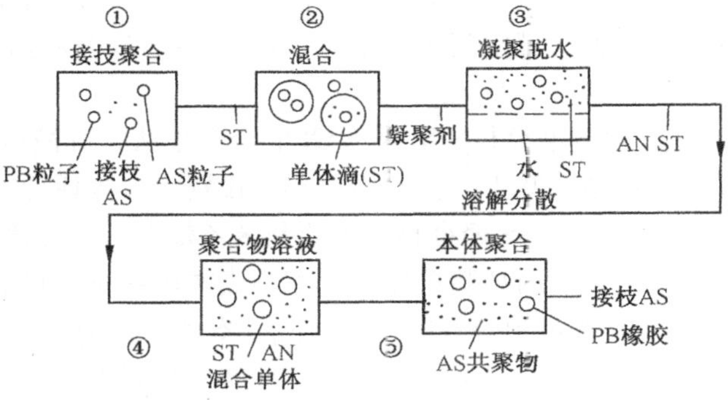


图5－14　乳液接枝本体ABS树脂聚合工艺原理

### 5.6.2　接枝共聚物的乳液法制备

乳液接枝－本体聚合工艺技术首先以水为介质，在引发剂、活化剂、还原剂、乳化剂、调节剂等存在的条件下，聚丁二烯胶乳和苯乙烯、丙烯腈进行乳液接枝聚合反应，制得接枝ABS乳液。乳液接枝聚合配方及主要工艺条件见表5－58。

**表5－58　乳液接枝聚合配方及主要工艺条件**

| 组　　分 | 用量/份 | 组　　分 | 用量/份 |
|---|---|---|---|
| 聚丁二烯胶乳 | 60 | 松香酸皂 | 2.0 |
| 苯乙烯 | 28 | 右旋葡萄糖 | 0.5 |
| 丙烯腈 | 12 | 焦磷酸钠 | 0.5 |
| 水 | 100 | 工艺条件 | |
| 过氧化氢异丙苯 | 0.3 | 聚合温度/℃ | 65～85 |
| 硫酸亚铁 | 0.01 | 聚合时间/h | 5～10 |

### 5.6.3　接枝共聚物乳液的凝聚和脱水

接枝ABS乳液和一定量苯乙烯混合，在搅拌下接枝ABS粒子吸附苯乙烯。加入凝聚剂后破乳，接枝ABS凝聚形成淤浆液，再经挤压脱水，得到吸附有ST大粒状的接枝ABS湿料。

### 5.6.4　本体聚合及后处理

将接枝ABS湿料和聚合配方量规定的苯乙烯、丙烯腈、调节剂等送入溶解槽，搅拌溶解，混合均匀，配制成本体聚合原料液。然后将本体聚合原料连续送入串联的两台聚合反应器内，升温热引发聚合。第一聚合反应器为全混式，聚合转化率达40% ~70%。由聚合反应热蒸发的单体和水，被反应器上部夹套通入冷却水冷凝成液体，沿内壁向下流入反应器内壁上部设的环堰形收集槽，导入反应器外的分离器；分离器下部分离出水，上部单体返回反应器内，聚合液连续地流入第二聚合反应器。第二聚合反应器内的聚合液为柱塞式流动。其反应器内壁上部也没有环堰形冷凝液收集槽，上部外套通入冷却水，冷凝由反应热蒸发的单体和水冷凝液，使其沿内壁向下流入环堰形收集槽，导入反应器外的分离器，该分离器也是下部分离水，上部单体返回反应器内。聚合液在反应器内缓慢向下流动，聚合温度逐渐升高到180 ~200℃，聚合转化率随着聚合时间延长逐步提高，达85% ~95%终止聚合反应。ABS聚合物进入脱单体的螺杆挤压机，蒸发排出的单体经冷凝后，液相单体返回第二聚合反应器，熔融ABS聚合物从挤压机模头挤出成条，冷却后切粒制得ABS树脂。

### 5.6.5 乳液接枝本体法的工艺特点

① 适合于大规模生产通用型、注射型、挤出型的ABS树脂。产品胶含量及冲击强度高，但耐热性较低。

② 接枝ABS湿料溶解在单体中，加热升温引发本体聚合，仅用调节剂一种化学助剂；利用反应器上部空间蒸发单体、水，冷凝的单体返回反应器内，撤出反应热量，单条聚合生产线能力大。

③ 比乳液接枝－乳液SAN混合凝聚法、乳液接枝悬浮或本体SAN树脂掺合法的工艺流程短，设备台数少，占地面积小，投资少，能耗低，成本低。

④ 接枝ABS聚合物乳液要与苯乙烯混合，凝固、脱水得到ABS聚合物粒状湿料，再溶解在苯乙烯、丙烯腈单体中，配制成本体聚合原料液。

⑤ 工艺过程较复杂，只有改变本体聚合的配方才能生产不同品种牌号的ABS树脂，因此，切换品种不灵活，生产多品种牌号受到限制。

### 5.6.6 乳液接枝连续本体法ABS产品性能

东丽公司和三菱人造丝公司采用乳液接枝连续本体工艺生产的ABS树脂性能，如表5－59所示。

由表5－59可以看出，东丽公司乳液接枝－连续本体法生产的ABS树脂冲击强度不高，耐热性较差。

**表5－59 东丽公司ABS树脂Toyolac的性能**

| 牌号 | 相对密度 | 拉伸强度/MPa | 伸长率/% | 弯曲强度/MPa | 缺口冲击强度/$J \cdot m^{-1}$ | 热变形温度/℃ |
|---|---|---|---|---|---|---|
| 560 | 1.04 | 43.0 | 15 | 90.0 | 60 | 90 |
| 500 | 1.04 | 40.0 | 15 | 82.0 | 110 | 90 |
| 700 | 1.03 | 40.0 | 18 | 75.0 | 150 | 89 |
| 100 | 1.03 | 35.0 | 20 | 70.0 | 210 | 89 |
| 300 | 1.03 | 30.0 | 20 | 60.0 | 290 | 88 |
| 600 | 1.02 | 33.0 | 20 | 63.0 | 280 | 89 |

## 5.7 溶液和溶液沉淀聚合工艺

溶液和溶液沉淀聚合是本体聚合的变种，目前它们都没有表现出工业方面的价值。

溶液聚合反应在溶有橡胶基料和单体混合物的溶剂中进行。通常用甲苯或二甲苯一类的芳香族化合物作溶剂。其中 SAN 是完全溶解性的，交联接枝橡胶聚合物形成了溶胀粒子分散体系。这种工艺的特点是：

① 仅用溶液聚合方法生产的或在苯乙烯－丙烯腈单体混合物中能够溶解的橡胶作为接枝基料；

② 纯本体聚合黏度大的问题，由于使用了溶剂而大大减小，而溶剂可以回收使用；

③ 与乳液聚合相比，由于使用非水体系，废水污染问题大幅度减少；溶剂可通过汽提工艺或蒸发管工艺进行分离，循环使用；

④ 与纯本体聚合相比，聚合反应可以用更简单的设备进行。

其最大缺点是同时获得细橡胶粒子和高度交联橡胶基料比较困难。

溶液沉淀聚合反应在开始阶段与溶液聚合反应相同，只是在继续转化的过程中，当一种脂肪族烃加入反应物中时，溶液聚合就变成了有机分散剂中的分散聚合。这种工艺的优点是聚合物产品可通过简单筛分从溶剂混合物中分离出来。

# 第六章　无机材料的接枝共聚合

硅酸盐材料用其他无机矿物材料通过接枝聚合，能够在其表面形成一层与之产生化学结合的有机高聚物。类似的接枝不仅可以用来提高无机材料与有机高聚物基体之间的界面相容性、改善复合材料的力学性能，还可以用来制备高分散性颜料，可制得具有偶联功能的无机填充物、高性能的固体润滑剂和改性的硅胶色谱担体等。

目前，无机材料的接枝已经成为接枝共聚技术的一个新的领域，文献中有大量报道。然而，无机基体与有机链的结合方式在不少情况下仍然不太清楚。其中有些属于真正的化学结合，伴随形成新的化学键，有的则仅仅是某种吸附作用。当然这两种结合方式也会同时存在。

## 6.1　无机材料接枝共聚物的制备

无机材料接枝聚合的方法，大致可以分为如下 4 种：

① 偶合法接枝；

② 化学引发接枝共聚；

③ 辐射引发接枝；

④ 力化学引发接枝。

### 6.1.1　偶合法接枝

某些预聚物分子与无机材料之间能够发生官能团反应形成偶合键，从而获得接枝物。为了实现这一反应，首先要求预聚物与无机材料基本都有相当的官能团，否则，必须先将两者进行化学处理，使之具有必要的官能团。

在大分子合成过程中，往往在大分子端部留下可以利用的端基。根据需要，这些端基可进一步使之转化成其他形式，以便与无机材料的基团作用。

许多无机材料表面存在一些活泼的官能团，如玻璃、硅胶等表面存在 Si—OH 基，云母表面存在 Al—OH 基等。Laible 等曾比较系统地总结无机材料表面的 OH 基与高聚物进行的反应，并考察了接枝产物在无机相中的胶体分散稳定性。

Si—OH 基可以转化为 Al—OH 基。为此，可用硫酰氯及亚硫酰氯为氯化剂。这些氯化剂能有效地把硅羟基转化为硅氯基，不过，它们将在表面上残留下硫，使表面受到污染。由于消除这类污染相当困难，可能会对以后的进一步处理产生不良影响。当然，直接用氯气来进行表面氯化也是一个可行的方法，例如，Eastmond 等使玻璃与经过浓硫酸干燥的氯气在 400℃下氯化 1h，顺利地把 Si—OH 基转化为 Si—Cl 基。

Si—Cl 基是很活泼的，可以进一步与苯基锂反应，转化为 Φ—Si 基，也可与 AgCN 反应生成 Si—CN 基。

值得指出的是，用有机硅化合物处理无机材料是一种较实用的方法。当采用氯硅烷时，Si—Cl 键与无机材料表面的 Si—OH 基缩合生成 Si—O—Si 键。

对于表面惰性的材料，含有 Si—Cl 键的有机硅化合物可借助微量水的作用在该材料表面发生水解自身间缩聚，形成一层被牢固吸附的有机膜，同时还能将可利用的基团引至该表面上。其他形式的有机硅，如硅醇、硅酯也被广泛用于无机材料的表面处理。

Kessaissia 等曾以亚硫酰氯使 $SiO_2$ 表面上先引入 Si—Cl 基，再以具有不同长度碳链的醇钠处理，形成表面带有烷链的接枝共聚物。研究证明，烷烃在这类接枝物的表面所释放的吸附热，随接枝链的增长而减小。

Fery 等将含有 Si—Cl 键的 $SiO_2$ 与聚苯乙烯基锂活性大分子反应，获得了 $SiO_2$ 聚苯乙烯的接枝共聚物。对比表面为 200$m^2$/g 的无定形 $SiO_2$，当接枝增重 50% 时，可以在芳香族溶剂中形成稳定的分散体。对这类接枝聚合反应的进一步研究表明，产物中除了生成化学键的接枝外，也存在不可逆的吸附。但是真正的接枝量是不可逆吸附量的 10 ~ 100 倍。接枝增重受反应时间、温度和预聚物相对分子质量的影响。改变溶剂或反离子可以控制预聚物大分子的线团尺寸，并调节离解作用造成的影响。偶合接枝的反应速率与预聚物分子通过聚合物表层的扩散速率有关。当接枝转化率≤85% 时，接枝速率与 Si—Cl 基的数量成正比。

Berrod 等曾利用硅胶与硅四聚体 $D_4$ 作用，发现 140℃ 以下时，两者仅发生吸附作用，150℃ 以上时则有明显的化学作用发生。接枝硅胶的红外光谱测定结果如图 6 - 1 所示，可以看到有机化合物上甲基的吸收（2960$cm^{-1}$），同时伴随着硅胶上羟基吸收（3750$cm^{-1}$）的降低。然而，未发现 3400$cm^{-1}$ 处的吸收，即排除了氢键形成的可能。可以认为，硅胶上的 Si—OH 基使四聚体开环，继而在硅胶表面上形成接枝。这就是说，在水的作用下，高温使水解缩聚过程加速，导致硅胶表面现象上接有不同长度的硅氧烷链。

红外分析测定及热分析表明，硅氧烷链接枝的硅胶有较好的热稳定性，真空下 600℃ 开始分解，而在水、氧、空气中 500℃ 分解，如图 6 - 2 及表 6 - 1 所示。

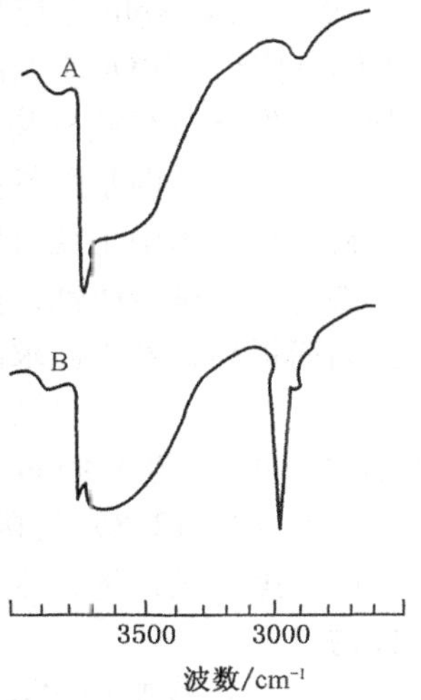


图 6 - 1　硅胶处理前（A）及处理后（B）的红外光谱图

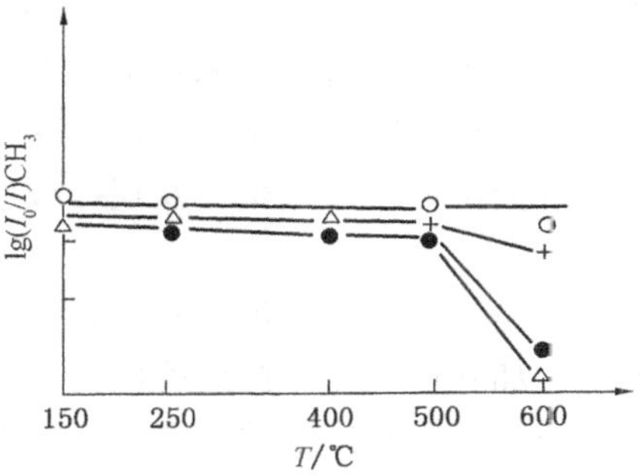


图 6 - 2　环状四聚体的改性硅胶的 $\lg\left(\frac{I_0}{I}\right)_{CH_3}$ 热处理温度的关系

$I$ 与 $I_0$ 分别表示—$CH_3$ 基在热处理前和后的吸收强度

**表 6 - 1　有机硅接枝的硅胶在不同条件下的热失重情况**

| 实验条件 | 热失重/% | | OH 出现（$OH/D_4$） |
|---|---|---|---|
| | 150℃ < $T$ < 500℃ | 500℃ < $T$ < 600℃ | |
| 真空 | 7 | 11 | — |
| 空气 | 5 | 72 | 1 |
| 氧 | 9 | 79 | 2.4 |
| 水 | 9 | 21 | 0.17 |

上述结果不仅表明白炭黑补强的硅橡胶中存在两相间的相互作用，同时也说明，只有在远高于这一橡胶的加工温度时才会消弱该作用。

Bryk 等研究了二苯基硅二醇在 $Al_2O_3$ 及 $SiO_2$ 表面上的接枝，认为反应过程中单体及其缩聚物中的 Si—OH 基与固体表面形成了接枝。他们发现 $Al_2O_3$ 表面的接枝量大于 $SiO_2$，降低氧化物表面吸附的有机硅浓度可以抑制交联，并能提高接枝链的相对分子质量，这一点可归因于 $SiO_2$ 表面的 Si—O—Si 与硅醇发生作用形成化学结合所致。

阳离子活性预聚体与无机材料表面 OH 基发生反应也可形成接枝。Papirer 等使丁二烯 - 苯乙烯共聚物与 $AlCl_3$ 形成正碳离子，然后与纤维蛇纹石接枝。当接枝过程在稀溶液中进行并采用较小的石棉/聚合物比时，可证明反应属于一级反应。较高的石棉/聚合物比，仍能使接枝量保持恒定。在浓溶液中，接枝将受到其他因素的限制，如阳离子可能失活和出现反应活性很差的大分子聚集体等。

Hommel 等曾利用低相对分子质量的聚氧化乙烯（PEO）与 $SiO_2$ 表面的 OH 基缩合形成 Si—O—C 键而实现接枝，但 Si—O—C 键并不稳定，容易发生水解。为了使 $SiO_2$ 在水中稳定分散，考虑到 Si—O—CO—NH—的结构比较稳定，Bridger 等使 PEO 先与二异氰酸酯反应形成一端有—NCO 基的预聚物，然后后者的—NCO 基与 Si—OH 基反应形成接枝。这种接枝产物在水相中有较稳定的分散，但存放 1 个月后仍会出现轻度聚集。出现这种情况是由于亚胺基甲酸酯的氧化降解，以及 PEO 从 $SiO_2$ 表面上水解脱落所致。

### 6.1.2 化学引发接枝共聚

利用自由基引发剂引发单体与带不饱和基的无机材料进行共聚，曾被 Wolff 等应用于镉系颜料的改性。他们首先使颜料以含乙烯基的有机硅单体，如 $CH_2{=}CH{-}Si(OCH_3)_3$ 的异丙醇溶液处理，然后使该颜料与丙烯腈、偏氯乙烯等单体在过硫酸钾引发下进行接枝共聚。所得产物易于在有机介质（包括聚合物）中分散。类似地，有人先以 $\gamma$ - 甲基烯丙基丙氧基三甲氧基硅烷处理高岭土，再将它与苯乙烯共聚接枝，据报道这种接枝产物在苯中出现溶胀，从而提出了黏土的三维交联结构观点。前苏联学者用乙烯基三氯硅烷对硅胶进行改性，然后再与带烯基的杂环类单体接枝共聚，发现接枝速率常数随温度的升高而提高，并由此求出了活化能。

另一种方式是让基体参与形成自由基的过程，使支链在基体中生成。例如 Papirer 使炭黑分散在苯中，加入过氧化月桂酰后再与丁基橡胶的苯溶液反应最后可得 12.8% 的接枝量。上述方式同样适用于丁苯橡胶的接枝。研究表明，反应中首先生成炭黑过氧化物，然后分解出自由基作用于橡胶生成橡胶自由基，导致炭黑与橡胶形成接枝物。

类似地利用云母表面上羟基在 $Ce^{4+}$ 盐作用下所形成的自由基，引发丙烯腈或 MMA 与之接枝。产物在室温下以溶剂萃取 72h（除去均聚物）后的红外光谱测定，证实存在与丙烯腈对应的 $2250cm^{-1}$ 吸收或对应 MMA 的 $3050cm^{-1}$、$1730cm^{-1}$、$1450cm^{-1}$ 和 $1240cm^{-1}$ 处的吸收，表明接枝的成功。

表 6 - 2 中列出了上述接枝的转化率。显然对 MMA 接枝时，在氮氛中比在空气中可得到更高的接枝转化率。40℃时的总转化率比 30℃时小。在丙烯腈接枝时，氧的影响比较强烈，它可使接枝转化率降低。在氮氛中尽管有大量均聚物生成，但接枝物的生成量也增大，温度影响则显得较小。

表 6 - 3 中给出了接枝效率和接枝速率/均聚速率之比 $R_g/R_h$。对于丙烯腈，接枝效率和 $R_g/R_h$ 的变化较明显，而在 MMA 接枝时这两项基本上是恒值。云母 - 丙烯腈接枝物可以水解。在浓度为 1mol/L 的 NaOH 水溶液中 80℃下反应 1.5h 后，腈基可转化为酰胺基，红外光谱上出现 $1720cm^{-1}$ 的吸收带。

**表 6-2　乙烯类单体在云母上的接枝**

| 样品 | 接枝共聚物 | 单体 | 气氛 | 单体转化率/% | | |
|---|---|---|---|---|---|---|
| | | | | 接枝 | 均聚 | 总转化率 |
| 1 | 云母-MMA | MMA | 空气 | 5.505 | 14.848 | 20.353 |
| 2 | 云母-MMA | MMA | 氮 | 10.345 | 28.690 | 39.035 |
| 3 | 云母-MMA | MMA | 空气 | 5.896 | 5.552 | 11.448 |
| 4 | 云母-MMA | MMA | 氮 | 11.082 | 8.446 | 19.528 |
| 5 | 云母-AN | AN | 空气 | 3.097 | 47.555 | 50.652 |
| 6 | 云母-AN | AN | 氮 | 11.600 | 27.047 | 38.647 |
| 7 | 云母-AN | AN | 空气 | 2.640 | 46.143 | 48.783 |
| 8 | 云母-AN | AN | 氮 | 12.180 | 41.073 | 53.253 |

**表 6-3　接枝云母的接枝效率及接枝速率/均聚速率($R_g/R_h$)**

| 样品 | 接枝共聚物 | 接枝率/% | 接枝效率/% | $R_g/R_h$ |
|---|---|---|---|---|
| 1 | MMA | 16.500 | 27.047 | 0.371 |
| 2 | MMA | 31.036 | 26.523 | 0.361 |
| 3 | MMA | 17.690 | 51.507 | 1.062 |
| 4 | MMA | 33.245 | 56.747 | 1.312 |
| 5 | AN | 9.290 | 6.114 | 0.056 |
| 6 | AN | 34.800 | 30.016 | 0.429 |
| 7 | AN | 7.920 | 5.412 | 0.057 |
| 8 | AN | 36.540 | 22.872 | 0.297 |

Elting 等指出，以硝酸铈引发自由基可使甲基丙烯腈、苯乙烯、甲基丙烯酸甲酯、醋酸乙烯酯等与硅石、石棉、云母、高岭土、皂土等无机物实现接枝共聚。据报道单体转化率可达88.1%，接枝产物经甲乙酮萃取后增重达30.8%。

Eastmond 报道了玻璃微珠在给电子的溶剂或单体存在下，利用 $Mo(CO)_6$ 可引发苯乙烯或 MMA 接枝于玻璃上，红外光谱、电镜和热降解都能确证这一接枝是成功的。

图 6-3 为接枝玻璃热解失重与 $Mo(CO)_6$ 浓度的关系。通过热解失重，可了解接枝量与 $Mo(CO)_6$ 浓度的关系。

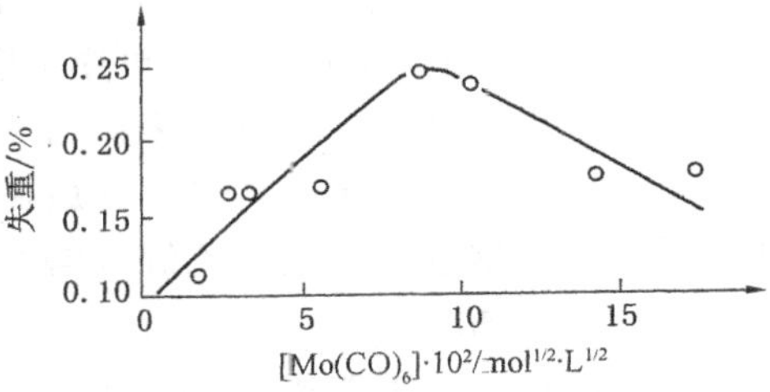


图 6-3　聚苯乙烯接枝玻璃的热解失重与 $Mo(CO)_6$ 浓度的关系

反应条件：苯乙烯:醋酸乙烯酯 50:50(体积比)，80℃，5h

由此可以大致认为，当 $Mo(CO)_6$ 浓度较低时，活性中心数目少，可按均相聚合对待，即支链聚合度就随 $Mo(CO)_6$ 浓度的增加而降低，且可预料接枝产量正比于 $[Mo(CO)_5]^{1/2}$；在较高的 $Mo(CO)_6$ 浓度下，局部活性中心的数量增多，链终止机会增加，将生成大量短链。实验结果证实了这些推断。

利用过氧化物与无机基体中的 $Fe^{2+}$ 形成氧化还原体系进行接枝的技术也有报道。丙烯腈、丙烯酰胺、MMA 或醋酸乙烯酯等单体都可借助此法在经 $Fe^{2+}$ 处理过的高岭土或胶上接枝。接枝程度主要取决于单体浓度。

Tutaeva 等报道了丙烯酰胺、4-乙烯基吡啶、MMA 等烯类单体，在过硫酸盐的存在下

与含 $Co^{2+}$ 的无机材料如 $Al_2O_3$、硅胶、蒙脱石等的接枝。基体中 $Co^{2+}$ 可以通过其中的 $Na^+$、$Ca^{2+}$ 与 $Co^{2+}$ 交换获得。除去均聚物后，接枝增重可达 1.1% ~54.4%。他们还使一系列烯类单体与用 $Cr^{3+}$ 改性的铝硅酸盐、硅胶、高岭土等在 0.2% ~0.5% 的 $H_2O_2$ 或 $K_2S_2O_2$ 的存在下，单体/基体比为(1 ~10)/(1 ~3)时于 60℃下进行接枝。接枝的成败取决于基体对 $Cr^{3+}$ 的接受能力。通过控制工作液的 pH 值、基体的结构(包括比表面)及组成等，可以在一定程度上提高基体中的 $Cr^{3+}$ 含量。蒙脱石经 0.033mol/L $CrCl_3$ 水溶液在 pH =7.2 下处理 15min 后再在 10% 丙烯腈水溶液中(单体/基体比为 5:1 时)接枝便于工作可制得丙烯腈接枝产物。实验证明，丙烯腈与几种无机基体的接枝程度，按下列次序递减：

蒙脱石 > 硅胶 > 高岭土 > $Al_2O_3$

水溶性好的单体如丙烯酰也可和它们接枝，但接枝程度较低。

另外，四氢呋喃在炭黑表面的接枝反应是借助炭黑中—COCl 基团与 $Fe^{2+}$ 共同催化作用而实现的。

借助链转移反应的自由基引发接枝也有报道。日本学者以 $Bz_2O_2$ 引发了丙烯酸酯在碳纤维表面的接枝，观察到接枝速率随酯基中碳链增长而增长的现象。也有用 $Bz_2O_2$ 引发苯乙烯和山梨酸酯与钛白粉接枝的报道，这是使正钛酸四异丙酯在山梨酸作用下先部分酸解，再加入山梨酸酯，然后水解成改性氧化物，最后在 $Bz_2O_2$ 引发下与苯乙烯形成接枝的 $TiO_2$。

Akira 报道了在亚硫酸及非离子表面活性剂存在下烯类单体与无机材料的接枝，指出非离子表面活性剂的存在不可忽视。当 2000g 铁酸钡 - 水分散液(其中铁酸钡 400g)中加入 40gMMA，50g 1.25mol/L $H_2SO_3$，在 60℃保持 4h，然后加入 1g 非离子表面活性剂继续反应一段时间，可使 MMA 转化率由 65% 提高到 85%。如果是苯乙烯接枝，则转化率可由 20% 提高到 65%。实验发现，当上述混合体系的 pH 值先用 1.8mol/L 盐酸调节到 pH =3，然后再加亚硫酸，最终达 pH =0.7 时，则转化率可达 90.5%；反之，如不进行 pH 调节，在 $H_2SO_3$ 加入后，最终 pH =0.2 时，转化率仅 10.2%。

日本学者还报道某些铁氧体也可接枝。例如铁酸锰锌 400g 经剧烈搅拌分散在 3000g 水中，在 40g1.25mol/L $H_2SO_3$ 存在下与 30gMMA 在 50℃ 反应 3h 后以同量的水稀释，再以 0.2mol/L NaOH 调节 pH =3.6，然后在 120℃下保持 2h，接枝相对分子质量可达 90200。反之，若 pH 不作调节，接枝相对分子质量仅 8300。这个事实也表明，接枝相对分子质量可借助调节 pH 来改变。上述反应还可用于炭粉的接枝，$H_2SO_3$ 也可用 $SO_2$ 来替代。

此外，离子型反应亦可用来制备无机接枝共聚物。Vidal 等将硅石先用有机硅化合物 $ClSi(CH_3)_2CH_2\Phi - CH_2Cl$ 改性，然后在 $Et_2AlCl$ 作用下引发异丁烯与之接枝，形成硅石与异丁烯的接枝共聚物。当以氯乙烷为溶剂，在 Al/Cl 之比为 20 时，于 -50℃下反应半小时，接枝效率约为 50%。

另有报道，用正丁基锂可成功地引发苯乙烯与炭黑接枝，正丁基锂先引发苯乙烯聚合形成活性预聚物，继而与炭黑表面的羰基相反应而接枝。

日本学者曾使三乙氧基乙烯基硅烷与苯乙烯或甲基丙烯酸甲酯一起与不同的硅酸盐材料接枝，发现了一个有趣的现象：不论基体材料的种类和引发方式如何，三乙氧基乙烯基硅烷单体的反应程度与基体材料的比表面成正比，同时混合单体在反应产物中的组成与基体的种类无关。此外，如果使无机基体先与三乙氧基乙烯基硅烷反应，再与苯乙烯或 MMA 反应，则产物的组成与两单体共聚时所得产物的组成相似。据此可以认为，反应的方式可能是三乙氧基乙烯硅烷首先与硅酸盐基体表面的 Si—OH 基发生反应，然后所得产物表面上的烯基与单体苯乙烯或 MMA 在引发剂作用下再发生共聚反应，其中包括三乙氧基乙烯基硅烷参加共聚，最终形成接枝链。

### 6.1.3 辐射引发接枝

Negievich 报道了硅胶（牌号为 AerosilA－175）以特丁基过氧化氢改性后，再用紫外光引发丙烯腈、甲基丙烯甲酯、苯乙烯等进行气相接枝。经 1h 辐射后，接枝增重约为 25%，但苯乙烯接枝较少。这一引发过程可能是借助于无机基体表面上的 SiOOC—$(CH_3)_3$由光化断裂产生的 SiO · 自由基来实现的。

Litov 等采用吸附了醌的硅胶在紫外光引发下与丙烯腈接枝，发现接枝增重最多可达硅胶表面吸附的单体量，然而无醌存在时接枝量为零。

Negievich 还指出，在 350℃用二甲基二氯硅烷处理过 1h 的硅胶可通过紫外光引发与丙烯腈实现气相接枝。$Me_2SiCl_2$与硅胶表面 OH 基的反应已由光谱分析证实，单体在处理过的硅胶表面的吸附可由增重得到证明，接枝物的生成量（不是吸附量）可由煮沸的 DMF 萃取 3h 后产物的红外光谱中—CN 基的吸收变化来判断。引发过程可能是 Si—Cl 键在紫外光作用下形成 Si · 及 Cl · 自由基所致。

由大分子与无机基体形成接枝也有少量报道。例如 Tyulkin 等使 X－射线或紫外光辐照 $SO_2$与液状聚二乙基硅氧烷，发现吸附量随之增加。ESR 研究证明，辐照时表面有自由基生成，从而认为可能存在表面接枝的过程。

Pqpirer 等使 $SO_2$分散在含聚苯乙烯或丁苯共聚物的环己烷溶液中，发现在紫外光辐照下可以接枝。在辐照初期，聚苯乙烯相对分子质量由 20 万降至 14.5 万，然后接枝与未接枝大分子的相对分子质量基本恒定。较长时间的辐射则相对分子质量又有所增大。当然，不可能使所有聚合物都实现接枝，但是未接枝部分的大分子可以重新回收使用。

也有利用高能辐射来制备无机材料的接枝共聚物，但有些并不十分成功。例如有人使片状硅酸铝玻璃经 $KMnO_4$和重铬酸处理后与 MMA 蒸气进行同时辐射（用 $Co^{60}$的 $\gamma$－射线），结果表明，产物中很大部分是均聚物，真正接枝在玻璃上的聚合物很少。ESR 研究表明，接枝位置可能在基体无机物中的结构缺陷处。

其他学者报道了一系列 $SO_2$（硅胶、白炭黑、硅酸酐）、沸石或活性氧化铝与吸附在其上面的苯乙烯以 $\gamma$－射线辐照引发接枝。图 6－4 中给出了单体转化率与总辐照剂量的关系。不论基体的种类，各实验点基本上都在同一曲线上，对此目前尚无令人满意的解释。然而至少可以认为，单体由于受无机基体吸附力场的影响，使聚合较快，以致反应速率基本上不受基体种类的影响。

从反应产物中不可萃取的，即真正接枝的聚合物的增重来看，不同基体的接枝增重是不同的，如图 6－5 所示。但是接枝增重的最大值与基体比表面之间的关系，却大致表现为两条直线，如图 6－6 所示。显然，接枝增重不仅与比表面有关，同时也与基体的化学组成有关。硅胶、硅酸酐与白炭黑含纯 $SO_2$，而泡沸石与活性氧化铝均为铝含量高的一类材料。按此划分，可以认为该类无机材料比纯 $SO_2$更有利于接枝。

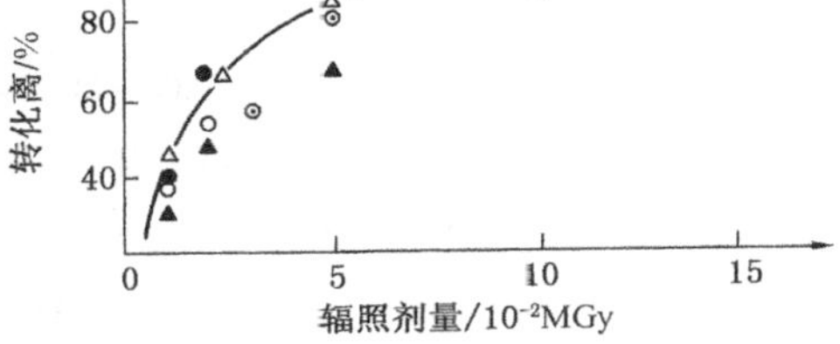


图 6－4 在无机材料上处于吸附态的单体聚合转化率和辐照剂量的关系

△—活化氧化铝；○—白炭黑；⊙—硅胶；●—泡沸石；▲—硅酸酐

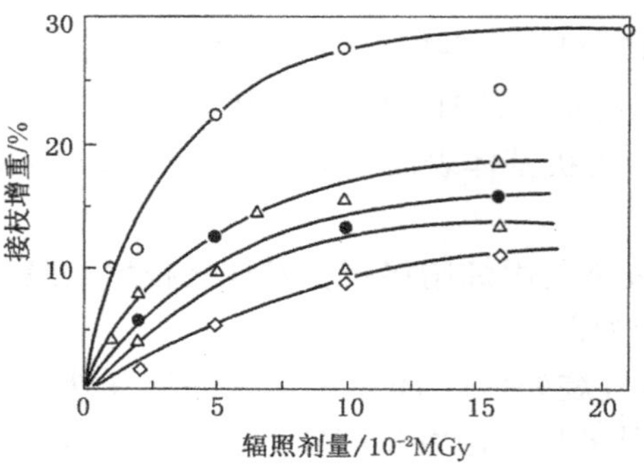


图 6-5　接枝增重与辐照剂量的关系

○—硅胶；●—活化氧化铝；◇—白炭黑；△—硅酸酐；▲—泡沸石

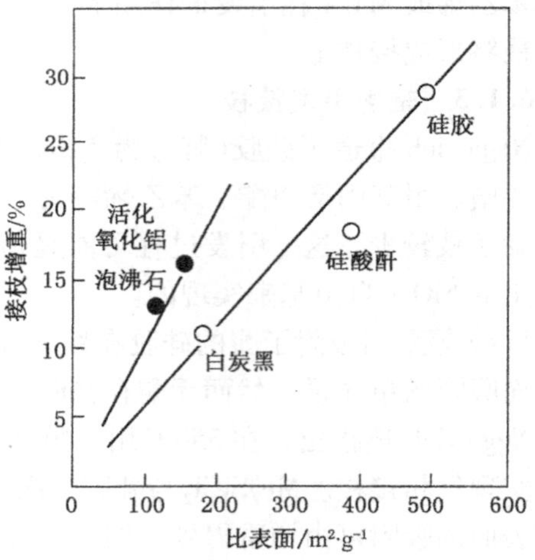


图 6-6　接枝增重与基体材料的比表面之间的关系

从硅胶与苯乙烯的预辐照接枝来看，在总辐照剂量为 0.02～0.16MGy 时，不可萃取的聚合物增重大致都在 10% 左右，这可归因于活性中心的失活很快，使体系中活性中心的浓度基本稳定，因而单体的总转化率也稳定在 70%～80%。与同时辐照法相比，预辐射法中未接枝的均聚物产量较大，而真正接枝的聚合物却较少。这个结论与另一学者的实验结果一致。但不论用何种方式接枝，由产物中未接枝及接枝的聚合物所形成的 GPC 谱图峰的位置和相对大小与基体的种类密切相关。这表明，影响接枝的因素很多，基体材料的粒径、孔径、硅醇基团及水的吸附量等都是重要的因素。

一些日本学者在研究了苯醌和氨对硅胶与苯乙烯接枝的影响后认为，这一体系中接枝及未接枝聚合中的高相对分子质量部分系按自由基机理聚合，而低相对分子质量部分则按阳离子机理聚合。这一论点随即被辐射剂量及反应温度的影响所证实。于是他们根据 γ-射线对硅胶的作用，认为存在下列主要的引发反应：

$$\text{SG(SG—OH)} \xrightarrow{\gamma} \text{SGO}\cdot + \text{H}\cdot$$

$$\text{SG} \xrightarrow{\gamma} \text{SG}^{+}\text{e}^{-}$$

在单体存在下，上述活性中心引发了单体聚合。如果以 Gr、Gi、Hr 和 Hi 分别表示接枝中自由基聚合、离子型聚合、未接枝的均聚物中自由聚合和离子和离子型聚合的组分，它们分别为：

Gr：

$$\text{SG—O}\cdot + \text{St} \longrightarrow \text{SG—O—St}\cdot$$

$$\text{SG—O—St}\cdot + \text{St}\cdots \longrightarrow \text{SG—O—St}\cdot\cdots\text{St}\cdot$$

$$\text{SG—O—St}\cdot\cdots\text{St}\cdot + \text{H}\cdot(\text{或 St}\cdot) \longrightarrow \text{SG—O—St}\cdots\text{St}$$

Hr：

$$\text{H}\cdot + \text{St} \longrightarrow \text{St}\cdot$$

$$\text{St}\cdot + \text{St}\cdots \longrightarrow \text{St}\cdots\text{St}\cdot$$

$$\text{St}\cdots\text{St}\cdot + \text{H}\cdot(\text{或 St}\cdot) \longrightarrow \text{St}\cdots\text{St}$$

Hi：

$$\text{SG}^{+} + \text{St} \longrightarrow \text{SG} + \text{St}^{+}$$

$$\text{St}^{+} + \text{St}\cdots \longrightarrow \text{St}\cdots\text{St}^{+}$$

$$St\cdots St^{+} + e^{-} \longrightarrow St\cdots St$$

Gi：
$$SG^{-} + St\cdots St^{+} \longrightarrow SG—St\cdots St$$

其中 St 表示苯乙烯，SG－表示硅胶离子。目前，SG 还未能证实其存在。由于 Gi 有相近的分子，因此认为 Gi 可能按上述机理形成。

进一步研究上述反应后发现，少量水可使接枝程度提高，然而氢的加入（＞1%）却降低接枝程度。这表明反应中包括自由基及阳离子两种机理。

有趣的是，上述学者在对 MMA 吸附在硅胶上的辐射引发接枝研究后发现，这一反应的机理与前述不同。通过考察反应温度特别是添加剂的影响后证实，加入作为阴离子聚合阻聚剂的丙酮使低相对分子质量峰明显变小，而具有阳离子聚合阻聚作用的吡啶却对各峰的大小均无影响。据此认为，该反应包括自由基及阴离子两种机理，其中接枝及未接枝聚合物的高相对分子质量部分按自由基机理聚合而成，而低相对分子质量部分则与阴离子聚合有关。他们还指出，当烯类单体于 25℃以 0.0105Gy/h 剂率的 γ－射线线引发接枝时，大部分接枝是按自由基机理进行的，但丙烯腈和 MMA 也存在部分阴离子聚合。丙烯腈及氯乙烯接枝时，3h 接枝增重可达 80%。

使高聚物与无机材料在辐照下引发接枝也是一种有效方法。例如，使硅胶吸附了聚苯乙烯后以 γ－射线辐照可得接枝增重达 14% 的接枝共聚物，其支链相对分子质量与起始聚苯乙烯相近。或者，使聚苯乙烯沉积或接枝在硅胶上，研究辐照对它的影响。发现当聚苯乙烯沉积在硅胶上后，辐照过程中可以出现两者的接枝，但已经接枝的聚苯乙烯经辐照后则出现高聚物的降解。降解作用可以因均聚物的存在而受抑，这一结论支持了下列论点：在辐射引发接枝的后期，随接枝量增加而相对分子质量下降的原因是由于辐照对聚合物引起二次效应所致。

Ito 等还报道了铝的电化氧化膜在浸渍苯乙烯后以 γ－射线辐照可以引发接枝。这种接枝能大大地提高氧化膜的憎水性。

### 6.1.4 力化学引发接枝

通过力化学方法来形成接枝共聚物可以采用下述两条途径：①无机材料与电力化学引发的大分子自由基相结合；②无机材料作为力引发剂引发单体与之接枝。

高聚物在力作用下降解时，可生成大分子自由基（分子链碎片）。当高聚物与无机粒子填料一起被塑炼时，所生成的大分子自由基可与无机材料作用，形成接枝或交联网络。例如橡胶与炭黑之间的作用就是这样的例子。聚乙烯与炭黑也有类似作用。在球磨及振动磨中使丁苯橡胶、丁腈橡胶或硅橡胶与温石棉共研磨时，橡胶可接枝在温石棉上。这种接枝共聚物对有机介质的亲和性显著提高，可在树脂基体中较好地分散。聚 2－甲基－5－乙烯基吡啶与无定形 $SO_2$ 和硅胶等的力化学接枝也有报道。

作为力引发剂的无机材料，有金属、盐类、氧化物等。当力作用在这些物质上时，生成断裂面，这些新生的断裂面上存在着不同的能引发聚合的活性中心。

Grohn 等指出，引发可能归因于被分散的物质内能增高，形成缺陷、位错、出现电子转移或电子云缺陷等。目前对这一力化学过程的研究还很不够。根据该过程不存在明显的后活化效应，可以认为它的引发接枝大概具有离子－自由基机理。

另一类力引发剂是无机盐类。KCl、NaCl、$CaF_2$、LiF 等在破碎过程中能释放电子，同时在表面上形成带电荷的缺陷。Heinicke 等曾认为，破碎时表面积的增大在活化表面的作用中并非重要因素，只有固体表面的电性质才是重要的，电缺陷一般是引发接枝的活性中心。

此后曾报道了苯乙烯单体在 KCl、LiF 和 $CaF_2$等固体破碎表面的接枝。就接枝程度而言，LiF 比 KCl 大一个数量级，$CaF_2$又比 LiF 大 1 倍。这个次序与这 3 种盐晶体内的键能差别有关。其他学者对上述反应的机理研究后认为，接枝共聚具有离子型引发机理，活性中心是在无机材料表面上的带电位置。同时也发现，介质的温度对接枝有很大影响，NaCl 晶体在密闭振动磨中经 60min 磨碎后，再在一定温度的氩氛中磨 30min，然后与单体接触形成接枝产物，发现湿度为 70% ~80% 时可得最大接枝产率。水分子的活化作用被认为是水分子吸附于带电表面，导致离解的结果，相反如在真空磨碎，就不能引发接枝，甚至磨后加热也无济于事。据称 LiF 晶体也有类似现象。

$SiO_2$、$Al_2O_3$、$Cr_2O_3$、$TiO_2$、$Fe_2O_3$和 MgO 等氧化物也可用作力引发剂。力活化作用在于新生表面出现自由基及离子。当金属被粉碎时，由于表面形成一层氧化膜，因而接枝主要由氧化膜起作用。有些学者认为，在水存在下，借助于力的作用，$SiO_2$与 MMA 可生成如下的嵌段结构：

$$\gt\text{Si}-\text{O}-\text{Si}\lt + n\text{MMA} \longrightarrow \gt\text{Si}-\text{O}-[\text{MMA}]_n-\text{Si}\lt$$

当然也有非嵌段结构的接枝物生成。

通常，在 $CH_3Cl$、$CCl_4$、$C_2H_5CH_2Cl$ 和醇等存在下破碎 $SiO_2$时，都将有力化学反应发生。此时所得的石英细粒具有较强的有机亲和性。

在无机材料 - 单体体系中，因无机材料的破碎而引起电子放射，这些电子被单体捕获后可生成阴离子自由基，引发聚合反应，这已经用加入苯醌阻聚剂的办法加以证实。如丙烯酰胺在 NaCl、$BaSO_4$机械粉碎下的聚合具有自由基机理，而丙烯腈在铁粉碎时的聚合似乎具有离子型机理。

Momose 等曾报道标准砂（含 $SiO_2$92.4%，$Al_2O_3$4.1%，粒度为 48 ~115 目）在粉碎过程中可与 MMA 或 MA 发生接枝反应，指出反应机理属自由基。实验证明有 1mg/g 砂的聚合物生成，所得砂粒的憎水性明显增强。然而将其浸泡在丙酮中 11 天以后，憎水性大为削弱。这表明，在该过程中生成的聚合物大部分已溶蚀，它们并未真正实现接枝。

## 6.2 无机材料接枝共聚物的结构

无机材料经接枝共聚后，接枝的高聚物通常是覆盖在无机材料基体的表面。Fukano 等考察了辐射引发聚合在无机基体表面的苯乙烯接枝物后发现，接枝后的无机粒子保持着原始无机粒子的外形，表明接枝高聚物均匀沉积在粒子表面。如果除去粒子内部无机材料，则有机高聚物作为粒子的复型外壳可从粒子上分离下来。这种分离下来的聚合物壳能溶于苯中，且无凝胶出现。这又表明，聚合物在辐射条件下未发生交联反应。Bridger 等用电子显微镜考察过硅胶与阴离子活性的聚苯乙烯进行偶合接枝所得的产物，也认为粒子表面均匀地覆盖着聚合物。

无机粒子表面接枝时有时也能生成不均匀的覆盖。Hamann 等报道了苯乙烯或乙烯基吡啶在巯萘基偶氮酚的存在下与硅胶的接枝，发现接枝的聚苯乙烯和聚乙烯基吡啶具有部分收缩、部分互相穿透且形变了的椭球结构，其截面积比溶液中缠结的椭球线团小。由丁基锂引发的苯乙烯或乙烯基吡啶与氯化硅胶的接枝产物中也有类似结构。与此相仿，在电镜中考察 LiF、NaCl 或玻璃在粉碎后与苯乙烯接枝的产物，也发现有聚苯乙烯的半球型珠滴出现在粒子表面上。

此外，无机粒子作为多官能度材料，在接枝过程中足以形成交联结构。炭黑填充的橡胶经塑炼后就具有这种结构。

一些日本学者研究了经 γ－甲基丙烯酰氧丙基三甲氧基硅烷处理的高岭土与苯乙烯接枝，发现接枝产物苯中仅出现溶胀，而不溶解，认为是黏土交联三维结构所致。

Bridger 等研究过 $SiO_2$ 与阴离子活性聚苯乙烯偶合接枝的产物，分析了 $SiO_2$ 单位面积上的聚苯乙烯，计算出每个分子所对应的覆盖面积，并与从苯溶液中相同相对分子质量的聚苯乙烯无规线团的均方回转半径所应有的投影面积加以比较，发现接枝聚苯乙烯大分子的覆盖面积较小。据此，认为大分子在接枝状态中比其相应的无规线团较为伸展，其长轴方向垂直于无机粒子表面。这样的分构象，在 $SiO_2$ 与聚环氧乙烷接枝（借助于异氰酸酯端基）的产物中也被证明了存在的可能性。

## 6.3 无机材料接枝共聚物的性能与应用

无机材料的接枝通常发生在表面，因而接枝对表面性质的改变具有重要作用。对比表面为 $50m^2/g$、孔径为 50nm 的大孔 Silochrome 粒子进行辐射下的丙烯腈接枝时，发现比表面随接枝增重的增加而减小，因而极性物质气体在该填料柱子所构成的色谱中的保留时间大为降低。这样的填料柱不仅对有机酸、醇、酯和醛的混合物可给出色谱峰，甚至水的保留峰也可以给出。日本学者也报道了用苯乙烯与硅胶进行 γ－辐射接枝改性后可提高对有机物的分离效率。

无机材料表面的物理吸附与接枝共聚是完全不同的。Polushkin 等考察过高岭土表面吸附聚丙烯酸和辐射接枝了上述聚合物的高岭土。他们以电位滴定法分析了两者，结果表明，在中和过程中，吸附的大分子经历了解吸及再吸附的重排过程。接枝聚合物则不然，虽然随接枝程度的提高，大分子的活动性增加，然而由于是化学接枝，因而不可能在高岭土粒子表面上出现重排。

无机粒子通过表面接枝，可以改变其周围介质的亲和力。对于 $SiO_2$，用亲水性高聚物聚环氧乙烷接枝后，就能在水相中实现较长时间的稳定分散。反之，若用憎水性高聚物聚苯乙烯接枝，则在有机相（包括烷烃、芳烃等溶剂）中，可保持长时间的稳定分散。

无机材料接枝共聚物的应用前景应当是良好的。由于多孔无机粒子通过接枝改变了表面性能，可以获得多方面的应用，色谱柱填充料接枝后明显提高其分离效率就是其中一例。又如大量的无机材料用作塑料填料，填料接枝后可以改善它与塑料的相互亲和性。

Schreiber 等通过等离子表面处理使苯乙烯与云母接枝。这种改性云母用作聚苯乙烯的填充料，可以提高拉伸及冲击性能。如果让云母先后通过苯乙烯及乙烯蒸气使之接枝，那么这样的云母填充料可以使本来互不相容的聚乙烯－聚苯乙烯共混物改善其性能，显然这种改性云母起了偶联剂和助溶剂的作用。

Pabitra 等报道了以苯乙烯、甲基丙烯酸丁酯、甲基丙烯酸十二酯和硬脂酸乙烯酯等与炭黑接枝后，能大大改善炭黑与 PVC 的相容性，而且使熔体流动性也有所提高。由于分散性的改进，使炭黑填充的 PVC 提高了它的导电性能。

固体润滑剂也可借助于接枝的方法来改性。Brendle 报道了细粉碎的二硫化钼、石墨与苯乙烯、甲基丙烯酸甲酯、异丁基乙烯基醚接枝后，产物在干态时的成膜性、粘合性及摩擦系数等均有改善，其中 $MoS_2$ 更为明显。

已经有人试图由乙烯类单体与煤进行接枝共聚后研究出煤液化的新方式。单体与煤接枝后，煤的分子结构发生了改变，能较易转化成为液化状态。

利用接枝技术有可能获得某些功能化无机材料。苏联学者曾制得2－甲基－5－乙烯基吡啶接枝的硅胶，发现它在静态时对碘的交换能力与接枝程度有线性依赖性。这种接枝增重为15%的材料10h内可达到最大交换能力，而普通阴离子交换树脂则需50h，且前者15min内可解吸70%的碘，而后者6h才解吸61%。

# 第七章　嵌段共聚概述

嵌段共聚物是通过共价键，将两种或两种以上不同组成和性质的聚合物链段连接在一起的，由于不同种聚合物的不相容性，必然要发生微观上的相分离，并由此而赋予共聚物以特殊的性质和功能。大家最熟知的实例为热塑性弹性体 SBS、SIS 等嵌聚共聚物的合成与应用。

到目前为止，合成嵌段共聚物的最有效、最简便的方法为活性聚合法。第一个嵌段共聚物是 Szwarc 于 1956 年合成的苯乙烯与异戊二烯的三嵌段共聚物。之后，多种多样的嵌段共聚物被相继开发出来，但其中最为典型、品种最多的为热塑性弹性体及一端亲水、一端亲油的嵌段共聚物表面活性剂的开发。

嵌段共聚物是由化学上不相同，而以末端相连的链段所组成的大分子。它们可以有不同的链段序列排列，可以从仅含两个链段的 A－B 结构、含有三个链段的 A－B－A 嵌段共聚物，直至含许多链段的多嵌段$\left(A-B\right)_n$体系，示意如下：

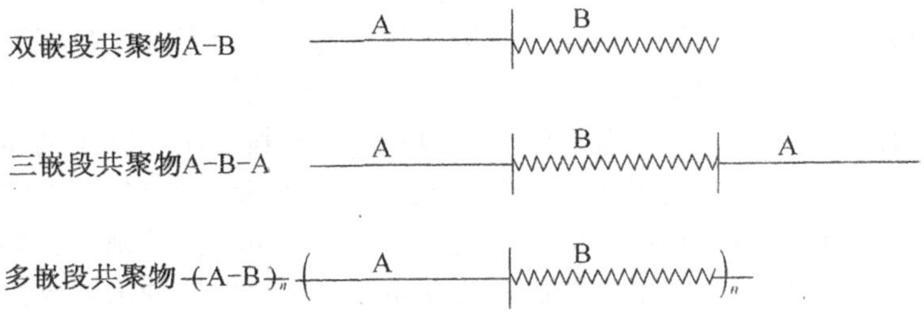


显然，欲制备上述结构清楚的嵌段共聚物，必须借助于完善的合成技术：① 对引发中心和增长中心有正确的了解和控制；② 低杂质水平；③ 用低浓度溶液聚合方法；④ 需要分别合成具有已知官能度的反应性聚合物中间体。这些要求，会使生产嵌段共聚物比生产其他杂交型聚合物成本要高一些。逐步生长聚合、阴离子聚合、阳离子聚合以及活性自由基聚合方法，均已在不同程度上成功地用于制备嵌段共聚物。

合成嵌段共聚物最好的方法是基于顺序加料阴离子聚合法、原子转移自由基聚合法、开环聚合技术和(或)逐步生长聚合。这些方法可控制嵌段的完整性和序列结构，而这些对嵌段共聚物所能达到的强度性能有着重要的影响。虽然，制备嵌段共聚物比制备无规共聚物困难很多，但它们却不像后者，要受到共聚单体竞聚力的限制。此外还能同时用不同的聚合方法来合成嵌段共聚物的各个链段。

嵌段共聚物和接枝共聚物的基本区别，在于链段间键的数目是一、两个还是许多个。正是由于这一差别，使自由基聚合技术用于接枝共聚，比用于嵌段共聚更为适宜，由于聚合物主链上存在着许多潜在的接枝位置，所以，至少能在生成大量均聚物的同时，生成一定数量的接枝的几率比较高。相反，在嵌段体系中，若用自由基技术制备，则由于聚合过程的非选择性，形成嵌段共聚物结构的几率较低。离子型合成方法和活性自由基聚合对接枝和嵌段共聚合均适用，但是逐步生长技术却不能得到热塑性接枝共聚物，因为多功能团反应会导致交联体系。逐步生长技术却很适用于合成嵌段共聚物，而且能借此合成广谱的高性能结构。

要准确地表征接枝共聚物的结构，明显地还存在另外的障碍，这有几个方面的理由，使这些大分子比嵌段共聚物更复杂。首先，在嵌段共聚物中，嵌段的数目，肯定可以从所采用的合成方法推算，而在接枝共聚物中就较少可能性。这是由于主链的多功能团性质，以及参加接枝反应的功能度的效率不定的缘故。同样的理由，接枝链的长度和其多分散性也不容易估计。而更为复杂且重要的是，不能测知主链上接枝链联结点之间的间距。这个参数在嵌段共聚物中是较易知道的。按定义，A－B 和 A－B－A 嵌段共聚物分别有一个或两个联结点，在$\text{+}A-B\text{+}_n$嵌段共聚物中，链段间的距离可从嵌段的相对分子质量推算出来。

嵌段共聚物和接枝共聚物的许多基本特征是相似的。这是由于他们有一个共有的重要特点，那就是在链段间存在着化学键。从最简单的观点来讲，嵌段和接枝共聚物在某些方面相似于不相容物理共混物，在另一些方面又相似于均相的无规共聚物。这一体系通常具有两相形态结构，但是，只在微观尺度范围内分为两相。和不相容物理共混物不同，后者是宏观尺度分相。这是由于在嵌段和接枝共聚物体系中，链段间化学键的影响，限制了相分离的程度。微相结构的小的微区和相间优良的黏附性，使之兼具高度的透明性和良好的力学性能。这一行为则有点像均相共聚物，而不像典型的聚合物共混物。许多其他性能，如透明性、抗化学性，则都取决于哪一个链段是连续相。

嵌段和接枝共聚物的热性能和物理共混物相似，显示出多重热转变，例如多重玻璃化转变点和(或)表示每个成分特征的结晶熔点。相反，均相无规共聚物则显示单一的、随组成而变化的玻璃化转变温度。此外，在嵌段或接枝共聚物中，由于存在长序列而有可能产生结晶性，而在无规共聚物中，则由于链段规整性被破坏，而使结晶性减少，甚至消失。

由于嵌段和接枝共聚物中存在着长链段，因此这些材料可用作乳化剂和表面活性剂。均聚物的共混物在溶液中或固态时的不相容性，会因加入少量各自的嵌段或接枝共聚物而降低。此外，嵌段或接枝共聚物和各自的均聚物之一共混，可使“外来”链段细微地分散于均聚物的基块中。这后一特征已用于制造重要的商品聚合物，如抗冲击的改性塑性塑料。

以上讨论，指出了两相嵌段共聚物和接枝共聚物之间的相似性，以及它们和物理共混物、无规共聚物之间的差别。很重要的是要认识到，为了达到这种两相体系所固有的力学性能，高度控制结构和结构完整性是必要的。就在这一点上，嵌段共聚物比接枝共聚物明显地具有优越性。因为嵌段共聚物的合成技术有较大的可靠性和预见性，因此能更正确地达到所要求的结构。其结果是能够更好地控制诸如结构序列、链段长度和间距、多分散性等重要参数，以及控制均聚物或不希望的共聚物结构的污染。这些因素使嵌段共聚物比接枝共聚物有较完善的结构形态，由此，反映出有较优良的物理性能。

热塑性弹性体行为的概念是嵌段共聚物技术的一个重要进展，这类嵌段共聚物体系的特征是不需要化学交联就可具有橡胶的行为。这一特点使此类材料可采用方便的热塑性塑料加工技术。至于获得这种独特行为的关键，是在于其网络结构是通过物理方法而不是化学方法达到的，是得自很好控制的由硬链段和软链段所组成 A－B－A 或$\text{+}A-B\text{+}_n$形态结构。原则上，接枝共聚物也能具有热塑性弹性体的行为，但实际上，至今获得有限的成就。这无疑是由于接枝共聚物难于达到高度的链段序列结构，以及链结构难于控制之故。

## 7.1 基本原理

嵌段共聚可以看成是接枝共聚的特例，其接枝点位于聚合物主链的两端。嵌段共聚物指的是聚合物主链上至少具有两种以上单体聚合而成的以末端相连的长序列(链段)组合成的共聚物。

嵌段共聚的链段序列结构有三种基本形式：

① $A_m-B_n$嵌段聚合物；

② $A_m-B_n-A_m$或$A_m-B_n-C_m$三嵌段聚合物；

③ $\leftarrow A_m-B_n \rightarrow_n$多嵌段聚合物。

此外，还有较不常见的放射型嵌段共聚物，它是由三个或多个二嵌链段从中心向外放射所形成的星状大分子结构。

嵌段共聚物大多混有少量的均聚物，因此其表征要比均聚物或聚合物共混物困难，但准确确定嵌段共聚物的序列结构、数目比接枝共聚物要容易。

常见的嵌段共聚物如表7-1所示。

**表7-1 常见嵌段共聚物**

| 嵌段共聚物类型 | 种类 | 举例 |
|---|---|---|
| $A_m-B_n$型 | 聚苯乙烯嵌段共聚物 | 苯乙烯-丁二烯，苯乙烯-异戊二烯，苯乙烯-芳烯烃 |
| | 聚丙烯酸类和聚乙烯吡啶嵌段共聚物 | 丙烯酸类，乙烯吡啶 |
| | α-聚烯烃嵌段共聚物 | 乙烯-丙烯，其他α-烯烃 |
| | 杂原子嵌段共聚物 | 醚-醚，醚-烯烃，内酯类，<br>硫醚类，酰胺类与亚胺类，硅氧烷 |
| $A_m-B_n-A_m$型 | 碳氢链嵌段共聚物 | 苯乙烯-二烯类，星状苯乙烯-二烯类<br>改性苯乙烯-二烯类，其他芳烯烃-二烯类<br>二烯-二烯类，苯乙烯-芳烯烃类 |
| | 聚丙烯酸类和聚乙烯吡啶嵌段共聚物 | 丙烯酸类，乙烯吡啶 |
| | 杂链$A_m-B_n-A_m$嵌段共聚物 | 醚-醚，醚-烯烃，酯类<br>硫醚类，酰胺类，硅氧烷类 |
| $\leftarrow A_m-B_n \rightarrow_n$型 | 醚-醚 | |
| | 醚-烯烃 | |
| | 醚-酯 | 对苯二甲酸烷烃酯类，对苯二甲酸芳烃酯类<br>其他酯类 |
| | 酯-酯 | |
| | 酯-烯烃 | |
| | 碳酸酯类 | 碳酸酯-碳酸酯，碳酸酯-聚砜<br>碳酸酯-醚，碳酸酯-酯<br>碳酸酯-苯乙烯，碳酸酯-亚胺酯 |
| | 酰胺类 | 酰胺-酰胺，酰胺-醚<br>酰胺-酯，酰胺-烯烃<br>其他各种酰胺或酰亚胺 |
| | 亚胺酯类 | 聚氨酯纤维 |
| | 聚硅氧烷 | 硅氧烷-硅氧烷，硅氧烷-硅芳烃硅氧烷<br>硅氧烷-烷醚，硅氧烷-芳醚<br>硅氧烷-烯烃，硅氧烷-酯 |
| | 交联环氧树脂体系 | |

## 7.2 嵌段共聚物制备方法

制备嵌段共聚物最常用的方法有两种：活性加成聚合及缩聚合［又称逐步生长（Step-growth）聚合］方法：

① 加成聚合法

$$* \sim\sim\sim * + nB \longrightarrow \sim\sim\sim BBB \sim\sim\sim BBB \sim\sim\sim$$

带有活性端基的聚合物 A　　单体

② 缩聚法

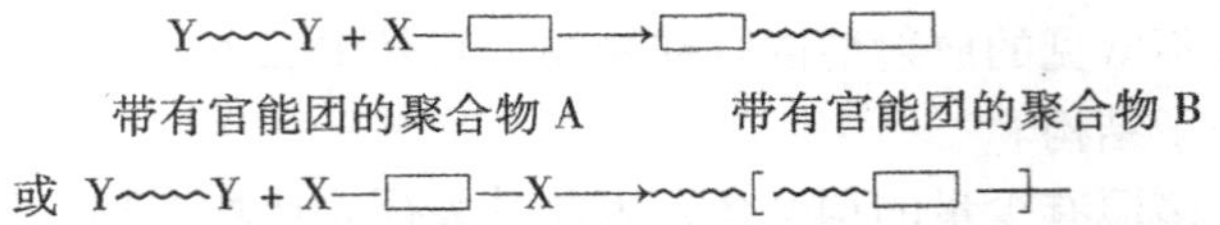


以上两种方法具备制备嵌段共聚物的三个特点：① 活性位置和浓度已知；② 受均聚物污染程度最小；③ 链段的长度和排列位置要易控制。活性加成聚合法可以得到三种嵌段共聚物结构：$A_m-B_n$型、$A_m-B_n-A_m$型及$\text{+}A_m-B_n\text{+}_n$型，而缩聚法只能得到$\text{+}A_m-B_n\text{+}_n$型嵌段共聚物。活性加成聚合比缩聚体系更容易获得长嵌段和窄相对分子质量分布。其原因是在缩聚体系中高相对分子质量齐聚物末端基团浓度太低、相对分子质量呈高斯分布、对杂质的敏感度比活性加成聚合方法小等。

$A_m-B_n$和$A_m-B_n-A_m$序列结构主要通过阴离子活性聚合制备，$\text{+}A_m-B_n\text{+}_n$结构则通过缩聚法制备。下面将分别介绍常用的嵌段聚合物制备方法。

### 7.2.1　加成聚合法

加成聚合法也称为顺序加料活性聚合。从理论上讲，加成聚合法不但可用于烯类聚合，也可用于开环聚合。

#### 7.2.1.1　活性阴离子聚合

活性阴离子聚合是制备结构清楚的嵌段共聚物的最重要的方法，它是在形成单体 A 的活性聚合物之后，该大分子阴离子若能继续定量地引发单体 B 则将形成链段分布均匀的$A_m-B_n$二嵌段共聚物：

$$R^{\ominus} + nA \longrightarrow R\sim\sim\sim AAA^{\ominus} \xrightarrow{mB} R\sim\sim\sim(AAA)BBB\sim\sim^{\ominus}$$

若采用双官能团化合物去终止上述反应，则可得三嵌段物。

$$R\sim\sim\sim AAAA—BBBB\sim\sim^{\ominus}Li^{\oplus} + (CH_3)_2SiCl_2$$

$$\rightarrow RAAA\cdots BBB\cdots AAAR$$

以上三嵌段物同样也可以先合成 B 单体的双负离子活性聚合物，再和单体 A 反应制备：

$$^{\ominus}\sim\sim BBBBB\sim\sim^{\ominus} + 2nA \longrightarrow AAA\sim\sim BBBBB\sim\sim\sim AAAA$$

阴离子活性聚合制备结构清楚的嵌段物，首先要求单体必须是阴离子可聚合的，其次活性阴离子必须有足够的亲核性去迅速攻击单体而不产生副反应。阴离子可聚合单体按其亲电性的增加有下列顺序：

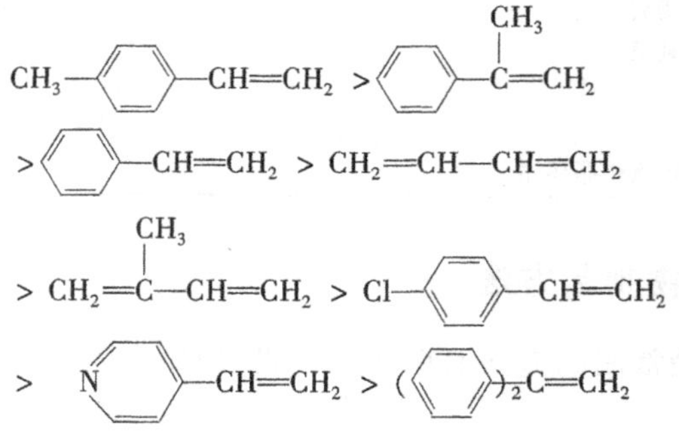

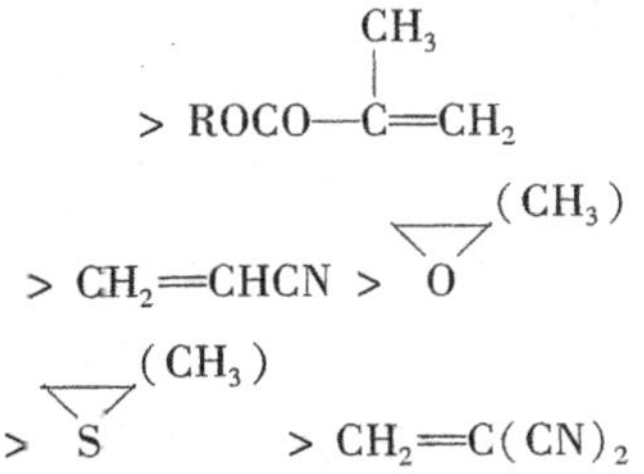


亲电性愈强的单体，其相应的负离子亲核性愈弱，因此对一已知单体的碳离子原则上能够引发在其下面的单体聚合，反之则不行。为了避免两种嵌段单体的亲电、亲核活性太悬殊而导致副反应，可以通过对 1,1 - 二苯基乙烯(DPE)的中间体加成以降低碳负离子的亲核性。由于 DPE 不能均聚，只能形成单个的二苯基碳负离子终端，然而它们具有足够的活性引发亲电性较大的单体，例如：

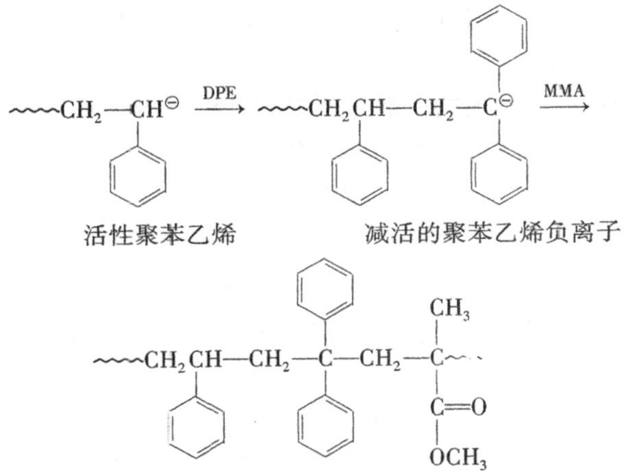


利用负离子的活性差异也可以合成三嵌段共聚物，例如要合成聚苯乙烯 - 丁二烯 - 聚苯乙烯(SBS)嵌段物，可首先让 S 用烷基锂做催化剂合成聚苯乙烯单活性负离子，然后再加入计算量的苯乙烯和丁二烯混合单体。由于丁二烯对负离子的加成活性大于苯乙烯，则首先与丁二烯加成聚合直到丁二烯单体消耗殆尽，再继续与苯乙烯加成，最终获得 SBS 三嵌段聚合物。SBS 是一种热塑性弹性体，它既具有橡胶的性能，又可以进行热塑性加工成型。

7.2.1.2　活性阳离子加成聚合

从理论上讲，活性正离子聚合可以预期得到正离子聚合单体的嵌段共聚物，或者通过引发 - 转移剂(Inifer)技术制备嵌段物，但实际上成功的例子并不多，且结构较复杂。一个成功的例子是活性聚苯乙烯负离子与活性聚四氢呋喃正离子进行交替终止而得到如下嵌段共聚物。

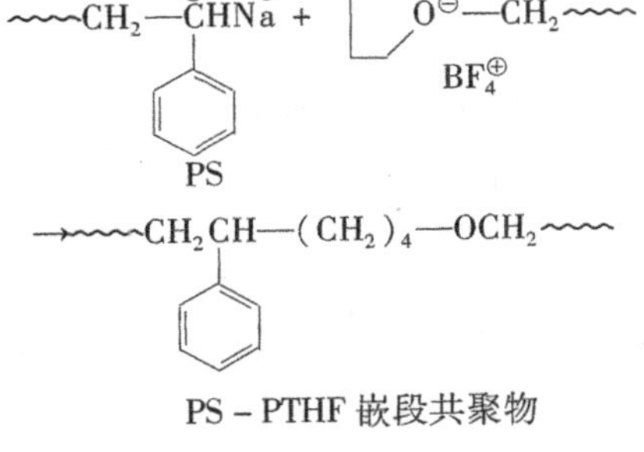


PS - PTHF 嵌段共聚物

另一种方法是通过活性中心的转换技术，例如：

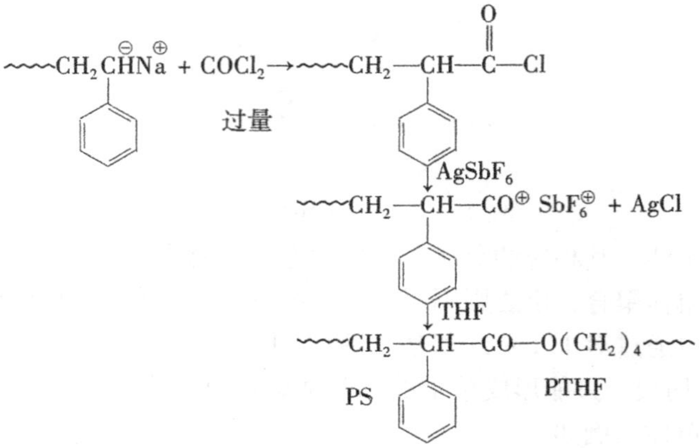


通过以上两种方法，可以得到用一种相同的活性中心不能得到的嵌段共聚物。

7.2.1.3 自由基加聚

用自由基反应合成嵌段共聚物一般是不太合适的，因为通常得不到结构清楚的嵌段物，只有少数的成功例子，如用双官能团的引发剂：

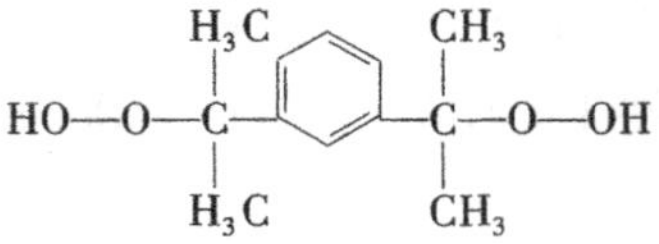

首先将单体 A 在温和条件下与双官能团引发剂反应，得到含有过氧化氢端基的聚合物 A：

$$\sim\sim AAAAA—R—O—OH + Fe^{2+} \rightarrow Fe^{3+} + OH^{-}$$

$$+ \sim\sim AAAAA—R—O\cdot + B \rightarrow \sim\sim AAAA—R—BBBB\sim\sim$$

再在还原剂和单体 B 存在下得到 A－B 型嵌段共聚物，或者可以利用链转移反应，如在带有叔胺端基的聚合物 A 存在下使单体 B 聚合，若叔胺端基对自由基 B 的转移常数足够大，则可以得到 A－B 嵌段共聚物。

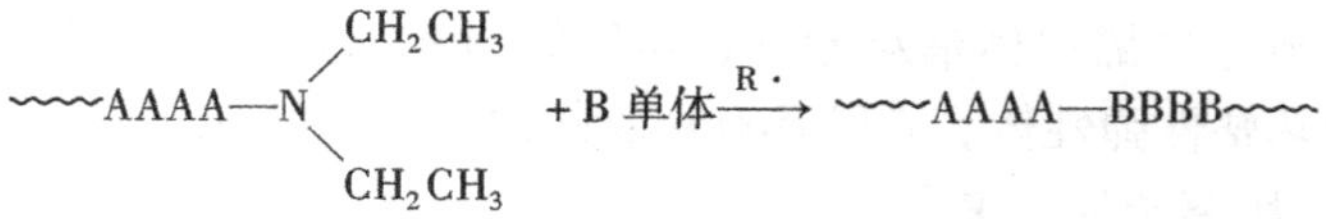


### 7.2.2 缩聚法

具有末端官能团的低聚体可用来制备各种各样的嵌段共聚物。低聚物可以用逐步生长反应、合适的加成或开环聚合反应来制备。在缩合反应中自然生成末端基团，这些低聚体的端基就是所用的过量单体的端基，如下式所示末端为羟基的聚砜即是一个例子。在开环或加成聚合的情况下使末端带有一定的官能团。

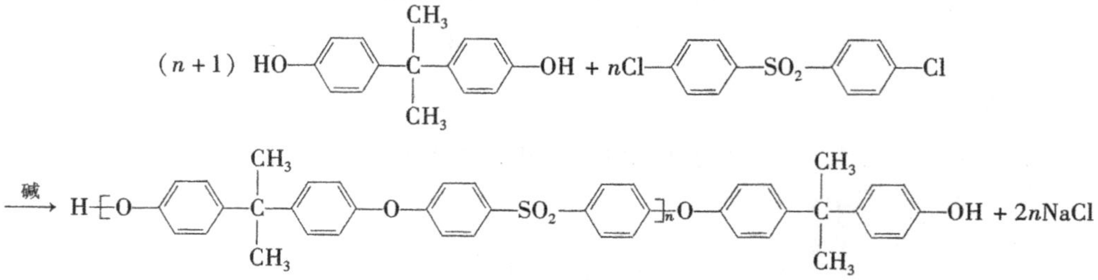

如下式中聚己内酯和聚苯乙烯是用这个方法合成这类低聚体的例子。此外该方法也可用于制备聚酰胺、聚碳酸酯、聚氨酯、聚硅氧烷、聚烷醚和聚芳酯低聚体。末端官能团除了羟基以外，还有胺基、异氰酸酯基、酰卤、氯硅烷基，甚至负离子。唯一的条件是：要有一个高效的反应基团。

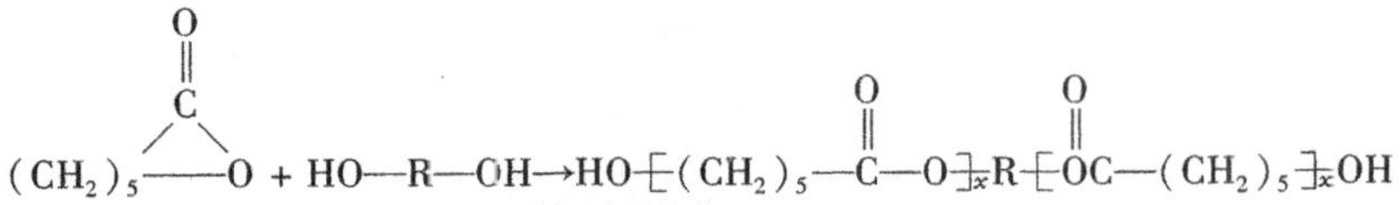

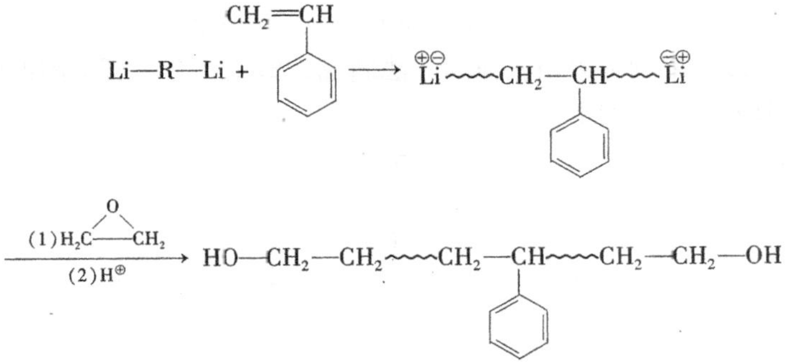

上述具有末端官能团的低聚体，在生成—A—B—嵌段共聚物时，可以是完全交替链段或者是按统计规律排列的链段。当使用带有相互进行反应的两种末端官能团的低聚体时，则可得到完全交替排列的链段。按照定义，这样的低聚体仅能进行相互反应，而不能自身反应(如下式)。

X~~~~Y + Y—Y→(~~~~/—)$_n$ + XY

一般合成技术，可以聚砜－聚(二甲基硅氧烷)嵌段共聚物的合成为代表。末端为二甲基胺的硅氧烷与带有羟基末端的聚砜按照下式进行反应。

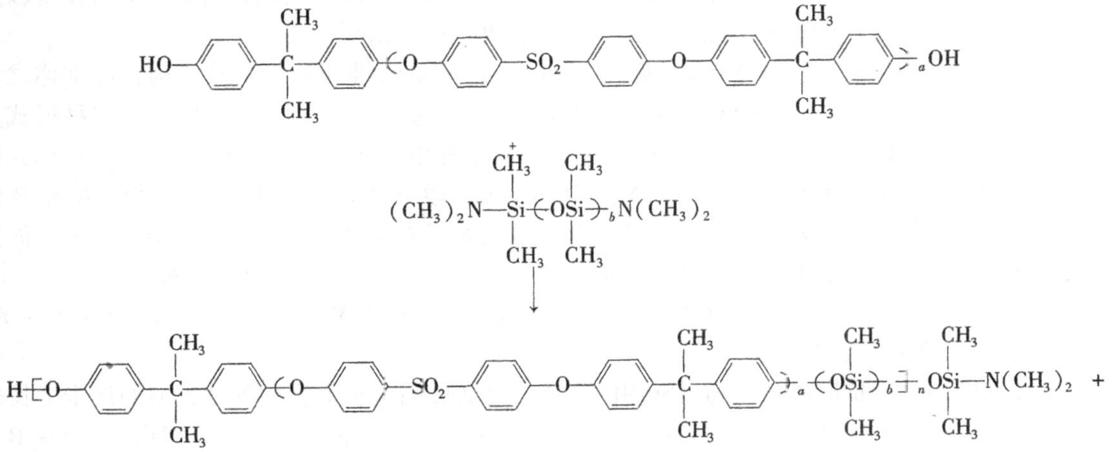

$(CH_3)_2NH$

除通过具有末端官能团低聚体偶联成嵌段共聚物外，嵌段共聚物也可能自身偶合来改变它们的序列结构。例如：$A_m-B_n$和$A_m-B_n-A_m$结构可以分别偶合成$A_m-B_n-A_m$或$\leftarrow A_m-B_n \rightarrow_x$体系。这种方法能用于比较稳定的“末端基团”，例如：碳阴离子、硅氧烷根和硫醇根，以及种种偶联剂，如：光气、二卤代烷和二卤硅烷。聚苯乙烯－聚丁二烯的线型偶联，即是一个例子(如下式)。

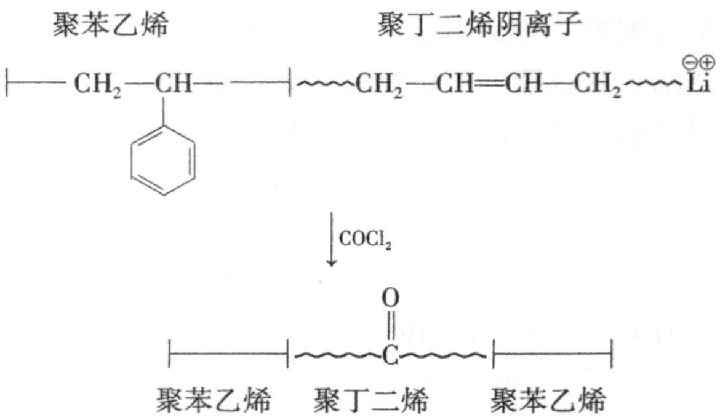


所谓的星形嵌段共聚物可以用相似的方法制成，即用一个多官能团偶联剂，例如：用四氯化硅来产生星形的结构，如下式所示。

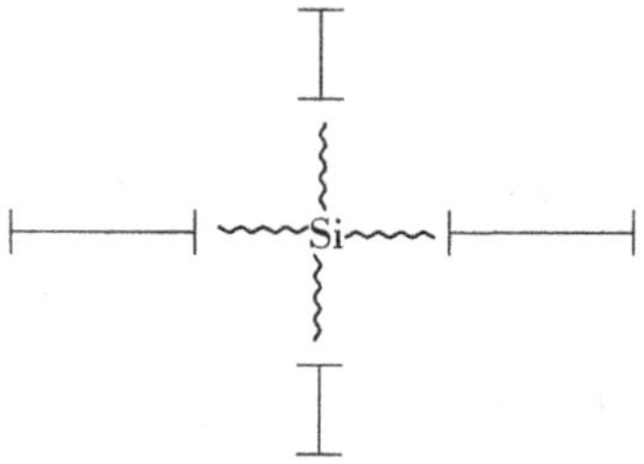


## 7.3 嵌段共聚物的链段序列结构

嵌段共聚物是一类不同于无规共聚物或接枝共聚物的材料。在嵌段共聚物学科领域中，链段序列结构是描绘各组分链段的排列方式的，它可有几种不同的变化形式。至于嵌段共聚物链段序列结构的重要性，怎么强调也不会过分，在制备某个具有特定结构的嵌段共聚物时，必须首先考虑它，以便选用相应的合成技术。并且，链段序列结构对某一对特定链段所组成的嵌段共聚物所能达到的固有性能，还起着决定性的重要作用。

链段序列结构有三种基本形式(见图 7 – 1)。最简单的排列是二嵌段结构，通常称之为 A – B 嵌段共聚物，它由一个 A 重复单元链段和一个 B 重复单元链段所组成。第二种形式是三嵌段，即 A – B – A 嵌段共聚物结构，由一个 B 重复单元链段，连接在两个 A 重复单元链段之间而组成。第三种基本形式为$\left(A_m - B_n\right)_x$ 多嵌段共聚物。它由多个交替的 A 和 B 链段所组成。此外，还有较不常见的一种类型，是放射型嵌段共聚物，它由三个或多个二嵌段链段从其中心向外放射形成星状分子结构。图 7 – 2 是两种这类结构的示意图。

按上述链段序列结构的分类，本部分将把嵌段共聚物划分为 A – B，A – B – A，$\left(A - B\right)_n$三种主要形式。

如前所述，制备嵌段共聚物最常用的方法，是活性阴离子聚合和各种类型的逐步生长聚合方法，A – B 和 A – B – A 序列结构主要是通过活性阴离子聚合法制备。相反，$\left(A - B\right)_n$结构则常通过逐步聚合方法来制备。由于由化学计量控制反应的统计性，不能用逐步聚合法合成 A – B 和 A – B – A 结构；另一方面，活性聚合法也不便于用来制备结构清楚的$\left(A - B\right)_n$结构。这是由于在重复地顺序加入单体的循环过程中，偶然产生的杂质引起早期链终止概率高的原因。

活性阴离子聚合法可制备具有预定相对分子质量和相对分子质量分布窄的嵌段，也能得到长的嵌段。这是因为嵌段的相对分子质量仅仅是由单体对引发剂的比率所控制。相反，欲通过逐步生长过程获得这些特性却不容易。但是后者具有可广泛选择化学结构的优点，而在这些结构中，有许多可用以制备具有高级优良性能的材料。

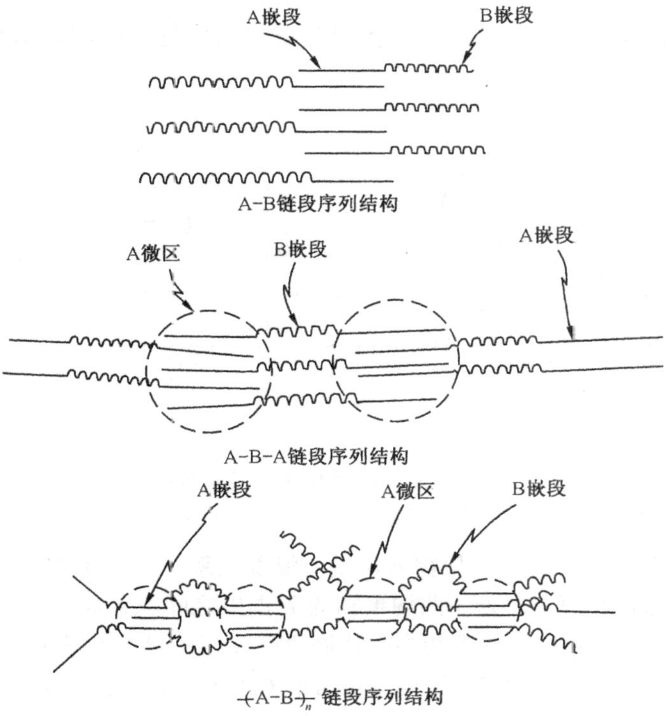


图 7 - 1　各种嵌段共聚物的链段序列结构示意图

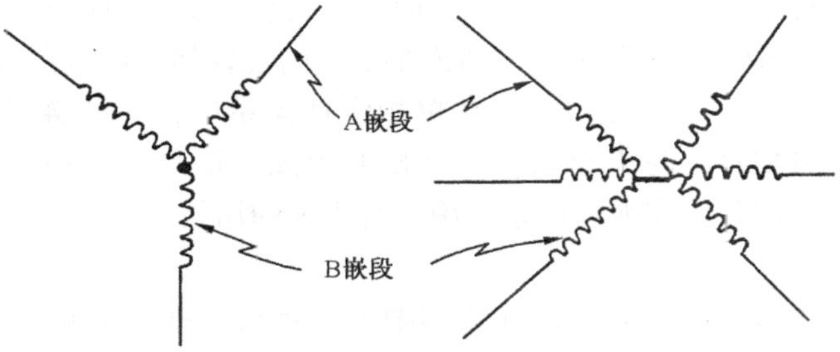


图 7 - 2　放射状嵌段共聚物的链段序列结构

## 7.4　嵌段共聚物性能与应用

链段序列结构对嵌段共聚物的弹性行为、熔体流变性和刚性材料的韧性等有很大的影响。而热转变性能、耐化学性、稳定性、电性能及透过性等仅与链段的化学性质有关，与链段的序列结构基本无关。

嵌段共聚物在微观尺度范围内分为两相，呈微相分离结构，这种微区(10～100nm)与那些能观察到的不相容聚合物混合物的区域(大于$10^3$nm)相比小很多，使其表现出超分子结构行为。嵌段共聚物的合成和表征等都比较困难，但是鉴于其所表现出来的特殊性能，尤其是微相分离结构所表现的特殊性能，使嵌段共聚物在弹性体等领域有很大的用途。嵌段共聚在聚合物化学改性或聚合改性中占有重要的地位。

### 7.4.1 嵌段共聚物的性能

(1) 热性能

嵌段共聚物的模量－温度关系，与无规共聚物的模量－温度关系有本质的不同，如图7－3所示。

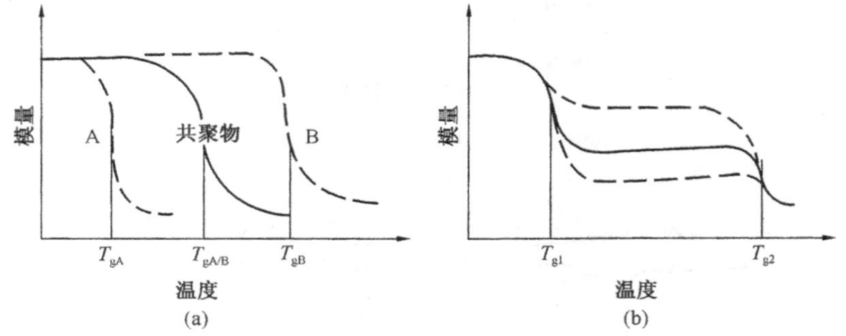


图7－3 共聚物模量与温度的关系

(a)典型的无定形无规共聚物模量－温度关系；(b)两相嵌段共聚物模量－温度关系

从单体A和B得到的无规共聚物的模量－温度关系介乎均聚物A和均聚物B之间。同时只有一个玻璃化温度($T_g$)，处于两均聚物的$T_g$温度之间。无规共聚物的$T_g$与A和B两单体的质量分数有关。单相嵌段共聚物中的两嵌段高度相容时，模量－温度关系与无规共聚物相似。但是，两相嵌段共聚物保持了两种嵌段固有的性质，所以明显有两个玻璃化温度。在两个$T_g$数值之间，有一个模量平台部分。这平台的平坦程度取决于相分离的程度。相分离越完善则模量对温度的敏感性越低。某些高度相分离的嵌段共聚物体系与理想的情况如聚砜－聚二甲基硅氧烷十分接近。然而，与前面所述无规共聚物的行为相反，两相体系中的两个$T_g$值与其两嵌段含量没有显著关系，两模量平台的位置却与两嵌段含量有关。

模量温度关系有重要的实际用处。在单相刚性体系中，一种链段的$T_g$和热畸变温度，可以通过与另一个可相容的高$T_g$链段进行嵌段共聚加以提高。另一方面，两相嵌段共聚物的模量行为中的不变部分，在弹性体系应用中有很大的用处。

(2) 加工性能

这里的加工性能是指通过溶液浇注或熔融方法将材料变为有用形状的性能。嵌段共聚物在溶液加工方面没有什么特殊的问题。然而，无定形的两相嵌段共聚物的熔体加工，一般比相对分子质量大小差不多的均聚物、无规共聚物或单相嵌段共聚物的加工要困难些，这是由于两相嵌段共聚物在熔融时仍然部分地保留了两相形态，因而有不寻常的流变性质。高熔体黏度和弹性，常常需要用较高的加工温度和较高的压力才行。所需的高温常常会达到甚至超过此共聚物的热稳定限度。再者，在这些体系中，切变速度灵敏性可以成为限制因素。例如有时可以看到很容易挤出成型的嵌段共聚物在成型时表现出高度的熔体破裂。这种破裂现象反映了这种材料的高弹性和高黏性。这种性质使得熔体破裂在很低的剪切速度下出现。

嵌段共聚物的嵌段组成结构对熔体加工性能有很重大的影响。A－B嵌段共聚物要比A－B－A或$\leftarrow$A－B$\rightarrow_n$共聚物加工容易得多，例如，苯乙烯－丁二烯，由于后两种序列结构形成的网络结构，是在熔融态时依然存在的缘故。

(3) 力学性能

根据室温模量，把嵌段共聚物分为两类，刚性嵌段共聚物和弹性嵌段共聚物。刚性嵌段共聚物由两个硬嵌段或一个硬嵌段与一个短的软嵌段组成。硬嵌段的定义是 $T_g$ 或 $T_m$ 在室温以上的嵌段。软嵌段的定义是 $T_g$(也可以是 $T_m$)在室温以下的嵌段。弹性嵌段共聚物一般含有一个软嵌段与一个短的硬嵌段。嵌段共聚物也有可能含有两种软嵌段，但这在力学性能上并没有显著的优点。

由两种硬嵌段组成的刚性嵌段共聚物，它们的抗蠕变或抗应力松弛等力学性能好(例如酯族－芳族聚酰胺嵌段共聚物)，而且，由于高度的相分散和相间的黏着力好，使得硬－硬嵌段共聚物的嵌段固有的延展性得以保留。相比之下，由于没有这种结构特点，两种有延伸性均聚物的共混物常常是脆的。

本来是脆性的刚性聚合物，通过与小部分软嵌段组成嵌段共聚物，在韧度方面得到很大改善。这是由于此体系中的两相特性和软嵌段的低转变温度的缘故。属于这种体系的，如：含聚苯乙烯为主的线型或是星形 A－B－A 苯乙烯－丁二烯嵌段共聚物，以及环氧－聚己内酯热固性嵌段共聚物等。

形态结构类型在决定弹性嵌段共聚物的力学性能上极其重要。A－B 形态结构与无规共聚物弹性体相比，在力学性能上没有显著改善。A－B 嵌段共聚物和无规共聚物都必须用化学交联或硫化来得到良好的性能。然而，具有 A－B－A 型(线型或星形)或 $\lbrace A-B \rbrace_n$ 形态结构的弹性共聚物具有十分独特的性能。苯乙烯－丁二烯(A－B)和苯乙烯－丁二烯－苯乙烯(A－B－A)嵌段共聚物可以很好地说明这两种类型在性能方面的不同。

这种 A－B－A 型和 $\lbrace A-B \rbrace_n$ 型共聚物，叫做热塑性弹性体，它同时具有交联橡胶的力学性能，又具有线型热塑聚合物的加工性能。这种不寻常的两种性能都有的特点，是近十多年来深入研究嵌段共聚物的主要推动力。除了苯乙烯－丁二烯体系以外，这个现象应用在其他嵌段共聚物上也很成功，其中包括聚氨酯、聚硅氧烷、聚酯和聚醚。表 7－2 列出了商品名为“Hytrel”的聚酯型线型嵌段共聚物的性能。

**表 7－2　室温下“Hytrel”的性能**

| 性能＼种类 | $A_{92}$ | $A_{97}$ | $A_{100}$ |
|---|---|---|---|
| 拉伸强度/MPa | 35.2 | 42.2 | 45.7 |
| 断裂伸长率/% | 800 | 680 | 560 |
| 100% 模量/MPa | 12.5 | 15.2 | 13.4 |
| 硬段熔点/℃ | 158 | 201 | 388 |

热塑性弹性体是由大量的软嵌段和大量的硬嵌段组成的两相嵌段共聚物。软硬两种嵌段各有各的用处，软嵌段提供柔韧的弹性，而硬嵌段则提供物理交联点和起填料的功能。其所以能够如此，是因为体系出现了不寻常的两相形态结构所致。由于微观的相分离，使得硬嵌段在橡胶体中相互聚集，从而产生了分散的小微区(10～30nm)，并用化学链与橡胶部分连接。这些微区形成链间有力的缔合，使之形成物理交联。这种物理交联与硫化弹性体中的化学交联有同样的功能。

热塑弹性体中的硬嵌段微区交联点，与化学硫化的弹性体的情况不同，在 $T_g$ 或 $T_m$ 以上时，这种硬微区将变软或熔融，因而热塑弹性体可以用熔融加工的方法进行加工。另外，这种玻璃态或晶态的硬嵌段微区还有一个好处，即是使橡胶弹性体增强而产生高强度。其所以如此，是由于：(a)硬嵌段微区形成分离相；(b)硬段微区有理想的大小和均匀性；(c)链段间的化学键使两相间的黏着力得到保证。

热塑弹性体的性能依靠软硬嵌段所占的体积分数而定。嵌段的长度必须大到可以形成两相体系，但又不能大到影响其热塑性质。软硬嵌段比例的变化对模量、弹性回复和力学性能都会有影响。如果要想得到高弹性回复和高拉伸强度，硬段所占的体积分数必须高于一定程度(≥20%)，以便有足够的物理交联。但是硬嵌段过多时(接近30%)，能使硬段微区从分散的小球变成连续的层状结构。这种层状结构破坏了弹性回复的性能。由于热塑弹性体的性能很大程度上取决于网络结构的完善性，所以任何能破坏网络结构的嵌段结构上的不纯物必须尽量除去。A－B嵌段共聚物就能破坏A－B－A热塑弹性体的网络结构。

(4) 化学性能

不论是刚性和弹性的嵌段共聚物，在光学透明度上，都比均聚物共混物要好得多。这是由于共聚物颗粒大和各个宏观相的折射率不同的缘故。即使在嵌段间只有一个化学键存在也能限制其熵，所以嵌段共聚物仅能产生微观的相分离而形成很小的微区结构。这种微区大大小于光的波长(100nm)，所以即使各嵌段的折射率相差很大也是透明的。例如，有机硅氧烷，以及苯乙烯/二烯类就是这样。微区的大小随相对分子质量增加而增加，但是除非相对分子质量很高，一般不会不透明。

(5) 耐化学性

一般说，嵌段共聚物的耐化学性能和耐应力开裂与它们同组分的均聚物相比不会更好。然而，嵌段共聚物中含有耐化学能力好的嵌段与耐化学能力差的嵌段时，则可以达到相当程度的耐化学能力而不损失其延性。但由均聚物制成的共混物，由于它们之间严重不相容性和相与相之间黏结力差而变得很脆。显然，结晶嵌段和强氢键嵌段最适于提高嵌段共聚物的耐化学性能。此种方法在刚性嵌段共聚物中或弹性嵌段共聚物中都可以用。典型的例子，如：聚砜－尼龙6刚性嵌段共聚物和聚(对苯二甲酸丁二酯)－聚(四亚甲基醚)弹性嵌段共聚物。虽然，结晶性硬段所占的体积分数是决定耐化学能力大小的重要因素。当体积分数高到足够保证一定程度的两相共连续(Cocontinuity)时，结果最好。

水解稳定性一般决定于某些化学键，均聚物或小分子的水解稳定性比嵌段共聚物的小。两相的有机硅嵌段共聚物即是一个例子。其嵌段由 ═Si—O—C═ 连接起来，这个链在嵌段共聚中的稳定性好的原因有三个方面：(a)链段的空间位阻；(b)这个键在聚合物主链上的浓度低；(c)硅氧烷嵌段的疏水性。

(6) 透过性能

嵌段共聚物的透过性很大程度上取决于超分子结构。在单相嵌段共聚物的极端情况下，透过性的对数和嵌段体积分数之间呈线性关系，这是可以预计到的。但是，由于透过性与相连续性的密切关系，两相体系将偏离于这种线性关系。透过性与组成的关系一般呈S形曲线。

两相嵌段共聚物不需要化学交联或加入填料就可以制备出坚韧的薄膜。

(7) 增容性能

两相嵌段共聚物有一个特性，就是可以与其嵌段组分相同的均聚物有部分相容性。这种现象可用来制备均聚物与嵌段共聚物的共混物。由于相间黏附力好和分散得细，这种共混物有很好的“力学”相容性。在这些共混物内，由于嵌段共聚物的第二链段的性质不同，完全相容(即相互溶解)是不可能的。这种部分相容性很有实用价值，比如均聚物通过与弹性嵌段共聚物共混以改善其冲击性能。例如，少量聚砜－聚(二甲基硅氧烷)嵌段共聚物与聚砜均聚物共混，可以大大改善后者的缺口冲击强度。这种部分相容性的另一个用途是将此均聚物与含此均聚物链段和一个化学稳定性较好的链段的嵌段共聚物共混，可改善此均聚物化学稳定性。例如，聚砜与聚砜－尼龙6嵌段共聚物的共混物。这种部分相容性还可以用于改善弹性体的加工性能，例如将苯乙烯－丁二烯嵌段共聚物加到聚丁二烯内。

两相嵌段共聚物也有一定的能力使相应的一对均聚物通过“乳化”或类胶束效应使之部分相容，无论是溶液或固态，这种共混都可形成。当嵌段的相对分子质量比均聚物的相对分子质量高时，效果最佳。

两相嵌段共聚物也有表面活化性能。含有水溶性和油溶性两种嵌段的共聚物，如环氧乙烷－环氧丙烷是很有用的非离子型洗涤剂。有机硅氧烷嵌段共聚物是非常有用的泡沫表面活化剂。同样，亲水－疏水的聚氨酯可以选择吸附类脂物(例如胆甾醇)，因而，将来在生物学上可能是很重要的嵌段共聚物。

### 7.4.2 嵌段共聚物的应用

通过嵌段共聚改性已经得到了很多新型聚合物材料，这些材料大致可分为三类：弹性体、增韧热塑性树脂和表面活性剂。嵌段共聚物的品种很多，应用范围广泛，深受重视。

(1) 嵌段共聚物弹性体

嵌段共聚物热塑性弹性体主要依赖于它的两相微相分离结构。工业上生产的两相嵌段共聚物弹性体有三种：①苯乙烯/二烯类 $A_m-B_n-A_m$ 型或星形嵌段共聚物及其氢化衍生物，如壳牌化学公司的 Kratons 和 Philips(菲利普)石油公司的 Solprens；②聚酯－聚醚 $\leftarrow A_m-B_n \rightarrow_x$ 型嵌段共聚物，如 Du Pont 公司的 Hytrels；③亚胺酯－酯 $\leftarrow A_m-B_n \rightarrow_x$ 型嵌段共聚物，如 Upjohn 公司的 Pellethanes，Goodrich 公司的 Estanes 等。

工业弹性嵌段共聚物具有 $A_m-B_n-A_m$ 型或 $\leftarrow A_m-B_n \rightarrow_x$ 型形态结构能够形成物理网络，由于其具有热塑性弹性体的性能，使得它们有很多用途，如汽车、机械、电子设备、封装材料、填隙料、制鞋等方面都有很好的应用。与通用的化学交联的热固性橡胶相比，这些材料能够用类似热塑性塑料的加工方法，经济地加工成产品。由于它不需要硫化，因而可重复加工。除了由于加工经济与通用橡胶竞争外，还可与仅有柔性而无弹性的热塑性塑料相竞争。嵌段聚合物热塑性弹性体在实际应用时，可根据相应部件的特定要求作选择，如汽车车厢内部用的柔性部件可用苯乙烯－二烯、氢化苯乙烯、酯－醚、亚胺酯－酯嵌段聚合物中的任何一种，但保险杠、发动机部位的管子除了应分别具备足够的力学结构特性、弹性好以外，还应具备耐油、耐热等性能。用于机械部件，如连接器、圆环、密封材料、泄压机管、软管等的嵌段共聚物，其尺寸稳定性、压缩形变、弹性以及耐油、耐化学和磨损性能等都必须满足要求。

嵌段共聚物弹性体作为胶黏剂使用时，可用溶液和熔融加工方法，不需要任何固化步骤就能产生高强度和高回弹性，如 Kratons 具有熔融加工性能好、弹性好、动态摩擦系数高等特点，在制鞋业等领域备受注目。由 PU 制成的线型弹性嵌段共聚物 Spandex 弹性纤维，在服装业有很多用途。

(2) 增韧热塑性树脂

制成含有高体积分数的硬嵌段和低体积分数的软嵌段可以改善硬、脆聚合物冲击强度。无定形星形苯乙烯－丁二烯嵌段共聚物，含有 75% 的 PS，这种材料的韧性与一般橡胶改性的 PS 相似，但是由于 PB 和微区很小，透明性好，可作为透明包装材料。

（3）嵌段共聚物表面活性剂

工业上用的嵌段共聚物表面活性剂有两种：亲水嵌段和疏水嵌段，例如聚环氧丙烷－聚环氧乙烷 $A_m-B_n$型或 $A_m-B_n-A_m$型嵌段共聚物。在不能应用通常的阴离子或阳离子表面活性剂时，嵌段共聚物非离子表面活性剂备受关注，可用于乳化水、非水体系及表面润湿。硅氧烷－环氧烷烃嵌段共聚物则是另一类表面活性剂，可作为 PU 的泡沫稳定剂。起稳定作用时环氧烷烃嵌段溶于亚胺酯连续相中，聚硅氧烷链段在气相－亚胺酯界面上，对泡沫的晶核作用和蜂窝增长过程进行控制，最终形成非常均匀的泡沫结构。

（4）其他应用

嵌段共聚物除了上述应用外，在分离蜡材料、医用材料等领域的应用也得到了相当的发展。

嵌段共聚物作为分离蜡，可用于气体分离、液体分离、脱盐、超过滤等。它的优点是薄膜强度大；蜡的透过性、扩散性等可通过控制嵌段结构预先进行分子设计；硬碰硬嵌段耐温好，尺寸稳定性高。二甲基硅氧烷与聚砜形成的嵌段共聚物克服了聚砜气体透过性不好的缺点。

嵌段共聚物作为生物医用材料也取得了很好的应用效果。主要用于改善材料的血液相容性及人工皮肤等。嵌段共聚物抗凝血材料已有很多报道，如商品名为 Biomer 的 PU 嵌段共聚物、聚丁二烯（PB）、聚二甲基硅氧烷（PDMS）作为 B 链段与甲基丙烯酸－$\beta$－羟乙酯（HEMA）形成的 $A_m-B_n-A_m$型亲疏三嵌段共聚物等，利用嵌段共聚物的微相亲疏水分离结构等作为抗凝血材料使用。将低模量高强度的嵌段热塑性弹性体染色可制成在力学性能和颜色上与人的皮肤类似的人工皮肤，嵌段共聚物在医用材料中具有很大的应用潜力。

## 7.5 嵌段共聚物材料的发展

嵌段共聚物的研究，除了从科学观点来看很有成绩外，也发展成了一类完全新型的高分子材料。这些产品可分为四类，即弹性体、韧性热塑性树脂、表面活性剂和纳米结构材料。

嵌段共聚物弹性体除了作为热塑性弹性体可代替几乎所有硫化橡胶制品（除轮胎外）之外，其他重要用途是作密封剂、衬垫及胶黏剂等。嵌段共聚物作胶黏剂比一般胶黏剂的优点是可用溶液和熔融加工方法，同时不需任何固化步骤即可产生高强度和高回弹性性能。熔融加工性能好、弹性性能好、动态摩擦系数高和优良的抗磨损性，使得热塑性弹性体在制鞋应用上特别引人注目。大家熟知的 Spandex 弹性纤维也是用聚氨酯型的热塑性弹性体制成的，其在服装工业上有许多用途。

嵌段共聚物用于增韧热塑性塑料，改善其硬而脆聚合物的冲击强度又是其一个重要用途。例如，工业上生产的无定型星形苯乙烯－丁二烯嵌段共聚物，含有 75% 的聚苯乙烯。这种材料的韧性与一般橡胶改性的聚苯乙烯一样，但是它有透明的优点。正因为透明及韧性好两重性质，尽管价格稍高，这种树脂还是很有吸引力的透明包装材料；结晶的硬热塑性塑料也可以用嵌段共聚物的方法使之韧化。例如聚丙烯和聚乙烯的嵌段共聚物或聚丙烯与无规乙烯丙烯共聚物的嵌段共聚物，甚至在乙烯含量非常低时（如 $<5\%$），这种嵌段共聚物比丙烯均聚物或比聚乙烯－聚丙烯共混物的韧性和低温性能都好。

工业上用作表面活性剂又是嵌段共聚物的一大用途。表面活性剂有两种：一种含有亲水嵌段和疏水嵌段，例如聚环氧丙烷－聚环氧乙烷 A－B 或 A－B－A 嵌段共聚物。这类表面活性剂可以应用于乳化水和非水体系及湿润表面，在不能应用通常的阴离子或阳离子表面活性剂的情况下，这种离子型的表面活性剂特别有用。硅氧烷－环氧烷烃嵌段共聚物代表另一种嵌段共聚物表面活性剂，可作为聚氨酯的泡沫稳定剂。起稳定作用时环氧烷烃嵌段溶于亚胺酯连接相中，而高度不相容的聚硅氧烷嵌段在气相－亚胺酯界面上。因此就能对泡沫的晶核作用和蜂窝增长过程进行控制，从而产生非常均匀的泡沫结构。

纳米合成为发展新型材料提供了新的途径和新的思路。目前，纳米尺度的合成为人们设计新型材料，特别是为人类按照自己的意愿设计和探索所需的新型材料打开了新的大门。嵌段共聚反应将使我们可制取各种高分子纳米结构材料，例如，嵌段共聚物纳米微球、纳米纤维以及嵌段共聚物基纳米复合材料等。

## 7.6 新型嵌段共聚物

嵌段共聚物由不同种类的聚合物键合而成。对于每个嵌段的最少链长没有严格的要求，然而，一般认为，每个嵌段必须要大于几个单元。描述一个嵌段共聚物的一些结构参数有：

① 共聚物的序列分布和嵌段的长度和数目；

② 嵌段的化学本质；

③ 共聚物以及嵌段的相对分子质量和相对分子质量分布。

嵌段聚合物，特别是 A－B－A 型的嵌段共聚物与随机共聚物以及均聚物的混合物的性质是非常不同的。共聚物的物理性质与他们的固相形态密切相关。在这些共聚物中经常发生相分离，其中一个嵌段可以形成分散相，而另一个嵌段形成连续基体相。分散相是硬区域，或者是结晶相或者玻璃相；而基体相是柔软的橡胶状。

### 7.6.1 嵌段共聚酯

在足够高的温度时，两个聚酯均聚物可以发生酯交换反应形成嵌段共聚物。搅拌和加热反应混合物时，首先是大链段之间发生交换，随着时间的增加，酯化反应继续进行，小链段之间也发生酯交换反应。为了防止形成随机共聚物，必须控制反应时间。

酯化反应可以被抑制，特别是使用酯化反应催化剂如乙酸锌或乙酸钙时，加入磷酸或三苯基膦可以使酯化反应受到抑制。这样能提高形成嵌段共聚物的概率。这种方法可以用来制备聚对苯二甲酸乙烯酯与聚马来酸乙烯酯、聚柠檬酸乙烯酯、聚衣康酸乙烯酯的嵌段共聚物。利用烷氧化钛或其化合物作为酯交换催化剂时，当加入戊氧化砷时，熔融随机化反应可以被抑止。

利用羟基和酰氯基封端的预聚体间的反应也可以形成嵌段共聚酯。这个反应可以在熔融条件下进行，也可以在氯苯或邻二氯苯溶液当中进行。对于反应活性差的酰氯化合物，如对苯二甲酰氯，需要高的反应温度。光气也可以与羟基封端的聚合物反应制备嵌段共聚物。这些反应必须在惰性溶剂中进行。利用低相对分子质量的二酯通过酯交换反应也可以很容易地形成嵌段共聚醚：

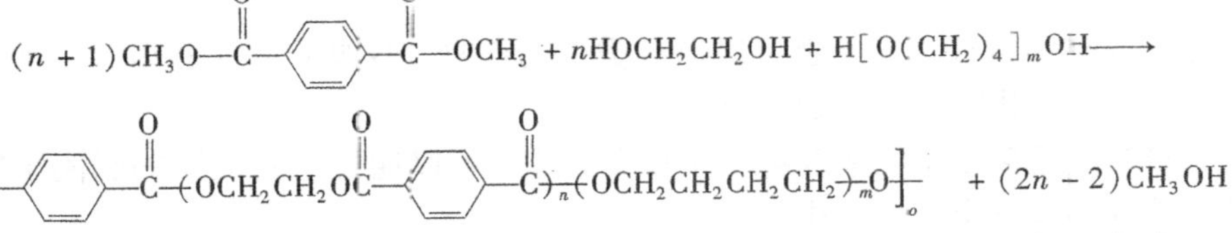

锡、铅、锰、锑和锌的乙酸盐以及原钛酸酯都可以催化这个反应。在压力为 4～133Pa

下，反应最佳温度是230～260℃。当用羟基封端的大分子作引发剂时，通过内酯的开环聚合也可以形成嵌段共聚物：

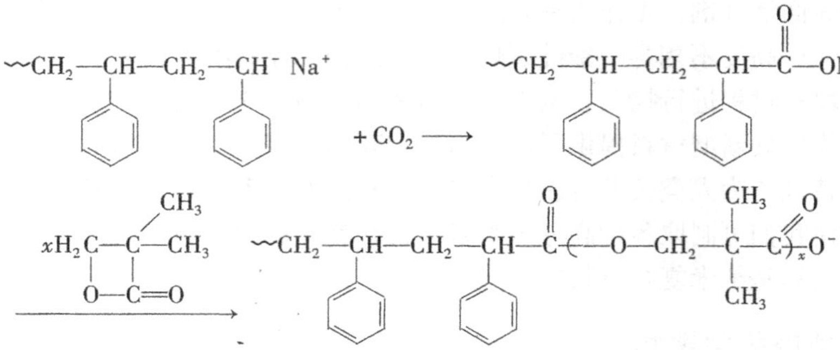

#### 7.6.2　嵌段共聚酰胺

类似于制备嵌段共聚酯的反应，可以利用简单的熔融共混的方法制备嵌段共聚酰胺。在熔融状态下，整个平衡也是随着时间逐步达到的。在制备嵌段共聚物时，也可以利用界面缩聚反应。当混合二酸与混合二胺反应时，最活泼的二酰氯与二胺优先反应，形成嵌段。另外，首先使其中一个嵌段增长到较大尺寸，然后再加入另一种单体进行反应的方法也是可以的。

#### 7.6.3　聚氨酯－聚酰胺嵌段共聚物

可以通过多种方法制备这些共聚物。其中一种方法是预先利用二胺与二酰氯反应，所生成的聚酰胺与氯代钾反应，所得的产物键合到聚氨酯嵌段上。这个过程也可以反过来进行：首先制备聚氨酯链段，然后再与聚酰胺链段键合。

#### 7.6.4　聚酰胺－聚酯嵌段共聚物

可以通过熔融共混的方法形成聚酰胺－聚酯嵌段共聚物。这个反应可能是聚酯的末端酯基与聚酰胺的末端氨基发生胺解反应形成的。酯交换催化剂可以加速这个反应。

通过聚酰胺的末端氨基团引发内酯的开环聚合也可以形成聚酯－聚酰胺的嵌段共聚物：

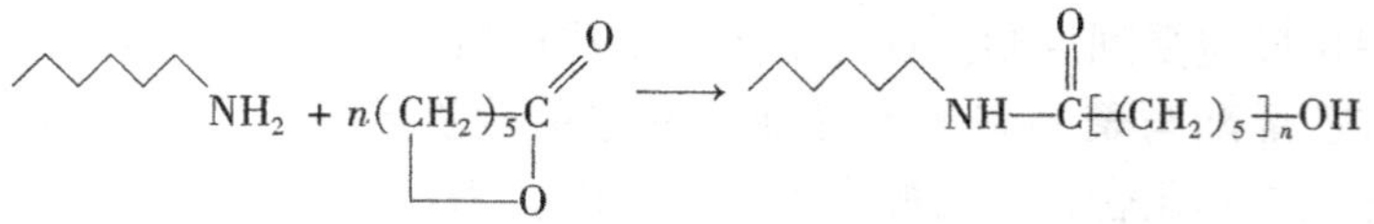

如果聚酰胺在分子链两端均含有氨官能团，则会形成三嵌段共聚物。

#### 7.6.5　聚氨酯离子交联聚合物

这些材料是嵌段共聚物中比较特殊的一类。它们是含有非随机分布的离子中心的二异腈酸酯的线型加聚产物。其中的一个例子是利用没有离子中心、两端含有异氰酸酯基的高相对分子质量聚酯制备的一种材料。预聚物与$N$－甲基－2,2′－二乙醇胺反应形成嵌段共聚物：

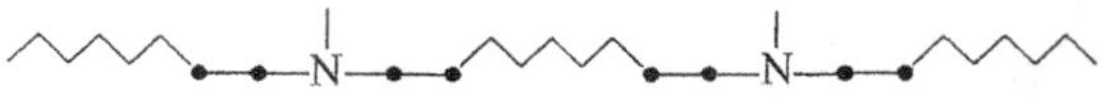

利用异氰酸酯封端的聚醚也可以得到类似的产物。这些产物可以利用二官能季铵化试剂，如1,4－二氯甲基苯进行交联：

所得产物为阳离子交联聚合物。非常类似地，可以通过双官能团的阴离子“扩链剂”进行交联，形成阴离子交联聚合物：

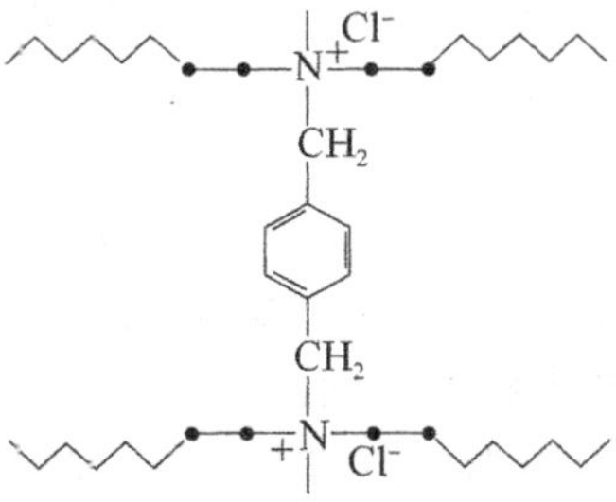

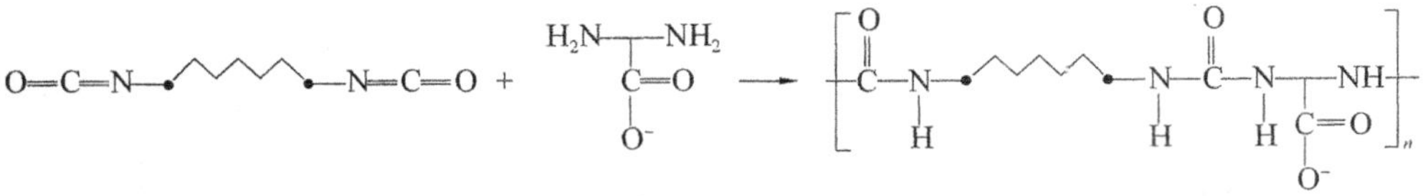

由于链间的相互作用，聚氨酯离子交联聚合物与交联弹性体的性质非常类似。在溶液中，它们是强缔合的。

**7.6.6　聚 $\alpha$ - 烯烃嵌段共聚物**

选用合适的 Ziegler - Natta 催化剂时，较易制备这些嵌段共聚物。另外，制备这些嵌段共聚物还有一个方法：在反应开始时，只加入一种单体，使用典型的催化剂 $\alpha$ - $TCl_3$/$(C_2H_5)_3Al$，当加入第一种单体较短的时间以后（也许 5min），停止加入单体，未反应单体被抽走或被吹走。然后加入第二种单体，也可以加入同样时间。然后停止加入第二种单体。这个过程可以重复进行。如果每个嵌段都要求等长，可以根据聚合速率调节每种单体的加入时间。

利用钛茂化合物与甲基铝氧烷催化剂系统可以用来聚合丙烯，而且，通过反应条件的控制，可以制备结晶、无定形、弹性聚丙烯的嵌段共聚物：

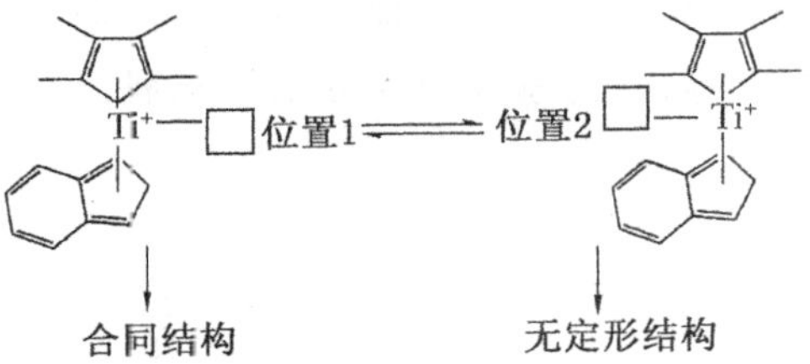


在上述反应中，从催化剂的侧向配位不断插入单体则会形成全同结晶链段，而从催化剂的另外一个配位位置 2 不断插入单体的话，则生成的是无规的无定形的链段。为了形成一个交联网络，在聚合物制备过程当中，这两种状态必须发生互变，这个过程是通过聚合物链的不经常的异构化进行的（也就是金属中心的互变）。此外，一种振动催化剂亦可以用来制备弹性聚丙烯。

**7.6.7　同时使用自由基聚合和离子链增长制备的嵌段共聚物**

这种方法可以用来制备许多不同类型的嵌段共聚物。锂金属可以在不同极性的溶剂中引发聚合。单体可以使用苯乙烯、$\alpha$ - 甲基苯乙烯、甲基丙烯酸甲酯、甲基丙烯酸丁酯、2 - 乙烯基吡啶、4 - 乙烯基吡啶、丙烯腈、丙烯酸甲酯等。引发机理取决于锂与双键反应时形成的自由基：

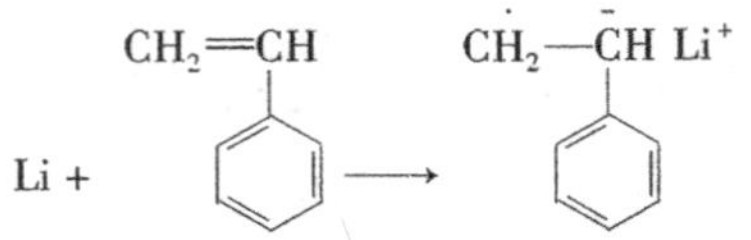

可以从两个活泼中心，即自由基和碳负离子中心分别进行增长反应。当存在两种不同的单体时，自由基增长有利于形成共聚物，而在碳负离子中心增长的话，有利于形成均聚物。因此，有形成 AB－B 类型嵌段共聚物的倾向。

利用控制/“活性”自由基聚合可形成嵌段共聚物。Jerome 等描述了利用一种能同时引发两种活性聚合的引发剂来制备嵌段共聚物的方法：

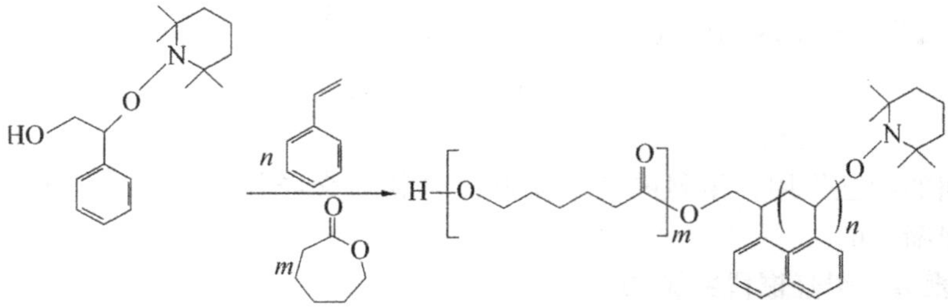

按照类似的方法，Yoshida 和 Osagawa 利用三(4－氧－TEMPO)合铝作引发剂引发内酯的阴离子聚合，制备了一端含有 2,2,6,6－四甲基哌啶－1－羟氧基(TEMPO)的聚 $\varepsilon$－已内酯。所得聚已内酯可以作为聚合物自由基引发苯乙烯的控制/“活性”自由基聚合从而形成嵌段共聚物。

同样，Kotani 等报道了利用控制/“活性”原子转移自由基聚合的方法制备甲基丙烯酸乙酯和甲基丙烯酸丁酯的共聚物的方法。利用三元引发剂四氯化碳/三(三苯基膦)二氯化钌/铝化合物可以制备 ABA 三嵌段共聚物。

Matyjaszewski 等发现了将活性开环复分解聚合转换为控制/“活性”原子转移聚合形成嵌段共聚物的一般方法。降冰片烯或二环戊二烯进行开环聚合后，与溴甲基苯甲醛进行类似 Witting 反应形成高效的原子转移自由基聚合大分子引发剂，可以与苯乙烯反应形成嵌段共聚物：

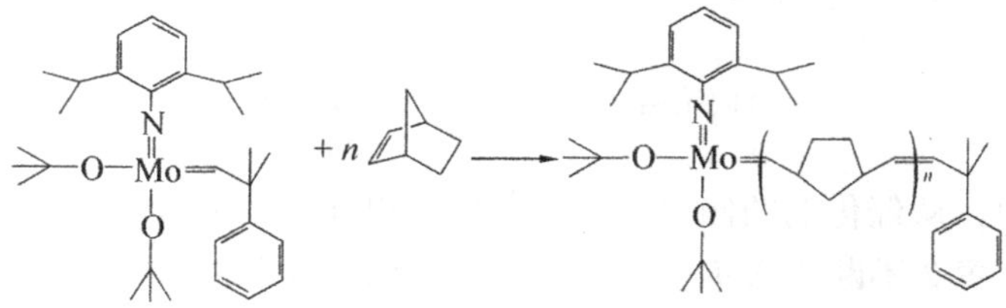

其他阳离子开环聚合反应也可以转换为原子转移自由基聚合反应制备嵌段共聚物。因而，可以利用含有一个溴代丙酰末端基的聚四甲烯二醇作为大分子引发剂，通过苯乙烯、甲基丙烯酸甲酯、丙烯酸甲酯的 ATP 聚合形成嵌段共聚物。

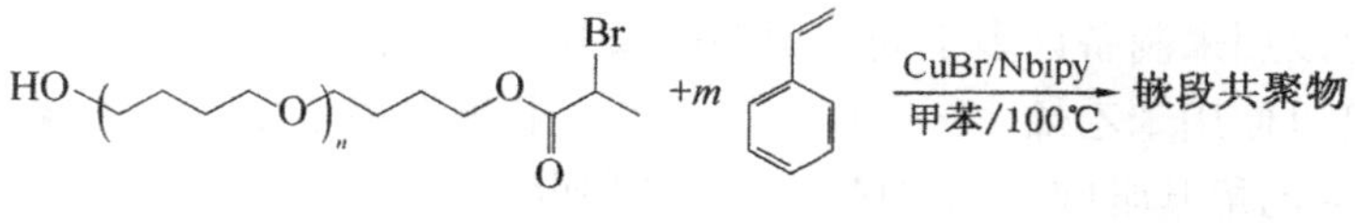

### 7.6.8 通过均相离子共聚的方法制备的嵌段共聚物

形成“活性”链末端的能力决定了按这种方法形成嵌段共聚物的能力。在阴离子系统中以下聚合体系满足要求：

① 在醚类溶剂中利用碱金属－芳香的电子转移引发剂催化非极性单体的聚合；

② 在碳氢化合物溶剂中利用有机锂化合物催化非极性单体的聚合；

③ 在－78℃下利用三乙基硫代异丙醇基铝酸钠引发剂在二甲基甲酰胺中催化丙烯腈的聚合；

④ 利用 CsF 引发剂引发六氟丙酮和环状氧化物的共聚合；

⑤ 在－78℃下碳氢化合物溶剂中利用有机碱类催化烷基异氰酸酯的聚合。

利用苯乙烯聚合的方法，按阴离子机理可以制备苯乙烯和丁二烯之间的 A－B－A 类型的嵌段共聚物。如果想得到最大量的顺式－1,4 结构，在碳氢化合物溶剂中使用烷基锂引发剂。然而，甲基丙烯酸甲酯与苯乙烯的嵌段共聚物的形成是非常困难的，因为“活性”甲基丙烯酸甲酯的聚合物不能引发苯乙烯的聚合。聚甲基丙烯酸甲酯阴离子的碱性不能引发苯乙烯聚合。

在阳离子“活性”聚合中，可以用来形成嵌段共聚物的体系有：

① 利用合适的催化剂催化异丁烯和/或乙烯基醚的聚合，这里包括利用这两种类型的单体形成嵌段共聚物；

② 利用六氟磷酸酯的氯苯重氮盐、三苯基甲基六氟锑酸盐或五氟化磷催化四氢呋喃的聚合；

③ 利用合适的催化剂催化对甲基苯乙烯、*N*－乙烯基咔唑、茚的聚合。

利用 $BH_3$ 作为引发剂进行四氢呋喃的“活性”阳离子聚合时，如果存在表氯醇和 3,3－二氯甲基氧杂环丁烷时，可以形成嵌段共聚物。产物分为两种类型，一种是 A－B 类型，它由聚四氢呋喃嵌段与聚(3,3－二氯甲基氧杂环丁烷)嵌段相连；另一种是 A－AB－B 类型。

现在采用阳离子聚合用于制备结构可控的共聚物已在商业上大量使用。Kennedy 的早期工作的关键是对于聚合反应的严格控制。聚合的引发和增长反应虽然不相同，但是基本类似。

离子的产生：

$$RX + MeX_n \rightleftharpoons R^+ MeX_{n+1}^-$$

阳离子化和增长：

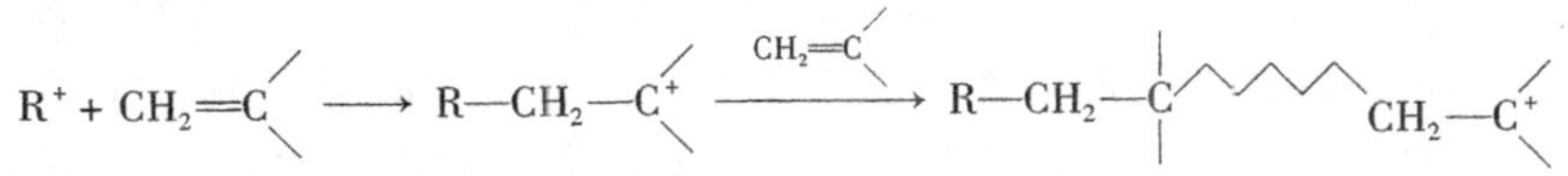

在这种方法里，不存在对单体的链转移，而且终止反应是明确的。

终止：

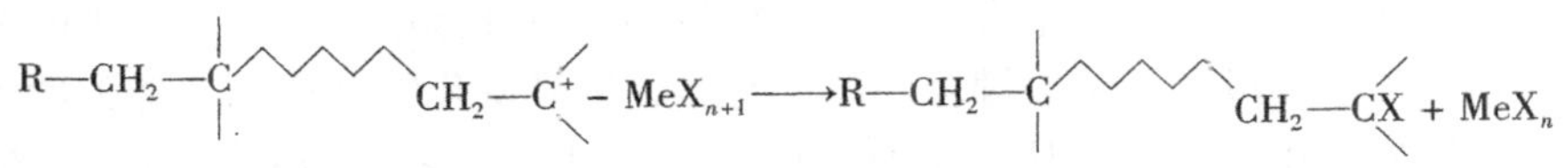

其中 X 是氯，Me 是金属。

这个反应可以制备具有末端卤原子的大分子，它们可以用来引发新的和不同的聚合。

使用三种方法来解决对单体转移的问题：①引发－转移剂的使用；②质子肼的使用；

③创造条件使终止速率比向单体转移的速率快。第一种方法对于形成嵌段共聚物是特别有用的，它可以制备头－尾($\alpha$ 和 $\omega$)官能化遥爪聚合物。使用的是双官能团的引发剂和转移剂(引发－转移剂)。可以用下述反应进行说明。

离子产生：

$$XRX + MeX_n \rightleftharpoons XR^+ + MeX_{n+1}^-$$

阳离子化和增长：

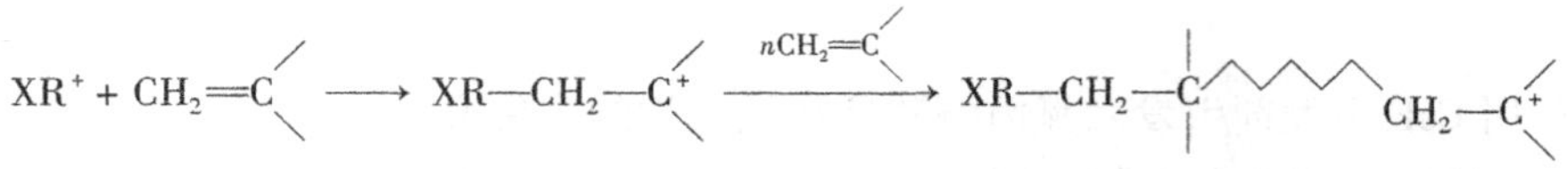

利用引发－转移剂进行链转移：

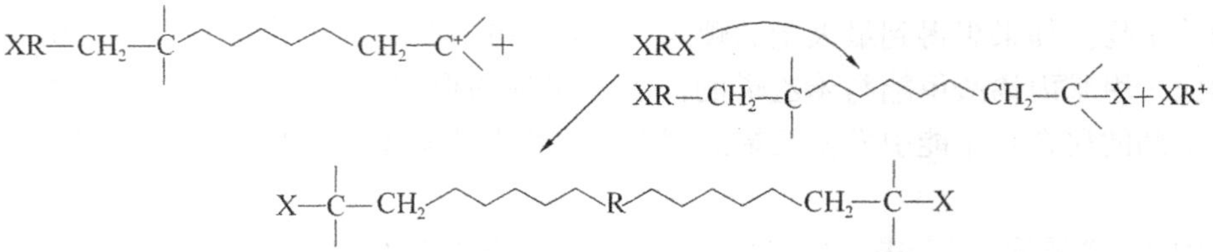

在上式中，引发转移剂通常是一种有机二卤化物。如果转移到引发－转移剂的速率比转移到单体的速率快的话，聚合物都将被卤原子终止。

利用双官能团引发剂进行异丁烯的“活性”阳离子聚合也是可行的。可以制备双官能度的“活性”柔软橡胶状的聚异丁烯链段。在聚合终止时，加入可以产生刚硬链段的单体，如茚，第二种单体从聚合物的两端逐步增长。当反应完成时，终止聚合反应。

近来，通过使阳离子转换为阴离子的反应，发展了一种新的制备嵌段共聚物的方法。首先，制备含有活性阳离子末端的聚异丁烯，然后，链末端被定量地转换为具有聚合活性的阴离子，然后按阴离子聚合机理增长形成嵌段，因而制备了聚甲基丙烯酸甲酯－聚异丁烯－聚甲基丙烯酸甲酯的三嵌段共聚物。转换反应分几步进行：第一步利用 $\alpha$，$\omega$－二氯聚异丁烯对甲苯进行 Friedel－Craft 烷基化；第二步对生成的二甲苯基聚异丁烯进行锂化，形成 $\alpha$，$\omega$－二苄基锂聚异丁烯，然后与1,1－二苯基乙烯反应形成相应的二阴离子；第三步是冷却到－78℃和稀释反应物，引入甲基丙烯酸甲酯单体进行聚合。

在许多方法中都利用含有末端官能团的聚合物制备嵌段共聚物。在阴离子聚合中，可以利用许多方法使含有反应性官能团的聚合物链终止。这些末端基允许形成许多不同的嵌段共聚物。其中一种活泼末端官能团可以是甲苯二异氰酸酯。由于立体因素的影响，甲基邻位的异氰酸官能团与锂活性物质的反应性是相当小的。没有反应的异氰酸官能团可以与各种羟基、羧基、氨基官能团封端的高分子进行缩合。在这类反应中可以使用的末端官能团还有烷基或芳基卤化物、丁二酸酐、$n$－溴邻苯二甲酰亚胺、氯代硅烷等。

因为嵌段共聚物可以提供许多奇妙的性质，而这是利用简单的共混和随机共聚物所不能达到的。如前所述，人们进行了很多努力使不相似的材料键接起来，如使亲水的材料与憎水的材料键合，或使硬链段与软链段键合。如含有螺旋聚异氰化物和聚丁二烯弹性体的嵌段共聚物的合成。首先利用$[(\eta^3-C_3H_5)Ni(OCOCF_3)]_2$催化丁二烯的“活性”聚合，然后进行叔丁基异氰化物的聚合形成螺旋聚合物。

**7.6.9 其他嵌段共聚物**

可以用许多方法合成聚酰胺－聚醚嵌段共聚物。其中一种方法是首先制备胺封端的聚醚。这种方法是通过羟基封端的聚醚与丙烯腈反应，然后将末端氰基还原为胺：

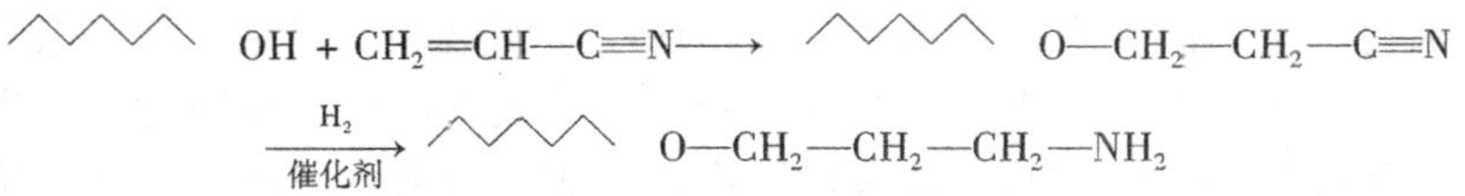

将还原产物与羧酸封端的聚酰胺反应制备嵌段共聚物。

另一种方法是通过含有末端氯官能团的聚醚制备。例如，羟基封端的聚醚可以被转化为卤原子封端的聚醚。所得产物与胺反应制得胺封端的聚合物，再与羧酸封端的聚酰胺反应。

环氧乙烷(EO)环氧丙烷(PO)共聚醚是环氧乙烷和环氧丙烷的嵌段共聚物，简称 EP 嵌段共聚醚，是一种非离子表面活性剂。随着分子链中嵌段的序列、长度和含量的不同，其表面活性可在很大范围内变化。主要类别有两种，即 EPE 型嵌段共聚醚和 PEP 型嵌段共聚醚。

(1) EPE 型嵌段共聚醚

EPE 型嵌段共聚醚是指疏水基聚氧丙烯基在中间，亲水基聚氧乙烯基在两端的嵌段共聚醚。国内外对 EPE 型嵌段共聚醚的研究有很多，其中应用最为广泛的是"Pluronic"系列产品。

Pluronic 是由美国 Wyandotte Chemical Co 公司开发的嵌段聚醚的商品牌号。通常用丙二醇为引发剂，先与环氧丙烷加成聚合，再与环氧乙烷加成聚合成高分子化合物。Pluronic 系列产品的名称中首个字母表示物理状态：L(liquid)为液体，P(paste)为黏稠糨糊状，F(flake)为片状固体，前一或两位数字与 PPO 的相对分子质量相关，末位数字与 PEO 的百分含量有关。比如 PluronicP104 和 F108 具有相同的 PPO 链段，PPO 的相对分子质量约为 3000，前者为糨糊状，PEO 含量为 40%，后者为固体，PEO 含量为 80%。

(2) PEP 型嵌段共聚醚

PEP 型嵌段共聚醚是一种新型的非离子表面活性剂，它是以聚乙二醇(PEG)和环氧丙烷(PO)为原料，在碱催化剂的作用下，以阴离子聚合的方法使 PO 单体不断接到 PEG 的两端形成 PEP 型聚醚。其结构是 $-(PPO)_n-(PEO)_m-(PPO)_n-$，亲水基在内，疏水基在外。通过调节 PEG 相对分子质量及 PO 单体量可以得到一系列 PO、EO 嵌段长度和含量不同的 PEP 产物。

环氧乙烷环氧丙烷共聚不仅形成上文中提到的嵌段共聚醚，还可以形成无规共聚醚。无规聚醚中 EO 和 PO 是混嵌段的，其制造方法是 EO 和 PO 先混合后再与起始剂加成聚合，聚合方法与一般非离子表面活性剂相似。

有文献报道两步制备嵌段共聚物的方法：首先制备两种不同的六甲烯二胺盐，一种是羧酸封端的聚氧乙烯，另一种是己二酸封端的尼龙 66 盐。在第二步中，两种盐在熔融状态下发生反应。在这种方法中可以用己内酰胺代替第二种盐。另外，嵌段共聚物亦可以通过聚氧乙烯与己内酰胺在二羧酸的存在下进行熔融缩合反应制得。

聚酰胺 6(尼龙 6)可以与橡胶和与聚二甲基硅氧烷反应制备嵌段共聚物。在第二种情况下，首先通过"活性"聚合制备丙烯酸化己内酰胺封端的聚硅氧烷。然后，在己内酰胺锂盐存在的情况下，所得产物中的己内酰胺部分发生聚合：

这种二嵌段共聚物在 250℃下时发生熔融固化，它比尼龙 6 均聚物显示出更优越的机械性能。

利用机械化学方法形成嵌段共聚物是依靠高的剪切力使键断裂，切断的键形成自由基或离子。如果在单体的存在下施加这种剪切作用，可以形成嵌段共聚物。这种方法应用非常广泛，高分子的切断可以在冷冻、研磨、黏弹态等条件下进行。可以发生均相切断和异相切断。前者产生自由基，而后者产生离子。异相切断需要更多的能量。天然橡胶在许多单体存在时发生溶胀，形成黏弹相。当这种黏弹相受到剪切或机械切断作用时，产生自由基并能引发聚合反应。在进行塑炼反应时，会有均聚物的形成。后来这种技术可以应用于许多高分子与许多不同单体的反应。

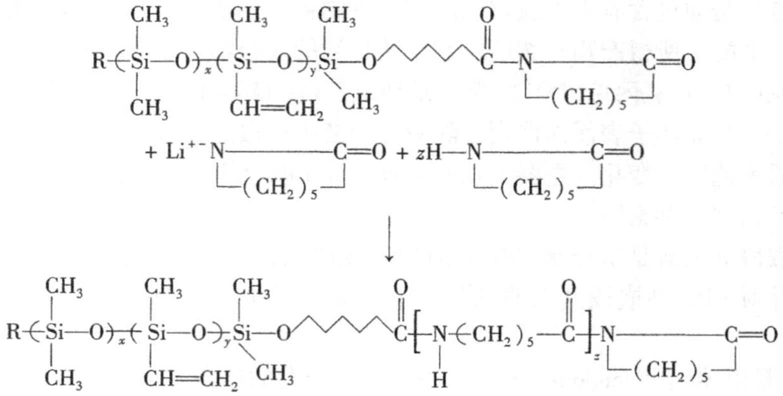

# 第八章　热塑性弹性体

## 8.1　概述

热塑性弹性体(Thermoplastic elastomer，简称 TPE)一般是指在常温下具有橡胶弹性，高温下又能塑化成型，兼具有塑料和橡胶特点的材料。由于橡胶具有生产能耗高、工序烦琐、不易自动化，产品不易回收和重复使用等缺点，其发展速度渐趋缓慢。TPE 克服了橡胶的上述缺点，具有加工方便、可重复使用、易回收等优点，而在性能上又接近或超过橡胶，因此近几十年来发展十分迅速。

热塑性弹性体(TPE)主要是嵌段或接枝共聚物，对于嵌段共聚物，通常用 A、B、C 等来表示由 A、B、C 等单体单元组成的嵌段，常用的表示方法如下：

A－B　　A－B－C　　A－B－A　　$(A-B)_n$　　$(A-B)_nX$

其中，A－B 表示两嵌段共聚物；A－B－C 表示三嵌段共聚物，且每个嵌段由不同的单体单元聚合得到；A－B－A 也表示三嵌段共聚物，但中间为 B 嵌段，两端为 A 嵌段；$(A-B)_n$表示交替嵌段共聚物，即 A－B－A－B－A……；$(A-B)_nX$ 表示星形嵌段共聚物，其臂数为 $n$($n$＝2、3、4……)，核心为 X。

同样，接枝共聚物可用下式来表示：

$$B\cdots B-B\left(\underset{\underset{A}{|}}{B}\right)_n B\cdots B$$

通常用单体单元的第一个英文字母来代表该嵌段，例如，聚(苯乙烯－b－丁二烯－b－苯乙烯)三嵌段共聚物可写作 S－B－S，如果某一嵌段本身就是共聚物，如聚(苯乙烯－b－乙烯－co－丙烯－b－苯乙烯)，则可写作 S－EP－S。

TPE 多为一种由玻璃态或半结晶态热塑性树脂和柔软的弹性体所组成的嵌段共聚物，它兼备了橡胶的高弹性和热塑性树脂的热塑加工性，被誉为“第三代合成橡胶”。在室温下硬段互相缔合或“交联”，形成物理交联区域，这些缔合区域起到补强作用。这种硬段与软段形成的交联网络结构，与硫化橡胶的交联网络结构有相似之处，这是热塑性弹性体在常温下显示硫化橡胶特性，高温下发生热塑流动的原因所在。因其塑性可逆，所以在加工合成上更具优势，并有效解决了橡胶加工和橡胶回收再利用的问题，是学术界和工业界研究和开发的一个热点。TPE 可以利用普通的塑料加工设备和加工方法(如注塑、吹塑、挤出等)加工，生产周期短，产量大，前景广阔。

TPE 用途广泛，涉及汽车、电气、电子、建筑、医疗及日常生活等各个领域。主要制品有：胶鞋、胶黏剂、汽车零部件、电线电缆、胶管、涂料、挤出制品、掺合剂等。

随着人们环保意识的增强、TPE 性能的优化和应用领域的拓展，TPE 消费将继续快速增长，尤其是在汽车及医疗领域。2003 年全球 TPE 消费量约为 1850kt，之前 10 年全球保持年均 6% 左右增长速度；2003 到 2008 年间，欧洲热塑性弹性体(TPE)市场需求高于 GDP 增速，以 4% 继续增长。研究表明，中西欧地区 2003 年 TPE 市场需求已超过 400kt，2008 年将达到 500kt。目前已工业化的 TPE 种类包括：聚苯乙烯类(TPS)、聚烯烃类(TPO)、聚氨酯类(TPU)、聚酰胺类(TPEE)和聚氯乙烯类等。

## 8.2 热塑性聚氨酯弹性体

### 8.2.1 前言

聚氨酯化学研究为制备新一代高性能材料如涂料、黏合剂、弹性体、纤维和发泡材料开辟了一条新途径。可采用多种原材料，通过简单的加聚反应制得各种性能的聚氨酯。热塑性聚氨酯弹性体是第一个可以热塑加工的弹性体，目前它仍在快速发展的热塑性体工业中扮演着重要角色。

最早开展聚氨酯研究工作的是 I. G. Farbenindustrie 公司(现为 Bayer AG 公司)的 Otto Bayer 和他的同事们(1937 年)，他们最初的目标是改进聚氨酯合成纤维的性能。后来，Du Pont 公司和 ICI 公司发现了聚氨酯的弹性。40 年代，聚氨酯投入工业化生产，当时被称为"I－橡胶"，但性能非常差，人们认为这是由于弹性体的网络不规则造成的。为此，合成了由线型聚酯和 2－硝基－4,4－二异氰酸酯基联苯组成的聚氨酯弹性体。后来，又将硝基转化为偶氮基，但令人吃惊的是，研究表明，硝基的转化是不必要的，这是因为聚合物用水扩链后，已经具有了很好的弹性。当用 1,5－萘－二异氰酸酯代替 2－硝基－4,4－二异氰酸酯基联苯时，也得到了类似的结果。这些预料外的结果可由以下的反应过程来解释：首先，严格线型的端羟基聚酯与过量的二异氰酸酯基的反应生成了 $\alpha$，$\omega$－二异氰酸酯预聚物，然后，该预聚物用水扩链，形成脲键，脲键又与二异氰酸酯反应，最终形成弹性网络。用短链二元醇作扩链剂，可看成是聚氨酯弹性体合成的一个重大突破，Bayer 公司将这种聚氨酯注册为 Vulkollan。在美国，早期的 Vulkollan 类聚酯型聚氨酯是由 Goodyear 轮胎和橡胶公司的 Seeger 等开发的，其商品名为 Chemigum SL，Du Pont 公司开发的则是聚醚型聚氨酯，商品名为Adiprene。

早期的聚氨酯弹性体由下列三种基本组分组成：

① 聚酯或聚醚高相对分子质量二元醇；

② 扩链剂，如水、短链二元醇或二元胺；

③ 二异氰酸酯，如 1,5－萘二异氰酸酯(NDI)。

然而，这些聚氨酯弹性体并非真正意义的 TPU，因为它们的熔点高于氨酯键的分解温度。

当用 4,4′－二苯基甲烷二异氰酸酯(MDI)代替上述三组分体系中的 NDI 时，取得了重大突破。1858 年，B. F. Goodrich 公司的 Schollenberger 制得了热塑性聚氨酯弹性体，在此之前 Du Pont 公司生产了一种以 MDI 为原料的聚氨酯弹性纤维 Lycra。60 年代初期，美国的 Goodrich 公司开发了 Estane、Mobay Texin 和 Upjohn Pellethane 三种产品，而在欧洲，由 Bayer 和 Elastogran 生产了 Desmopan 和 Elastollan。

此后，人们致力于研究热塑性聚氨酯弹性体结构与性能之间的关系。目前，大家已经公认多嵌段聚氨酯为热塑性弹性体的原因是它产生了相分离，形成了微区结构。

热塑性聚氨酯由两种嵌段构成，一种为硬嵌段，它是由扩链剂如丁二醇加成到二异氰酸酯如 MDI 上形成的；另一种为软嵌段，由镶嵌在两硬段之间的柔软的长链聚酯或聚醚构成(见图 8－1)。

室温下，低熔点的软段与极性、高熔点的硬段是不相容的，从而导致微相分离。相分离的另外一部分推动力是硬段的结晶。当加热至硬段的熔点以上时，热塑性聚氨酯形成了均一的熔体，可以用热塑加工技术进行加工，如注射成型、挤出成型、吹塑成型等。冷却后，硬、软段重新相分离，从而恢复弹性。

一般来说，软段形成连续相，并赋予热塑性聚氨酯以弹性，而硬段则起着物理交联点和增强填料的作用。受热时或在溶剂中，这种物理交联点消失、冷却或溶剂挥发后，重新形成交联网络。还有一点应该指出，为了得到热塑性，每种预聚物或单元都应有两个末端反应基团，才能确保得到没有或仅有极少量支化点的高相对分子质量线型聚合物。

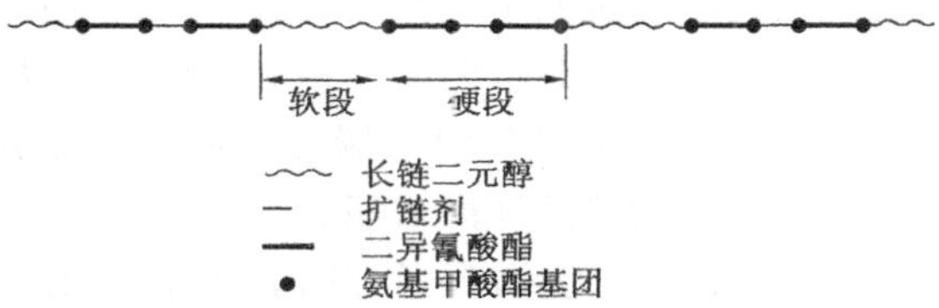

图 8－1　由二异氰酸酯、长链二元醇和扩链剂组成的热塑性聚氨酯的分子结构示意图

### 8.2.2　原料

热塑性聚氨酯一般是由平均相对分子质量为 600～4000 的长链多元醇、相对分子质量为 61～400 的扩链剂和多异氰酸酯为原料制得的。在许多看似可行的原料中，仅有很少一部分具有实际意义。然而，由于硬、软段的配比可以在很大范围内调整，因此所得到的热塑性聚氨酯既可以是柔软的弹性体，也可以是脆性的高模量塑料。

8.2.2.1　软段

长的软段主要控制热塑性聚氨酯的低温性能、耐溶剂性及耐候性。有两类重要的软段，即端羟基聚酯和端羟基聚醚。

（1）聚酯

典型的端羟基聚酯是由己二酸和过量的二元醇（如乙二醇、1,4－丁二醇、1,6－己二醇、新戊二醇或者这些二元醇的混合物）反应得到的。

反应在 200℃ 高温下进行，所得聚酯的酸值应小于 2。与所有聚合物一样，这种聚酯的相对分子质量也呈多分散性，并且遵循 Flory 概率分布，不过最终热塑性聚氨酯的性能主要决定于聚酯的相对分子质量，而与相对分子质量分布关系不大。

由己二酸和直链二元醇合成的聚酯是熔点为 60℃ 的结晶状产品。使用混合二元醇（例如 1,4－丁二醇/乙二醇混合物、1,6－己二醇/1,4－丁二醇混合物或 1,6－己二醇/新戊二醇混合物），可以降低所得聚酯的结晶度。此外，不同聚酯进行混合也能使结晶度下降。

用其他二元酸如壬二酸或邻（对）苯二甲酸合成的聚酯的研究也有报道，这些二元酸可单独使用，也可与己二酸混合使用。通常，二元酸或二元醇中含有芳环或脂肪环时，能提高聚酯的玻璃化转变温度。

此外，还有两类有商业价值的特殊类型的聚酯，即聚己内酯和脂肪族聚碳酸酯。

聚己内酯是由双官能化合物 1,6－己二醇作为引发剂，引发 $\omega$－己内酯开环聚合得到的，这种聚酯的性能与聚己二酸己二醇酯很相似。

聚碳酸酯具有很好的水解稳定性，可以用二元醇如 1，6－己二醇和光气反应制备，也可以使用二元醇与低相对分子质量的碳酸酯如碳酸二乙酯或碳酸二苯酯通过酯交换法反应来制备。

（2）聚醚

工业上，有两类重要的聚醚，即聚环氧丙烷二元醇和聚四氢呋喃二元醇。

聚环氧丙烷二元醇是用双官能化合物如丙二醇为引发剂，在碱催化下环氧丙烷开环聚合得到的。由于使用的是环氧丙烷，因此所得聚醚链末端主要是仲碳羟基。如果加入大量的环氧乙烷，尤其是在反应后期加入环氧乙烷，则可引入伯碳羟基。由于存在副反应，因此聚环氧丙烷官能度总是低于引发剂的官能度，并且随着聚醚相对分子质量的增加，端烯丙基和端异亚丙基的比例上升。例如，相对分子质量为2000的聚环氧丙烷二元醇的官能度为1.96，而不是2.00。若要使聚醚末端的羟基与理论值相符，需使用特殊催化剂，采用这种聚醚可制得性能优异的热塑性聚氨酯。

聚四氢呋喃二元醇是通过四氢呋喃的阳离子开环聚合制得，其官能度约为2.00。

聚醚的相对分子质量分布遵循Poisson概率方程，相对分子质量分布较窄；而上面讲到的聚酯二元醇的相对分子质量分布则服从Flory概率分布，相对分子质量分布较宽。

曾有专利称特殊聚醚有着各种优点，然而它们并未给热塑性聚氨酯市场带来大的突破。

如果聚醚和聚酯混合使用，可降低成本，并赋予热塑性聚氨酯以良好的综合性能。

前面已经指出，软段主要影响热塑性聚氨酯的低柔软性和长期耐老化性。表8－1列出了几种重要软段的特性。

**表8－1　重要的聚醚或聚酯二元醇①及相应热塑性聚氨酯弹性体的性能②**

| 聚醚或聚酯二元醇 | 聚醚或聚酯二元醇 | | 弹性体 | 水解稳定性 |
|---|---|---|---|---|
| | $T_e$/℃ | $T_m$/℃ | $T_e$/℃ | |
| 聚己二酸己二醇酯 | －46 | 52 | －25 | 尚可 |
| 聚己二酸1,4－丁二醇酯 | －71 | 56 | －40 | 良好 |
| 聚己二酸己二醇和1，4－丁二醇混合酯 | －60 | 17 | －0 | 尚可/良好 |
| 聚己二酸己二醇和2,2－二甲基丙二醇混合酯 | －57 | 27 | －40 | 良好 |
| 聚己内酯 | －72 | 59 | －30 | 良好 |
| 聚己二酸二乙二醇酯 | －53 | － | －0 | 差 |
| 聚1,6－己二醇碳酸酯 | －62 | 49 | －30 | 很好 |
| 聚四氢呋喃二元醇 | －100 | 32 | －80 | 很好 |

注：① 相对分子质量2000。

② 邵氏硬度85。$T_e$：玻璃化转变温度。$T_m$：熔点。

尽管绝大多数聚醚或聚酯二元醇的熔点在室温以上，但通常热塑性聚氨酯的软段为无定形态。只有在硬段含量非常低或长期低温条件下软段才会结晶，结晶主要表现为材料的硬度增加。不过，聚氨酯在低伸长或中等伸长时，能明显的观察到软段的结晶趋势，这一诱导结晶导致了自增强效应。与含非结晶性软段的弹性体相比，自增强效应主要表现为模量增加。当温度超过软段的熔点时，这一效应便会消失。从另一方面讲，这种诱导结晶会导致材料出现较高的永久拉伸变形和永久压缩变形。

所以，应根据用途，慎重调整软段的特性，以得到所需要的性能。

热塑性聚氨酯的低温性能决定于软段的玻璃化转变起始温度$T_e$和软段完全融化所对应的温度，对于中、低硬度的热塑性聚氨酯来说，软段玻璃化转变的起始温度通常在纯软段相应的温度以上20～30℃（纯软段的玻璃化温度转变范围十分狭窄）。

热塑性聚氨酯中软段玻璃化转变温度的宽窄依赖于硬段的含量和硬、软段的相分离程度。随着硬段含量的增加和相分离程度下降，软段的玻璃化转变范围也相应加宽，这将导致低温性能变差。若采用与硬段相容性较差的聚醚作为软段，则可提高所得热塑性聚氨酯的低温柔性。当软段的相对分子质量增加或热塑性聚氨酯经退火处理后，软、硬段的不相容程度也会提高。

8.2.2.2　硬段

（1）多异氰酸酯

在商业上可得到的多异氰酸酯中，仅有极个别适用于制备热塑性聚氨酯。最重要的二异氰酸酯是二苯基甲烷－4，4′－二异氰酸酯（MDI）：

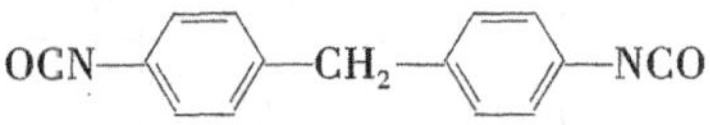

其他一些已经得到应用或令人感兴趣的二异氰酸酯如下。

1,6－六亚甲基二异氰酸酯（HDI）：

$$OCN—(CH_2)_6—NCO$$

4,4′－二环己基甲烷二异氰酸酯（$H_{12}$－MDI），通常为几种异构体的混合物。最近，研究表明，用高结晶度的反，反－4,4′－二环己基甲烷二异氰酸酯制成的热塑性聚氨酯表现出良好的物理性能。

3,3′－二甲基－4,4－二异氰酸酯联苯（TODI）：

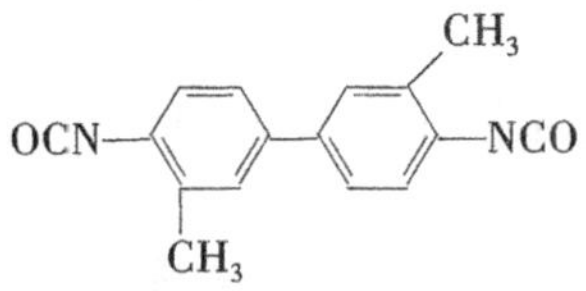

1,4－苯二异氰酸酯和反式1,4－环己烷二异氰酸酯：

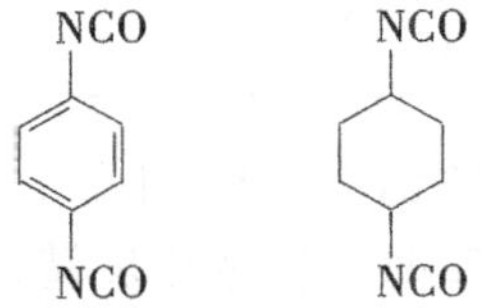

1,5－萘基二异氰酸酯（NDI）：

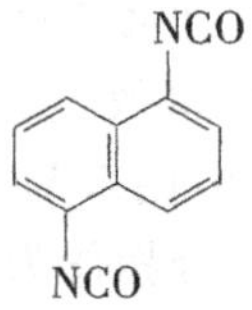

（2）扩链剂

扩链剂和二异氰酸酯的选择决定了硬段的性质，因此，也在很大程度上决定了热塑性聚氨酯的性能。

热塑性聚氨酯最重要的扩链剂为线型的二元醇，如乙二醇、1,4－丁二醇、1,6－己二醇、1,4－二（羟基乙氧基）苯。这些二元醇与二异氰酸酯反应生成的聚氨酯在常温下几乎完全结晶，并且在熔融加工时不分解。但在制备高硬段含量的热塑性聚氨酯时，不宜选用乙二醇作为扩链剂，否则，高温热稳定较差。

1,4－丁二醇和1,4－二（羟基乙氧基）苯都是制备热塑性聚氨酯最合适的扩链剂，尤其是用后者扩链所得热塑性聚氨酯的高、低温性能均好，并且压缩永久变形较小。表8－2对常见硬段的性能进行了评价。

通常非线型二元醇不适宜于作热塑性聚氨酯的扩链剂，这是因为所得聚氨酯的硬段结晶不完全，从而导致热塑性聚氨酯的高、低温性能较差。有时推荐使用直链二元醇的混合物作为扩链剂，以得到有序程度较低的硬段，这对于制备能适应宽广加工条件的挤出热塑性聚氨酯是非常重要的。

表 8-2 二异氰酸酯、扩链剂及相应硬段的熔点（DSC 测定）

| 二异氰酸酯 | 熔点/℃ | 扩链剂 | 熔点/℃ | 广角 X 光散射 | 硬段熔点 | |
|---|---|---|---|---|---|---|
| | | | | | 熔点/℃ | 在熔点测定毛细管中的实验现象 |
| NDI | 131 | 1,4-丁二醇 | 19.5 | 结晶 | | 从约 260℃ 开始融化，但直到 320℃仍未完全融化 |
| MDI | 42 | 1,4-丁二醇 | 19.35 | 结晶 | 230 | 从约 120℃ 开始软化，在 230～237℃时融化 |
| HDI | 11 | 1,4-丁二醇 | 19.5 | 结晶 | 165 | 从约 100～148℃ 开始软化，在 166～172℃时融化 |
| 2,4-TDI | 24 | 1,4-丁二醇 | 19.5 | 无定形 | 217 | 从约 78～120℃ 开始软化，在 220℃时融化 |
| NDI | 131 | 1,4-二（羟基乙氧基）苯 | 104 | 结晶 | 302 | 从约 288℃ 开始变色，在 298～302℃时融化 |
| MDI | 42 | 1,4-二（羟基乙氧基）苯 | 104 | 结晶 | 252 | 从约 243℃ 开始软化，在 247～260℃时融化 |
| HDI | 11 | 1,4-二（羟基乙氧基）苯 | 104 | 结晶 | 214 | 从约 140～150℃ 开始软化，在 212～226℃时融化 |
| 2,4-TDI | 24 | 1,4-二（羟基乙氧基）苯 | 104 | 结晶 | 197 | 从约 140℃ 开始软化，在 200～216℃时融化 |

随着硬段含量的增加，热塑性聚氨酯的硬度上升，同时弹性相玻璃化转变温度也跟着上升。当硬段质量分数达到 60%～70% 时，发生相反转，聚氨酯从弹性聚合物转变成脆性的高模量塑料。

尽管二元胺也是很好的扩链剂，但它通常不能用于制备热塑性聚氨酯，这是因为脲基熔化时会伴随发生分解反应。不过，空间位阻效应较大的二元胺，如 1-氨基-3-氨甲基-3,5,5-三甲基环己烷（异佛尔酮二胺）可以用来与芳香族或脂肪族的二异氰酸酯反应。若采用带有空间位阻效应的二元胺与二元醇混合物作为扩链剂，可得到硬段结晶性较差的热塑性聚氨酯，这种热塑性聚氨酯的弹性较差，但可以用作阻尼材料。

聚氨酯弹性体最早的扩链剂是水，二个异氰酸酯基团形成一个脲基。用水作扩链剂时，硬段中脲基含量比用二元胺作扩链剂要少，因此所得热塑性聚氨酯可以进行熔融加工。

（3）添加剂

脱模剂是最常用的添加剂，它们是脂肪酸衍生物（如酯或酰胺）、硅油或氟塑料，脱模剂的用量约为 0.1%～2%。

聚酯型热塑性聚氨酯通常需加入 1%～2% 的空间位阻效应的芳香族碳化二亚胺，以防止其水解。碳化二亚胺基团可以与酯水解产生的羧酸反应，否则酸将会进一步催化水解反应。

为了改善热塑性聚氨酯的抗光降解性、抗氧性和耐高温性，最好加入位阻酚或位阻胺作为稳定剂。

在模压成型或成膜时，需加入无机材料（如 $CaCO_3$、滑石粉或硅酸盐），改善脱模性，它们起到结晶促进剂和使表面粗糙的作用。云母、有机纤维，特别是玻璃纤维可用来增强热塑性聚氨酯。

加入少量的石墨、硫化钼、氟代烃、硅油或它们的混合物，可以显著降低热塑性聚氨酯的摩擦系数。

加入少量增塑剂可以获得比较柔软的热塑性聚氨酯，这种热塑性聚氨酯在市场上日渐增多。

### 8.2.3 合成

通常热塑性聚氨酯在80℃以上合成，异氰酸酯基与羟基的最佳比例应接近于1.0。如果这一比例小于0.96，则所得聚合物的相对分子质量过低；相反，这一比例高于1.1时，由于发生交联反应，会导致热塑性加工困难。当这一比例为0.98或稍高时，所得热塑性聚氨酯的数均相对分子质量为40000，此时，性能相当优异。

可以采用不同的方法实施反应，如“一步法”是将所有组分混合后再进行反应；“预聚体法”则是先将聚醚或聚酯二元醇与二异氰酸酯反应，生成端异氰酸酯基预聚物，然后再用扩链剂进行扩链。反应可间歇进行，也可在反应釜或反应挤出机中连续进行。

在大规模工业生产中，通常采用“传送带法”和“反应挤出法”。在第一种方法中，所有的原料混合并加热至液态状态后，倾倒在传送带上，在传送带上固化，然后将片状产品粉碎成颗粒状。这种颗粒状的产品可直接使用，但在通常的情况下是将其挤出成更均匀的粒料。

因为热塑性聚氨酯软、硬相之间的相分离与温度密切相关，所以生产过程中的热历史是极其重要的，因而，即使采用相同的原材料，若热历史不同，也会使最终产物的性能有很大的差异。

### 8.2.4 性能

热塑性聚氨酯是最早被人们发现的既具有橡胶弹性，又具有塑料热塑性的高分子材料。随着硬段含量的变化，热塑性聚氨酯的杨氏模量可以从8MPa变化至2000MPa。热塑性聚氨酯的刚性也可以通过添加有机或无机填料，尤其是玻璃纤维来提高。

#### 8.2.4.1 机械性能

热塑性聚氨酯具有优异的物理机械性能，如拉伸强度、伸长率都较高(见图8－2)。热塑性聚氨酯的化学结构和邵氏硬度不同，其拉伸强度也不同，大约从25MPa到70MPa。软质热塑性聚氨酯(邵氏A70～85)的拉伸强度较低，而硬质热塑性聚氨酯(邵氏D50～83)则较高(图8－2)。热塑性聚氨酯主要优点之一是它的耐磨性较好。因此，聚酯型、聚醚酯型热塑性聚氨酯经常用来制造鞋底和电缆护套。

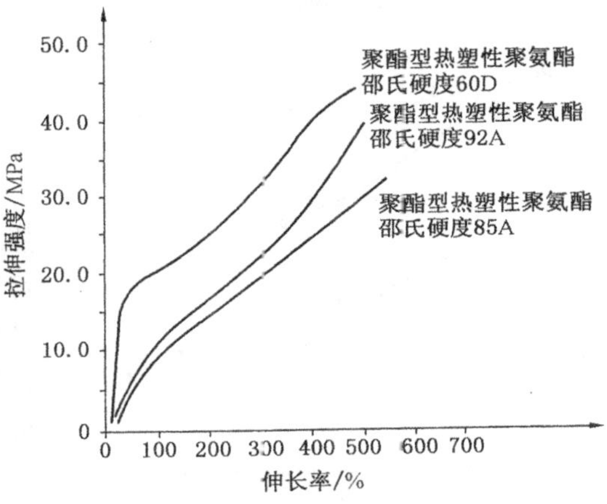


图8－2　三种不同杨氏模量热塑性聚氨酯的应力－应变曲线

热塑性聚氨酯的抗撕裂性很好，在很宽的温度范围内均具有柔顺性，热塑性聚氨酯的耐油性也不错。此外，热塑性聚氨酯中不含有任何增塑剂，可以与其他材料如ABS、聚碳酸酯制成层压材料。

热塑性聚氨酯中的软段决定了其低温性能。许多商品热塑性聚氨酯是聚酯型的，这种热塑性聚氨酯的耐磨性、抗撕裂性以及拉伸和抗撕裂强度都优于聚醚酯型热塑性聚氨酯。聚酯型热塑性聚氨酯在油、脂和水中的溶胀也比较小(见表8－3)。对耐水解性、耐微生物降解性和低温性、柔顺性要求较高时，推荐使用聚醚酯型热塑性聚氨酯。通过特殊方法合成的聚醚酯型热塑性聚氨酯具有更为优异的性能，它同时具有聚醚型和聚酯型热塑性聚氨酯的性能，可用作消防水管、电缆护套和薄膜等的生产。

**表8－3　不同高相对分子质量二元醇制备的热塑性聚氨酯性能比较**

| 项目 | 聚酯 | 聚酯(用碳化二亚胺进行处理) | 聚醚 | 聚醚酯 |
|---|---|---|---|---|
| 拉伸强度 | ＋＋ | ＋＋ | 0 | ＋ |
| 耐磨性 | ＋＋ | ＋＋ | 0 | ＋ |
| 在油、脂、水中的溶胀小 | ＋ | ＋ | 0 | ＋ |
| 耐候性 | ＋ | ＋ | 0 | ＋ |
| 抗裂纹传播性 | ＋ | ＋＋ | 0 | ＋ |
| 撕裂强度 | ＋＋ | ＋＋ | 0 | ＋ |
| 回弹性 | ＋＋→＋ | ＋＋→＋ | ＋＋→＋ | ＋ |
| 耐微生物和细菌降解性 | ＋→－ | 0→－ | ＋＋ | ＋＋ |
| 低温冲击性 | ＋→0 | ＋→0 | ＋＋→＋ | ＋ |
| 耐水解性 | 0 | ＋/0 | ＋ | ＋ |

注：＋＋—优；＋—一般；－—差。

8.2.4.2　热性能

热塑性聚氨酯使用温度范围广泛，大多数制品可在－40～80℃范围内长期使用，短期使用温度可达120℃，而用哌嗪为原料制备的聚氨酯甚至可以耐更高的温度。在高温下，主要由硬链段来维持其性能，并且产品的硬度越高(也就是说二异氰酸酯和扩链剂越多)，其使用温度越高。此外，高温性能除了与扩链剂的用量有关外，也受扩链剂种类的影响，例如，采用1,4－二(羟基乙氧基)苯作为扩链剂所得热塑性聚氨酯的使用温度高于由1,4－丁二醇或1,6－己二醇作扩链剂制得的热塑性聚氨酯。

二异氰酸酯的类型对热塑性聚氨酯的高温性能也有影响，不同二异氰酸酯和扩链剂作为硬段所得热塑性聚氨酯表现出不同的熔点。

热塑性聚氨酯的机械性能如硬度、弹性都与温度有关，图8－3是温度对两种热塑性聚氨酯的邵氏硬度的影响。

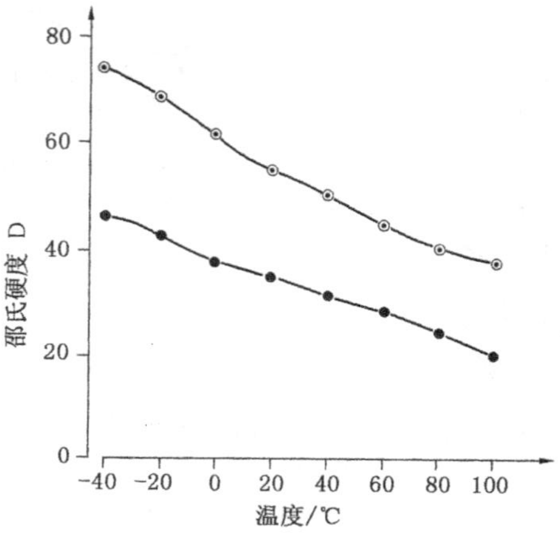

图8－3　温度对邵氏硬度的影响

8.2.4.3　水解稳定性

在室温下，热塑性聚氨酯可以在纯水中使用几年，且其性能没有明显的变化。但在80℃条件下，即使仅在水中浸泡几周或几个月，其机械性能便会受到很大的影响(见图8－4)。从图8－4中可以看出，热塑性聚氨酯的水解稳定性与软段的结构有关，聚酯型热塑性聚氨酯用碳化二亚胺进行保护后，耐水解性有所提高。聚醚酯型热塑性聚氨酯和聚醚型热塑性聚氨酯在高温下的耐水解性最好。

随着热塑性聚氨酯硬度的增加，由于硬段具有憎水性，因此其水解稳定性也变得越来越好。

热塑性聚氨酯对酸、碱都较敏感。在室温下，热塑性聚氨酯能被稀酸或稀碱缓慢侵蚀；高温下，热塑性聚氨酯不耐浓酸或浓碱。酸的种类对不同的聚氨酯的作用也是不一样的，因此，对于每种具体用途，最好做模拟条件下的浸泡实验。

8.2.4.4　耐油、耐溶剂性

非极性溶剂如己烷、庚烷、石蜡油对于极性聚氨酯几乎没有任何作用，甚至在高温条件下，聚氨酯在非极性溶剂中的溶胀也很小。

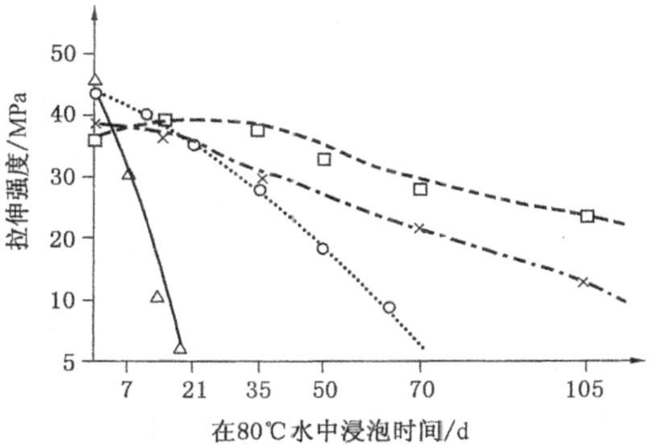


图 8－4　几种硬度均为邵氏 A87 的热塑性聚氨酯在 80℃水中浸泡时间对拉伸强度的影响

△—聚酯型热塑性聚氨酯；○—聚醚型热塑性聚氨酯，用碳化二亚胺保护；×—聚醚（四氢呋喃聚醚）型热塑性聚氨酯；□—聚环氧乙烷聚醚－聚碳酸酯型热塑性聚氨酯

热塑性聚氨酯的耐油性（如矿物质、柴油、润滑油）优异，但对于某些工业用油和润滑油来说，由于其中含有添加剂，因此，在高温下可以侵蚀热塑性聚氨酯。所以说，最好是在使用条件下检测某种油对热塑性聚氨酯的实际影响。

热塑性聚氨酯在氯代烃或芳香烃（如甲苯）中会严重溶胀，且溶胀程度取决于聚氨酯的结构。聚酯型的比聚醚型溶胀要小，硬质比软质溶胀小。

某些极性溶剂如四氢呋喃、丁酮或二甲酰胺，能够部分或完全地溶解热塑性聚氨酯。例如，软质线型热塑性聚氨酯可以溶解在丁酮/丙酮混合溶剂中，作为黏合剂使用；而硬质线型热塑性聚氨酯溶解后则可用作织物和皮革的涂饰剂。

8.2.4.5　耐微生物性

聚酯型热塑性聚氨酯与潮湿的土壤长时间接触，会被微生物侵蚀，而聚醚型软质或硬质热塑性聚氨酯以及聚醚酯型热塑性聚氨酯或硬质热塑性聚氨酯通常不会受到微生物侵蚀。菌类可能会使热塑性聚氨酯制品表面变色，但并不一定会损害机械性能。

8.2.4.6　耐紫外线性

以芳香类异氰酸酯为原料制备的热塑性聚氨酯在紫外线作用下会泛黄，但对性能的影响很小。加入某些紫外线吸收剂可以减轻泛黄现象。

## 8.3　苯乙烯类热塑性弹性体

### 8.3.1　引言

TPS 为苯乙烯－双烯烃－苯乙烯的阴离子嵌段共聚物，是最早开发生产的热塑性弹性体。目前世界 TPS 的生产能力（含部分 S－SBR）已达 2000kt 以上，有 10 多个国家和地区的 30 多家企业生产，年增速约为 4.8%，设备开工率在 60% 以上。主要国家、地区及生产厂家的 TPS 生产能力见表 8－4 和表 8－5。

美国是生产 TPS 最早、产量最大、消费最多的国家，其产销量占全球 1/4 以上。有 7 个企业生产，产能超过 520kt，所开发的 TPS 生产技术如 Shell、Firestone、Philips 等输出到世界各地。如今，这些企业已经大多数易主，生产长期处于过剩状态。欧洲也是 TPS 最发达的地区，德国、法国、意大利、比利时、荷兰、西班牙 6 国的合计产能已达 540kt，超过了美国。日本有 7 个企业生产，技术多从美欧引进，产能达 240kt，同美、欧一样也处于严重过剩状态。

**表 8-4 世界主要 TPS 生产国家和地区** kt

| 国家地区 | 年产能力 | 国家地区 | 年产能力 |
|---|---|---|---|
| 美国 | 523 | 欧盟 | 540 |
| 里普伍德 | 170 | 德国巴斯夫 | 30 |
| BS/FS(日) | 110 | 巴斯夫(比利时) | 650 |
| 阿克化学 | 100 | 德国里普伍德(美) | 60 |
| 埃尼(意) | 40 | 法国里普伍德(美) | 65 |
| 德士古聚合物 | 45 | 荷兰里普伍德(美) | — |
| 德士古聚合物 | 12 | 意大利埃尼 | 110 |
| 菲利普化学 | 34 | 比利时阿托菲纳 | 100 |
| 可乐丽(日) | 12 | 西班牙雷普索尔 | 110 |
| 中国 | 574 | 日本 | 241 |
| 中石化岳阳 | 130 | 旭化成 | 120 |
| 中石化燕山 | 60 | 日本合成橡胶 | 30 |
| 中石化茂名 | 50 | 日本弹性体 | 12 |
| 中石油 | 60 | 日本瑞翁 | 10 |
| 台湾奇美实业 | 120 | 日本电气化学 | 2 |
| 李长荣化学 | 80 | 日本可乐丽 | 27 |
| 台湾合成橡胶 | 54 | 出光兴产 DSM(荷) | 40 |
| 英全化工 | 20 | — | — |
| 韩国 | 45 | 墨西哥 | 87 |
| LG 化学 | 30 | 巴斯夫(德) | 45 |
| 镜湖石化 | 15 | Negromex | 42 |
| 印度 ATV | 30 | 巴西里普伍德(美) | 20 |

**表 8-5 全球 10 大 TPS 生产厂家(2004 年)**

| 企业名称 | 主要产品 | 总年产能力/kt | 商品牌号 |
|---|---|---|---|
| 里普伍德控股(前壳牌化学)(下属 5 个企业) | SBS/SIS/SEBS<br>SBS/SIS<br>SBS | 630 | kraton |
| 中石化集团(下属 3 个企业) | SBS/SIS<br>SBS | 240 | 巴陵、燕山、南海 |
| 埃尼化学(下属 2 个企业) | SBS/SIS/SEBS<br>SBS/SIS | 150 | Europrene |
| 巴斯夫(下属 4 个企业) | SBS | 140 | Styrolus |
| 旭化成川崎/日 | SBS/SIS/SEBS | 120 | Tufprene |
| 奇美实业中国台湾 | SBS | 120 | kilton |
| 普利司通/费尔斯通(BS/FS)(下属 1 个企业) | SBS/S-SBR | 110 | stereon |
| 阿托菲纳安特卫普 | SBS/S-SBR | 100 | Finaprene |
| 阿克化学(下属 2 个企业) | SBS/SIS<br>SBS | 100 | — |
| 李长荣化学中国台湾 | SBS | 80 | Enprene |

中国是 TPS 发展最快国家，从 1990 年以来以年均 10% 以上的速度增长，2004 年生产能力已达 300kt。其中中石化集团有 3 个企业生产，装置能力 240kt，北京燕山石化研发的 TPS 聚合技术还出口意大利并在美国建厂生产，中石油集团的锦州、大庆、独山子 3 家石化厂约 60kt。台湾有 4 个企业，主要利用国外技术，生产能力为 274kt。中国大陆和台湾地区的 TPS 合计起来，设备能力已达到 574kt，同美欧一起在世界上处于三甲地位。

40 年来，世界 TPS 生产技术和产品不断改进，现已发展到第四代。作为第一代的苯乙烯－丁二烯－苯乙烯嵌段共聚物的 SBS，产业化几十年久盛不衰，广泛用于鞋类底材、沥青改性剂和树脂并用等，成为制鞋和铺路行业的主导材料，全球年产量已达 60 多万吨。以异戊二烯取代丁二烯嵌段共聚的第二代 TPS－SIS，由于更接近 IR 或 NR 的性能，因而已扩展到各类胶黏剂和密封剂，特别是成为热熔性感压胶黏剂的最佳材料。产业化以来，以年均 6%～7% 的速度快速增长，目前世界 1/3 的厂家均有 SIS 生产。

为了改进 SBS 和 SIS 在耐热性、耐天候老化性、耐磨和耐油性方面存在的问题，20 世纪 90 年代以来又出现了第三代 TPS 的饱和型 SBS 和 SIS，即将其中的丁二烯、异戊二烯进行加氢反应，生成聚乙烯－聚丁烯（EB）和聚乙烯－聚丙烯（EP），而后嵌段形成 S－EB－S 和S－EP－S的结构形态，称为 SEBS 和 SEPS。目前，SEBS 在克拉顿（里普伍德）、埃尼、旭化成等公司都已批量生产。我国巴陵石化也即将建成 20kt 的装置，主要用途是利用其更好的耐热性、耐天候性、耐磨性和耐油性，作为工程塑料的增容剂改性尼龙（PA）、聚碳酸酯（PC）等树脂。与聚丙烯（PP）熔融共聚生成 IPN 型互穿网络化合物，可大大提高工程塑料的耐寒、耐热性能。

近些年来，SEBS 和 SEPS 又从线型聚合物发展到星形聚合物，进一步增加流动性和黏合性，并提高刚性和纵横收缩的一致性，更适用于多种工程塑料的重叠注塑，同时扩大用于环氧树脂改性，成为良好的树脂塑料改性剂。另外，还出现了热固性塑料专用的改性 SEP。日本 JSP 开发出在 SEBS 的 EB 部分导入苯乙烯的第四代 TPS－SSEBS，又进一步大幅度改善其耐热温度，可乐丽开发了 TPS 与 TPU 结合的聚合物，进一步提高了抗冲击、耐热和耐油性能。

新的 SEBS 和 SEPS 有着良好的充模性和再生性，更适于制造复杂的部件。主要目标是代替有毒性的 PVC，制造玩具、包装、医疗器械配件、赛车轮胎和建筑材料，特别是与人体健康密切相关的领域，如医用部件、软质玩具以及与 TPU 竞争用于奶嘴、医用导管和电脑键盘衬垫等产品。最近 TPS 还利用 TPV 动态硫化技术，生产 TPS－TPV 以解决 TPS 在耐切割性、耐裂口性和耐热变形等方面存在的严重问题，进一步改善 TPS 现存的缺点，作为汽车内饰材料等用途正在扩大使用范围。最新开发的新型茂金属聚合物聚苯热塑性弹性体（PSE），苯乙烯含量已达 80%，与聚乙烯（PE）共混形成合金，强韧性非常好，成为优异的塑料韧性材料。

总之，TPE 作为介于 SBR、BR 橡胶与 PVC、PE 塑料之间的弹性体，已经开拓出自己的空间，形成有自己特色的环保节能性材料。TPS 的消费用途详见表 8－6。

TPS 在美国主要用作路面的沥青改性剂和胶黏剂，两者合计占到整个 TPS 的 2/3 以上。欧盟由于意大利和西班牙的制鞋业非常发达，鞋类用量占到了 40%，沥青改性同美国一样占 30% 左右，日本使用的大头是用做聚合物改性剂，占据了 1/3 以上的位置，其次胶黏剂和沥青改性剂分别各占 1/4。中国制鞋业最为发达，年产量达 80 亿双，占全球产量 60%，因此 TPS 的 2/3 用于制鞋业。近年，在沥青改性剂和建筑防水材料方面也得到快速发展，现已分别达到12%以上。热熔压敏胶也大量使用SIS，用量占其产量的1/3。

**表8-6 美、欧盟、日、中TPS消费用途构成** %

| 消费用途 | 美国 | | 欧盟 | | 日本 | | 中国 | |
|---|---|---|---|---|---|---|---|---|
| | 2000年 | 2005年 | 2000年 | 2005年 | 2000年 | 2005年 | 2000年 | 2005年 |
| 鞋类 | 3 | 2 | 40 | 34 | 3 | 2 | 70 | 63 |
| 沥青改性剂 | 30 | 36 | 28 | 30 | 25 | 27 | 10 | 14 |
| 胶黏剂、高密封剂 | 36 | 34 | 13 | 14 | 28 | 27 | 3 | 3 |
| 聚合物改性剂 | 15 | 14 | 8 | 9 | 35 | 34 | — | 1 |
| 黏度指数改性剂 | 6 | 4 | 1 | 1 | — | — | — | — |
| 建筑防水材料 | — | — | — | — | | — | 10 | 12 |
| 其他 | 10 | 10 | 10 | 12 | 9 | 10 | 7 | 7 |
| 合计 | 100 | 100 | 100 | 100 | 100 | 100 | 100 | 100 |

### 8.3.2 结构

作为热塑性弹性体的聚苯乙烯/聚二烯烃嵌段共聚物具有如下基本结构：聚(苯乙烯-b-丁二烯-b-苯乙烯)或者聚(苯乙烯-b-异戊二烯-b-苯乙烯)(按照Ceresa的命名方法命名)，为方便起见，这里分别用S-B-S和S-I-S来表示。这种结构与无规共聚物的最大差别是它是相分散体系，聚苯乙烯和聚二烯烃两相保留了各自均聚物的许多性能，例如，这类嵌段共聚物有两个玻璃化转变温度，分别对应于各自的均聚物，而无规共聚物只有一个玻璃化转变温度。室温下，在S-B-S、S-I-S嵌段共聚物中聚苯乙烯相是强、硬的，而聚二烯烃相是软、弹性的。如果聚苯乙烯相只占总体积的很小一部分，有理由假定图8-5所示的相态结构，在此相态结构中，聚苯乙烯相为分离的球形区域(相畴)，由于每个聚二烯烃分子链的两端都被聚苯乙烯链段封端，因此，这些硬的聚苯乙烯相畴作为多功能连接点得到了交联的网络结构，这与常规硫化橡胶在很多方面相似。但是这种交联是通过物理过程而不是化学过程形成的，因此不稳定。室温下，这种类型的嵌段共聚物具有硫化橡胶的许多性能，但受热后，聚苯乙烯相畴软化，交联网络的强度下降，最终嵌段共聚物可以流动。当受热的嵌段共聚物冷却后，聚苯乙烯相畴又重新变硬，原有的性能恢复。同样，这种嵌段共聚物也可以溶于溶剂(指那些可以使各自的均聚物同时溶解的溶剂)，待溶剂挥发后得到同样的相态结构。

尽管上面的解释是针对S-I-S、S-B-S嵌段共聚物，但同样也适用于其他嵌段共聚物，如S-I-S-I-S-I、$(S-B)_nX$(X表示多官能联结点)，这是由于它们也能形成类似图8-5所示的网络结构。然而，S-I、B-S-B等嵌段共聚物不能形成这种相态结构，这是由于每个聚二烯烃分子链只有一端与聚苯乙烯链段相连。正因为如此，S-I、B-S-B等嵌段共聚物与常规硫化橡胶完全不同，它们的强度很低。

嵌段共聚物的上述相态结构立即被推广到所有硬软链段交替的嵌段共聚物，特别是聚碳酸酯/碳醚、聚二甲基硅氧烷/聚二苯基硅氧烷嵌段共聚物，对嵌段聚氨酯也提出了类似的相态结构，现在认为大多数热塑性弹性体的相态结构与图8-5相似。

### 8.3.3 合成

S-B-S、S-I-S和类似的嵌段共聚物是用阴离子聚合物制备的。苯乙烯(包括取代苯乙烯)、丁二烯和异戊二烯等单体的阴离子聚合通常在惰性的烃类溶剂如环己烷、甲苯中进行，并且须彻底除去氧、水分和其他可以与非常活泼的增长中心发生反应的杂质，在这些条

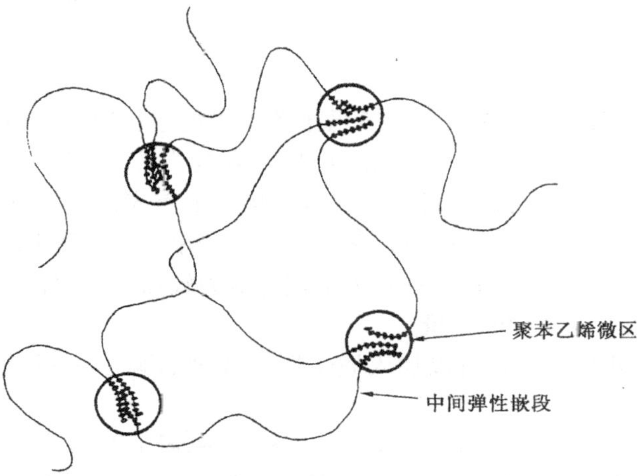


图 8-5　嵌段共聚物 S-B-S 的相态结构示意图

件下聚合物的相对分子质量可以得到精确控制。而采用其他方法得到的嵌段、接枝共聚物通常相对分子质量分布较宽，对接枝共聚物而言，接枝侧链的数目不均匀。

阴离子聚合采用的引发剂最好是有机锂化合物，当然其他类型的引发剂也可使用。

三嵌段共聚物的制备方法通常分以下三种。

① 顺序聚合法　即用单活性引发剂引发第一种单体聚合，然后加入其他单体依次进行聚合。

② 偶联法　即用单活性引发剂进行聚合，然后用偶联剂将活性链连接。

③ 多官能团引发剂法　即用具有两个或两个以上活性中心的引发剂引发第一种单体聚合，然后加入第二种单体继续聚合。

对于前两种聚合方法，由于丁基锂可以很容易地引发聚合，因此它是较好的引发剂。与增长反应相比，引发速率很快，所得聚合物的相对分子质量分布很窄。引发反应和增长反应可分别用式(8-1)、式(8-2)来表示：

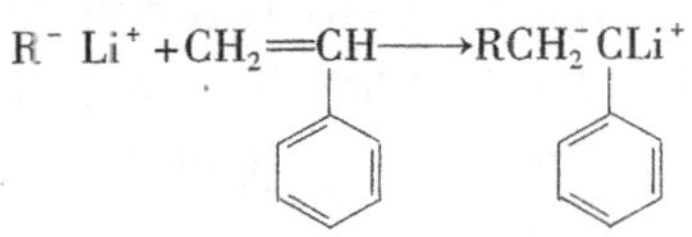


(8-1)

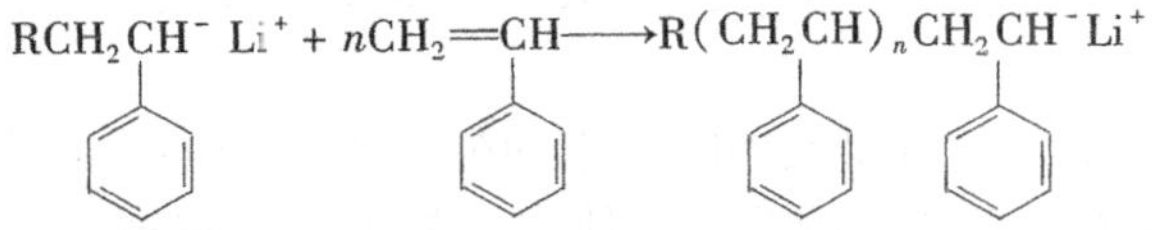


(8-2)

链增长得到的产物称聚苯乙烯基锂，用 $S^-Li^+$ 来表示。如果加入二烯烃类单体，则 $S^-Li^+$ 可以引发进一步聚合：

$$S^-Li^+ + nCH_2{=}CHCH{=}CH_2 \longrightarrow S(CH_2CH{=}CHCH_2)_{n-1}CH_2CH{=}CHCH_2{}^-Li^+ \quad (8-3)$$

在上面的例子中，二烯烃类单体的聚合反应是以 1，4 加成形式进行的，在惰性、非极性烃溶剂中进行聚合时，至少有 90% 的单体单元是 1，4-结构，其余是 1，2-结构（对丁二烯而言）或 3，4-结构（对异戊二烯而言）。式(8-3)的反应产物用 $S-B^-Li^+$ 来表示，它也是可看作是引发剂，如果再加入苯乙烯，活性链末端继续聚合，如下所示：

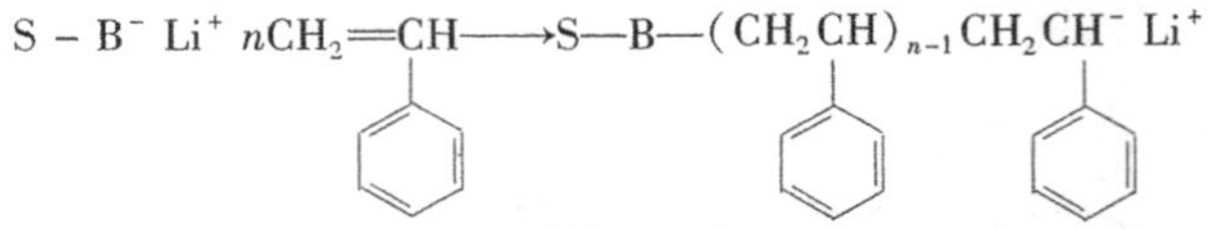

(8－4)

由于 $S-B^-Li^+$ 引发苯乙烯的反应速率低于苯乙烯的增长速率，因此后生成的聚苯乙烯嵌段的相对分子质量分布加宽，极端情况下，甚至当苯乙烯都消耗完后，仍有部分 $S-B^-Li^+$ 未反应。这一问题可以通过在加入苯乙烯之前首先添加溶剂化能力较强的溶剂如醚来得到解决。加入溶剂化能力较强的溶剂后，引发速率提高，后生成的聚苯乙烯嵌段的相对分子质量分布变窄。但是，不能提前加入溶剂化能力较强的溶剂，因为这会改变聚二烯烃的微观结构，降低 1，4－结构的含量。

完成上述最后一步反应后，可以加入质子性化合物如醇使 $S-B-S^-Li^+$ 失活。失活反应如下：

$$S-B^-Li^+ + ROH \longrightarrow S-B-SH + ROLi \qquad (8-5)$$

此外，还可采用偶联法来制备三嵌段共聚物，即前三步反应式(8－1)、式(8－2)、式(8－3)不变，但 $S-B^-Li^+$ 不再引发苯乙烯聚合，而是与偶联剂发生反应：

$$2S-B^-Li^+ + X-R-X \longrightarrow S-B-R-B-S + 2LiX \qquad (8-6)$$

所采用的偶联剂包括酯、有机卤化硅，式(8－6)中的偶联剂是双官能团偶联剂，但也可使用多官能团偶联剂(如 $SiCl_4$)，这样就可得到支化或星形的聚合物 $(S-B)_nX$。如果 $S-B^-Li^+$ 与二乙烯基苯反应，则可得到高度支化的聚合物，即 $n$ 值很大。

制备三嵌段共聚物的第三种方法是多官能引发剂法，例如双官能引发剂 $Li^{+-}R^-Li^+$ 首先引发二烯烃(以丁二烯为例)聚合：

$$nCH_2{=}CHCH{=}CH_2 + Li^{+-}R^-Li^+ \rightarrow Li^{+-}B-R-Li^+ \qquad (8-7)$$

后面的两步反应与上面描述的顺序聚合法中的式(8－4)、式(8－5)相似，即在 $Li^{+-}B-R-Li^+$ 中加入苯乙烯进行聚合得到 $Li^{+-}S-B-R-B-S^-Li^+$，最后加入质子性化合物使活性链失活，得到嵌段共聚物 S－B－R－B－S。原则上，除了双官能引发剂外，当然也能采用多官能引发剂，这样便可得到星形嵌段共聚物，但目前文献中尚未见报道。

与前面两种方法相比，多官能引发剂法一开始并没有引起人们的重视，尽管早期的研究者曾使用萘钠作双官能引发剂。多官能引发剂法存在严重的缺陷，即在烃类溶剂中进行聚合时，活性链末端相互缔合，在聚合初期就产生凝胶，造成撤热困难。尽管可以通过加入溶剂化剂如醚来抑制缔合，但正如前面说的，这又会改变聚二烯烃的微观结构。最近，对多官能引发剂法又重新产生了兴趣，例如以苯乙烯/$\alpha$－甲基苯乙烯共聚物作为末端嵌段的三嵌段共聚物的合成。

S－I－S、S－B－S 加氢后可得到中间为饱和弹性嵌段的嵌段共聚物。对于 S－B－S 来说，在聚合过程中需加入微观结构调节剂，使中间的聚丁二烯嵌段含有相当量的 1，2－结构，这样加氢后可得到乙烯－丁烯共聚物(EB)：

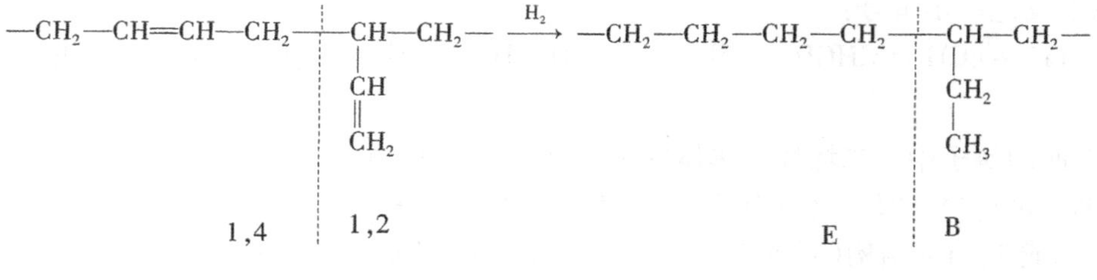


(8－8)

同样，聚异戊二烯弹性嵌段加氢可以得到乙烯/丙烯共聚物(EP)。

S－EB－S、S－EP－S 三嵌段共聚物的稳定性极其优异。

几乎上述所有的阴离子聚合嵌段共聚物的末端嵌段均为聚苯乙烯，但取代聚苯乙烯也可作为末端嵌段，例如α－甲基苯乙烯/苯乙烯共聚物、聚对叔丁基苯乙烯，这些聚合物的优点是玻璃化转变温度高，可以使嵌段共聚物的使用上限温度提高。但是，α－甲基苯乙烯的缺点是聚合速率慢、聚合上限温度低，聚对叔丁基苯乙烯的缺点是它与聚二烯烃有一定的相容性，必须在相当高的相对分子质量时才能形成相分离结构。

聚(苯乙烯－b－异戊二烯－b－苯乙烯)(S－IB－S)是通过碳阳离子聚合制备的。应该指出，采用碳阳离子聚合扩大了软、硬嵌段的选择余地，中间嵌段可以是聚戊丁烯，两端链段可以选择各种聚芳烃。异丁烯的碳阳离子聚合可以直接得到饱和的聚异丁烯橡胶嵌段，省略了加氢步骤；苯乙烯衍生物如卤代苯乙烯可以进行阳离子聚合，所得聚合物的玻璃化温度高于聚苯乙烯，因此提高了嵌段共聚物的使用上限温度。

### 8.3.4 性能

8.3.4.1 拉伸性能

从应用角度看，苯乙烯类三嵌段共聚物最令人感兴趣的是室温下它的性能与硫化橡胶相似，早期的研究已经证明了这一点，当时比较了 S－B－S 与硫化天然橡胶、硫化丁苯橡胶的应力－应变行为(见图 8－6)，S－B－S 及类似嵌段共聚物的拉伸强度高达 30MPa，伸长率达 80%，这些指标(尤其是拉伸强度)远优于未增强的硫化丁苯橡胶或顺丁橡胶。为了解释这种似乎异常的现象，人们已经提出两种机理，第一种机理假设硬的聚苯乙烯相畴起到了类似常规硫化橡胶增强填料(如炭黑)的作用，这一机理得到了如下事实的支持：聚苯乙烯相畴的大小(约 $3\times10^{-8}$m)与典型的增强填料颗粒相同，很好地分散在橡胶相中，并与橡胶相之间牢固结合。另一种机理则认为缠结聚合物链的滑动造成了强度上升。有两种机理同时起到作用，但有一点是清楚的，即当聚苯乙烯含量一定时，只要聚苯乙烯嵌段的相对分子质量高到一定程度(足以形成强的、相分离的相畴)，那么 S－B－S和 S－I－S 的拉伸模量和拉伸强度便与聚苯乙烯嵌段的相对分子质量无关。

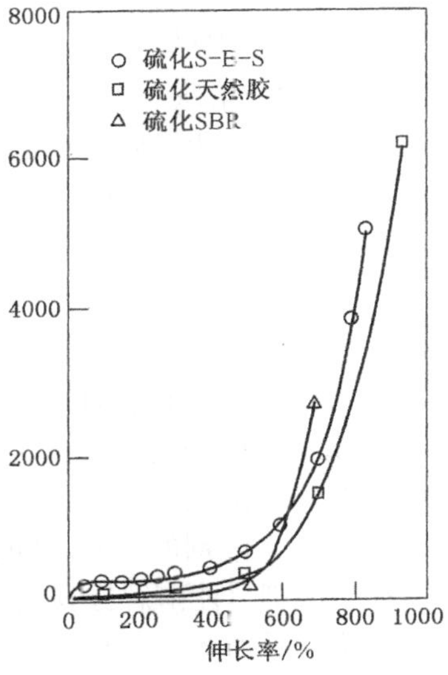


图 8－6 S－B－S、硫化天然橡胶和 SBR 的应力－应变性能

1psi＝6894.76Pa

苯乙烯类三嵌段共聚物另外一点让人感兴趣的是它的弹性模量异常高，并且不随相对分子质量变化。有人将这种现象归于中间弹性嵌段之间的相互缠结起到了交联的作用，如果确实如此，那么缠结点之间的相对分子质量是很重要的参数。对于苯乙烯类热塑性弹性体同时进行橡胶弹性的 Mooney－Rivlin 处理和关于填料对弹性模量影响的 Guth－Smallwood 处理，则可得到下式：

$$f=(\rho RT/M_c+2C_2/\lambda)(\lambda-1/\lambda^2)(1+2.5\Phi_S+14.1\Phi_S^2) \qquad (8-9)$$

式中 $f$——作用在试样上的拉伸应力；

$\lambda$——伸长比；

$\rho$——试样的密度；

$R$——气体常数；

$T$——绝对温度；

$M_c$——弹性相中缠结点之间的相对分子质量；

$C_2$——偏离理想弹性行为的常数；

$\Phi_S$——聚苯乙烯相畴的体积分数。

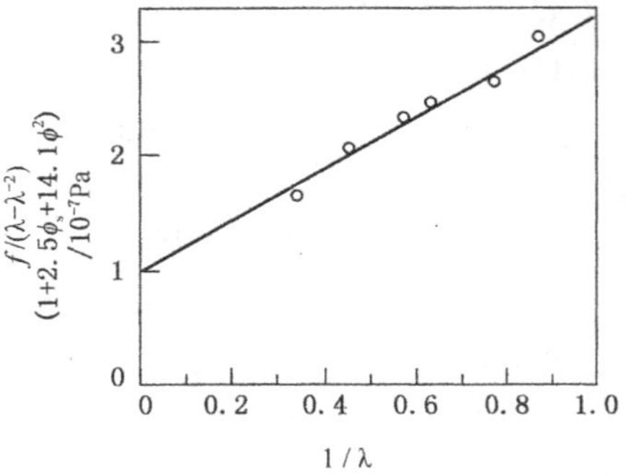


图 8－7　S－I－S 的应力－应变行为

（Mooney－Rivlin 图）

根据上式，$f/(\lambda - 1/\lambda^2)(1 + 2.5\Phi_S + 14.1\Phi_S^{\ 2})$ 对 1/λ 作图应为一条直线，用 S－I－S 三嵌段共聚物进行实验证实了这一点（见图 8－7），并且，根据截距计算出 $M_c$ 约为 20000，与用黏度－相对分子质量关系测得的聚异戊二烯缠结点之间的相对分子质量相似。根据斜率计算的 $C_2$ 值也与硫化天然橡胶数据相似。

根据 $M_c$（注意它是弹性相中缠结点之间的相对分子质量，而不是弹性嵌段的相对分子质量），可计算苯乙烯三嵌段共聚物的弹性模量和在溶剂中的溶胀程度，所得结果与实验值非常吻合，主要结论是弹性链段之间的互相缠结是造成模量上升的最主要因素。表 8－7 列出了聚异丁烯、聚异戊二烯、聚丁二烯和乙烯/丁烯共聚物的弹性模量按下列顺序递增：S－IB－S、S－I－S、S－B－S、S－EB－S。

**表 8－7　缠结点之间的相对分子质量 $M_e$**

| 弹性体 | $M_e$① | $M_e$② | 弹性体 | $M_e$① | $M_e$② |
|---|---|---|---|---|---|
| 乙烯/丁烯共聚物 | 1660③ | — | 聚异戊二烯 | 6100④ | 14000 |
| 聚丁二烯 | 1700 | 5600 | 聚异丁烯 | 8900 | 15200 |

① 由黏弹谱仪测得。

② 由黏度－相对分子质量关系得到。

③ 用乙烯/丙烯共聚物的数据来代替。

④ 用天然橡胶数据来代替。

8.3.4.2　溶胀

对于常规硫化橡胶，可根据 Flory-Rehner 公式用橡胶在溶剂中的溶胀程度来估算交联点之间的相对分子质量，Flory-Rehner 公式如式（8－10）所示：

$$M_c = \frac{\rho_2 V_1(\phi_2^{1/3} - \phi_2/2)}{\ln(1-\phi_2) + \phi_2 + \chi_1\phi_2^2} \tag{8-10}$$

式中　$M_c$——交联点之间的相对分子质量；

$\phi_2$——溶胀状态时橡胶的体积分数；

$\rho_2$——橡胶在未溶胀状态时的密度；

$V_1$——溶剂的物质的量体积；

$\chi_1$——溶剂的 Flory-Huggins 相互作用参数。

如果溶剂只能溶解橡胶相但对聚苯乙烯相没有影响，那么上式也可以用于苯乙烯嵌段共聚物。将一系列 S－I－S 嵌段共聚物在异辛烷中溶胀，由式（8－10）计算的 $M_c$ 约为 10000，此值与其他方法得到的聚异戊二烯的 $M_e$（缠结点之间的相对分子质量）相同。

8.3.4.3　黏度和黏弹性

S－B－S 和 S－I－S 嵌段共聚物一个非常明显的特点是其熔点黏度。剪切速率较低时，其黏度大大高于相同相对分子质量的聚丁二烯、聚异戊二烯或丁苯无规共聚物的黏度。此外，嵌段共聚物还表现出非牛顿流动行为，即黏度随剪切速率下降而增加，在零剪切速率时，黏度趋于无限大，图 8－8 和图 8－9 分别是 S－B－S 三嵌段共聚物的稳态和动态黏度。出现上述现象的原因是由于嵌段共聚物在熔融状态时保持了两相结构，只有当聚苯乙烯末端嵌段在剪切力的作用下从相畴中被拉出时会发生流动。当聚苯乙烯嵌段的相对分子质量大于某一临界值时，嵌段共聚物出现相分离，形成聚苯乙烯相畴，因此，即使在温度大于聚苯乙烯的玻璃化转变温度时，使聚苯乙烯嵌段进入到弹性相(即产生流动)也需要一定的能量，这种能量表现为黏度的增加。显然所需的能量随着中间嵌段与末端嵌段不相容程度的增加而上升，也就是说黏度随着上升。对于 S－EB－S 嵌段共聚物来说，由于两种嵌段之间的相容性很差，因此它的黏度非常高(非牛顿行为严重)。相反，当用聚乙烯代替聚苯乙烯作为末端嵌段时，即 E－EB－E，由于末断嵌段与中间嵌段之间是互溶的，因此在熔融状态时没有相分离，正是由于这种原因，E－EB－E 嵌段共聚物的熔融黏度很低。

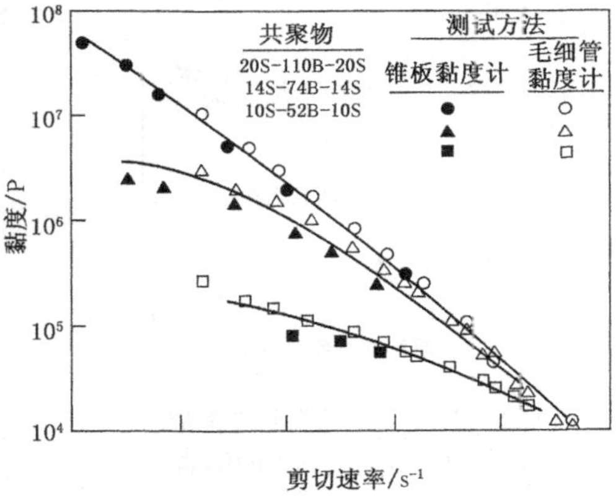


图 8－8　175℃时 S－B－S 的黏度

1P＝0.1Pa·s

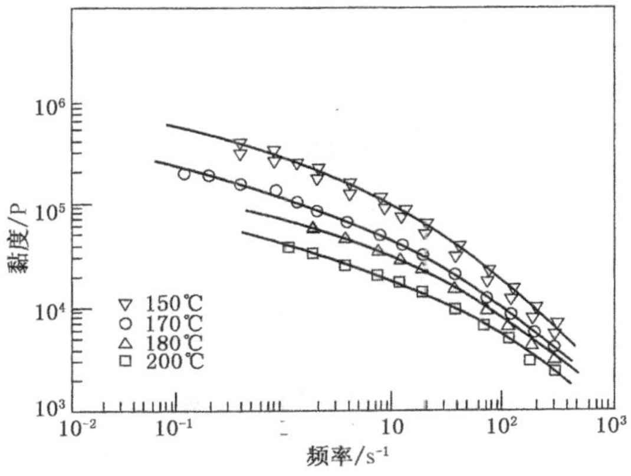


图 8－9　不同温度下 S－B－S 的动态黏度

苯乙烯三嵌段共聚物的动态力学性能也很独特。对于大多数聚合物来说，可以用 WLF 方法来描述动态力学性能，即在不同温度下测定某一频率范围内的动态力学性能，根据测定温度与参比温度之间的温差，选择适当的位移因子，将测定结果作图，其中参比温度与聚合物的玻璃化转变温度有关。但是，正如前面所述，苯乙烯类三嵌段共聚物有两个玻璃化转变温度，所以上述方法不能直接使用。对此，已经提出了几种改进方法，其中一种方法是：在低温时这些嵌段共聚物的位移因子可以用聚丁二烯的参比温度来计算，在高温时，用聚苯乙烯的参比温度来计算，而在中间温度时，则用两个玻璃化转变温度之间某一“可调整”的中间玻璃化转变温度来计算。另外一种方法是：在高温下，用另外一个参数来反映聚苯乙烯相畴的黏弹响应。

从实用角度看，三嵌段共聚物的黏弹行为最令人感兴趣的应用之一是用作压敏黏合剂。在这方面，使用增黏树脂稀释橡胶相来软化三嵌段聚合物、改善其黏弹响应的概念很好地解释了压敏黏合剂的黏结性能。

8.3.4.4　溶液性质

苯乙烯类三嵌段共聚物在良溶剂中的稀溶液性质并无特殊之处，当然，由于没有一种溶剂同时是弹性嵌段和聚苯乙烯嵌段的 $\theta$ 溶剂，因此要应用适用于 $\theta$ 溶剂的溶液理论还存在一定困难。尽管如此，对诸如特性黏数等稀溶液性质还是可以作出很好的近似处理。对于S-B-S嵌段共聚物测定了它在不同溶剂中的特性黏数(见图8-10)，从图中可以看出，当溶剂的溶解度参数约为17.6$(J\cdot ml^{-1})^{1/2}$时，特性黏数达到最大值。相反，在相同溶解度参数的溶剂中，浓溶液(质量分数为24.8%)的黏度却最小(见图8-11)，这是由于两种不同嵌段各自形成的无规线团之间存在相互作用，每一个嵌段分子链的周围不仅仅有溶剂分子，而且还有同一聚合物分子另外嵌段的分子链。

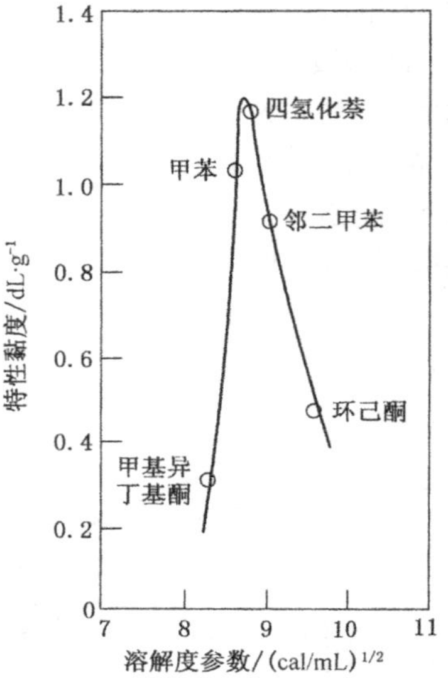


图8-10　溶剂的溶解度参数对S-B-S特性黏数的影响

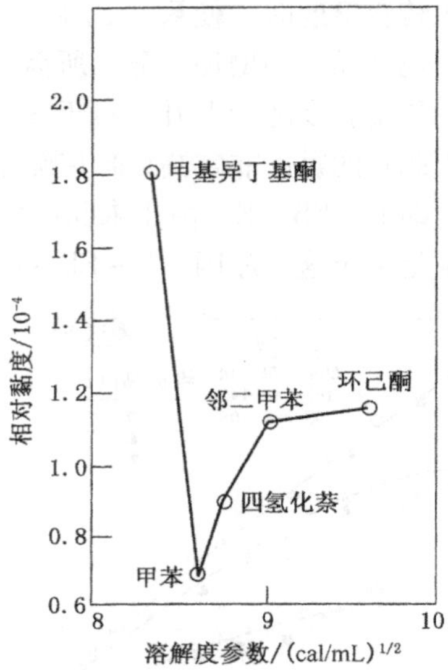


图8-11　溶剂的溶解度参数对S-B-S溶液黏度的影响

当溶液浓度很高时，发生相分离，得到有序结构，此时可观察到荧光现象，有人用小角X光散射测定了相畴大小、相畴间距和形态，发现聚苯乙烯相畴的大小与聚苯乙烯嵌段的相对分子质量和溶液的热历史有关。

8.3.4.5　形态

三嵌段共聚物的形态是最令人感兴趣的，如图8-12所示的理想相态结构是根据S-I-S、S-B-S嵌段共聚物的力学性能和流变行为推测出来的，并且相态结构还随着两嵌段的比例的不同而发生变化，但在当时，对上述相态结构还仅仅是推测，并未得到电子显微镜照片支持，这是由于聚苯乙烯微区太小不能在可见光范围内观测到，这也正是为什么这些嵌段共聚物是透明的原因。后来，开发了四氧化锇染色技术，使得人们可以通过电子显微镜来直接观察三嵌段共聚物的微观形态，证明了上述推测至少在概念上是正确的。有人提出了嵌段共聚物的形态随组成变化的更详细的模型，如图8-13所示，随着聚苯乙烯含量的增加，聚苯乙烯相从球形变化至

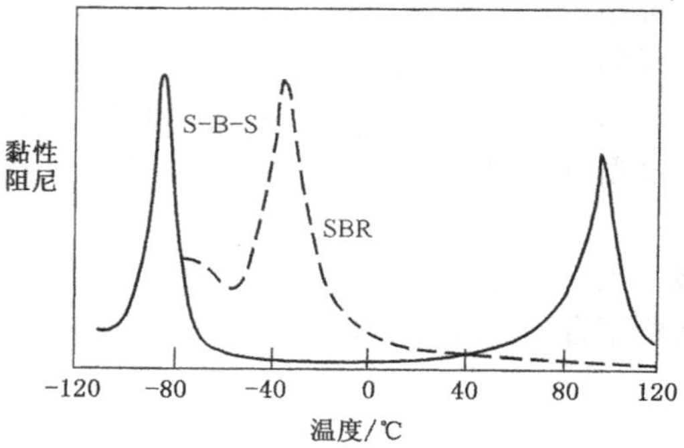


图8-12　嵌段共聚物S-B-S和无规共聚物SBR的黏性阻尼

柱形(分散在连续的橡胶相中)，当橡胶相和聚苯乙烯相的体积分率大约相等时，形成夹层结构，聚苯乙烯含量继续增加时，聚苯乙烯形成连续相，而橡胶相则是以柱形或球形分散在其中。如图8－13所示的形态得到了电子显微镜照片的支持，当聚苯乙烯含量约为50%时，嵌段共聚物呈规则的夹层结构，当聚苯乙烯含量约为30%时，聚苯乙烯相畴以十分规则的六角排列柱状结构分散在弹性连续相中，尤其是溶剂铸膜样品。严格控制加工条件时，挤出棒材也具有相似的结构，并且通过小角X光散射证实了它近乎是完整的“单晶”。挤出棒材的超薄切片的电镜观察也证明它的形态结构规则，并且柱状聚苯乙烯相畴无限长。此外，还发现嵌段共聚物在振荡剪切场作用下可以更有效地排成紧密的六角柱状结构或夹层结构(究竟形成什么样的形态决定于聚苯乙烯的含量，当聚苯乙烯和橡胶相的的体积分率大约相当时有利于形成夹层结构)。

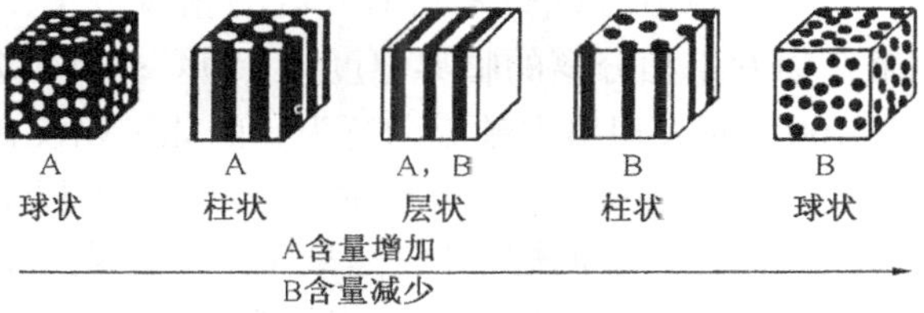

图8－13　A－B－A嵌段共聚物的形态随组成的变化

溶液铸膜样品的形态与采用的溶剂有关，聚苯乙烯良溶剂有利于形成聚苯乙烯连续相，这种材料刚性较大、没有弹性；相反，橡胶良溶剂有利于形成分散的聚苯乙烯相，这种材料是软的、具有弹性。当上述薄膜(尤其是聚苯乙烯为连续相的薄膜)重新挤出时，有明显的应力变软现象，这与常规的增强硫化橡胶中的Mullins效应相似。如果将这种以聚苯乙烯为连续相的嵌段共聚物薄膜在极限伸长率范围内反复拉伸，发现第一次拉伸时模量大大高于以后几次拉伸时的模量，这种现象可能是由于聚苯乙烯连续相在拉伸时破坏，形成分散的聚苯乙烯相畴，并用电子显微镜和小角X光散射进行了研究。

8.3.4.6　应力－光学性质

S－B－S嵌段共聚物在拉伸时的双折射测量证实，当温度大约为70℃以下时，S－B－S嵌段共聚物的强度和模量的下降不是由于聚苯乙烯嵌段的流动而是由于聚丁二烯链的流动性增加造成的。在未发生应变的S－B－S试样中，双折射理论计算值与实验值的差别应归因于聚苯乙烯相畴中的残余应力。但将试样拉伸后固定，并在聚苯乙烯的玻璃化转变温度以下进行退火处理后，因分子取向造成双折射大大增加，提高退火温度可以消除此效应。

8.3.4.7　形成相畴的临界相对分子质量

在嵌段共聚物中，如果混合自由能$\Delta G_m$为负值，则两种嵌段之间完全相容。自由能$\Delta G_m$可用下式表示：

$$\Delta G_m = \Delta H_m - T\Delta S_m$$

式中，$\Delta H_m$和$\Delta S_m$分别是混合焓和混合熵；$T$是绝对温度。因此，形成相畴的条件为：

$$\Delta H_m > T\Delta S_m$$

对于碳氢聚合物来说，由于没有强的相互作用基团，故$\Delta H_m$通常为正值，并且两种嵌段的结构差别越大，$\Delta H_m$就越高。$\Delta S_m$则总是正值，但当嵌段相对分子质量很大时，$\Delta S_m$趋于零。于是，我们预计以下几个因素会有利于微相分离(相成相畴)：

① 两种嵌段的结构差别越大，越有利于微相分离；

② 嵌段相对分子质量越高，越有利于微相分离；

③ 温度越低，越有利于微相分离。

微相分离理论已经相当成熟，并已定量化。实验方面，研究了两种嵌段结构差别对相分离的影响，例如，E－EB－E 嵌段共聚物在熔融状态时，是没有相分离的，而 S－EB－S 嵌段共聚物则存在严重的相分离。此外，实验研究了相对分子质量和温度对相分离的影响，例如，当 S－B－S 末端聚苯乙烯嵌段的相对分子质量为 7000 时，稳态和动态黏度测定表明，该聚合物发生相分离的临界温度为 150℃；当末端聚苯乙烯嵌段的相对分子质量为 8000 时，它在 160℃时表现出牛顿流动行为，因此可以说在此温度时没有相分离；当末端聚苯乙烯嵌段的相对分子质量大于 10000 时，它在 200℃以上仍是相分离的。上述实验结果与理论预计非常吻合。在正十四烷中(它是聚丁二烯的良溶剂，但对聚苯乙烯而言是不良溶剂)，相对分子质量较高的 S－B－S 嵌段共聚物在低温度下形成相分离的凝胶，但升高温度则转变为均匀溶液，转变温度主要决定于溶液的浓度。

8.3.4.8　相容性

苯乙烯嵌段共聚物两相体系中加入另外一种聚合物或低聚物后，它们在两相的分布有几种可能。由于嵌段共聚物几乎所有的最终应用都需要加入其他聚合物或低聚物，因此研究它们在两相的分布具有重要的实际意义。

只有当混合自由能为负值时两种聚合物之间才能均匀混合，即：

$$T\Delta S_{\mathrm{m}} > \Delta H_{\mathrm{m}}$$

对于碳氢化化合物的混合物来说，$\Delta H_{\mathrm{m}}$通常为正值，$\Delta S_{\mathrm{m}}$是与相对分子质量成反比的函数，因此对于聚合物之间的共混来说，$T\Delta S_{\mathrm{m}}$趋于零，低于 $\Delta H_{\mathrm{m}}$。正因为如此，所以大多数聚合物之间是不相容的。当然，如果两种聚合物是相同的，那么 $\Delta H_{\mathrm{m}}$就为零，因此每种聚合物与它自己都是互容的。

对于嵌段共聚物来说，当加入均聚物时，即使均聚物的结构与其中一个嵌段完全相同，相容性也不高，除非均聚物的相对分子质量大大低于相应嵌段的相对分子质量。例如，相对分子质量为 100000 的聚苯乙烯加入到苯乙烯嵌段共聚物中时，苯乙烯均聚物与嵌段共聚物的聚苯乙烯相畴之间互不相容，会发生相分离，并且苯乙烯均聚物颗粒直径较大，对光线产生散射，因而该共混物是不透明的。而嵌段共聚物虽也是两相分离体系，但由于聚苯乙烯相畴很小，不产生光散射，因此是透明的。

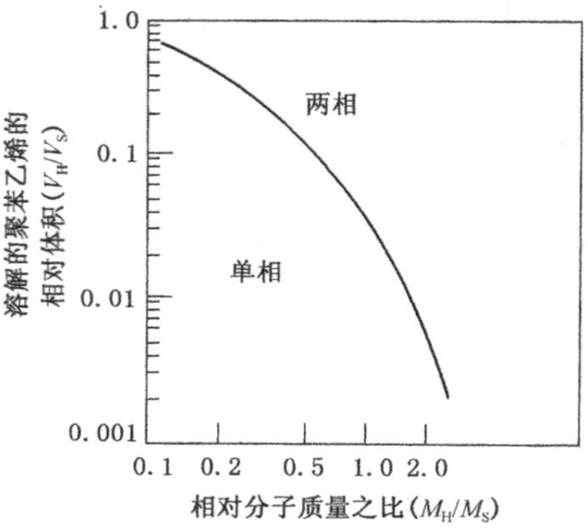


图 8－14　S－B 两嵌段共聚物与苯乙烯均聚物之间的相容性

有人计算了可溶于 S－B 两嵌段共聚物聚苯乙烯相畴中的苯乙烯均聚物的量，结果如图 8－14 所示。如果苯乙烯均聚物的相对分子质量($M_{\mathrm{H}}$)与 S－B 两嵌段共聚物聚苯乙烯嵌段的相对分子质量($M_{\mathrm{S}}$)相似，那么只有极少一部分苯乙烯均聚物可与 S－B 两嵌段共聚物聚苯乙烯相畴互容。只有当 $M_{\mathrm{H}} \ll M_{\mathrm{S}}$时，苯乙烯均聚物可与 S－B 两嵌段共聚物聚苯乙烯相畴之间才会有明显的互容。对于聚丁二烯弹性相来说，也得到了类似的结果。因此，可以这样说，只有相对分子质量很低的树脂和增塑剂才可以与嵌段共聚物互容，并通过实验进行了验证。唯一例外的情况是聚苯醚，由于聚苯醚与聚苯乙烯之间的 $\Delta H_{\mathrm{m}}$为负值，因此相对分子质量较高的聚苯醚也可与苯乙烯嵌段共聚物的聚苯乙烯相畴互容。

8.3.4.9　其他类型的苯乙烯嵌段共聚物

对于其他类型的苯乙烯嵌段共聚物，文献曾报道了$(S-I)_n$线型多嵌段共聚物，其嵌段的总数可以达到9。有人还比较了聚苯乙烯含量为30%的S－B－S、$(S-B)_3X$、$(S-B)_4X$、B－S－B和$(B-S)_3X$五种线型或支化嵌段共聚物的流变性能，当总的相对分子质量相同时，前三种嵌段共聚物（其末端嵌段为聚苯乙烯）的黏度大大高于后两种（其末端嵌段为聚丁二烯）；并且，线型嵌段共聚物S－B－S、B－S－B的黏度又比支化嵌段共聚物高得多。但是，如果将线型嵌段共聚物也看作是支化结构的话，即$(S-B)_2X$、$(B-S)_2X$，那么，当臂长相等时，线型和支化嵌段共聚物的黏度或黏弹性没有什么差别。苯乙烯含量为25%的S－B－S、$(S-B)_3X$、$(S-B)_4X$的溶液黏度和融熔流动性也具有相同的规律，即如果其臂长相同，则这几种聚合物的溶液黏度和融熔流动性相似。

上面提到，对于S－B－S、$(S-B)_3X$、$(S-B)_4X$、B－S－B和$(B-S)_3X$五种嵌段共聚物来说，当总的相对分子质量相同时，前三种嵌段共聚物（其末端嵌段为聚苯乙烯）的黏度大大高于后两种（其末端嵌段为聚丁二烯），这说明在测试条件下这5种嵌段共聚物均为相分离结构。对于S－B－S或$(S-B)_nX$而言，流动是通过分散的聚苯乙烯相的破坏而发生，此时需要外加的能量，因此黏度非常高，并且外加能量的大小决定于聚苯乙烯嵌段的相对分子质量，而聚丁二烯的支化则没有多大影响。相反，对于S－B－S和$(B-S)_nX$而言，流动是发生在聚丁二烯连续相，不需破坏聚苯乙烯相畴，此时所需要的能量大大减少，因此黏度较低。

## 8.4　聚烯烃类热塑性弹性体

聚烯烃类热塑性弹性体包括以下几种类型：

① 无规嵌段共聚物，例如乙烯－α－烯烃共聚物；

② 嵌段共聚物，例如氢化丁二烯－异戊二烯－丁二烯嵌段共聚物；

③ 立构嵌段共聚物，例如立构嵌段聚丙烯；

④ 接枝共聚物，例如聚异丁烯－g－聚苯乙烯、EPDM－g－聚新戊内酯；

⑤ 共混物，例如EPM/iPP共混物、动态硫化的EPDM/结晶聚烯烃共混物。

以上类型的热塑性弹性体大都是通过聚合物链的结晶得到弹性结构的，都具有类似橡胶的性能，并且可以在典型的热塑性塑料加工设备中熔融加工。聚烯烃嵌段共聚物与聚苯乙烯－聚丁二烯－聚苯乙烯嵌段共聚物（S－B－S）相似，也是硬嵌段聚结形成相畴。但这种相畴是结晶的，而聚苯乙烯嵌段形成的相畴是玻璃态的。立构嵌段烯烃共聚物则是通过分子链内立构规整度的变化得到结晶链段和无定形链段。

### 8.4.1　无规共聚物

含有可结晶链段和无定形链段的无规嵌段共聚物在温度高于无定形相的玻璃化转变温度$T_g$时是热塑性弹性体，热塑性聚氨酯（TPU）是首例这种链结构的热塑性弹性体。当温度高于结晶相的熔点$T_m$时，这种无规嵌段共聚物可以流动并能成型加工。聚乙烯可以作为无规嵌段共聚物的结晶链段，可高压自由基聚合制备的乙烯－乙酸乙烯酯共聚物（乙烯乙酸酯质量分数为10%～36%）表现出类似橡胶的性能，含有结晶聚乙烯链段的无规乙丙共聚物于60年代工业化。

在适当催化剂存在下，丙烯与高级α－烯烃类共聚合可以制得含有全同立构聚丙烯链段的共聚物，它是一种热塑性弹性体。聚丙烯结晶性也可以通过在分子链中引入无规立构链来改变，这种无规立构嵌段共聚物也具有热塑性弹性体的性能。

8.4.1.1　乙烯－丙烯共聚物

乙烯－丙烯共聚物是用可溶性 Ziegler－Natta 催化剂制备的，如 $VOCl_3$（$Et_2AlCl$ 作共催化剂），其结晶度决定于共聚物的组成、组成分布以及序列分布。图 8－15 是结晶度为 16% 的乙烯－丙烯共聚物的应力－应变性能，聚合物经过屈服、拉伸，在较高的应变时进一步结晶。第一次拉伸时结晶相的屈服会导致永久变形，但是，如果应力－应变现象仅局限在应变区，那么回弹性就与化学交联的弹性体类似，这表明，结晶相在拉伸时破裂成小的分散相畴。

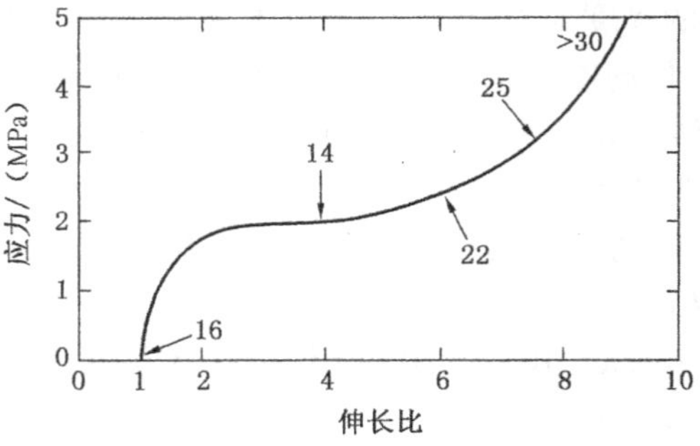


图 8－15　拉伸比对乙烯－丙烯共聚物结晶度的影响

乙烯－丙烯无规嵌段共聚物（EPM）的玻璃化转变温度 $T_g$ 约为 －50℃，并且其结晶度、熔点 $T_m$ 和 $T_g$ 都随着组成而变化，组成分布越均匀，融化温度范围就越窄。EPM 的组成会对结晶度、玻璃化温度造成影响，当乙烯含量大于 80% 时，差示扫描量热（DSC）检测不到 $T_g$，结晶度随乙烯含量增加而上升。聚合催化剂的活性决定了共聚物的序列分布，因而催化剂不同时共聚物组成差别较大。此外，某些催化剂的聚合中心活性不同，也会导致组成分布变宽。

8.4.1.2　乙烯－高级 α－烯烃共聚物

乙烯与高级 α－烯烃的共聚物也是用 Ziegler－Natta 催化剂制备的，这种方法已经用于生产线型低密度聚乙烯，但在生产乙烯与高级 α－烯烃的共聚物类热塑性弹性体时，在反应器设计、聚合物回收等方面难度较大。当共聚物中 1－丁烯或 1－已烯含量较高时，它是一种半结晶、低模量的聚合物。与乙丙共聚物相似，乙烯－高级 α－烯烃共聚物也是通过乙烯链段的结晶起到了物理交联的作用。由于乙烯－高级 α－烯烃共聚物既有类似低密度聚乙烯的性能，又具有热塑性弹性体的性能，因此被称作塑弹体（plastomer）。

采用茂金属催化聚合技术制备的乙烯－高级 α－烯烃共聚物热塑性弹性体密度为 0.88～0.90g/cm$^3$，重均相对分子质量 $M_w$ 约为 $2\times10^4$～$2\times10^5$，其物性见表 8－8。该热塑性弹性体的主要特点是：透明性和抗弯性好，可抽提组分低。

**表 8－8　乙烯－高级 α－烯烃共聚物的物性**

| 性　　能 | 数　　据 | 测试方法 |
|---|---|---|
| 密度/g·mL$^{-1}$ | 0.855 | ASTM D－1505 |
| 熔融指数/g·min$^{-1}$ | 0.38 | ASTM D－1238 |
| 混浊度/% | 10（1.27mm） | ASTM D－1003 |
| 硬度 | 83A | ASTM D－2240 |
| | 35D | |
| 拉伸强度/MPa | 20 | ASTM D－638 |
| 断裂伸长率/% | >800 | ASTM D－1638 |
| 熔点/℃ | 38 | DSC 法熔融点峰值 |

用茂金属催化剂制备的乙烯－高级 α－烯烃共聚物的特点是相对分子量质量分布和组成分布都很窄，这是由于茂金属催化剂只有一种聚合活性中心。该共聚物的 $T_g$ 较低（约

为 -55℃)、$T_m$较高，因而结晶速率较快，可以很快达到平衡性能，易于进行热塑性加工。这种共聚物易于加工、性能优异、化学惰性好，因此有望成为用途广泛的热塑性弹性体。

通过乳液聚合将丁苯橡胶(SBR)进行加氢处理可制得乙烯 - 苯乙烯无规共聚物，自由基乳液聚合丁苯橡胶含有苯乙烯、顺式 1，4 -、反式 1，4 - 和 1，2 - 结构丁二烯单体单元，加氢后便成为苯乙烯、乙烯和 1 - 丁烯的共聚物。加氢反应采用二酰亚胺法在乳液中直接进行，加氢产物是热塑性弹性体，它也是通过乙烯链段的结晶来提供可逆交联。加氢乳胶也可以直接用于铸膜和浸涂。DCS 测试结果表明，SBR 加氢之后 $T_g$略有上升(例如 SBR - 1502 的 $T_g$为 -75℃，加氢后上升至 -41℃)；$T_m$范围较宽，最高融化温度为 75℃，说明氢化 SBR 中乙烯的链段长度分布较宽。乙烯 - 苯乙烯无规共聚物型热塑性弹性体也可以采用直接共聚路线来制备。

8.4.1.3 丙烯 - 高级 α - 烯烃共聚物

与乙烯 α - 烯烃无规共聚物一样，丙烯或丁烯与高级 α - 烯烃共聚物的 $T_g$也很低，可作为弹性体。但与乙烯共聚物不同的是，所用聚合催化剂必须能控制立体结构，方可得到结晶链段。

$\gamma - TiCl_3/Et_2AlCl$ 或者附载在 $MgCl_2$ 上的 $TiCl_4$/三烷基铝两种催化体系都可以制得全同立构聚丙烯链段。当 1 - 己烯或 1 - 癸烯质量分数为 20% ~60% 时，该共聚物为热塑性弹性体，其熔点 $T_m$ 为 130 ~ 150℃。丙烯 -1 - 己烯(质量分数为 50%)共聚物的应力 - 应变性能如图 8 - 16 所示，与乙烯共聚物相似，该共聚物在低伸长率时也有屈服，继续拉伸则硬度增加。它的拉伸永久形变也较大，这显然是由于结晶相的屈服所致。

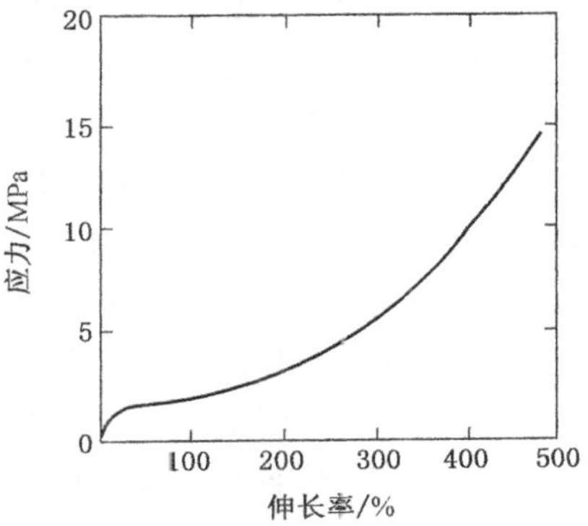


图 8 - 16 丙烯 -1 - 己烯共聚物的应力 - 应变曲线

8.4.1.4 无规立构嵌段聚丙烯

结晶嵌段和无定形嵌段呈无规分布的热塑性弹性体可以通过在立构规整的分子链中引入非立构规整性单元来制备，而前面所讨论的共聚物则是通过共聚反应而不是通过调整立构规整性来控制结晶嵌段长度的。无规立构聚丙烯是不结晶的，其玻璃化转变温度 $T_g$在 0℃左右，因此它可以在全同立构聚丙烯中作为橡胶嵌段。

Natta 早期的研究表明，全同立构聚丙烯中混有少量结晶度较低、实际上是橡胶状的聚合物。如果将全同立构聚丙烯进行部分异构处理，便可得到全同立构和无规立构单元呈无规分布的聚丙烯。

采用均相和非均相催化剂，可直接合成无规立构嵌段聚丙烯。

**8.4.2 嵌段共聚物**

以结晶聚合物作两端嵌段、弹性聚合物作中间嵌段的 A - B - A 型嵌段共聚物的设想已经提出了将近 50 年。

8.4.2.1 用 Ziegler-Natta 催化剂直接制备

按照 Tobolsky 关于聚烯烃类热塑性弹性体的设想，Kontos 等进行了研究，他们采用 Ziegler - Natta 催化剂(如 $TiCl_4$/烷基铝锂)和交替加料的方法进行了聚合，所得聚合物的应力 - 应变性能呈橡胶状的特征。Doi、Ueki 和 Keii 描述了用乙酰丙酮钒/$Et_2AlCl$ 做催化剂，制备间同立构聚丙烯(sPP)的活性聚合，聚合温度为 -78℃，所得聚合物的相对分子质量分布指

数 $M_w/M_n$为 1.1。如果采用依次加入单体的方法（-78℃，苯甲醚溶液中），则可以得到 sPP-EP-sPP嵌段共聚物，其相对分子质量分布仍然很窄，$M_w/M_n$ =1.1~1.3。Evens 发现，如果不加苯甲醚，那么在生成嵌段共聚物的同时会产生大量的均聚物。

采用上述方法制备 A-B-A 型聚烯烃类嵌段共聚物存在不少缺点，例如，催化剂的活性比较低，在 5h 内 1g 催化剂仅能生成 50g 聚合物；其次，这种催化剂在 -78℃不能生成活性聚乙烯链；再者，当温度高于 -65℃时，聚合物分子链失活严重，所得聚合物的相对分子质量分布很宽。

Lock 报道，二甲基-二(甲基环戊二烯基)钛/$TiCl_3$作催化剂的聚合与活性聚合一致，在 45℃，聚合物的收率及相对分子质量随聚合时间的延长而上升，直至 200min 时，体系中大分子链的数目始终保持恒定。如果除去未聚合的单体，用氩气置换，然后重新开始聚合，大分子链的数目依然保持不变。该催化剂所制备的聚合物相对分子质量分布指数 $M_w/M_n$ = 4~5，并在整个聚合过程中该分布指数保持恒定，这表明体系中存在多种聚合活性中心，而没有明显的链转移和链终止，引发速率也非常快。

iPP-EP-iPP 嵌段共聚物合成结果表明，该聚合物结晶部分主要是聚丙烯，但也含有少量的聚乙烯结晶。X 射线衍射数据表明，该聚合物含有 19% 的聚丙烯链段、3% 的聚乙烯链段和 78% 无定形乙烯、丙烯链段。对丙烯质量分数为 14%、乙烯-丙烯质量分数为 86% 的聚合物进行分级，表明有 66% 的乙烯-丙烯嵌段是连接在全同立构聚丙烯嵌段上的，但还不能区分两嵌段和三嵌段共聚物。

在 PP-EP-PP 嵌段共聚物中，当末端嵌段的质量分数为 12%~28%、相对分子质量为 $(30\sim90)\times10^3$，中间嵌段含有 55% 质量分数的乙烯、相对分子质量为 $(300\sim400)\times10^3$ 时，该嵌段共聚物的性能达到最佳值。表 8-9 是末端聚丙烯嵌段的含量对该嵌段共聚物性能的影响。

**表 8-9 乙烯-丙烯嵌段共聚物的性能**

| 性能(25℃) | 聚丙烯质量分数/% | | |
|---|---|---|---|
| | 12 | 21 | 29 |
| 邵氏 A 硬度 | 70 | 80 | 90 |
| 100% 模量/MPa | 2.1 | 4.0 | 6.5 |
| 拉伸强度/MPa | 13 | 14 | 21 |
| 断裂伸长率/% | 800 | 800 | 700 |
| 100% 伸长回复 10min 后的永久变形 | 12 | 15 | 20 |

采用 Ziegler-Natta 催化剂直接制备结构清晰的 A-B-A 型嵌段共聚物很困难，此外，每个聚合活性中心只能生成一个聚合物链。

8.4.2.2 通过二烯烃嵌段共聚物的加氢来制备

表征清晰的 A-B-A 型聚烯烃类嵌段共聚物是通过阴离子聚合得到的，其两端结晶嵌段是氢化的高 1，4-结构聚丁二烯，中间的橡胶嵌段是氢化的高 1，4-结构聚异戊二烯[这种嵌段聚合物简称 H(B-I-B)]，或者氢化的 1，2-结构含量为 45% 的聚丁二烯[这种嵌段聚合物简称 H(B-B-B)]，这两种嵌段共聚物都是理想的模型聚合物。

加氢反应的催化剂可以是正丁基锂－辛酸钴，也可以是由 $Et_3Al$ 和辛酸钴或者甲苯硫酰肼制备的 Ziegler 型催化剂，加氢反应进行得很完全，并且断链程度极低。但这种合成方法的一个缺点就是末端聚乙烯嵌段中含有相当程度的乙烯短支链，使 $T_m$ 降至 107℃以下，其结晶度和性能也与低密度聚乙烯相似。

H(B－I－B)、H(I－B－I)和 H(B－I)都是半结晶的，其结晶度与嵌段的排列顺序有关。DSC 结果还表明，当 H(B－B－B)拉伸破坏后，结晶度和 $T_m$ 略有上升。

图 8－17 比较了 H(B－I－B)和 H(B)、H(I)两种均聚物(三种聚合物的数均相对分子质量均约为 $200\times10^3$)的应力应变性能。从图中可以看出，当硬段含量较低时，H(B－I－B)的拉伸性能与 S－B－S 嵌段共聚物类似。但是，当苯乙烯含量较高时(约 80%)，S－B－S 是脆性材料，伸长率很低，而丁二烯嵌段含量为 80% 的 H(B－I－B)则为塑性变形。有趣的是，当丁二烯含量在 50% 以上时，H(I－B－I)和 H(B－I－B)的应力－应变性能相似，这很可能是由于两种嵌段共聚物的结晶相都是连续相的缘故；当丁二烯含量较低时，H(I－B－I)的拉伸性能急剧下降，例如丁二烯含量为 29% 时，H(B)相是不连续的，此时，H(I)链末端没有缠结到物理交联网络中。

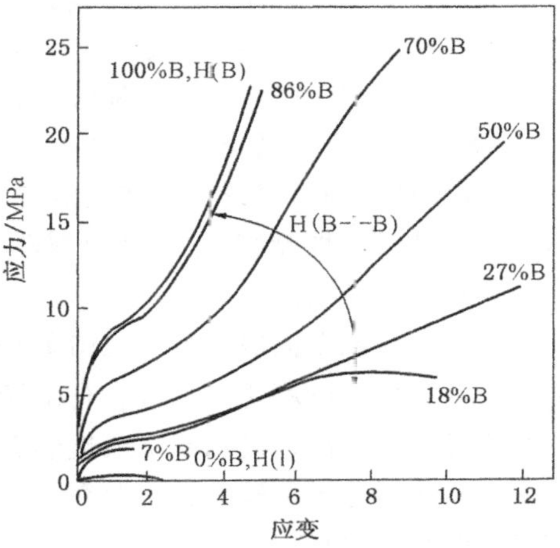


图 8－17　H(B－I－B)、H(B)、H(I)应力－应变性能(模压法制样)

注：聚合物的组成用丁二烯含量表示，标于图中

## 8.5　聚酰胺类热塑性弹性体

### 8.5.1　引言

第一种商业化的热塑性弹性体是 50 多年前的聚氯乙烯共混物，开发这种热塑性弹性体的目的是利用它的易加工性来取代硫化橡胶。随着现代技术对热塑性弹性体性能的要求越来越高，尤其是对使用温度、耐化学品性、耐候性、低压缩永久变形等方面的要求越来越高，热塑性弹性体经历了几个发展阶段。

20 世纪 60 年代初期，聚氨酯和聚苯乙烯－聚二烯烃三嵌段共聚物两种热塑性弹性体发展成为重要的商业化品种，70 年代开发了聚醚酯型热塑性弹性体，80 年代，道化学公司和 Atochem 又进一步开发了聚酰胺类热塑性弹性体。聚酯酰胺、聚醚酯酰胺、聚碳酸酯－酯酰胺以及聚醚－b－酰胺四种聚酰胺热塑性弹性体的使用温度可以高达 175℃，并且具有优异的耐热老化和耐化学品性。本章将介绍这四种聚酰胺类热塑性弹性体的合成、结构形态和性能。

### 8.5.2　分段型嵌段共聚物

8.5.2.1　结构

分段型嵌段共聚物(Segment Block Coplymer)由多个嵌段交替组成，各段的相对分子质量通常低于 4000。这种分段型嵌段共聚物既不同于无规嵌段共聚物，也不同于两或三嵌段共聚物，无规共聚物是指共聚单体沿聚合物链随机分布，而两或三嵌段共聚物则由两个或三个各自单体的高相对分子质量嵌段所组成。

分段型嵌段共聚物的重复嵌段由化学结构完全不同的单元所组成，对于分段型嵌段共聚物类热塑性弹性体而言，一种嵌段称为硬段，其均聚物的玻璃化温度($T_g$)或熔点($T_m$)较高；另一种嵌段称为软段，它既可以是结晶聚合物($T_m$较低)，也可以是无定形聚合物($T_g$低于室温)。这种分段型嵌段共聚物包括聚氨酯热塑性弹性体(4，4′－二苯基甲烷二异氰酸酯－氨基甲酸酯作为硬段、脂肪族聚醚或聚酯作为软段)以及聚醚酯热塑性弹性体(以聚对苯二甲酸丁二酯作为硬段、脂肪族聚醚作为软段)。

聚酯酰胺(PEA)、聚醚酯酰胺(PEEA)、聚碳酸酯－酯酰胺(PCEA)以及聚醚－b－酰胺(PE－b－A)等聚酰胺类热弹性体也属于分段型嵌段共聚物，其硬段为聚酰胺，软段则为聚醚和/或聚酯。通过讨论，将清楚地看出，软、硬段的化学结构和组成均可进行调整，从而得到理想的综合性能(热塑性和机械性能的平衡)。

8.5.2.2　形态

弹性的分段型嵌段共聚物应由$T_g$或$T_m$较高的硬段和$T_g$较低(大大低于室温)的软段交替构成，并且软、硬段之间的混合自由能应大于零，这样，在固态时，软、硬段之间的不相容性便会导致相分离，硬段聚集成玻璃态或半结晶性硬微区而分散在软段连续相中。由于软、硬的平均相对分子量较低，且存在一定的分布，因此两相之间有一定的相容性，从而导致两相之间的介面比较模糊。

软段赋予聚合物以柔软性和可延伸性，而玻璃态或半结晶性硬段微区则起到了交联点的作用，防止聚合物分子链滑移和黏流。但是，与硫化橡胶中的化学交联键不同，这种交联本质上是物理交联，因而是热可逆的，也就是说，当将这种聚合物加热至硬微区的$T_g$或$T_m$以上时，硬微区会转变微流体而解离。随着硬段微区的解离，软、硬段之间发生相混合。硬段物理交联点被破坏后，聚合物便能够像热塑性塑料那样流动，从而可以用热塑性塑料的常规成型设备进行熔融加工。一旦冷却后，软、硬段又变得不相容，发生相分离，形成微区结构，重新形成物理交联点。硬段重排速度决定于硬段的缔合结构和程度，在硬段的玻璃化转变温度以下对聚合物进行退火处理，常常能够增加相分离速度。

分段型嵌段共聚物类的热塑性弹性体的机械性能决定于许多因素，共聚物中硬段的比例、化学组成、相对分子质量分布，共聚物的合成方法以及热历史均影响相分离程度和微区伸长率下降。在软/硬段比例相同时，改善相分离程度会使弹性相内分子链运动更加自由(即降低了$T_g$)，最后导致共聚物的硬度和模量下降。

分段型嵌段共聚物类热塑性弹性体的上限使用温度决定于硬微区的$T_g$或$T_m$。高温下软、硬相之间的相容性、硬段的$T_g$、硬段的比例以及硬微区的结晶度和$T_m$都是影响热塑性弹性体的上限使用温度的重要参数，这些参数影响两相之间的混合程度以及硬微区中(尤其是硬微区无定形部分)分子链运动的自由程度。当温度较高、形成物理交联点的硬段含量较低时，共聚物的模量和拉伸强度下降。对于长期老化性能来说，软段的热氧稳定性也是非常重要的。

为了提高分段型嵌段共聚物类热塑性弹性体的上限使用温度，需提高物理交联作用的硬微区的$T_g$或$T_m$。增加硬段的含量可以做到这一点，但却会使硬度上升、弹性下降；另外一种提高上限使用温度的方法是选择熔点较高、结晶度较大的硬段，此类硬段与软段的相容性非常低，有助于维持硬微区在高温下的完整。对于结晶性硬段来说，物理交联效果相对来说更依赖于硬微区的$T_m$，而不是$T_g$，这是由于结晶性的影响大大超过了$T_g$的影响。所以说，选择高熔点、结晶性硬段是设计和开发 PEA、PEEA 以及 PCEA 等聚酰胺类热塑性弹性体所必须采用的方法。此外，选择结晶性硬段还有利于提高耐溶剂性等性能。

### 8.5.3 聚酰胺类热塑性弹性体合成

聚酰胺类热塑性弹性体可以按照聚酰胺硬段和软段的组成来进行分类。道化学开发的聚酰胺类热塑性弹性体是以半芳酰胺为硬段，脂肪族聚酯、脂肪族聚醚或脂肪族碳酸酯作为软段，这三种聚酰胺类热塑性弹性体分别称为聚酯酰胺(PEA)、聚醚酯酰胺(PEEA)、聚碳酸酯-酯酰胺(PCEA)。Atochem开发的聚酰胺类热塑性弹性体则是脂肪族酰胺作为硬段，聚醚作为软段，为了将这种热塑性弹性体和PEEA相区别，称其为聚醚-b-酰胺(PE-b-A)。应该指出，尽管PE-b-A看来像两嵌段共聚物，但它实际上是分段型嵌段共聚物。

聚酰胺类热塑性弹性体的合成方法也各不相同，PE-b-A是由端羟基脂肪族聚酰胺嵌段与端羟基聚醚二元醇通过酯化反应制备的，而PEA、PEEA和PCEA则是由芳香族二异氰酸酯与脂肪族二元酸反应生成聚酰胺嵌段，以端羟基聚酯或聚醚作为软段，这样在生成聚合物的同时，也生成了聚酰胺硬段。上述两种合成方法如图8-18所示。

PE-b-A:

$HO_2C$—聚酰胺$CO_2H$+HO—聚醚—OH⟶[聚酰胺-酯-聚醚-酯]

PEA或PCEA:

OCN—Ar—NCO+$HO_2C$—R—$CO_2H$+$HO_2C$—聚酯—$CO_2H$⟶[聚芳酰胺-聚酯]

PEEA:

OCN—Ar—NCO+$HO_2C$—R—$CO_2H$+$HO_2C$—酯-聚醚-酯—$CO_2H$⟶[聚芳酰胺-酯-聚醚-酯]

图8-18 聚酰胺类热塑性弹性体合成示意图

因为半芳酰胺在合成条件下以及在加工过程中不发生酯-酰胺交换反应，因此可以选择聚酯作为软段。但是对脂肪族酰胺来说，会发生酯-酰胺交换反应，使嵌段共聚物无规化，最终导致聚合物失去分段型共聚物所应有的特性，所以以脂肪族聚酰胺作为硬段时，不能选择聚酯作为软段。

#### 8.5.3.1 PEA、PEEA和PCEA的合成

酰胺基团是在由单体聚合制备PEA、PEEA和PCEA的过程中同时形成的。聚酰胺的典型合成方法是用二元胺和二元酸进行缩合聚合(见式8-11)，或者用环内酰胺的开环聚合来制备(见式8-12)，例如尼龙66、尼龙610是用第一种路线合成的，而尼龙6则是用第三种路线合成的。采用这两种方法合成的聚酰胺通常仅限于脂肪族聚酰胺，这是由于芳香族二元胺盐的活泼性较低以及芳香族环内酰胺单体很难得到的缘故。聚酰胺(包括芳香族聚酰胺)还可以用二元胺与二元酰氯反应制备，见式(8-13)，但酰氯单体价格昂贵，并且这种合成方法会释放出腐蚀性的氯化氢。

$$nH_2N—R—NH_2 + nHO_2C—R'—CO_2H \longrightarrow H\left[NH—R—NHCO—R'—CO\right]_nOH + nH_2O \quad (8-11)$$

$$n\,\overline{(CH_2)_x—NH—C{=}O} \longrightarrow HO_2C\left[(CH_2)_xNHCO\right]_n(CH_2)_xNH_2 \quad (8-12)$$

$$nH_2N—R—NH_2 + nClOC—R'—COCl \longrightarrow H\left[NH—R—NHCO—R—CO\right]_nOH + nHCl$$

R，R'=芳基或脂肪基 (8-13)

另外，酰胺还可由异氰酸酯与羧酸反应得到，同时放出$CO_2$，见式8-14。

$$R—NCO + R'—CO_2H \rightarrow R—NHCO—R' + CO_2 \quad (8-14)$$

芳香族二异氰酸与二元酸反应得到的聚酰胺与上面讨论的用芳香族二元胺与二元酸反应

制得的聚酰胺是完全不同的，但避免了芳香族二元胺活性较低的问题。异氰酸酯与羧酸反应制备酰胺的的反应机理是相当复杂的，文献已有报道。该反应已经被用来合成半芳聚酰胺，并且没有副产物生成。高相对分子质量聚酰胺的生成说明了这种合成路线是非常有效的，因为对于缩聚反应来说，要得到高相对分子质量聚合物，反应程度必须大于99%。采用这种合成路线，已经制得了从热塑性工程塑料到热塑性弹性体的各种聚合物。

PEA、PEEA 和 PCEA 是用芳香族二异氰酸酯 MDI 与脂肪族二元酸以及数均相对分子质量为 500 ~ 5000 的两端为脂肪酸的聚酯或聚醚异氰酸酯，在反应过程中，每消耗 1mol 的二异氰酸，便释放出 2mol 的 $CO_2$(见图 8 - 19)。所加入的脂肪族二元酸起到了硬段扩链剂的作用，它与 MDI 反应生成了半芳酰胺硬段。脂肪族二元酸的作用与聚氨酯弹性体中的扩链剂 1，4 - 丁二醇相似。

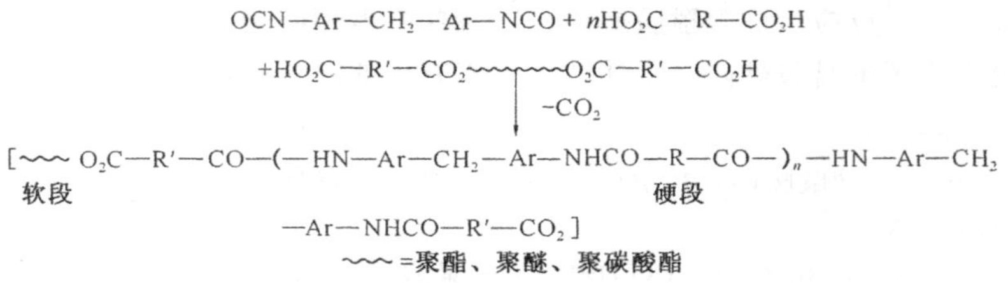


图 8 - 19　PEA、PEEA 和 PCEA 合成反应示意图

用作硬段扩链剂的脂肪族二元酸通常为己二酸和壬二酸，这种选择是出于二元酸的成本和 4，4′ - 二苯基甲烷二异氰酸(MDI) - 酰胺硬段的熔点两方面的考虑。当脂肪族二元的碳原子数少于 6 时，所得 MDI - 酰胺硬段的熔点等于或大于聚合物的分解温度，而碳原子数大于 9 的脂肪族二元酸的价格又太昂贵，并且由长链脂肪族二元酸所得 MDI - 酰胺硬段熔点过低，不能提供高的上限使用温度。尽管芳香族二元酸很容易获得，但所得全芳酰胺硬段的熔点太高，加工困难。所以说，MDI - 己二酰胺和 MDI - 壬二酰胺硬段($T_m$ 分别为 325℃ 和 285℃)不仅成本合适，而且性能优异。

PEA、PEEA 和 PCEA 分别用端基为脂肪酸的聚酯、聚醚和聚碳酸酯预聚物来合成，这几种预聚物既可以通过将端羟基二元醇预聚物与过量的脂肪族二元酸进行酯化来制备，也可以直接用短链二元醇与过量的脂肪族二元酸直接反应制备。二元酸过量是为了保证使所有的羟基都参与反应，预聚物的相对分子质量决定于羧基与羟基的比例。酯化反应通常在催化剂如甲苯磺酸或有机钛酸酯存在下进行。

PEEA 所用的软段通常是聚亚氧烷基二元醇，如聚环氧乙烷二元醇、聚环氧丙烷二元醇以及聚四氢呋喃二元醇；聚酯二元醇如聚己二酸己二醇二元醇酯或聚壬二酸丁醇酯二元醇可用于制备 PEA；一种特殊的 PEA 是 PCEA，它的软段是脂肪族聚碳酸酯二元醇，如聚己二醇碳酸酯二元醇，与 PEA 相比，PCEA 的性能更加优异。

聚合反应通常是在极性溶剂(在温度为 200 ~ 280℃时，溶剂不得与异氰酸酯基团反应)中进行，反应为均相，先将其他组分加入到反应器中，最后加入二异氰酸酯单体。聚合结束后，可采用沉淀或真空脱出溶剂的方法得到聚合物。这几种弹性体也可采用一步或两步反应挤出的方法制备。另外一种方法是先制备相对分子质量不太高的端羟基聚合物，然后再加入剩余的二异氰酸酯，采用反应挤出法将其转化为高相对分子质量聚合物。不管采用何种聚合方法，都必须采用有效措施除去聚合过程中伴随产生的 $CO_2$。

用这种方法制备的 PEA、PEEA 和 PCEA 弹性体是透明的，呈浅黄褐色。这类弹性体溶于极性的酰胺类溶剂如二甲基甲酰胺(DMF)、二甲基乙酰胺(DMAC)和 *N* - 甲基吡咯烷酮(NMP)。这几种弹性体在 NMP 溶剂中，质量分数为 0.5% 时，典型的特性黏数范围为 0.8 ~ 1.5L/g。

改变配方中扩链剂脂肪族二元酸的种类和用量，或者改变聚酯、聚醚或聚碳酸酯软段的相对分子质量，便可以调节弹性体中聚酰胺硬段的含量和硬段微区的结晶度。通常，硬段微区的 $T_m$ 与相应的聚酰胺均聚物 $T_m$ 之间的差别反应了硬段微区结晶度的大小。控制聚酰胺酯硬段的百分比及软、硬段的相对分子质量，可以使聚酰胺弹性体的邵氏硬度从 80A 变化至 70D。选择合适的聚酰胺酯硬段以及软段的类型可以满足各种性能，表 8 - 10 是几种不同的 PEA、PEEA 和 PCEA 的 $T_g$ 和 $T_m$。

**表 8 - 10　PEA、PEEA 和 PCEA 的玻璃化转变温度和熔点**

| 试　样 | 硬度<br>(邵氏 A) | 酰胺含量/% | $T_g$(软段)/℃ | $T_m$(硬段)/℃ |
|---|---|---|---|---|
| PEA - 1 | 88A | 25 | -40 | 270 |
| PEA - 2 | 94A | 35 | -28 | 230 |
| PEA - 3 | 94A | 33 | -34 | 275 |
| PEA - 4 | 55D | 37 | -33 | 236 |
| PEA - 5 | 60D | 39 | -33 | 238 |
| PEA - 6 | 70D | 42 | -34 | 240 |
| PEEA - 1 | 92D | 31 | -50 | 251 |
| PEEA - 2 | 92D | 31 | -40 | 264 |
| PEEA - 3 | 90A | 31 | -40 | 290 |
| PCEA - 1 | 88A | 35 | -40 | 230 |
| PCEA - 2 | 92A | 35 | -38 | 252 |
| PCEA - 3 | 92A | 35 | -38 | 230 |

8.5.3.2　PE - b - A 的合成

脂肪酸酯的合成方法主要有两种，一种是短链羧酸酯与醇进行酯交换反应(式 8 - 15)，另外一种是羧酸与醇直接进行酯化反应(式 8 - 16)，加入适当的催化剂可以提高反应速率，使反应条件不那么苛刻。这两种合成路线都可成功地用于双官能单体，制得高相对分子质量的聚合物。

$$RCO_2R' + R'' - OH \longrightarrow R - CO_2R'' + R'OH \qquad (8-15)$$

$$R - CO_2H + R' - CO_2 \longrightarrow R - CO_2R' + H_2O \qquad (8-16)$$

PE - b - A 可以用 $\alpha$，$\omega$ - 双端羧基脂肪族聚酰胺与聚亚氧烷基二元醇进行酯化反应来制备，这样聚酰胺嵌段和聚醚嵌段之间通过酯键相连。若要不含酯键，则可用端氨基聚醚替代端羟基聚醚，但是，端氨基聚醚不易获得，且成本较高。

双端羧基脂肪族聚酰胺可由环内酰胺或者脂肪族二元胺和二元酸或者 $\alpha$，$\omega$ - 氨基酸来制备。曾用作 PE - b - A 硬段的聚酰胺包括尼龙 6、尼龙 11、尼龙 12、尼龙 46、尼龙 66、尼龙 610、尼龙 611 以及尼龙 612，它们均是采用熔融缩聚反应制得，反应条件与高相对分子质量聚酰胺相同，为保证其末端基团为羧基，需加入过量的二元酸，如图 8 - 20 所示，二元酸的过量物质的量决定于所要合成的聚酰胺相对分子质量，可采用人们熟知的统计公式来进行计算。

用作软段的聚亚氧烷基二元醇通常可直接购得，如聚环氧乙烷二元醇、聚环氧丙烷二元醇以及聚四氢呋喃二元醇，它们的相对分子质量范围为200～3000。

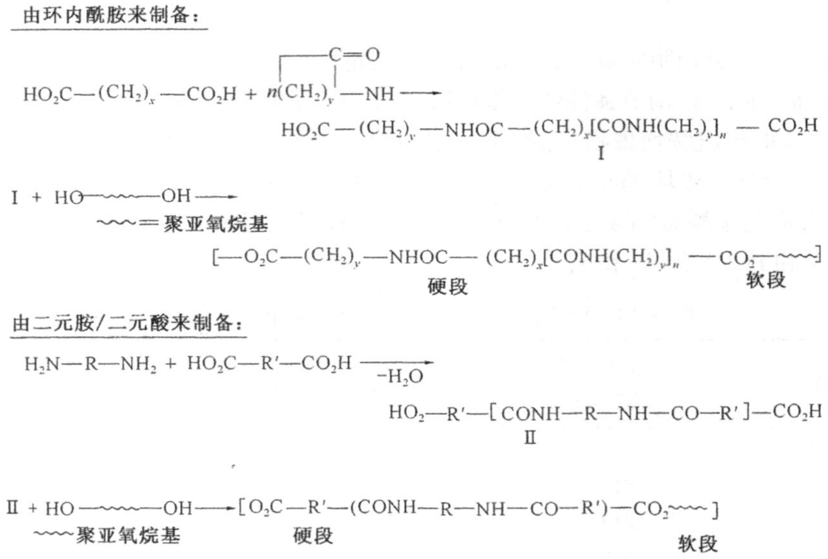


图 8－20　PE－b－A 合成路线示意图

PE－b－A 由双端羧基聚酰胺和聚亚氧烷基二元醇熔融缩聚得到，反应温度为200～300℃，真空度267Pa，反应时间≥2h，加入四烷氧基金属化合物类催化剂如四丁基钛酸酯可以提高酯化反应速率，增加所得聚合物的相对分子质量，由文献报道，四烷基锆或四烷基铪的催化效率比较高。这些催化剂还可与共催化剂(如烷氧基碱金属或碱土金属化合物)配合使用。该缩聚反应可以间歇进行，也可在三个串联的搅拌薄膜式反应器中连续进行，薄膜反应器的优点是传热效率高，可以做到表面连续更新，有助于小分子化合物即水的排除。提高聚合温度有利于缩短停留时间，从而改善聚合物的色泽。

随着 PE－b－A 热塑性弹性体中的聚酰胺嵌段含量的不同，它从几乎透明状变化至白色不透明，它在甲酚中浓度为0.5g/L时，典型的特性黏度为1.5L/g(25℃)。改变脂肪族聚酰胺嵌段的种类和相对分子质量，PE－b－A 弹性体的硬度可在邵氏25D～70D范围内变化。当聚酰胺段的含量增加时，PE－b－A 弹性体的硬度、扯断强度和抗弯模量也随着上升；当聚酰胺硬段的相对分子质量增加时，其熔点也增加，此时相分离更完全。表8－11列出了一系列 PE－b－A 弹性体的典型性能。此外，还可改变聚醚软段的种类，以得到最好的综合性能。

**表 8－11　PE－b－A 弹性体的性能**

| 试　样 | 硬　度 | $T_m$/℃ | 拉伸强度 | 伸长率/% | 柔性模量/MPa |
|---|---|---|---|---|---|
| PEA－b－A－1 | 25D | 148 | 34.1 | 640 | 14.5 |
| PEA－b－A－2 | 35D | 152 | 38.6 | 580 | 19.3 |
| PEA－b－A－3 | 40D | 168 | 39.3 | 390 | 89.7 |
| PEA－b－A－4 | 55D | 168 | 50.3 | 430 | 20.0 |
| PEA－b－A－5 | 63D | 172 | 55.9 | 300 | 339 |
| PEA－b－A－6 | 70D | 174 | 57.2 | 380 | 460 |

### 8.5.4 聚酰胺类热塑性弹性体形态

聚酰胺类热塑性弹性体的微相分离结构可以用差示扫描量热仪(DSC)来研究，图 8－21 和图8－22分别是 PEA、PEEA 和 PE－b－A 三种弹性体的 DSC 曲线。可以看出，PEA 和 PEEA 的硬段熔融时呈多重吸热峰，这是由于硬微区内存在不同程度的结晶有序结构的缘故。应该指出，当对弹性体进行退火处理后，多重吸收峰各峰的相对大小会发生变化。

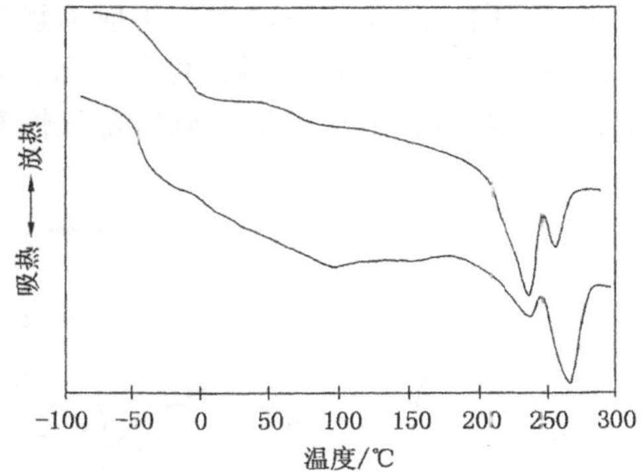


图 8－21 PEA 和 PEEA 弹性体(PEA－2 和 PEEA－2)的 DSC 曲线

升温速率：20℃/min

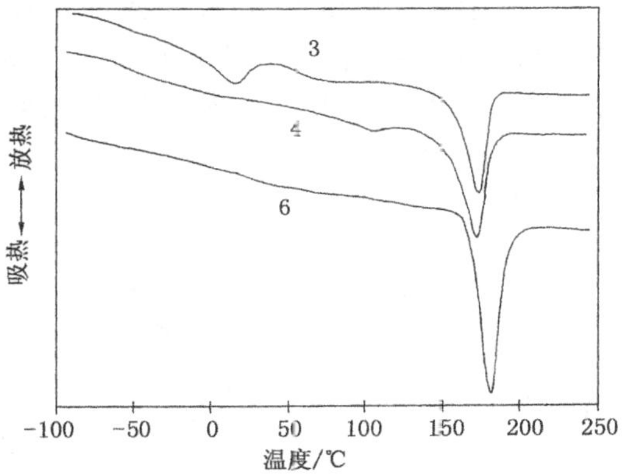


图 8－22 PE－b－A 弹性体(PE－b－A－3、PE－b－A－4 和 PE－b－A－6)的 DSC 曲线

升温速率：20℃/min

表 8－10 列出了几种 PEA、PEEA 和 PCEA 弹性体的 $T_g$和 $T_m$。假若硬、软段相分离非常完全的话，那么软段本来也应有一个熔点($T_m$＝50～100℃)，并且由 DSC 测得的软段的 $T_g$和 $T_m$也应与相应纯均聚物的 $T_g$或 $T_m$十分接近。但实际上，这些转变温度均随着共聚物组成变化而不同，例如，对于 PEA－2 来说，软段的 $T_g$要比相应的纯软段均聚物高 28℃，硬段的 $T_m$则要比相应的高相对分子质量聚酰胺低 95℃，$T_g$和 $T_m$的这种漂移正是由于分段型嵌段共聚物类热塑性弹性体相分离不完全造成的。从表 8－10 还可以看出，共聚物的化学组成对相分离也有一定的影响，PEEA－2 与 PEA－2 两种共聚物中聚酰胺嵌段的含量相似，但从软段的 $T_g$和硬段 $T_m$的漂移幅度来看，前者相分离相对来说比较完全。硬段的化学组成(它对结晶度有影响)对相分离程度也有影响，例如 PEA－3 的聚酰胺硬段的结晶度较高，它的软段的 $T_g$就低于 PEA－2 的软段，说明了前者的相分离相对来说比较完全。此外，软、硬段的平均相对分子质量对相应的 $T_g$和 $T_m$也有一定的影响。

表 8－10 中的数据还说明相分离程度对聚合物的硬度也有影响，例如 PEEA－2 和 PEA－2的硬段含量和硬段的相对分子质量相同，但由于 PEEA－2 的相分离比较完全，因此其硬度要高于 PEA－2。

对于 PE－b－A 弹性体来说，由于软、硬段的相分离较完全，因此，对于硬度较低的 PE－b－A 弹性体来说，在图 8－22 的 DSC 曲线中可以清楚地观察到软段的 $T_m$。但对于硬度较高的 PE－b－A 弹性体来说，由于相容性有一定的提高，并且软段的比例较小，因此观察不到软段的 $T_m$。

红外二向色性是表征嵌段共聚物在拉伸时软、硬段取向的一种测试方法(测定软、硬段特征官能团的红外吸收)，当用这种方法对 PEA－2 进行分析时(见图 8－23)，发现 PEA－2 是典型的含有结晶硬段的分段型嵌段共聚物类热塑性弹性体。进行红外测试时，用亚甲基基团的 C—H 键在 2930cm$^{-1}$和 2860cm$^{-1}$处的吸收来跟踪软段，用 N—H 键在 3360 cm$^{-1}$的吸收来跟踪硬段。从图 8－23 可以看出，软段沿拉伸反向取向，在所有拉伸率下取向函数$f$均为正数。但对于硬段来说，由于硬段是结晶的，因此取向函数$f$随拉伸率的变化就要复杂一些：当拉伸率较低时，晶区沿应力方向相垂直的方向取向，此时取向函数$f$为负数；当应力增加、伸长率增大时，原有的晶区破坏，硬段开始沿应力方向取向，此时取向函数$f$为正数。这与聚氨酯是完全不同的，聚氨酯在所有伸长率下取向函数总是为正数。

当 PEA－2 的伸长率超过 300% 后，可观察到试样发白，这说明软段发生了应力诱导的结晶。图 8－24 是 PEA－2 试样在保持拉伸状态下冷冻后测得的 DSC 谱图，可以看出，软段在 40℃处有一熔点。当将冷冻试样加热至 40℃以上，或在室温下松弛后，软段重又恢复到无定形态。

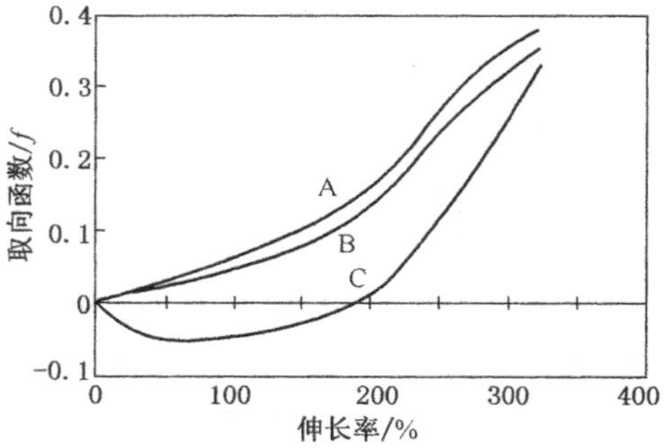


图 8－23　PEA－2 的红外二向色性实验
A—$CH_2$，2860cm$^{-1}$；B—$CH_2$，2930cm$^{-1}$；C—NH，3310cm$^{-1}$

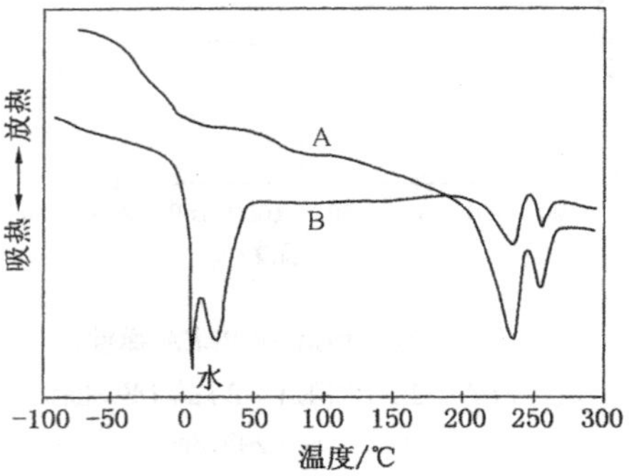


图 8－24　PEA－2 的 DSC 图谱
A—PEA－2 对比实验；
B—PEA－2 以 50cm/min$^{-1}$的拉伸速率拉伸至伸长率为 370%，然后保持该伸长率并降温至 −70℃，再进行 DSC 测试升温速率：20℃/min；在 0℃时出现的水峰是冷冻过程造成的

此外，还曾有人用脉冲$^1$H NMR 松弛时间测定和小角光散射对聚酰胺型热塑性弹性体进行了研究。

### 8.5.5　结构与性能之间的关系

PEA、PEEA、PCEA 和 PE－b－A 等分段型嵌段共聚物类热塑性弹性体的性能决定于软、硬段的化学组成、相对分子质量以及软/硬段的质量比，但需要指出的是，各影响参数之间存在着非常复杂的相互作用。

软、硬段的化学组成和硬段含量是对分段型嵌段共聚物类热塑性弹性体性能影响最大的三大参数，其中硬段含量定义为共聚物中硬段所占的质量百分率。通过表 8－12 可以看出哪个参数是决定分段型嵌段共聚物类热塑性弹性体性能最重要的参数(注：本表只是代表一般情况，有可能存在例外)。

**表 8－12　热塑性弹性体结构参数与性能之间的关系**

| 性　能 | 硬段组成 | 软段组成 | 硬段含量 |
|---|---|---|---|
| 硬度 | ✓ | — | ✓ |
| 相分离程度 | ✓ | ✓ | ✓ |
| $T_m$ | ✓ | — | — |
| 拉伸性能 | ✓ | — | ✓ |

续表

| 性　能 | 硬段组成 | 软段组成 | 硬段含量 |
| --- | --- | --- | --- |
| 热氧稳定性 | — | √ | √ |
| 耐化学品性 | √ | √ | √ |
| 水解稳定性 | — | √ | √ |
| 低温性能 | — | √ | √ |

在这些聚酰胺类热塑性弹性体中，硬段参数的影响通常与聚酰胺硬段的结晶的熔点有关。当硬段的相对分子质量较低时，硬段的结晶度越大，熔点就越高，因此弹性体的上限使用温度也就越高。并且硬段的结晶度越高，相分离就越完全，最终弹性体就越柔软。此外，硬段的结晶度对弹性体的耐化学品性也有影响，这是因为聚合物的结晶度越高，就越难溶解，受溶剂的影响就越小。

通常，软段在聚酰胺类热塑性弹性体中所占的比例较高，因而软段的化学组成必然对热氧稳定性有很大的影响。例如，聚醚为软段的弹性体通常比聚酯为软段的弹性体更易氧化断链，相反，以聚醚为软段(短链聚醚如聚环氧乙烷二元醇例外)的弹性体的疏水性优于以聚酯为软段的弹性体，因而不易于水解。当以聚酯为软段时，软段中酯基所占的质量分率越高，水解稳定性越高。软段的相对分子质量会影响相容程度(短链有利于相容性提高)，自然也就影响了相分离程度，最终导致了弹性体硬度发生变化。软段的化学结构对其 $T_g$ 影响最大，另外，两相之间的混合程度对软段分子链的自由运动能力也有影响，自然也就影响到 $T_g$。

软、硬段之间的比例或者说聚酰胺嵌段的含量对弹性体的许多性能都有影响，尤其是对硬度的影响极为显著。

### 8.5.6　物理性能

通过前面的讨论，我们已经知道 PEA、PEEA、PCEA 和 PE－b－A 等分段型嵌段共聚物类热塑性弹性体的物理性能是许多因素相互作用的结果。下面将介绍这些弹性体的物理性能，并用以上提到的相对分子质量参数进行解释。

#### 8.5.6.1　拉伸性能

表 8－11 和表 8－13 是几种 PEA、PEEA、PCEA 和 PE－b－A 的拉伸性能，图 8－25 是 PEA 典型的应力－应变曲线。这些聚酰胺类热塑性弹性体的初始模量决定于聚酰胺硬段的含量，并且大大高于其他许多相同硬度的热塑性弹性体，这是由于聚酰胺硬微区的结晶部分可以承受较高负载的缘故。在低应变区，硬微区的形变是可逆的，但当应变较大时，原有的结晶破坏并发生重排，由于分子链的滑移消除了部分应力，因而应力－应变曲线趋于水平，这种变换是不可逆的，会造成拉伸永久变形。

**表 8－13　PEA、PEEA 和 PCEA 的拉伸性能**

| 试样 | 定伸模量/MPa | | | 拉伸强度/MPa | 伸长率/% | 拉伸永久变形/% |
| --- | --- | --- | --- | --- | --- | --- |
| | 50% | 100% | 300% | | | |
| PEA－1 | 8.5 | 10.8 | 18.2 | 28.1 | 470 | |
| PEA－1A[①] | 8.7 | 12.0 | 21.0 | 31.0 | 495 | |
| PEA－2 | 11.3 | 13.2 | 19.2 | 26.2 | 470 | 50 |

续表

| 试样 | 定伸模量/MPa | | | 拉伸强度/MPa | 伸长率/% | 拉伸永久变形/% |
|---|---|---|---|---|---|---|
| | 50% | 100% | 300% | | | |
| PEA－2A② | 12.6 | 16.4 | 28.8 | 31.0 | 370 | 40 |
| PEA－4 | 14.7 | 18.9 | | 36.0 | 295 | 34 |
| PEA－5 | 19.0 | 22.7 | 33.1 | 33.1 | 300 | 100 |
| PEA－6 | 27.0 | 30.1 | | 42.2 | 265 | 92 |
| PEEA－2 | 9.2 | 11.5 | 18.4 | 18.6 | 300 | 16 |
| PEEA－2② | 9.6 | 12.6 | 16.7 | 18.8 | 410 | 50 |
| PCEA－2 | 10.2 | 13.5 | 18.8 | 20.5 | 390 | |
| PCEA－3 | 15.8 | 16.5 | | 21.9 | 270 | |

① 将试样在175℃退火4h。

② 将试样在200℃退火3h。

最后，当拉伸率达到一定程度时，软段分子链开始承受应力，并发生取向、结晶(见前面讲到的DSC研究结果)，这使弹性体得到增强，导致应力上升，直至断裂破坏。即使PEA的硬度高达邵氏70D时，它也没有拉伸屈服现象，因此它的拉伸永久变形比其他结晶性热塑性弹性体低。例如，当伸长率为100%时，PEA－2松弛1min后拉伸永久变形为11%，松弛10min后，拉伸永久变形仅有7%，而硬度高一些的PEA－4在形同条件下的拉升永久变形只是稍高一点，分别为14%和12%。PE－b－A的硬段微区比较容易变形，因此，当伸长率较大时(20%)，拉伸永久变形比较大，这与共聚酯型热塑性弹性体相似。

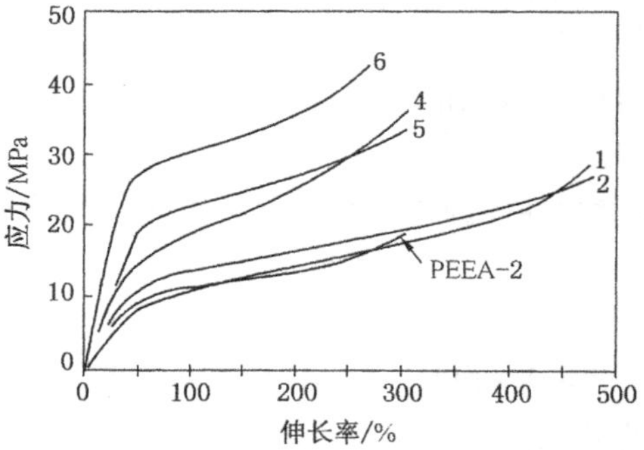


图8－25　PEA(1－6)和PEEA－2在室温下的在应力－应变曲线

PEA和PEEA在聚酰胺硬段的玻璃化温度以上经过退火处理后，拉伸性能可得到改善。退火处理除了能消除成型过程中产生的应力外，还能促进硬段微区中短程有序聚酰胺硬段重排成更大、更完整的结晶。伴随这一变化，在图8－21所示的DSC谱图中，较高温度的结晶融化吸热峰下的面积增加，而较低温度下的结晶融化吸热峰下的面积则减少。退火处理的最终结果是模量、拉伸强度和拉伸率都增加，如表8－15所示。

8.5.6.2　高温拉伸性能

开发PEA、PEEA和PCEA等的目的是为了合成一种适宜在高温下应用的热塑性弹性体，开发成功的标准可用环境箱中不同试验温度下的拉伸试验(ASTM D－412和D－3196)来衡量，表8－14是几种PEA在高温下测得的拉伸性能，图8－26是

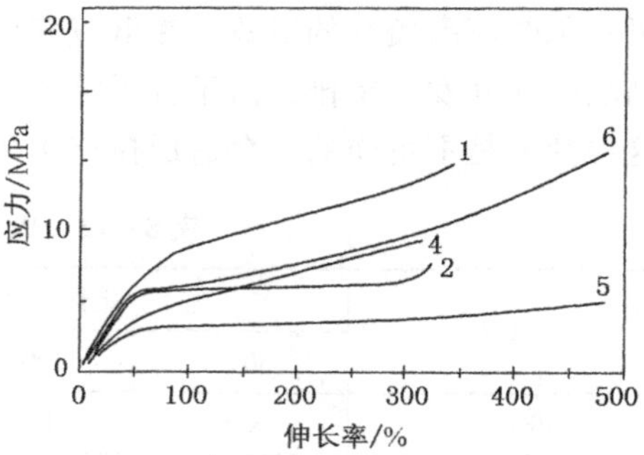


图8－26　PEA(1－6)在150℃下的应力－应变曲线

PEA 在150℃条件下测得的应力－应变曲线。从这些数据可以看出，分段嵌段共聚物类热塑性弹性体的高温性能决定于硬段微区的结晶度和熔点。还值得指出的是，在其他种类的热塑性弹性体甚至已经不能进行测试的高温条件下，聚酰胺类热塑性弹性体仍能保持相当不错的拉伸性能，尤其是硬度较低的聚酰胺类热塑性弹性体在高温下仍具有一定的机械性能是极为难得的。

**表 8－14 PEA 在高温下的拉伸性能（ASTM D－412 和 D－3196）**

| 试 样 | 测试温度/℃ | 定伸模量/MPa | | | 拉伸强度/MPa | 伸长率/% |
|---|---|---|---|---|---|---|
| | | 50% | 100% | 300% | | |
| PEA－1 | 室温 | 8.7 | 12.0 | 21.0 | 31.0 | 495 |
| | 150 | 6.5 | 8.9 | 13.3 | 14.8 | 340 |
| PEA－2 | 室温 | 11.3 | 13.2 | 19.2 | 26.2 | 470 |
| | 100 | 7.4 | 8.3 | 9.7 | 14.6 | 480 |
| | 150 | 5.5 | 5.9 | 6.3 | 7.7 | 320 |
| PEA－4 | 室温 | 14.7 | 18.9 | | 36.0 | 295 |
| | 100 | 5.8 | 8.1 | 15.8 | 20.6 | 390 |
| | 150 | 3.7 | 5.1 | 9.1 | 9.6 | 310 |
| PEA－5 | 室温 | 22.2 | 22.7 | 33.1 | 33.1 | 300 |
| | 100 | 8.4 | 8.4 | 12.4 | 20.0 | 500 |
| | 150 | 3.2 | 3.2 | 3.7 | 5.0 | 480 |
| PEA－6 | 室温 | 30.1 | 30.1 | | 42.2 | 265 |
| | 100 | 9.0 | 9.0 | 14.3 | 26.9 | 490 |
| | 150 | 6.1 | 6.1 | 9.4 | 16.2 | 540 |

注：除 PEA 是在175℃退火4h外，其他试样在200℃退火3h。

PE－b－A 硬嵌段的熔点较低，因此上限使用温度也不高，约为80℃。它的实际上限温度决定于聚酰胺硬段的含量和具体的使用要求。

热塑性弹性体的许多应用并不需要高伸长率，而是常常用初始模量作为主要评价标准，因此图 8－27 给出了 PEA－2 的伸长率分别为 10% 和 20% 时，在不同测试温度下的保留模量。

8.5.6.3 干燥环境下的热老化

PEA、PEEA 和 PCEA 即使在150℃、不加任何稳定剂条件下也非常耐长期环境下的热老化，表 8－15是 PEA 和 PEEA 在干燥环境下的热老化实验结果。从表中数据可以看出，与未老化的空白试样相比，PEA 和 PEEA 在150℃老化5d后，室温下测得的拉伸性能有时甚至得到了提高，这是由于退火效应而不是氧化交联造成的，因为老化试样仍然可以溶解。对 PEA 还在175℃进行了研究，也得到了同样的结论。此外，热老化性能还与聚酰胺硬段的

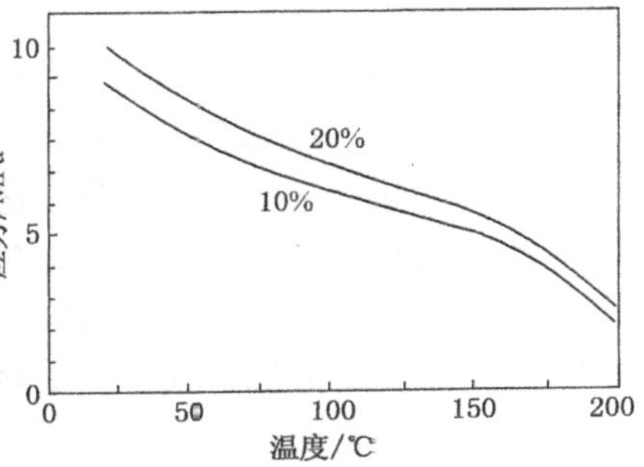


图 8－27 PEA－2 在伸长率为 10% 和 20% 时拉伸应力随温度的变化

含量有关，随着聚酰胺硬段含量的减少，耐热老化性下降。在 PEA - 2 中加入稳定剂后，耐热性提高。

表 8 - 15 PEA 和 PEEA 在干燥环境条件下的热老化③

| 试样 | 定伸模量/MPa | | | 拉伸强度/MPa | 伸长率/% |
|---|---|---|---|---|---|
| | 50% | 100% | 300% | | |
| PEA - 1① | 5.8(68) | 8.9(74) | 18.0(100) | 26.3(94) | 430(91) |
| PEA - 2① | 12.9(114) | 16.0(121) | 26.2(136) | 29.7(113) | 390(83) |
| PEEA - 2① | 10.8(117) | 14.6(127) | | 18.0(97) | 260(87) |
| PEA - 1② | 3.6(42) | 5.8(54) | 16.7(92) | 19.1(68) | 320(68) |
| PEA - 2② | 12.0(106) | 15.9(120) | | 26.9(103) | 300(64) |
| PCEA - 3② | 16.9(107) | 18.6(113) | | 23.0(105) | 250(93) |

① 在 150℃ 老化 120h 后的拉伸性能（括号内数据为保留百分率）。

② 在 175℃ 老化 120h 后的拉伸性能（括号内数据为保留百分率）。

③ 试样在 200℃ 退火 3h，不加热稳定剂。

在 150℃ 老化时，以聚醚和聚酯作为软段的聚酰胺类热塑性弹性体的耐热老化性几乎没有什么差别，但在 175℃ 老化时，以聚酯和聚碳酸酯作为软段的聚酰胺类热塑性弹性体的耐热老化性优于聚醚作为软段，这是由于醚键的氧化稳定性本来就较差造成的。PE - b - A 弹性体也有相同的规律，以尼龙 6 作为硬段的 PE - b - A 弹性体（硬度为 55D）未加稳定剂时在 150℃ 仅老化 1d 便非常脆，易碎裂，但加入胺类抗氧剂和碘化亚铜、碘化钾等热稳定剂后，即使在 150℃ 老化 15d 后，拉伸强度仍能保留约 80%。

8.5.6.4 湿环境下的老化

软段的化学组成对湿环境下弹性体性能的影响是非常显著的。大多数聚酯型热塑性弹性体易于水解，使聚合物相对分子质量下降，最终导致性能下降，PEA 也不例外，不过，加入牺牲型稳定剂如聚合物型碳化二亚胺类添加剂可改善这些弹性体在湿环境下的耐老化性。当 PEA 的硬度增加后，由于聚酯软段的含量下降，也会使它在湿环境下的耐老化性改善。目前，还没有发现半芳聚酰胺硬段在湿环境会发生水解。

以聚醚作为软段的弹性体如 PEEA 由于醚键不会水解，因而对水是相当不敏感的。与 PEA 弹性体不同，PEEA 弹性体在湿环境下的老化试验表明它原有的拉伸性能受影响较小，而以聚碳酸酯为软段的 PCEA 弹性体因碳酸酯非常耐水解，所以在湿环境下的耐老化性是最好的。

PE - b - A 弹性体也以聚醚作软段，因此它在沸水中也具有良好的抗水解性，但是，在测试条件下，末端羧基会催化酯键和脂肪族酰胺硬段的水解，因此，减少 PE - b - A 弹性体的末端羧基含量可进一步大大改善它的抗水解性，具体方法是在聚合反应过程中加入少量单羧基聚酰胺低聚物，它能起到封端剂的作用，使其末端羧基含量下降。

8.5.6.5 耐化学品、耐溶剂性

硬段的结构对分段型嵌段共聚物类热塑性弹性体的耐化学品性、耐溶剂性有很大的影响。由于软段通常溶于普通的溶剂中，因此嵌段共聚物性热塑性弹性体必然会在溶剂中溶胀，正是硬段微区保持了溶胀聚合物的完整，使其不被溶解。在所有聚酰胺类弹性体中，半结晶聚酰胺硬段在许多溶剂中都是不溶的，例如 PEA - 2 具有优异的耐油性、耐燃料油、耐润滑油性，它在磷酸酯液压油中也有很好的性能，但不耐含氯溶剂。当聚合物中硬段含量增加时，耐化学品性也相应提高。

8.5.6.6 撕裂强度

PEA－2具有特别的撕裂强度，例如，在室温和150℃下的撕裂强度(ASTM D－624，C型口)分别为151kN/m和51kN/m。由于C型口撕裂强度通常随着拉伸强度的上身而增加，因此硬度较高的PEA－4在相同测试温度下的撕裂强度也较高(分别为169kN/m和58kN/m)。对于PE－b－A弹性体来说，也有相似的规律。此外，PEA－2的剥离撕裂强度(ASTM D－470)为31.5 kN/m。

8.5.6.7 耐磨性

聚酰胺类热塑性弹性体的耐磨性可以与相同硬度的热塑性聚氨酯和聚醚酯相媲美。表8－16是PEA和PE－b－A在Taber磨耗性测试中(ASTM D－1044)用几种不同的摩擦轮进行测试时的质量损失。

**表8－16 PEA和PE－b－A的耐磨性(Taber耐磨性，ASTM D－1044)**

| 试样 | 质量损失/mg·100转$^{-1}$ | | |
|---|---|---|---|
| | CS－17轮 | H－18轮 | H－22轮 |
| PEA－2 | 4 | 89 | 60 |
| PE－b－A－1 | 46 | 94 | — |
| PE－b－A－2 | 25 | 81 | — |
| PE－b－A－3 | 14 | 70 | — |
| PE－b－A－4 | 11 | 65 | — |
| PE－b－A－5 | 12 | 46 | — |
| PE－b－A－6 | — | — | — |

注：PE－b－A试样为注塑成型，并在23℃、50%相对湿度环境下放置14d。

8.5.6.8 永久压缩变形

由于聚酰胺类热塑性弹性体的模量较高、承载力较大，因此在相同载荷条件下(ASTM D－395方法A)，它的永久压缩变形较小。

在恒定压缩(ASTM D－395方法B)的测试条件下，由于所产生的应力非常高，因此较高的初始模量是有害的。在测试过程中，硬微区内发生重排，从而导致永久压缩变形高于常规硫化橡胶。凡有利于微区晶体结构规整的因素通常是会有助于降低永久压缩变形。此外，还有人发现加入少量的碳化二亚胺类添加剂会降低永久压缩变形。

8.5.6.9 挠曲性

软段$T_g$与试验温度之间的温差是决定于热塑性弹性体挠曲疲劳的重要参数，当软段的$T_g$接近于试验温度时，热塑性弹性体变为“皮革状”材料。相分离越完全，软相的$T_g$就越低，耐挠曲疲劳性就越好。

8.5.6.10 黏合

曾用搭接剪切试验测定了PEA－4的黏合性能，试样的制备方法是在两个铝板之间模压厚度为0.18mm的PEA膜，试验测得室温下的搭接剪切强度介于7.6～9.2MPa之间。

8.5.6.11 耐候性

除室外制品受紫外线辐照外，随着日光灯的应用越来越普及，室内制品也会受到一定程度的紫外线辐照。从表8－17可以看出，未加稳定剂的PEA－2具有优异的抗紫外辐照性。

由于 PEA 本来就是黄褐色，因此即使辐照 2500h 后也不察觉到颜色的变化。PE－b－A 中加入稳定剂后也有很长时间的使用寿命，在紫外线辐照下颜色变化也很小。

**表 8－17　PEA－2 耐候性(紫外线辐照 ASTM G－53)**

| 时间/h | 定伸模量/MPa | | | 拉伸强度/MPa | 伸长率/% | 永久变形/% | 邵氏硬度 |
|---|---|---|---|---|---|---|---|
| | 50% | 100% | 300% | | | | |
| 0 | 14.3 | 16.1 | 25.6 | 30.5 | 340 | 40 | 93 |
| 40 | 14.3 | 16.6 | | 23.7 | 280 | 30 | 94 |
| 100 | 14.3 | 16.3 | 23.6 | 25.0 | 300 | 40 | 94 |
| 300 | 14.8 | 16.8 | 24.1 | 24.5 | 300 | 40 | 95 |
| 500 | 14.2 | 16.5 | 24.2 | 25.0 | 320 | 40 | 93 |
| 1000 | 15.0 | 16.5 | 23.7 | 25.0 | 350 | 50 | 93 |
| 2500 | 14.8 | 16.4 | 22.7 | 24.1 | 350 | 50 | 93 |

8.5.6.12　电性能

表 8－18 是 PEA－2 的电性能，这些数据说明这类弹性体可以作为低压电的绝缘材料。

### 8.5.7　加工

聚酰胺类热塑性弹性体可采用注塑成型、吹塑成型和挤出成型设备进行熔融加工，加工制品包括制品型材、电线护套、薄膜等。聚酰胺类弹性体的加工条件范围比热塑性聚氨酯宽，熔体强度大，且在熔融加工过程中不像聚氨酯那样有氢键的解离和再形成。应该指出，由于加工温度决定于硬段的熔点 $T_m$(见表 8－12 和表 8－13)，因此应根据聚酰胺硬段的种类适当调整各区的温度。

**表 8－18　PEA－2 的电性能**
**(温度为 22℃，相对湿度 50%)**

| 介电常数(ASTM D－150) | 频率/Hz |
|---|---|
| 10.26 | 60 |
| 9.30 | $10^3$ |
| 5.67 | $10^6$ |
| 损耗因子(ASTM D－150) | 频率/Hz |
| 0.092 | 60 |
| 0.066 | $10^3$ |
| 0.01000 | $10^6$ |
| 表面电阻率(ASTM D－257) | $3.09\times10^{12}\Omega$ |
| 体积电阻率(ASTM D－257) | $8.13\times10^{10}\Omega\cdot cm$ |

对 PEA－2，测定了尺寸为 125mm×125mm×1.60mm 的注塑板材的体积收缩，发现平行于熔体流动方向上的收缩为 1.5%，垂直于熔体流动方向上的收缩为 1%。如果模具表面能保持非常清洁，则不会有粘模现象，不需使用脱模剂。

为了得到最佳性能，聚酰胺类弹性体在加工前必须进行干燥处理。与聚酰胺和聚酯类聚合物相似，聚酰胺类热塑性弹性体中吸收的水分在很高的加工温度下会使聚合物链发生水解而断裂，导致相对分子质量下降，因此在加工之前必须将其水分降到 0.02% 以下。通常 PEA 和 PEEA 在去湿干燥器中于 100～110℃ 干燥 4～6h，含水量可降至 0.02% 以下；硬度大于 40D 的 PE－b－A 可在去湿料斗干燥器中于 80℃ 干燥 4h，而硬度小于 40D 的 PE－b－A 应在 70℃ 干燥 6h。此外，建议加料斗始终用干燥氮气进行吹扫，以保持较低的环境湿度。

### 8.5.8　应用

聚酰胺类热塑性弹性体是热塑性弹性体的最新品种之一，其应用领域正在开发之中。PFA 型热塑性弹性体具有使用温度高、耐热老化性和耐化学品性好等特点，因此有望填补热塑性聚氨酯与有机硅聚合物之间的空白，在汽车工业和电线电缆的耐高温绝缘护套方面有很大的潜在市场。

PE－b－A 弹性体可用于多种用途，如运动鞋、软管、粉末涂料、汽车制品等，加入填料和改性剂后可使其用途进一步扩大。

当聚亚氧烷基二元醇作为聚酰胺类热塑性弹性体的软段时，所得弹性体的亲水性可通过调节聚亚氧烷基二元醇中的环氧乙烷单体的用量来控制。对于某些特殊用途，如防静电包装、湿敏传感器，可用一定量的聚环氧乙烷二元醇来代替聚环氧丙烷二元醇来制备聚酰胺类热塑性弹性体，或者将聚环氧丙烷二元醇用适量的环氧乙烷来封端。

聚酰胺类弹性体不仅具有优异的加工性和热稳定性，而且还与许多聚合物有很好的相容性，因此可用来制备性能优异的聚合物合金，目前文献已经报道了用聚酰胺类热塑性弹性体来制备多种聚合物合金。

分段型嵌段共聚物类热塑性弹性体的高上限使用温度说明了硬段微区所形成的物理交联是非常有效的。用高熔点、半结晶性聚酰胺（由芳族二异氰酸酯与脂肪族二元酸反应得到）作为硬段可大大提高热塑性弹性体的上限使用温度，例如聚酯酰胺、聚碳酸酯－酯酰胺、聚醚酯酰胺在150℃长期使用时还有优异的拉伸性能，甚至还可以承受更高的温度。另外，这些聚合物还有很好的耐老化性和耐油性。

PE－b－A 弹性体可由多种单体用一般的有机合成反应来制备，可根据特定的用途来优化其分子结构，得到最佳的性能，这种弹性体也充分利用了聚酰胺的优点，具有优异的拉伸强度、耐化学品性和耐老化性。

当加热至聚酰胺硬段的熔点以上时，硬段微区形成的物理交联熔融，硬段可以流动，因此聚酰胺类弹性体是一种真正的热塑性弹性体，可用热塑性塑料的常规加工方法来熔融加工成各种制品。

# 第九章　嵌段共聚物纳米结构材料

## 9.1　引言

所谓纳米结构材料是指具有纳米尺度的各种构型材料，通常是基于分子的扑克组装性能制备的。人们最熟知的多种蛋白质和酶即为纳米结构材料，它们具有非常重要的生理功能。在过去的 10 年中，人工合成的纳米结构材料已经引起极大的关注，因为可利用合成的纳米结构材料模拟蛋白质和酶的分子识别功能，从而提高化学物质分离的效率和选择性。纳米结构材料还可用以制作纳米尺度的电子器件以及制备纳米复合材料，从而提高材料的机械、光学及电学等性能。

纳米结构材料通常是由无机或有机小分子物质制备的。笔者等首先发展了利用简单的二嵌段共聚物来系统地制备各种高分子纳米结构材料的方法。二嵌段共聚大分子是由两个具有不同组成的线型高分子链通过头－尾相连构成。为制备高分子纳米结构材料，笔者等合成了聚苯乙烯－聚(甲基丙烯酸－2－肉桂酸乙基酯)(PS－b－PCEMA)、聚(甲基丙烯酸－2－肉桂酸乙基酯)－聚丙烯酸(PCEMA－b－PAA)以及聚(丙烯酸叔丁酯)－聚(甲基丙烯酸－2－肉桂酸乙基酯)(PtBA－b－PCEMA)等二嵌段共聚物。这些二嵌段共聚物的特点是含有可进行光引发交联的 PCEMA 链和易于水解的 PtBA 链(图 9－1)。像小分子表面活性剂一样，二嵌段共聚物在适当条件下可自组装形成各种中间相(mesophasic)结构，例如，在相对某一嵌段的选择性溶剂中，二嵌段共聚物可以形成球状胶束。在这种胶束中，可溶性嵌段构成胶束的壳，而不溶性嵌段形成胶束的核。如果可溶段比不溶段长得多，则可形成星形高分子胶束；反之，则形成“平头”(crew－cut)状高分子胶束(图9－2)。

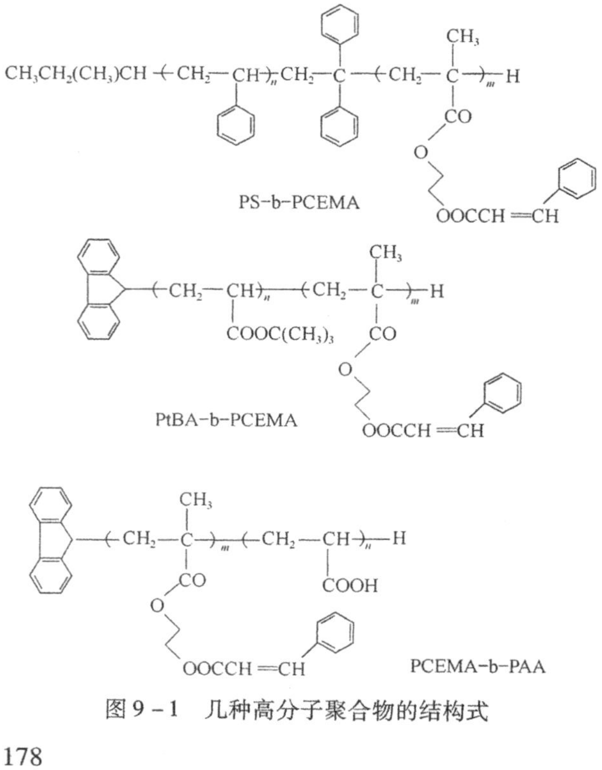

图 9－1　几种高分子聚合物的结构式

高分子胶束可被吸附于硅石等固体底物上。如果选择性溶剂对成核的嵌段部分具有一定的溶剂化能力并且成核的嵌段部分能较好地附着于底物上，则在吸附过程中，高分子胶束可以解缔而分散于底物表面，形成二嵌段共聚物的单分子层，这种单分子层称作高分子刷。在高分子刷中，不溶性嵌段如同高分子熔体分散于固体底物表面，而可溶性嵌段由于相邻分子链的相互排斥作用，则如同刷毛一样伸展于溶剂相之中(图 9－3)。

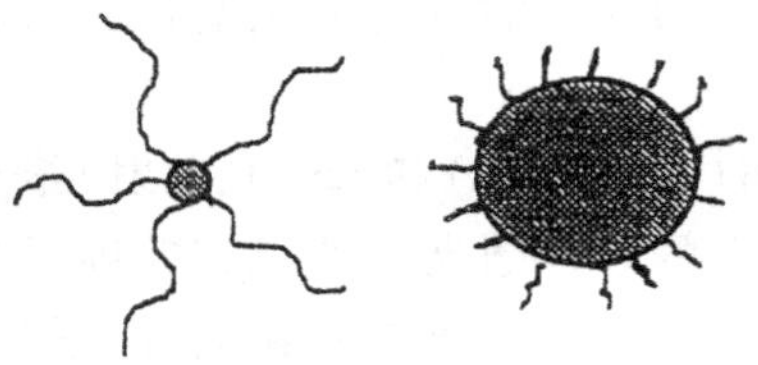

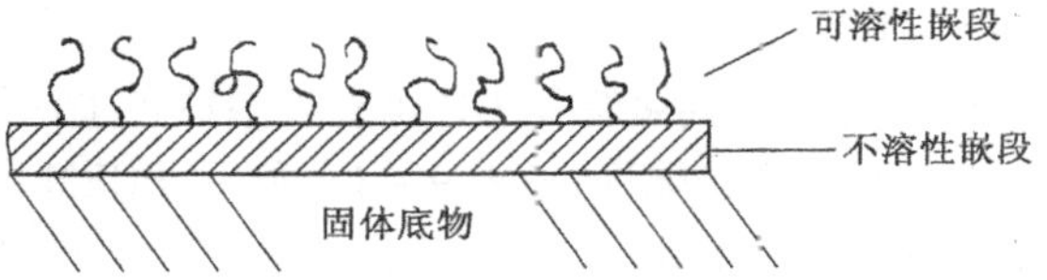


图 9－2　星形与“平头”状胶束　　　　图 9－3　高分子刷示意图

在本体中，二嵌段共聚物$(A)_n-(B)_m$可以形成有序相态，其中较长的嵌段(A)形成连续相，而较短的B段形成许多微相区均匀地分布在连续相中。B段形成微相区的尺寸应与一单独B分子链的线团尺寸相近，具有纳米尺度。这种非连续相的结构因嵌段共聚物的组成或两段的相对长度变化而异(图9－4)。图9－4中有序相转变组成适于聚苯乙烯－聚异戊二烯(PS－PI)共聚物，$\phi$为聚异戊二烯的体积分数。在B段的体积分数大致低于17%的范围内，B段将形成球状微相均匀地分散于A段所形成的连续相中。当B段的体积分数逐步增至60%时，B段所形成微相区的形状相继由球状变为圆柱状、双四面体构型和薄片状。

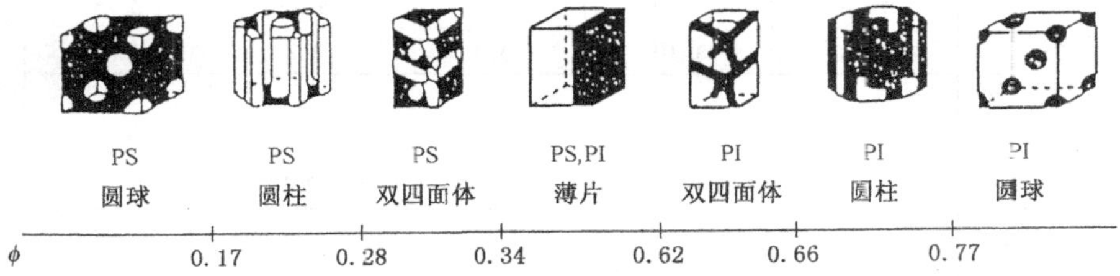


图 9－4　$(A)_n-(B)_m$型二嵌段共聚物相分离极限平衡形态

利用二嵌段共聚物的自组装特性、PCEMA嵌段的光引发交联性能以及PtBA嵌段的可水解性，笔者等制备了各种不同的高分子纳米结构材料，其中包括星形高分子、纳米微球、单分子层薄膜、高分子纳米纤维、具有可调纳米孔道的高分子薄膜、中空纳米微球以及“蝌蚪”形高分子等。

## 9.2　嵌段共聚物的合成与表征

嵌段共聚物样品是采用阴离子聚合合成的。在制备共聚物PS－b－PCEMA时，苯乙烯首先在THF中以仲丁基锂为引发剂在－78℃进行聚合，然后加入3.0倍于仲丁基锂的1，1－二苯基乙烯(DPE)和氯化锂。DPE与聚苯乙烯基阴离子反应，使之转化成具有较大空间位阻效应的PS－DPE阴离子。而氯化锂的存在则可改善共聚过程中第二嵌段的多分散性。第二嵌段是通过引发甲基丙烯酸三甲基硅氧乙基酯(HEMA－TMS)与PS－DPE阴离子聚合而制备的。用作保护基的三甲基四硅烷基可通过在盐酸催化下PS－b－P(HEMA－TMS)的水解除去。水解是在THF和四醇的混合溶剂中进行的，结果得到聚苯乙烯和聚(甲基丙烯酸－2－羟基乙基酯)的二嵌段共聚物(PS－b－PHEMA)。然后PS－b－PHEMA进一步在吡啶中与肉桂酰氯反应以便接上肉桂酰基。

为合成PCEMA－b－PAA二嵌段共聚物，首先以芴基锂为引发剂在－78℃下使HEMA－TMS和丙烯酸叔丁酯在THF中进行序列聚合，生成P(HEMA－TMS)－b－PtBA；然后P(HEMA－TMS)－b－PtBA在室温下于中性甲醇中进行水解，生成PHEMA－b－PtBA；在吡啶中对PHEMA进行肉桂酰化，并采用June等人的方法除去PtBA中的叔丁基。PtBA－

b－P(HEMA－TMS)的制备方法与P(HEMA－TMS)－b－PtBA的制备方法类似，只是把HEMA－TMS和丙烯酸叔丁酯(tBA)的聚合次序倒转。

合成的嵌段共聚物用GPC(凝胶渗透色谱法)、HNMR(核磁共振)和LS(光散射)进行表征，重要的表征数据列于表9－1。样品PCEMA－b－PAA的表征数据是通过它的前身化合物PCEMA－b－PtBA得到的，因为后者在GPC的淋洗溶剂THF中有较好的溶解性，GPC的分离是采用单分散PS标准样品标定的。

**表9－1　合成嵌段共聚物的重要表征数据**

| 样品号 | $n/m$ (NMR) | $M_w/M_n$ (GPC) | $M_w\times10^{-4}$ (GPC) | $M_w\times10^{-4}$ (LS) | $n\times10^{-2}$ | $m\times10^{-2}$ |
|---|---|---|---|---|---|---|
| PS－b－PCEMA | | | | | | |
| S838－C61 | 13.8 | 1.17 | 9.6 | 10.3 | 8.4 | 0.61 |
| S1253－C158 | 7.9 | 1.10 | 14.8 | 17.1 | 12.5 | 1.58 |
| S777－C111 | 7.0 | 1.12 | 10.0 | 11.0 | 7.8 | 1.11 |
| S107－C1158 | 0.93 | 1.10 | 24.4 | 29.6 | 10.8 | 11.6 |
| S275－C23 | 12.0 | 1.10 | 2.94 | 3.46 | 2.75 | 0.23 |
| S309－C38 | 8.2 | 1.10 | 3.3 | 4.2 | 3.1 | 0.38 |
| PtBA－b－PCEMA① | | | | | | |
| t230－C370 | 0.62 | 1.10 | | 12.7 | 2.3 | 3.7 |
| t380－C640 | 0.59 | 1.18 | | 22.1 | 3.8 | 6.4 |
| PCEMA－b－PAA | | | | | | |
| C384－A156 | 0.41 | 1.09 | 5.5 | 12.0 | 1.56 | 3.8 |

① PCEMA－b－PAA的前身化合物PCEMA－b－PtBA的分析表征数据。

## 9.3　星形高聚物

### 9.3.1　星形高聚物的制备

PS星形高聚物是通过对二嵌段共聚物PS－b－PCEMA形成的星形胶束的核进行选择性光引发交联而得到的。样品S838－C61(表9－1)是一种PS－b－PCEMA二嵌段共聚物，含有$8.4\times10^2$个苯乙烯结构单元和61个CEMA结构单元。将这一嵌段共聚物分散在环戊烷(CP)中形成星形高分子胶束。然后将此高分子胶束溶液在紫外光照射下进行光解交联。紫外光源是汞灯，其光路中装有一个260nm截止滤光片。笔者等利用$n/m=3.1$的PS－b－PCEMA二嵌段共聚物合成了第一个星形高聚物。最近，又利用$n/m>9.6$的PS－b－PCEMA二嵌段共聚物制备这种星形高聚物，目的在于减少最终产品中PCEMA段的含量。此外，还用静态和动态光散射以及透射电镜(TEM)等方法研究了用这种方法制备的星形高聚物，以验证有关星形高分子和星形高分子胶束的标度理论。

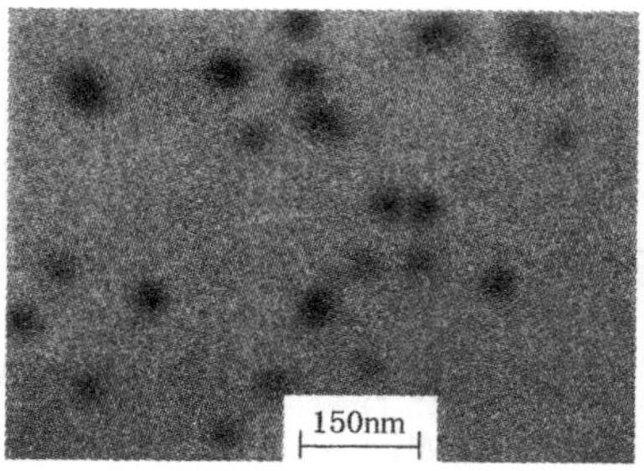

图9－5　由共聚物S838－C61制备的星形高分子TEM像

图9－5显示的是用二嵌段共聚物S838－C61制备的星形高聚物的TEM照片。在用TEM观察之前，该样品已被$O_SO_4$染色。$O_SO_4$可以选择性地与PCEMA链段中残存的脂肪链双键进行反应，而使PCEMA链段区呈现暗

黑色。图9－5清晰地表明PCEMA链段形成胶束的核，而PS链段构成相对较厚的呈现灰色的胶束壳层。这一结果与所预见的完全相同。此外，从GPC和动态光散射的结果可以证实，这种星形高聚物具有相对较窄的尺寸分布，而相对分子质量测定的结果表明这一星形高聚物含有115个"手臂"支链。

迄今为止，笔者等在用PS－b－PCEMA二嵌段共聚物制备的星形高聚物中，$n/m$比值已达到13.8。其结果无一例外地表明，随着PS－b－PCEMA中$n/m$值的增大，所制备的交联高分子胶束逐渐趋近于真正的星形高分子结构。

### 9.3.2 应用

星形高聚物已被证明可以用作高分子熔体的增强剂。星形高分子可以用一些传统的方法制备。但笔者等开拓的方法在制备具有高强度并含有极高数量手臂支链的星形高聚物方面具有独到的优越性。据报道，用这种方法已制备出摩尔质量为$9.0\times10^8$ g/mol、含有$2.0\times10^3$个手臂支链的星形高聚物。

## 9.4 高分子纳米微球

### 9.4.1 纳米微球的制备

高分子纳米微球可以从含有PS短链和PCEMA长链的PS－b－PCEMA二嵌段共聚物的胶束制备。但用PCEMA－b－PAA二嵌段共聚物来制备纳米微球可能更具有应用前景。表9－1中列出的样品C384－A156是一种PCEMA－b－PAA二嵌段共聚物，其中PCEMA段含有384个CEMA结构单元，而PAA段含有156个丙烯酸结构单元。为制备一种水溶性高分子纳米微球，首先将此二嵌段共聚物溶于N，N－二甲基四酰胺（DMF），然后逐滴加入蒸馏水，至水的体积分数达到25%，再将此混合体系用蒸馏水透析四天，以除去DMF。最后将所形成的"平头"胶束体系用紫外光照射，使胶束的核进行选择性交联，从而制得水溶性PCEMA微球。

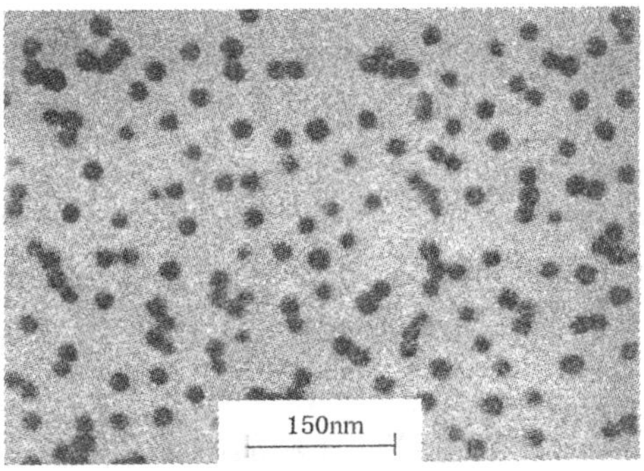

图9－6 由共聚物C384－A156制备的纳米微球TEM像

图9－6是从这一高聚物制备的纳米微球的TEM照片。照片清晰地表明，这种交联的胶束具有窄的尺寸分布和圆球形状。虽然这一样品经过$O_sO_4$染色，但TEM照片仍不能清晰地显示纳米微球的壳层结构，这是因为在这种纳米微球中PAA嵌段的质量分数仅为10%。

### 9.4.2 应用前景

由PCEMA－b－PAA二嵌段共聚物制备的纳米微球可以"捕获"水中的有机污染物，或作为控制输运药物的载体。最近，笔者等用荧光探针的方法，测定出芘分子在水和PCEMA－b－PAA纳米微球的核两相间的分配系数为$3.3\times10^5$。这一结果说明当水相与纳米微球的核具有相同的体积时，平均停留在纳米微球核中的芘分子数是水相中的$3.3\times10^5$倍。进一步研究表明，这种纳米微球对分子的最大吸收量可为纳米微球本身质量的0.2%。当这种纳米微球和芘分子的浓度分别为$5.6\times10^{-5}$和$5\times10^{-6}$时，芘分子在水和纳米微球的核两相间的分配在24h内可以达到平衡。此外，基于热力学和动力学的可行性分析，发现当加入$Ca^{2+}$等二价阳离子时，这种吸收了芘分子的纳米微球可以凝结沉淀。这样，用这种水溶性纳米微球吸收溶于水中的稠环烃污染物并诱导其凝结沉淀，可能成为净化被污染水源的一种可行的方法。

## 9.5 二嵌段共聚高分子刷

### 9.5.1 高分子刷形成

通常，固体表面的高分子刷是通过在浓度低于胶束形成的临界浓度(CMC)的二嵌段共聚物溶液中，共聚物分子在一固体底物表面吸附达到平衡而形成的。笔者等首次系统地研究了在二嵌段共聚物溶液中高分子刷的形成。表面增强 Raman 散射和 TEM 研究结果表明，在 CP(氯化石蜡)/THF 混合溶剂中，当 CP 的体积分数介于 70% 和 90% 之间时，二嵌段共聚物 PS-b-PCEMA 形成的高分子胶束便在硅石(aerosil OX50，Degussa)表面沉积、解缔并以分子水平分散其上，形成高分子刷。当高分子刷与胶束之间达到平衡且高聚物浓度足够大时，发现硅石表面的覆盖率 $\sigma_{eq}$(按单位表面积吸附高聚物的量计算)不随高聚物的平衡浓度 $c_{eq}$ 的不同而变化(图 9-7)。图 9-7 中下面的曲线是对含有 275 个苯乙烯和 23 个 CEMA 结构单元的二嵌段共聚物实验数据的拟合曲线；上面的曲线则是对含有 309 个苯乙烯和 38 个 CEMA 结构单元的共聚物数据的拟合曲线。

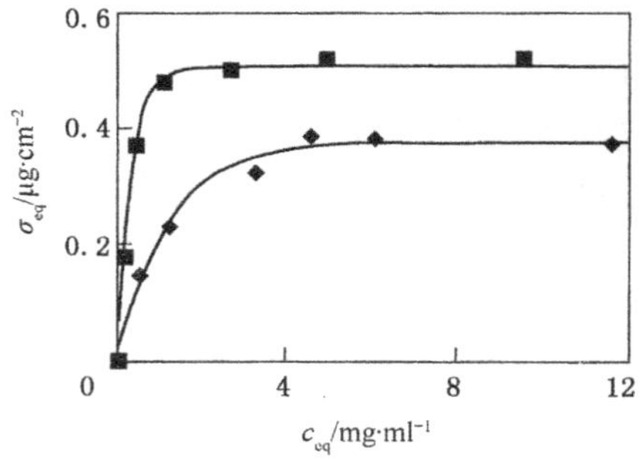


图 9-7 在 CP/THF 混合溶剂中(86% CP)，二嵌段共聚物 PS-b-PCEMA 在硅石上的吸附等温线

通过比较在吸附平衡时不同组成的 PS-b-PCEMA 二嵌段共聚物在硅石上的极限表面覆盖率($\sigma_\infty$)，可以证明 Marques 等人提出的 $\sigma_\infty$ 对二嵌段共聚物中两段相对长度依赖性的两个标度关系。对于 $n \approx m$ 的 PS-b-PCEMA 共聚物

$$\sigma_\infty \propto am^{37/25}n^{-6/5} + bm^{12/25}n^{-1/5} \tag{9-1}$$

其中 $a$ 和 $b$ 是与溶剂有关的常数。在 $n \approx m$ 时，式(9-1)还原为：

$$\sigma_\infty \propto (a+b)m^{7/25} \tag{9-2}$$

$\sigma_\infty$ 与干态高分子刷的厚度 $L$ 有关：

$$L = \sigma_{\infty/\rho} \tag{9-3}$$

其中，$\rho$ 为二嵌段共聚物的密度。从式(9-2)可知，增加二嵌段共聚物相对分子质量可以增加高分子刷的厚度。笔者等利用二嵌段共聚物 S1077-C1158 在 CP 含量为 82% 的 CP/THF 混合溶剂中在硅石上吸附制备高分子刷，得到的表面覆盖率为 2.7μg/cm$^2$。假定二嵌段共聚物 PS-b-PCEMA 的密度为 1.0g/cm$^3$，上述高分子刷的厚度为 27nm。

### 9.5.2 透射电镜研究高分子刷

上述用 PS-b-PCEMA 二嵌段共聚物制备的高分子刷可以直接用电镜(TEM)观察。图9-8是用共聚物 S1077-C1158 在硅石上制备的高分子刷的 TEM 照片。在 TEM 照片中，硅石颗粒呈暗黑色，这是因为硅原

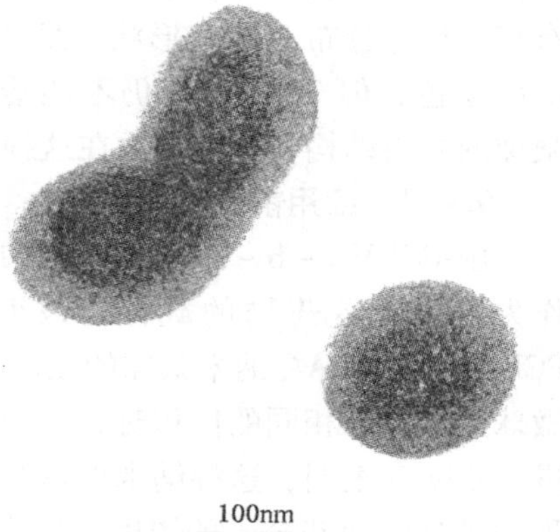


图 9-8 未经用 $O_sO_4$ 染色的 S1077-C1158 高分子刷镀的硅石颗粒 TEM 像

子比共聚物 PS - b - PCEMA 中的碳和氢原子对电子具有更强的散射能力。通过对 20 个镀刷的硅石颗粒测量，硅石表面灰色的 PS - b - PCEMA 共聚物分子层的平均厚度约为 29nm。这一数值与用表面覆盖率数据计算的结果(27nm)十分一致。

用 S1077 - C1158 二嵌段共聚物刷镀的硅石颗粒可以通过用 $O_SO_4$染色而使 PCEMA 嵌段区变暗。图 9 - 9 即为这种硅石颗粒经过 $O_SO_4$染色后的 TEM 照片。从照片中可以看出，有一个高分子层呈现较明亮颜色，这说明 PS 和 PCEMA 两种高分子链完全处于相分离状态。此外，还可以看出这一较明亮的高分子层处在颗粒的暗黑色核的边缘，这一事实说明 PCEMA 高分子链是处在硅石表面的接触层。如果 PCEMA 链是位于 PS 链层的上部，则明亮层应该是夹在两个暗的壳层之间。通过对 10 个用 $O_SO_4$染色的硅石颗粒的测量，PS 链层厚度的平均值为 11nm，这与根据表面覆盖率数据计算的值(7nm)比较一致。在计算中，考虑了 PS 链部分地保持了溶胀的构象。因为在将镀刷的硅石颗粒喷涂在用于电镜观察的铜网上之前 PS 是处于溶胀状态。这一结果提供了关于二嵌段共聚物高分子刷涂层结构的直接实验证据。

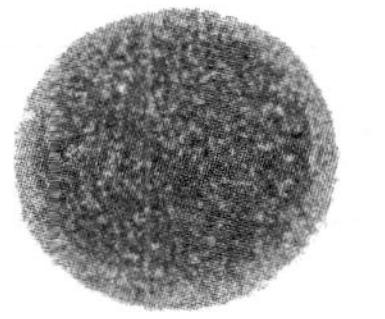


图 9 - 9　经 $O_SO_4$染色的 S1077 - C1158 高分子刷镀的硅石颗粒 TEM 像

### 9.5.3　交联高分子刷

笔者等人对高分子刷这一领域最突出的贡献是首先制备出交联高分子刷。将用二嵌段共聚物 S1077 - C1158 刷镀的硅石颗粒用紫外光照射后，硅石表面的高分子涂层不会被对于 PS 和 PCEMA 两种高分子皆为良溶剂的 THF 洗掉，相反，未经光照的镀刷硅石颗粒表面的 S1077 - C1158 共聚物涂层可以很快被 THF 洗掉。这样，正如所预期的那样，交联高分子刷具有较强的抗溶剂侵蚀性。由于它的稳定性，交联高分子刷将证明比其相应未交联的高分子刷具有更多的用途。

### 9.5.4　交联高分子刷包结硅料高分子填料

将镀于硅石表面的 PS - b - PCEMA 高分子刷的 PCEMA 碇系层进行选择性交联，即得到交联高分子刷包结硅石颗粒。这种硅石颗粒可用作高分子填料，硅石表面包结的 PS - b - PCEMA 高分子刷在硅石和高聚物基体间起着偶联剂的作用。由于 PCEMA 交联网络的包结作用，使得硅石与 PCEMA 链层间有很好的黏附力；同时，如果 PS 链与高聚物基体具有热力学相容性，PS 链与基体高分子链可相互穿插与缠结，这使得 PCEMA 链层与高聚物基体间具有很好的黏附作用。

上述用高分子刷表面处理的硅石颗粒不适于作 PS 填料，因为所得到的高分子复合物太脆。但这种表面处理的硅石颗粒用以增强苯乙烯 - 丁二烯无规共聚物(SBR 橡胶体)。笔者等采用的 SBR 是 Aldrich 公司的产品，摩尔质量为 $3.010^5$g/mol，其中苯乙烯的含量为 45%；硅石为 Hisil266，比表面积 $143m^2/g$；镀刷高分子为含有 109 个苯乙烯和 61 个 CEMA 结构单元的 PS - b - PCEMA 二嵌段共聚物($M_w/M_n=1.13$)。所采用的 SBR 样品具有较高的苯乙烯含量，而 PS - b - PCEMA 共聚物含有较短的 PS 链，这是为了使 SBR 与 PS - b - PCEMA 共聚物中 PS 链具有较好的相容性。

为制备交联高分子刷包结硅石颗粒，在 88% CP 含量的 CP/THF 混合溶剂中，200g 硅石吸附了 0.06gPS - b - PCEMA 二嵌段共聚物。将高分子刷镀的硅石颗粒首先溶于 88% CP 含量的 CP/THF 的混合溶剂中，并用紫外光照射引发交联，使 PCEMA 嵌段中的双键转化率控制在 22%。用于力学测试的试样配方列于表 9 - 2。

表 9 - 2　SBR 力学测试样品配方

| 未镀刷硅石试样 | | 高分子刷镀硅石试样 | |
|---|---|---|---|
| 组　分 | 相对含量 | 组　分 | 相对含量 |
| SBR | 100 | SBR | 94 |
| 硅石 | 20 | 硅石② | 26 |
| 硫 | 1 | 硫 | 1 |
| ZnO | 1 | ZnO | 1 |
| TDIM① | 2 | TDIM | 2 |
| 锌(Steric Zinc) | 2 | 锌(Steric Zinc) | 2 |

① 四甲基秋兰姆化二硫。

② 包括 20 份纯硅石和 6 份高分子涂层。

将 SBR 板材在液氮中冷却，然后粉碎为 SBR 颗粒。在液氮冷却下，将不同的组分混合，并用一研磨器研成灰浆。力学测试试样的制备是利用一圆筒状模型，在 160℃ 和 $10^3$ kPa 压力下成型，所得圆柱试样高为 23.0mm，直径为 4.0mm。

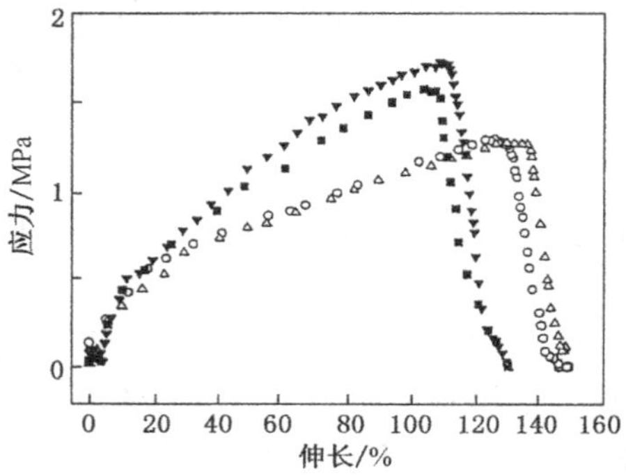

图 9 - 10　含 PS - b - PCEMA 处理的硅石颗粒的 SBR 应力 - 拉伸曲线

图 9 - 10 为试样的力学测试结果。可以看出，用高分子刷镀的硅石颗粒作填料的 SBR 样品的拉伸强度较用未刷镀的硅石填充的 SBR 样品增加了 50%，说明 PS - b - PCEMA 共聚物在硅石表面形成的交联高分子刷作为偶联剂，增强了硅石和 SBR 之间的黏附力。此外，这种增强作用的另一个原因是表面处理的硅石颗粒较未处理的硅石颗粒在 SBR 中具有更好的分散性。

## 9.6　二嵌段共聚物纳米纤维

### 9.6.1　高分子纳米纤维的制备

首先利用二嵌段共聚物 PS - b - PCEMA 的自组装性能制备形成 PCEMA 链圆柱微相区的本体高聚物样品，然后用紫外光照射，对 PCEMA 链段形成的圆柱相进行选择性交联。在溶剂中，样品的 PS 连续相溶解，使不同的 PCEMA 链形成的圆柱相彼此解缠结，从而得到高分子纳米纤维。

图 9 - 11 显示了二嵌段共聚物 S777 - C111 薄膜的 TEM 像。照相薄膜的制备，首先是将二嵌段共聚物 S777 - C111 溶于甲苯中，再利用挥发方法制得 S777 - C111 的固体样品。将此固体样品干燥、退火，然后用超薄切片机切片。最后将切片样品用 $O_SO_4$ 染色并用 TEM 观察。照片中六方堆积的暗黑色椭圆体即为垂直于照片平面的 PCEMA 链形成的圆柱相。同样，在共聚物 S1253 - C158 薄膜中，PCEMA 链段形成类似的圆柱相区。

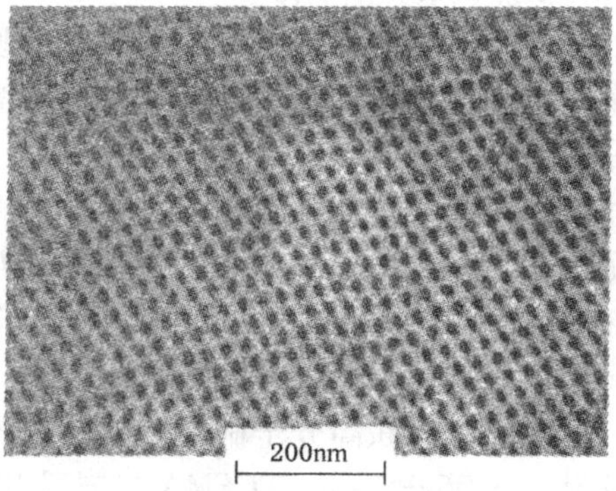

图 9 - 11　经 $O_SO_4$ 染色的 S777 - C111 薄膜 TEM 像

在上述用TEM研究PS－b－PCEMA二嵌段共聚物本体样品自组装结构形态的基础上，制备共聚物S1253－C158和S777－C111的圆盘状固体样品，并在与形态学研究相同的条件下将样品退火。将S1253－C158的圆盘样品用紫外光照射后，置入THF中并搅拌使纳米纤维溶解。图9－12是用共聚物S1253－C158制备的纳米纤维的TEM照片。可以看出，用此法制备的高分子纳米纤维具有高均一性的直径和大的纵横比。在适当条件下制备的纳米纤维，其核－壳结构清晰可见(图9－13)。

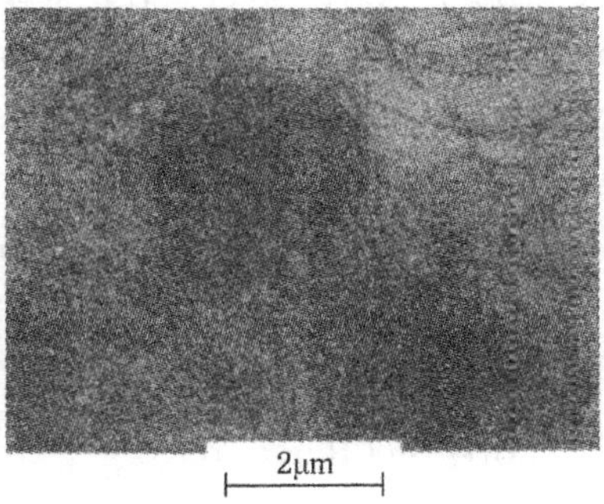


图9－12　S1253－C158纳米纤维TEM像

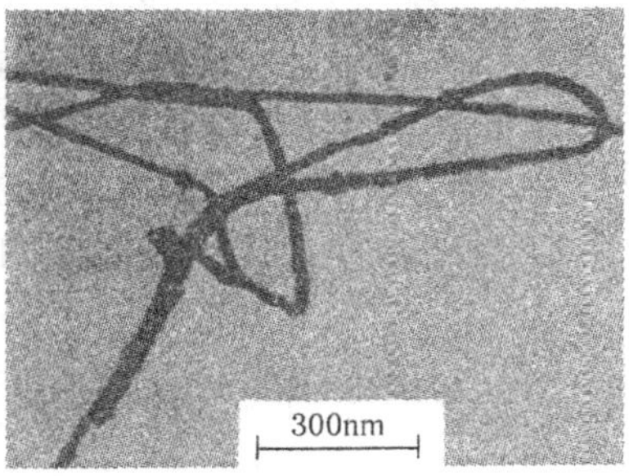


图9－13　放大的S1253－C158纳米纤维TEM像

### 9.6.2　应用前景

目前，用PS－b－PCEMA制备的高分子纳米纤维尚未发现具体的实际用途。但是，这种方法本身对制备其他纳米纤维或用于热裂解法制备纳米碳纤维或金属碳纤维的前身纳米纤维材料具有普遍意义。如用一种导电高分子代替二嵌段共聚物中的成核嵌段，则此方法可改用于制备纳米导线材料。此外，发现由PS－b－PCEMA制备的纳米纤维可与$CHBr_3$以任何比例混溶，在高浓度下，其溶液形成液晶。这种液晶的独特性能及应用前景目前正在研究开发中。

## 9.7　具有可调纳米孔道的高分子薄膜

### 9.7.1　薄膜的制备

制备这种具有可调纳米孔道薄膜的基本思想是采用具有自组装性能的二嵌段共聚物PtBA－b－PCEMA制膜，利用PCEMA嵌段可进行光引发交联反应，而PtBA嵌段的叔丁基可发生水解反应的特性。笔者等采用了两种PtBA－b－PCEMA共聚物——t230－C370和t380－C640,其中t和C后面的数字分别为二嵌段共聚物中tBA和CEMA结构单元的个数。如同常规的二嵌段共聚物本体样品一样，当这些高聚物中PtBA嵌段的质量分数为25%时，即可形成热力学稳定的有序相，其中由PtBA嵌段形成的圆柱状微相区均匀地分布在由PCEMA段形成的连续相基体中。将这些高聚物的本体薄膜切片技术制得厚度为2μm的薄膜。经UV光照射使PCEMA嵌段形成的连续相交联；交联的薄膜用$(CH_3)_3SiI$处理并水解，以使PtBA嵌段形成的微相区中的叔丁基断裂，从而形成纳米尺度的孔道。孔道的跨度为薄膜的厚度，其中部分地为聚丙烯(PAA)链所填充。

图9－14是共聚物t230－C370切片样品的TEM像。其中采取六方堆积较明亮的圆环代表垂直于纸面PtBA嵌段形成的圆柱微相区。连续相呈现较暗的颜色，这是因为PCEMA链段中的脂肪双键选择性地与$O_SO_4$反应而被染色。圆柱相的直径为10nm。用t380－C640制

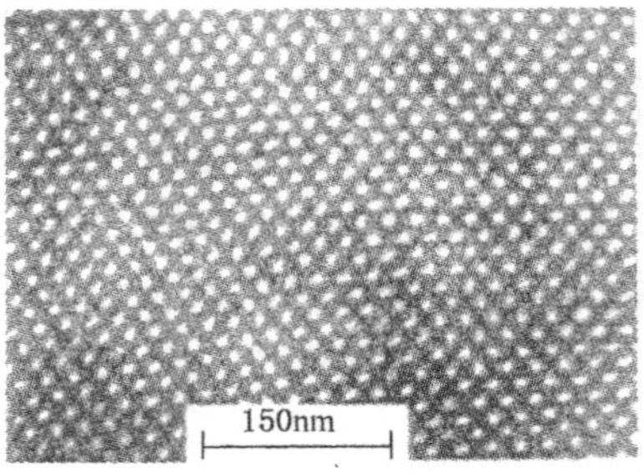

图 9－14　经 $O_sO_4$染色的 t230－C370 交联样品 TEM 像

备的样品呈现出类似的结构形态，其中 PtBA 嵌段形成圆柱相的直径为 15nm。由此可见，PtBA 嵌段形成的相区尺寸随 PtBA 嵌段的相对分子质量增加而增大。所以，改变 PtBA 嵌段的相对分子质量是调节最终孔道尺寸的一种便利方法。

切片薄膜经 UV 光照射，以使 PCEMA 嵌段形成的连续相发生交联。UV 光源为 500W 汞灯。UV 光在射到样品之前首先通过 260nm 截止滤光片，光照时间为 8s。切片薄膜在 274nm 波长的吸收变化表明，PCEMA 嵌段中 35% 脂肪链双键在光照中消失。

将经紫外光照射的薄膜放入 0.050mol/L 的三甲基碘甲硅烷的二氯甲烷溶液中，浸泡 2～3d，发生如下反应：

$$\text{-(}CH_2\text{—}\underset{\underset{COO\text{—}t\text{—}Bu}{|}}{CH}\text{)}_n + (CH_3)_3SiI \longrightarrow \text{-(}CH_2\text{—}\underset{\underset{COO\text{—}Si(CH_3)_3}{|}}{CH}\text{)}_n + t\text{—}BuI$$

反应后，可以立即将薄膜移到 TEM 的样品台上进行观察。笔者等的实验结果证实了上述反应的存在。实验用的显微镜上装有一台能量损耗光谱仪。显微镜的工作电压设定为 110kV，成像电子能量为 100～110keV。图 9－15 显示了用$(CH_3)_3SiI$处理的共聚物 t380－C640 薄膜在这种条件下拍摄的 TEM 像。可以看出，圆柱形微相区比较明亮，这是因为圆柱形微相区比连续相产生较多的具有 100～110keV 能量的电子。在硅原子中，L 层电子的束缚能为 110keV，某些入射电子可以把 110keV 的能量传递给硅原子，因此在含有大量硅原子的圆柱形微相区产生出大量的具有 100～110keV 能量的电子。

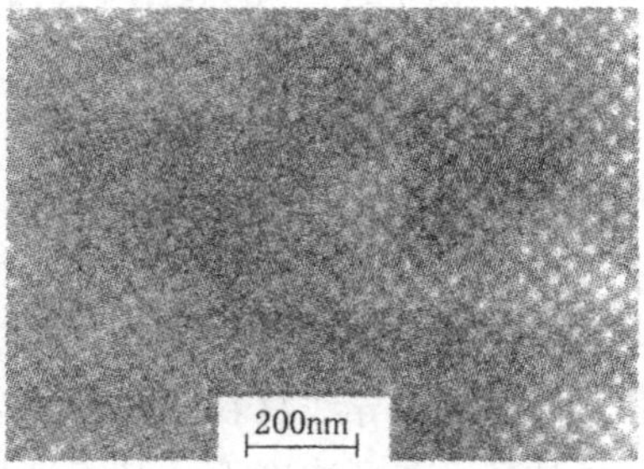

图 9－15　经$(CH_3)_3SiI$溶液浸泡处理的薄膜的硅特征 TEM 像

笔者等设计了用显微镜(Zeiss 902)对上述反应进行定量研究的实验，目的在于表征 PtBA嵌段中叔丁基被三甲基硅烷基置换的程度。可以预见，至少在试剂迁移速度足够大的薄膜中，上述反应应该基本上是定量的，因为这一反应在溶液中是近似定量的。

硅的特征成像实验表明，除去键连在 PAA 嵌段上的三甲基甲硅烷基的速度很快，甚至把用三甲基硅烷处理的高聚物薄膜放入体积比为 95/5 的甲醇/水混合溶剂中浸泡几分钟即可定量地除去三甲基甲硅烷基。除去三甲基甲硅烷基后的薄膜，则不再具有硅特征对比的 TEM 像。图 9－16 显示了经过除去三甲基甲硅烷基的 t380－C640 共聚物薄膜的 TEM 像。可以看出，照片中明亮的圆柱形微相区与黑暗的 PCEMA 连续相区的对比变得非常强烈。而这种对比并非借助化学染色获得，这说明圆柱形微相区物质的密度不如连续相中大。

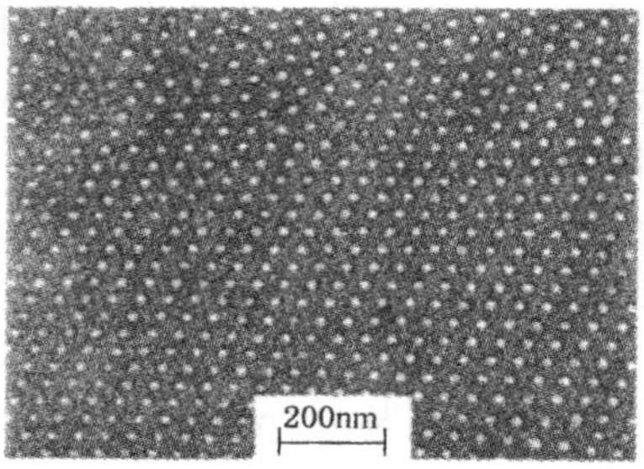

图 9－16　未染色的完全水解的 t380－C640 薄膜 TEM 像

### 9.7.2　应用前景

笔者等人相继用 $Cd(Ac)_2$和硫化氢处理了具有 PAA 纳米孔道的高分子薄膜，结果在孔道中生成了 CdS 颗粒，而不是所预期的半导体纳米导线。所生成的 CdS 颗粒呈现出量子尺度效应。目前，笔者等正在研究采用其他的反应方法，以期能在 PAA 孔道中生成纳米导线。

因为 PtBA 嵌段形成圆柱形微相区的直径是由 PtBA 嵌段的相对分子质量控制的，所以改变 PtBA 嵌段的相对分子质量是调节最终孔道尺寸的一种便利方法。此外，孔道尺寸可以进一步通过改变 PAA 链的结构进行调节，如将孔道中 PAA 链甲基化或部分甲基化等。总之，可以通过改变 PAA 链的结构来改变薄膜孔道内的功能基团。用这种方法制备的高分子薄膜可以作为人工皮肤膜，这种膜不仅含有可调尺寸的纳米孔道，而且含有功能基团。

目前，关于这种具有 PAA 纳米孔道高分子薄膜的研究主要限制在表征其生物特性方面。在不同的实验条件下，纳米孔道中的 PAA 链可能收缩、伸展或产生交联，因此，这种薄膜对水分子的穿透性可以发生很大变化。这表明该纳米孔道可以起到某种“化学阀门”或“传感器”的作用。

# 第十章 高分子化学反应

## 10.1 引言

高分子化合物的结构发生化学转化的各种过程，包括高分子链的化学组成和功能基的转化，以及聚合度、链节序列和表观性能的变化等。早在19世纪中叶就开始了对天然高分子结构和化学改性的研究，当时已能将天然橡胶制成橡皮，将纤维素制成硝酸纤维素、醋酸纤维素、铜铵纤维、丝光纤维等，并得到工业应用。1935年B. A. 亚当斯通过化学反应最先合成了离子交换树脂，广泛应用于净水、分析化验、冶金、催化、医药等方面。1963年R. B. 梅里菲尔德首次固相合成肽获得成功。以后，化学合成生物大分子，如多肽、寡核苷酸及糖类的工作迅速发展。功能高分子材料的开发，更是与高分子化学反应的深入研究密切相关。总之，高分子化学反应的内容是十分丰富的。

### 10.1.1 研究聚合物化学反应的意义

聚合物的化学反应涉及聚合物分子与化学试剂或外界环境之间，或聚合物分子内或分子间所发生的各种化学变化。研究聚合物的化学反应在理论上和实用上都具有重要的意义。如天然橡胶的结构测定，为确定聚合物的数均相对分子质量而进行的端基测定，聚合物中某种官能团含量的测定等都是以聚合物与特定的化学试剂进行相应的化学反应为基础的。从化学反应的类型来看，聚合物的化学反应与有机化学反应相似，但聚合物所具有的形态特点使得聚合物的化学反应呈现区别于小分子的许多特点，如“高分子效应”等，这些都是理论上深入研究的内容。因此可以认为对聚合物化学反应的研究，是聚合物科学体系中的重要环节。在实用上，聚合物通过化学反应，能够转变成具有新的性能的聚合物。例如：纤维素酯化为醋酸纤维素、硝酸纤维素，醚化为甲基纤维、羧甲基纤维素等。特别是功能高分子的发展，越来越显示出聚合物化学反应的重要性。

在合成一些不能直接由相应的单体聚合而得的聚合物时，如单体中带有阻聚作用基团（胺基、以苯二酚基）或链转移作用基团（氯甲基、巯基）时，或单体实际不存在的情况，通过聚合物的化学反应来制备则是更有效、更方便的途径。

聚合物经过接枝、嵌段和交联反应后，在相当大的程度上改善了原聚合物的性能，特别是线型聚合物经交联而形成体型结构（如橡胶的硫化），而这种体型结构正是聚合物在实用时所处的分子形态。

另一方面，使用过程中的聚合物材料，在自然的环境下，受到空气、水、光、酸、碱及微生物的侵袭后发生化学变化，使其降解或交联等，导致聚合物分子链结构的改变，聚合物的性能降低。这种老化过程有其内在的规律性，对它的研究有助于了解聚合物的结构与稳定性能的关系，掌握聚合物被破坏的种种因素，从而采取有效的措施防止老化，延长使用寿命。不过聚合物的降解在许多方面都能加以利用（如回收单体、裂解分析、环境保护、医药领域等），促进聚合物降解越来越受到重视。

高分子化学反应研究的目的：①通过高分子的化学反应，使高分子材料改性。例如引入功能基团，使非反应性的高聚物变成反应性的高聚物，从而进一步改变原有材料的特性，以适应需要。②从常用的高分子化合物，制备另一类不能通过单体直接聚合得到的高聚物。例如聚乙烯醇是从聚醋酸乙烯酯水解(见高分子水解)得来的。③利用高分子化学反应可以制备不同组成分布的共聚物。④通过高分子的化学反应帮助了解和证明聚合物的结构。⑤认识高分子老化及降解原因，找出预防方法，延长使用寿命。⑥对高分子功能基反应的研究，促进其他相应学科的发展。如高分子催化剂的研究，推动了化学工业的发展；高分子试剂的应用，开辟了有机合成的新途径。

### 10.1.2 高分子化学反应的类型

与低分子相似，高分子化合物能进行一般的有机化学反应、络合反应，此外还能进行降解反应、分子间反应、支化和接枝反应以及特有的表面和力化学反应。

高分子的一般有机反应包括取代、加成、消除、水解、酯化、醚化、硝化、磺化、离子交换反应等。高分子芳烃的有机反应，可以用在聚苯乙烯的苯环上导入功能基。此类化学反应包括了酰基化、烷基化、磺化、硝化、卤化、氯甲基化、氢化(加成)、磺酰氯化、醋酸汞化、氯膦化等。聚苯乙烯经反应得到的氯甲基化聚苯乙烯、氨基化聚苯乙烯和金属锂代聚苯乙烯，又可进一步进行一系列的化学反应。

脂肪族高分子的化学反应，是聚合物改性加工的重要基础。不饱和高分子烃类可进行异构化(包括双键转移，顺、反式异构)、环化(见高分子环化)、加成、卤化、环氧化、氢化及与各类羰基试剂反应等。

饱和高分子脂肪烃如聚乙烯、聚氯乙烯可进行卤代反应、氯磺化反应、氯羰基化反应、膦酸化反应等。

纤维素通过不同的化学反应，如水解、氧化、酯化、醚化、乙酰化、硝化、腈乙基化以及与二硫化碳反应等，能制得人造纤维、塑料、涂料、黏合剂等。

带有氨基、膦基、羧基、羰基和羟基等基团的高聚物，可作为高分子配位体，与金属离子络合，形成高分子络合物。高分子络合反应在分析化学、分离萃取、催化等方面的应用是十分重要的。

高分子在使用时，由于受到日光的照射，吸收了紫外线，再遇到空气中的氧和水汽，容易发生降解，同时引起性能的改变，如力学性能变差、变色、发脆、发黏等。加工成型时，如温度过高或应力太大，聚合物也会降解，得到不符合要求的产品。高分子的降解，往往是几个因素同时引起的。

高分子的降解反应，也可以被利用在生产实际和科学研究上，例如，测定聚合物的组成和结构，加热裂解废弃的聚合物，从有机玻璃回收单体，以及由天然高分子如纤维素和淀粉水解制葡萄糖等。高分子降解可分为缩聚物降解和加聚物降解。

高分子的降解可在化学试剂(酸、碱、氧、臭氧、水汽等)或物理因素(光、热、电离辐射、机械力等)的影响下发生。杂链聚合物容易受酸、碱作用而水解，碳链聚合物容易受氧、光、电离辐射等影响而降解。

高分子表面化学反应，是指在聚合物的加工处理过程中局限在聚合物表面进行的反应，在不改变聚合物基本性能的基础上，改进聚合物的触感性、耐洗性、色泽牢固性、抗静电性、抗磨蚀性以及透水、透液、透气、抗溶剂和黏合性等。聚合物表面通过化学或辐照等方法制得接枝共聚物(见前述接枝共聚)，也是改进表面性能的重要方面。

表 10-1 给出常见的各类高分子化学反应实例。

目前高分子化学反应的应用范围已十分广阔，在肽、寡核苷酸和多糖的合成中都选用高聚物作为载体，并且利用高分子反应进行固相合成。通过高分子活性酯的反应来合成肽，是一种十分有效和方便的方法。利用高分子反应，可以对肽和蛋白质作定序分析，进行不对称合成和旋光异构体的拆分，鉴定反应中间物以及对反应性功能基进行保护等。

**表 10－1　各类高分子化学反应的实例**

| 高分子化学反应类型 | 目　　的 | 实　　例 |
|---|---|---|
| 改变主链结构 | 改进老化性能 | 丁腈橡胶氢化 |
| 主链的切断 | 改进加工性能 | 纺丝级聚丙烯树脂 |
| 主链的扩展 | 提高力学性能 | 聚酯固相聚合 |
| 交联 | 克服塑性变形 | 橡胶硫化 |
| | 提供耐热性 | |
| 侧基反应 | 功能化 | 离子交换树脂 |
| 接枝 | 控制形态结构 | 超韧尼龙制备 |
| 表面反应 | 改进黏附性 | 聚丙烯等离子体表面处理 |
| 降解 | 确定双键位置 | 橡胶臭氧化 |
| 环化与控制氧化裂解 | 制备耐高温材料 | 碳纤维制备 |

### 10.1.3　一般原理

在研究聚合动力学时一般都假设高分子链的长度对反应中心的活性没有影响。除了必须对邻近基团的影响和反应物扩散的影响加以考虑外，“反应能力不变”原理大体上是正确的。因此我们也可以这样说，凡是小分子能够发生的有机化学反应和无机化学反应，在高分子的情况下也能够反应。所不同的是，小分子化学反应的产物经过纯化后可以得到纯的化合物，而高分子由于在一个分子上有许多可以反应的基团，不可能得到纯的反应物。对于高分子化学反应，用“转化率”这一概念代替“产率”更为合适。

对于一个高分子化学反应，通常从以下各方面进行表征：① 反应基团的转化率；② 未反应基团的分布；③ 可能的副反应；④ 相对分子质量分布的变化。

此外，对于官能团之间的反应，可能发生分子内反应（导致环化）和分子间的反应（导致交联）。分子内反应的优势随着反应物的稀释而提高。介质的性质也有很大的影响，在不良溶剂中有利于分子内反应的进行。

对于高分子反应，应特别注意溶解性的变化以及反应物的扩散问题。结晶高分子的反应容易在非晶区内进行，在晶区内则很困难。有时随着反应的进行，高分子的溶解性会发生变化，也可能发生局部相分离。这些都会影响反应的进一步进行。

邻近基团的影响在高分子化学反应中表现得非常明显。一种是电荷的相互作用，如聚$\alpha$－甲基丙烯酰胺在碱性介质中的水解，当转化率达到72%时，酰胺基两旁都有带负电荷的羧基离子，进一步的水解就会很困难。另一种是协同作用，例如全同立构的聚丙烯酸甲酯的水解比间同立构的聚合物快得多。这是由于全同立构的情况下，水解通过酸酐中间体进行：

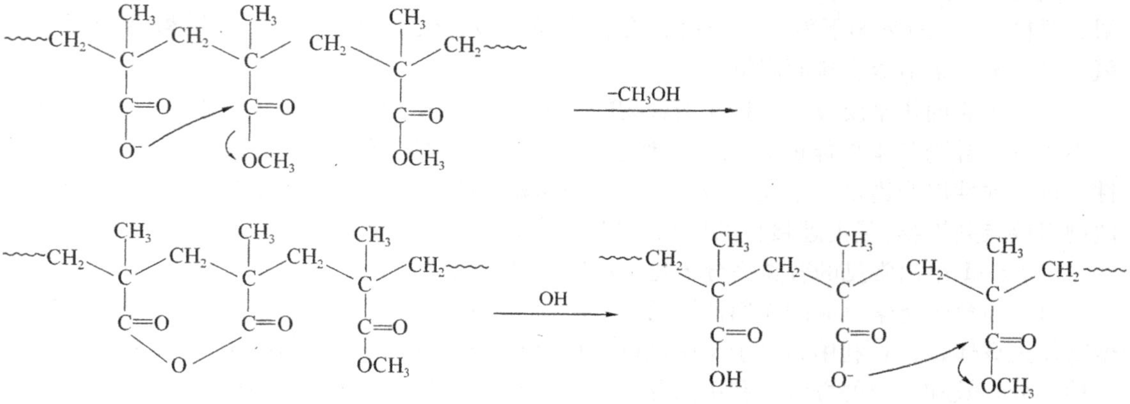

非邻近基团的协同作用是很有趣的。在空间位置有利时，非邻近基团的协同作用能使反应大大加速。例如，具有羟甲基的环氧树脂：

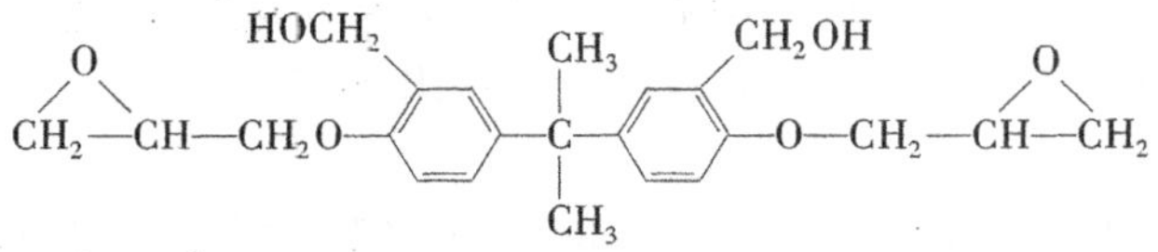

由于羟基的协同作用，环氧基与胺基的反应速率提高10倍。

### 10.1.4 聚合物反应的特征

聚合物的官能团反应具有局部反应的特点，即使是小分子化合物的用量对聚合物官能团的摩尔比过量时，聚合物的官能团往往不能反应完全。未反应的官能团与已形成的官能团(甚至由副反应所引起的基团)处于同一产物分子中，产物结构具有明显的多分散性。因此要从中分离出“纯粹”的反应产物是极其困难的甚至是不可能的。聚合物的功能基反应也不能像小分子反应那样以产率来表示反应程度，而常以基团转化率(%)来表示反应进行的程度。

聚合物功能基反应比小分子的反应速率慢得多，虽然聚合物官能团的反应活性与相应的小分子的官能团活性相接近(官能团等活性理论)，但往往因扩散步骤成为反应速率的控制因素，使反应速率降低。

尽管如此，当聚合物与小分子试剂进行局部的反应后，形成类似共聚物结构的产物，就能大幅度地改变原有聚合物的性质，而使产物具有不同的用途。

### 10.1.5 聚合物化学反应的活性及其影响因素

聚合物的化学反应之所以表现出上述特点，都是因为聚合物的链结构、聚集态结构及邻近基团相互作用等结构因素的影响。

(1) 聚合物构象

聚合物在溶液中分子链呈无规线团构象，线团中心的密度总是较线团外部的大，而且在不良溶剂中，整个线团紧缩，其密度增大。因此对于既能发生分子间的交联反应又能发生分子内的成环反应来说，当线团密度增大时，后一反应发生的几率增大。当聚合物在溶液中交联成型时，溶剂的选择对产物的性质有重要的影响。因此在聚合物制造工艺中必须加以详尽的研究。

(2) 扩散因素

聚合物的功能基反应与小分子的反应一样，只有当相互作用的基团彼此接近并发生有效碰撞时才能发生反应。因此扩散因素便会严重影响反应的速率。聚合物由于相对分子质量大，扩散慢，基团的彼此靠近主要取决于小分子试剂的扩散速率，而小分子的扩散又与聚合物的分子状态有密切的关系。在均相体系中，如在稀的良溶剂中，大分子链较舒展，小分子在其中扩散快，反应速率快，而在不良溶剂中则减慢。

在玻璃态聚合物中，小分子试剂扩散很慢，为了提高反应速率，往往使聚合物在玻璃化温度以上或处于溶胀状态下进行反应。

对于结晶性聚合物，小分子在无定形区扩散较在晶区快，反应首先发生在无定形区，并且常常限于该区域内。如涤纶的水解和聚乙烯醇纤维的缩醛化反应都是如此。

交联型聚合物的交联程度对反应速率有很大的影响。轻度交联时，聚合物链段尚保持一定的柔性，较易被溶胀并且小分子在其中易扩散，反应速率较快。而高度交联时，刚性的链段阻止小分子的扩散，使试剂难以进入到聚合物内部，不仅反应速率慢，而且几乎仅在聚合物表面上发生反应。

聚集态的聚合物其形态对反应的影响是非常显著的，若能选用适当的溶剂，将其转变为溶液状态，或使其充分溶胀，都将促使反应进行得更快更完全。

（3）溶解度因素

在聚合物的化学反应过程中，首先生成的中间产物是既带有新生成的基团又带有未反应的基团的无规共聚物，结构和组成均发生了变化，因而引起聚合物溶解性的变化。或者溶解度增大，反应速率加快，而且聚合物反应较完全，产物的结构较均一。有时则溶解度降低，甚至中间产物从介质中析出，难以进一步反应，引起聚合物结构的不均匀性。在某些特殊情况下，当参加反应的小分子试剂或催化剂以固态分散在反应体系中时，沉淀出来的中间产物会包裹试剂微粒，在其表面进一步发生反应直达到完全的程度，因而得到嵌段共聚物直到聚合物的混合物。

（4）几率因素

当双官能团试剂与聚合物链上两邻近的单官能团反应时，就产生环状结构。例如聚氯乙烯与锌粉共热时的环化反应，相邻基团的结合是无规的。

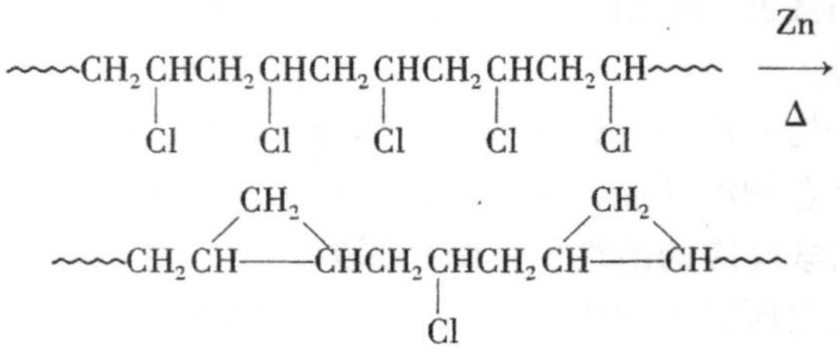

如果反应是不可逆的，则官能团的反应程度有一个极限值，这是由于在两个成对起反应的官能团中会存在单个的隔离的官能团，这种孤立的官能团在良溶剂的稀溶液中，发生分子间或分子内非 1，3 位的结合的可能性亦极小，因而不能发生反应。

如果聚合物链中单体单元都以头－尾连接，反应基团都位于 1，3 的相对位置，那么这类反应的最高转化率在理论上达到 86.5%，如上例反应的实验值最大为 86%。又如聚乙烯醇的缩醛化反应，用氯乙醛则为 85.8%，苯甲醛则为 83%。

（5）邻基效应

聚合物链上相邻基团对功能基反应能力的影响称为邻基效应，邻基效应包括空间位阻效应、邻基参与、电荷效应和协同效应。

① 位阻效应　聚合物侧链的功能基在参加化学反应时，侧链的空间位阻对其反应能力有很大的影响。如聚乙烯醇与三苯乙酰氯（$Ph_3CCOCl$）的酯化反应：

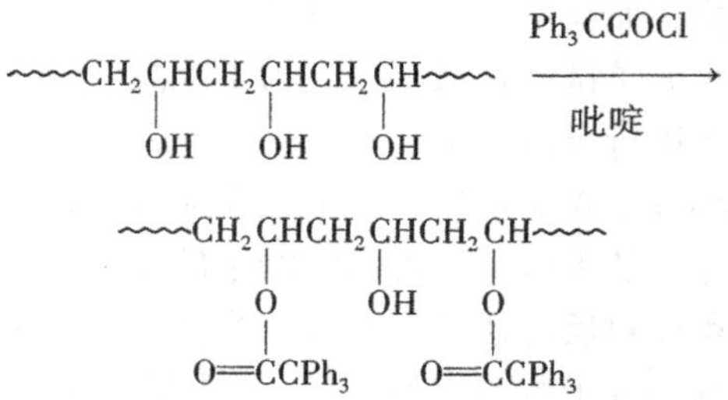

由于三苯乙酰氯基体积庞大，阻碍了邻近羟其的酯化，使反应不能进行完全。在由聚合物侧链的功能基转化过程或表现其功能性的影响因素之一，随距离增大活性增强，适当的“间隔臂”是必需的。

② 邻基参与　当聚(甲基)丙烯酸酯进行碱水解反应时，随着反应的进行水解速率加快(自催化效应)，这是因为水解生成的部分羧基与相邻的酯基之间形成环状酸酐，而酸酐能迅速水解。

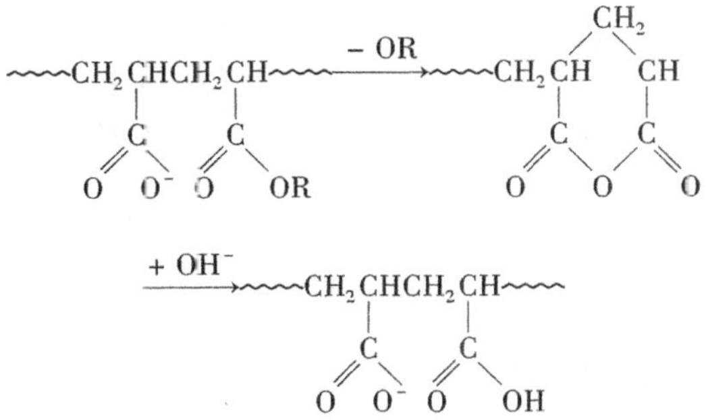

这种邻基参与过程与立体化学有关，聚甲基丙烯酸甲酯水解时，等规立构体比间规立构体或无规立构体快，因为等规立构体的邻近基团间的位置有利于形成六元环中间体。

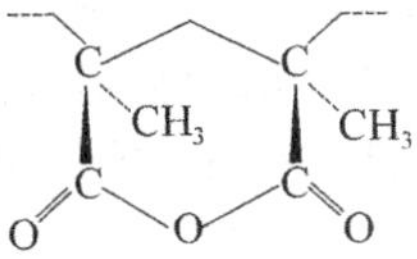

③ 电荷效应　如聚丙烯酰胺的碱水解反应，水解程度只能到70%左右，因为生成的羧基负离子阻碍 $OH^-$ 的进攻，还可能由于酰胺基与羧基之间形成氢键也降低了反应活性。但酸水解则无电荷排斥现象，并表现出自催化效应。

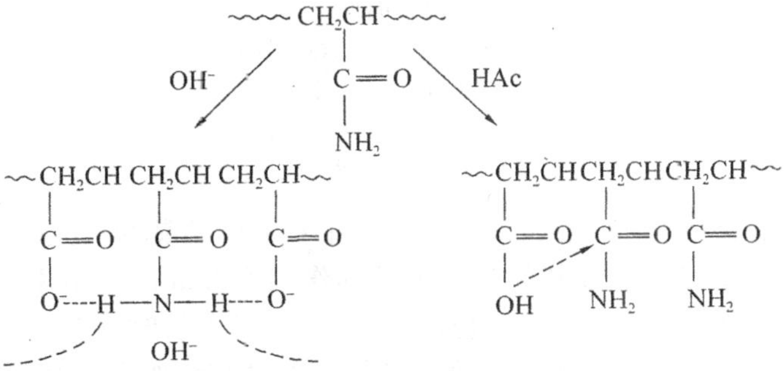

④ 协同效应　聚合物分子中两个活性基团对某过程产生协同作用，其效果比单一基团大大增强。如聚合物冠醚与金属离子的络合稳定性由邻近的两个冠醚环与金属离子形成“夹心饼”式的络合物，其稳定性大大增加。

协同作用广泛地存在于生物高分子酶的催化反应中，作为仿生高分子的高分子催化剂也根据这种原理设计和合成。如对于

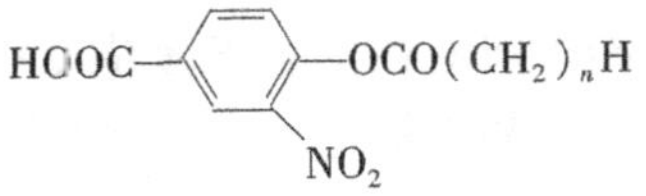

的水解反应，聚乙烯基咪唑作催化剂比咪唑作催化剂的水解速率约快 1000 倍。又如含有异羟肟酸基和咪唑基的聚合物是酯类水解的有效催化剂。在此体系中，由于异羟肟酸阴离子首先发生酰化，生成的酰基异羟肟酸酯中间体，在咪唑基的协同作用下迅速水解，而没有咪唑基存在时脱酰化作用是很慢的。

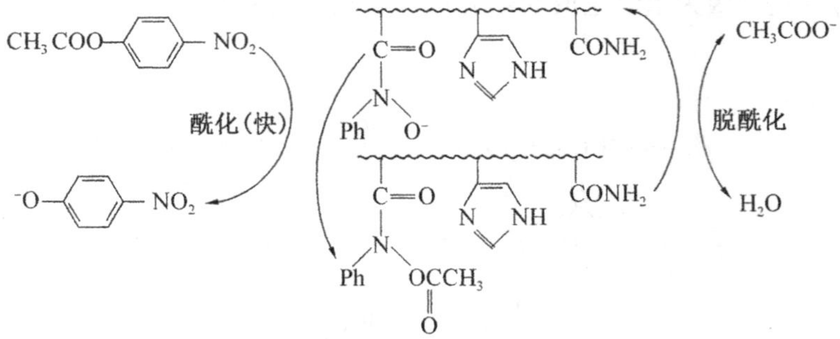


## 10.2 聚合物的功能基转化

聚合物的功能转化是聚合物改性和合成新型聚合物的手段之一，制备功能高分子的重要途径是通过化学反应在高分子主链上引入指定的功能基团，在文献中可以找到大量的例子，包括引入离子交换功能基、氧化还原功能基、吸附功能基、催化活性基团、生理活性基团、自由基俘获功能基、光致变色基团、液晶功能基团等。进行高分子官能团反应时力求在温和的条件下进行，尽可能避免副反应，使高分子主链不受影响。下面列举几例典型的聚合物转化过程。

### 10.2.1 纤维素的转化

纤维素是丰富的天然聚合物资源之一，它是由 $\beta$ – 葡萄糖以 1，4 – 糖苷键连接而成的直链分子。

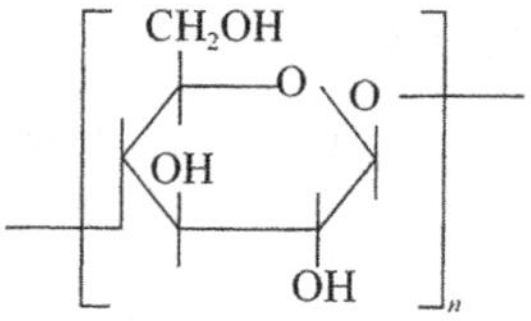


纤维素分子间有强的氢键，彼此结合成纤维束状高度结晶的结构，不溶于水和有机溶剂中，每个葡萄糖单元中有 3 个羟基能与多种试剂作用而形成许多衍生物，应用范围十分广泛，可粗略地归纳为如下 3 类：① 通过羟基的反应，引入暂时性基团，改善其溶解性，待成型再还原成原来的羟基，产物仍为纤维素结构。如粘胶纤维和铜氨纤维素。② 引入相对惰性的基团以封闭羟基，对纤维素进行化学改性，如硝酸纤维素、醋酸纤维素和醚化纤维素等。③ 引入具有化学反应性的基团，合成功能性纤维素。

（1）粘胶纤维和铜氨纤维

粘胶纤维是将天然纤维(木材、棉短绒、麻之类)用碱和二硫化碳处理后再生而得的纤维，也称为再生纤维或人造棉。反应原理如下：

经过纯化的纤维素以 20% NaOH 溶液在室温下浸泡 20 ~ 60min，此时纤维素被溶胀并吸附 NaOH，部分羟基转化成醇钠。压滤除去过剩碱液，得到碱化纤维素。

$$[C_6H_7O_2(OH)_3]_n + NaOH \longrightarrow [C_6H_7O_2(OH)_2(ONa)]_n$$

碱化纤维素

碱化纤维素与 $CS_2$ 作用，则形成纤维素黄酸钠粘胶（平均两个糖环含有一个黄酸钠基团）。

$$[C_6H_7O_2(OH)_2(ONa)]_n + CS_2 \longrightarrow [C_6H_7O_2(OH)_2(O\overset{\overset{S}{\|}}{C}SNa)]_n$$

纤维素黄酸钠粘胶

将粘胶以 NaOH 稀溶液配成适当浓度，成为黏稠状溶液。经喷丝头压到酸凝固液中（稀 $H_2SO_4$），此时碱被中和，黄酸盐被酸化并分解，析出不溶性的纤维素，并聚集成丝，经拉伸即得再生纤维。若经窄逢压入凝固液中则得到玻璃约（赛璐玢）。

$$[C_6H_7O_2(OH)_2(O\overset{\overset{S}{\|}}{C}SNa)]_n \xrightarrow{H_2SO_4} [C_6H_7O(OH)_2(O\overset{\overset{S}{\|}}{C}SH)]_n \xrightarrow{-CS_2} [C_6H_7(OH)_3]_n$$

再生纤维素

铜氨纤维是将纤维素原料用氧化铜和溶液处理形成络合物，使其成为纤维素的铜氨溶液。在成型（纺丝或成膜）后，用酸或碱分解这种络合物结构而重新生成纤维素。

（2）硝酸纤维素和醋酸纤维素

纤维素羟基与无机酸、有机酸或酸酐、酰卤等都能发生酯化反应，生成各种纤维素酯类衍生物，重要的品种有硝酸纤维素和醋酸纤维素。

纤维素经硝酸和浓硫酸的混合酸处理后生成硝酸纤维素。

$$[C_6H_7O_2(OH)_3]_n \xrightarrow{HNO_3 + H_2SO_4} [C_6H_7O_2(OH)_{3-m}(ONO_2)_m]_n$$

硝酸纤维素，$m = 1,2,3$

通常以含氮量表示硝化程度，它的高低取决于混酸浓度、反应时间及温度。一种常用的混酸比例为 $HNO_3$ 22%，$H_2SO_4$ 66%，水 12%，酯化率高。若是需要较低的酯化率，可提高混酸中水的比例，如 $HNO_3$ 21%，$H_2SO_4$ 61%，水 18%。完全硝化不易达到，工业产品的取代度都低于 3。含氮量为 12.5% ~13.6% 的称为高氮硝酸纤维素，用于制造无烟火药的原料。含氮量在 10.0% ~12.5% 的称为低氮硝酸纤维素，可用于制造赛璐珞塑料、清漆和照相底片等。

纤维素的乙酰化是将棉绒或高质量的木浆原料用醋酸处理，使纤维素膨胀以提高反应活性，再加醋酸酐和少量硫酸混合液酯化，硫酸作催化剂。

$$[C_6H_7O_2(OH)_3]_n \xrightarrow{CH_3CO_2H,\ (CH_3CO)_2,\ H_2SO_4} [C_6H_7O_2(OH)_{3-m}(OCOCH_3)_m]_n$$

醋酸纤维素，$m = 1,2,3$

完全酯化（乙酰基含量 44.8%）的产物在上述条件下容易生成。然而该产物只能溶于少数溶剂（冰醋酸、二氯甲烷、氯仿）。欲得到部分酯化的醋酸纤维素，生产上并非由纤维素加醋酸水溶液水解部分乙酰基，可使乙酰含量适当且均匀。

醋酸纤维素可制造电影胶卷、塑料、清漆和人造丝等。

（3）纤维素的醚化

纤维素与卤代烃、硫酸酯或环氧乙烷等作用等到各种纤维素醚类衍生物。

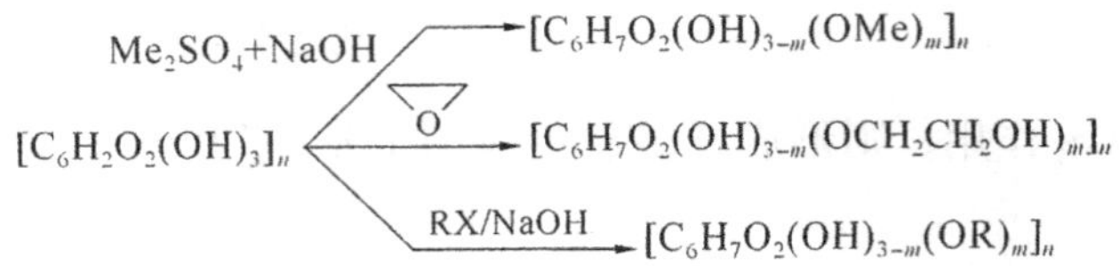


其中，R 为 $CH_3$—、$CH_3CH_2$—、$HOCCH_2$—等。

甲基纤维素可用于纺织工业作上浆剂，化学工业上作增稠剂。羧甲基纤维是水溶性高分子，可作洗涤剂和胶浆、乳液的稳定剂，在造纸、石油、医药、食品、化工等行业应用十分广泛，工业上生产规模较大。其他的醚类衍生物还有磺乙基纤维素、磷酸纤维素、二(三)乙氨基乙基纤维素等在化学分析、生化及化工上应用较多。

### 10.2.2 聚醋酸乙烯酯的转化

聚醋酸乙烯酯可以直接用作涂料、黏合剂和塑料。除此之外，通过化学反应，还能转化成聚乙烯醇缩醛。聚乙烯醇及其缩醛产物均有很多用途，因此经化学转化后，聚醋酸乙烯酯的用途大大扩展。

(1) 醇解

聚醋酸乙烯酯的醇解是在酸或碱催化下的酯交换反应。生产上将含聚醋酸乙烯酯 22% 的甲醇溶液在 45 ~48℃下，加入 45% 浓 NaOH 溶液，使 NaOH: 聚醋酸乙烯酯约为 0.1(摩尔比)，通过如下酯交换反应后，生成的聚乙烯醇从甲醇溶液中析出来，经过滤、洗涤及干燥，得聚乙烯醇。

$$-\!\!\left(CH_2\underset{\displaystyle OCOCH_3}{\underset{|}{CH}}\right)\!\!-_n + CH_3OH \xrightarrow{NaOH} -\!\!\left(CH_2\underset{\displaystyle OH}{\underset{|}{CH}}\right)\!\!-_n + CH_3COOCH_3$$

醇解程度对产物的性质和用途有很大的影响，随着醇解度的提高，其油溶性降低而水溶性提高，但完全醇解的聚乙烯醇又只能溶于热水中，这是因为分子间氢键的作用。不同醇解度的产物的溶解性及用途见表 10 -2。

**表 10 -2 聚醋酸乙烯酯不同醇解度的产物的溶解性及用途**

| 醇解程度 | 溶 解 性 | 用 途 |
|---|---|---|
| 0% | 有机溶剂 | 黏合剂、涂料 |
| <30% | 有机溶剂 | |
| ~65% | 冷水、热水 | 分散剂、表面活性剂、织物处理剂 |
| 85% | 冷水、热水 | 织物处理剂 |
| >95% | 热水 | 纤维 |

(2) 缩醛化

用作纤维的聚乙烯醇的醇解度要尽可能高，常达 99.95%。首先要将聚乙烯醇制成纤维，然后再缩醛化。15% 的聚乙烯醇水溶液在 50℃下通过喷丝头喷到饱和 $Na_2SO_4$ 水溶液中固化，经拉伸即得聚乙烯醇纤维。该纤维的强度、耐磨性及韧性都很好，但吸湿性大且溶于水，直接使用范围极小。

聚乙烯醇纤维与含有 $H_2SO_4$ 20%、甲醛 5%、$Na_2SO_4$ 20% 的水溶液作用，进行缩醛化，即得维尼纶纤维。缩醛化反应发生在聚乙烯醇的表面和非晶区，故反应程度仅为

24% ~40%。

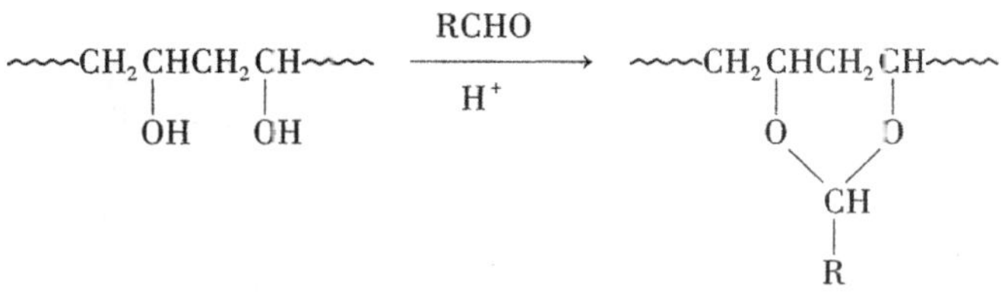


其中，R 为 H、$CH_3$、$C_3H_7$。

维尼纶纤维不溶于沸水，耐高温度提高到 115℃，吸湿性接近于棉纤维，其强度比棉纤维高，并且耐酸、耐碱性能以及抗氧化和抗微生物性能优良，适宜于作渔网、缆绳、工业用布和混纺布。

聚乙烯醇在甲醇或乙醇水溶液中，或在甲酸的溶液中，在 $H_2SO_4$或 HCl 作催化剂的情况下，与醛缩合，可得聚乙烯醇缩醛溶液，它可作黏合剂、涂料等。聚乙烯醇缩丁醛主要用来作(汽车)安全玻璃的夹层，它的强度高，黏接力强，透明性好，且耐老化。

### 10.2.3 聚苯乙烯的转化

由苯乙烯和二乙烯基苯通过悬浮共聚而得的交联聚苯乙烯珠体，其侧基苯环与苯相似，可以进行各种苯环的反应，如硝化、磺化、氯甲基化等(见图 10-1)，得到多种带有功能基的衍生物。而且再由这些基团的进一步转化，又能产生更多的具有各种物理功能或化学功能的聚合物。如氯甲基化聚苯乙烯的各种化学转变(图 10-2)。

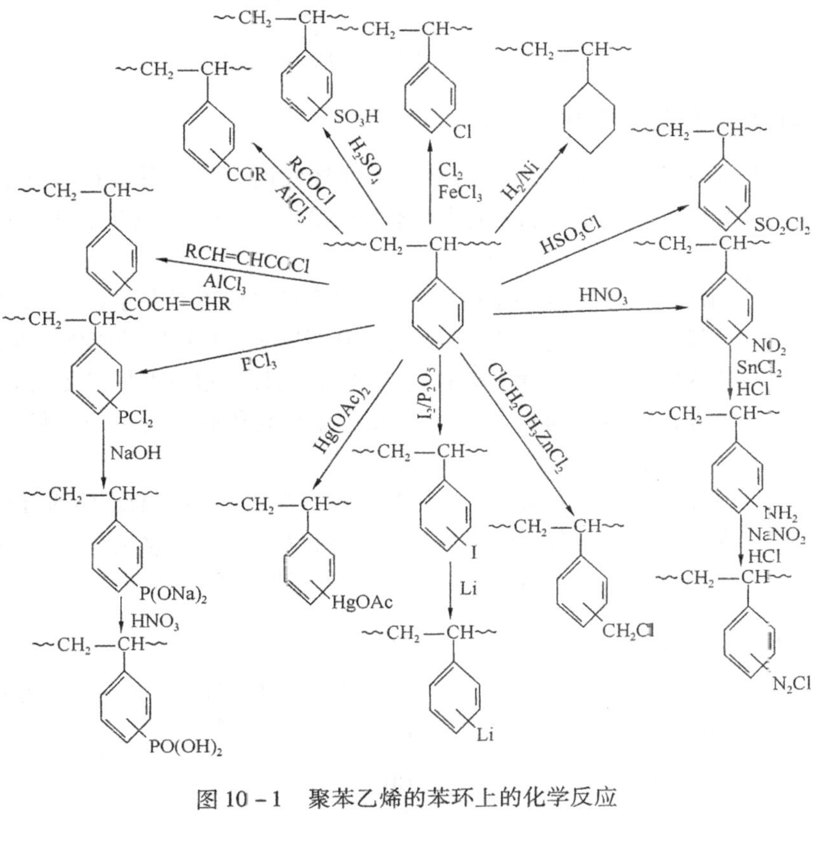


图 10-1 聚苯乙烯的苯环上的化学反应

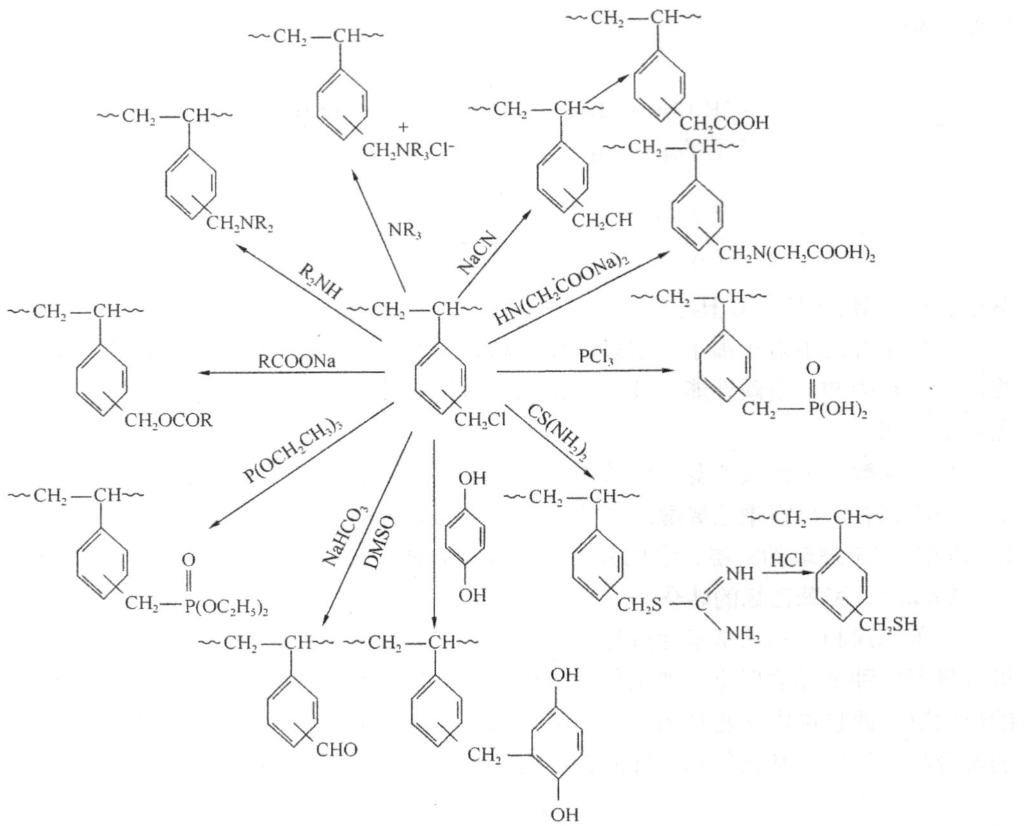


图 10－2　氯甲基化聚苯乙烯的化学转变

## 10.3　高分子加工中的化学反应

1839 年 Goodyear 发明了橡胶硫化的方法。天然橡胶通过化学反应在高分子链之间建立其交联使之硫化成为橡皮。化学交联是克服塑性变形的有效方法，交联密度越高，橡胶的弹性模量也越高。

用硫黄进行橡胶硫化迄今仍然是最常用的方法，其反应机理还不十分清楚，大概包括一系列离子型的反应。也可以利用辐照或过氧化物引发自由基型反应进行橡胶的硫化。饱和的聚合物如乙烯－丙烯共聚物(乙丙橡胶)或聚二甲基硅氧烷(硅橡胶)可以通过自由基型反应进行硫化。

为了使硫化容易进行，可以通过共聚合引入具有不饱和侧基的链节，如三元乙丙橡胶(EPDM)或乙烯基硅烷胶那样。

另一类使线型高分子交联的方法是通过侧基的偶合反应。例如聚乙烯通过接枝反应引入三乙氧基硅烷基，进一步水解缩合形成交联，这一过程称为“硅烷化交联”：

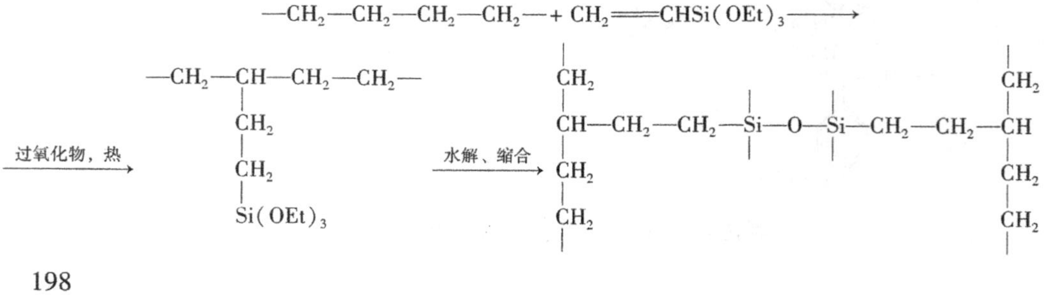

由于对结构－性能关系的深入了解，人们越来越注意交联网络的完整性和交联点的分布。低相对分子质量预聚物具有容易加工的优点，为了使产品具有优良的性能，预聚物应是遥爪型的，即官能团分布在分子末端。预聚物的官能度以及副反应的控制是至关重要的。预聚物技术已经在塑料、橡胶、涂料和黏合剂工业中广泛应用。

像酚醛树脂那样的高分子在模压或浇铸成型时通过化学反应进行固化，也是高分子工业中最早成熟的方法。近10年来反应性加工技术有了新的发展，反应注射成型(RIM)具有高速、节能、产品高性能等优点，现在聚氨酯及聚酰胺的RIM技术已经用于工业生产。

在反应共混和反应挤出等过程中，化学反应的意义不仅在于高分子链的扩展和交联，它的主要目的还在于对高分子材料的形态结构的控制。众所周知，高分子材料的性能不仅取决于高分子链的结构，超分子链的结构也是决定性的因素之一。

例如，用乙丙三元共聚物(EPDM)增韧的聚己内酰胺成为超韧尼龙，它通过反应挤出制备。首先EPDM与顺丁烯二酸酐进行接枝反应，然后酸酐基与聚酰胺中的胺基发生缩合反应。这些反应在挤出机中完成，反应产物是界面稳定剂，对于共混体系的形态结构的控制至关重要。

通过反应共混制备的聚丙烯－EPDM热塑弹性体的性能介于化学硫化橡胶与SBS热塑弹性体之间，成功的关键是形态结构的控制。

## 10.4 聚合物光化学反应

### 10.4.1 光引发过程

聚合物的光引发反应依赖于引发剂体系，可以是自由基型反应或离子型反应。过氧化物、安息香衍生物、偶氮化合物等在光的作用下分解产生自由基；二苯酮、硫代蒽酮等芳香酮在氢原子给体(如叔胺)的存在下，在紫外线的作用下通过氢原子转移形成自由基：

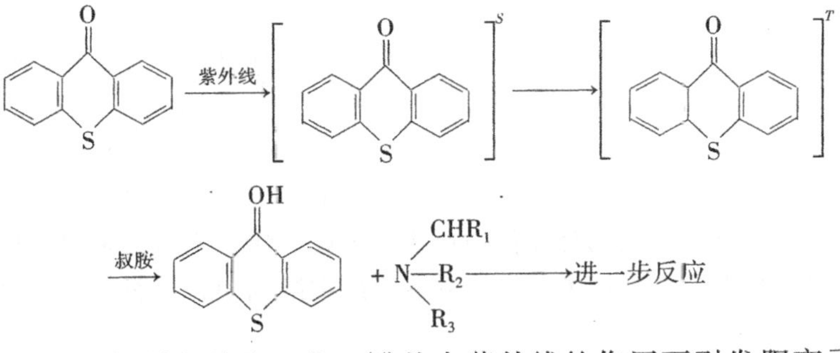


光引发阳离子反应的研究稍晚一些。鎓盐在紫外线的作用下引发阳离子型聚合反应，例如：

光解：$Ar_3S^+X^- \xrightarrow{\text{紫外线}} Ar_2S + Ar^{\cdot} + R^{\cdot} + HX$

引发：$HX + M \longrightarrow HM^+X^-$

增长：$HM^+X^- + nM \longrightarrow HM_nM^+X^-$

式中，$X^- = ClO_4^-$、$CF_3SO_3^-$、$BF_4^-$、$AsF_6^-$、$PF_6^-$、$SbF_6^-$ 等。

阳离子型反应不受氧的影响，可以进行聚合的基团包括烯基、环氧基、环醚基、内酯、环硫基、环硅氧烷等。

现在对聚合物的光化学反应的研究还处于不成熟的阶段，大规模的工业应用还限于光固化涂料、油墨及光致抗蚀剂等方面。

### 10.4.2 光固化涂料

光固化涂料具有节能、无环境污染以及固化速度快等优点，今后会有迅速的发展。

光固化涂料技术值得注意的问题首先是氧参与反应的问题。在空气中进行光固化时，由于氧与自由基的加成反应使涂料表面层氧的含量很高，这对涂层的热稳定性和光稳定性是非常不利的。在氮气中进行固化可以防止氧结合到涂层中去。另一巧妙的办法是采用具有表面活性的光敏剂：

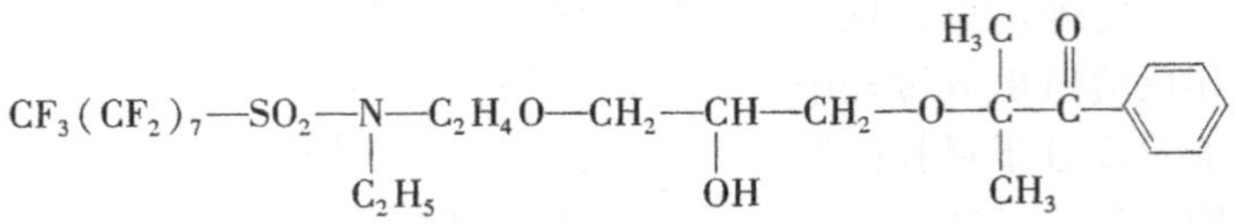


由于能迅速形成交联密度很高的表面层，防止氧分子向涂层中扩散。

射线在涂层中透过服从 Beer 定律，因此光引发速率显然与穿透深度有关。通过光固化制备厚涂层，存在深层固化不完全的问题。采用多次涂层制备厚涂层是可能的，但是不经济。由于安全和能耗的原因，增加射线的能量也不可取。研究一种从表层吸收射线的能量然后向深层转移的方法是很有意义的。解决深层固化程度问题的另一途径是将射线引发固化和别的较慢的固化机理结合起来，通过射线进行初步固化后在停放时进一步固化。

### 10.4.3 光刻材料

光刻聚合物材料或光致抗蚀剂(photoresist polymer systems)是微电子技术的关键材料之一。光刻聚合物材料分为正型和负型。

经典的正型光刻材料用热塑性酚醛树脂和偶氮萘醌光敏剂，经紫外线(350 ~ 450nm)照射后光敏剂分解并经过重排和水解后成为茚酸，使树脂能在碱中溶解，经显影后未曝光部分留在底板上。

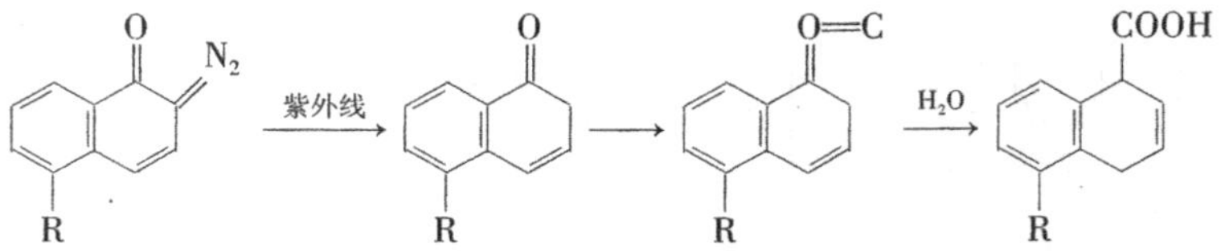


经典的负型光刻材料采用部分环化的顺式聚异戊二烯，光敏剂是双叠氮化合物。经过紫外线照射后曝光部分发生交联；未曝光部分溶于烃类溶剂中，显影后形成负图像。

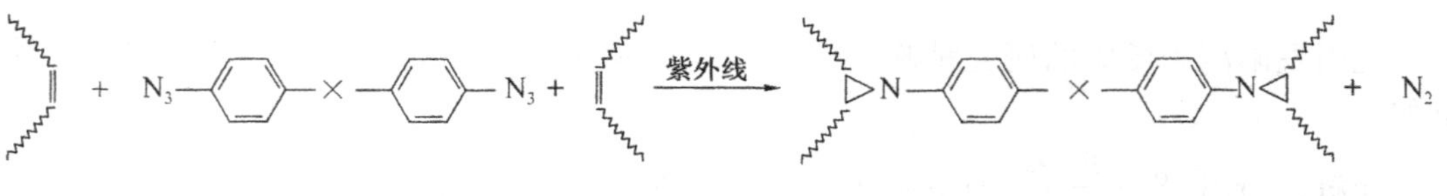


随着计算机芯片集成度的提高，对光刻材料的分辨率的要求也越来越高。中紫外线(313nm)光刻材料已经在工业中应用。光刻线宽度小于 1μm 时需要用更短的射线、深紫外线(<300nm)光刻，电子束光刻及 X 射线(0.43 ~ 0.46nm)光刻用的抗蚀剂正在研究中。正在发展的还有干法显影技术，其中一个途径是利用高分子在等离子体的作用下解聚速率的差别。例如聚丙烯酸二氯丙酯可以在等离子体的作用下解聚，如果含有 *N* - 乙烯咔唑单体，经紫外线照射曝光后成为共聚物，则能阻止等离子体解聚的进行。这样未曝光部分在真空中经等离子体处理后被除去，而曝光部分则留在底板上。

## 10.5 高分子表面化学反应

高分子表面化学反应指在高分子材料制品表面进行的化学反应。这里“表面”不仅仅指真正处于表面的那一层高分子(深度约 $10^{-7}$cm)，而是包括表面的一个区域。表面化学反应影响的深度与反应条件有关。

高分子表面的化学反应分为两类。一类是为了表面改性，例如改进织物的触感、抗静电、防水或提高塑料的黏附性、提高表面抗划痕性和改善与生物体的相容性等；另一类是在环境的作用下在高分子表面进行的化学反应，它们将导致高分子材料的老化。

### 10.5.1 提高黏附性

大多数塑料具有较低的表面能，未经处理的表面不能被完全润湿，使胶黏剂或涂料的黏附强度很差，因此提高塑料的黏附性对于粘接和表面涂装是十分重要的。

可以用化学试剂处理，使高分子表面发生适当的化学反应，从而提高粘接强度，例如聚烯烃可以用重铬酸钾-硫酸混合处理、聚四氟乙烯用萘钠的四氢呋喃溶液处理、聚酯或聚酰亚胺用碱溶液处理。

由于化学试剂会造成环境污染，这些湿法表面处理技术不宜大规模使用。在工业上倾向于采用火焰、电晕或低压等离子体等不造成环境污染的技术提高塑料表面黏附性。

近20年来用等离子体进行表面处理的研究非常活跃。等离子体可以是惰性气体、反应性气体或可沉积气体。惰性气体等离子体处理对于提高聚四氟乙烯的粘接强度十分有效。通过处理聚四氟乙烯使其表面发生交联，表面强度大大提高，人们把这一方法缩写成英文“CASING”。对于聚乙烯、聚丙烯等聚烯烃，用氧化性的等离子体处理的效果优于氮气或惰性气体等离子体。用氧等离子体处理后在聚烯烃表面形成羟基、醛基和羧基，对水的接触角大大降低，黏附强度可以提高一个数量级。

在等离子体的作用下有机分子能在表面上沉积，积聚物显示出高分子的特性。但是这一过程与通常的聚合反应不同。所以称为等离子体表面沉积。

在等离子体的作用下，通过气相沉积法可以在高分子表面形成无极氧化膜。这一方法对于改进高分子材料的抗划痕、导电性和光学性能十分有效。

通过低压等离子体、电晕或火焰处理提高塑料表面的黏附活性，使像聚丙烯那样的塑料部件可以涂漆。这是很有意义的，因为现在汽车零件和日用器具越来越多地采用工程塑料。

高模量高强度的合成纤维(如芳纶)具有优异的力学性能，可以用作高性能复合材料的增强剂，要获得性能优良的复合材料，纤维增强剂与基体之间的黏附强度十分重要，因此纤维的表面改性是一个重要的研究课题。通过等离子胺化在芳纶纤维表面引入胺基，能使纤维与环氧树脂基体之间形成化学键结合，使界面的黏附强度得到改善。

### 10.5.2 改进高分子材料的血液相容性

高分子材料在医疗中应用首先遇到的难题是血液相容性问题，因为血液会在外来的表面上凝聚形成血栓。用高分子材料做成的人工心脏、导尿管或其他器官植入人体后要与血液相接触，形成血栓是很危险的。

改进高分子材料的血液相容性的途径之一是制备仿生膜表面。已经知道在细胞膜的外表面上含有大量的磷酰胆碱基和磷酰乙醇胺基，把这些基体接枝到高分子材料的表面上可以想像能改进与生物体的相容性。磷酰胆碱基可通过化学键连接到高分子材料表面上：

另一种途径是将高分子材料表面肝素化，因为肝素是一种潜在的抗凝血剂。肝素可以通

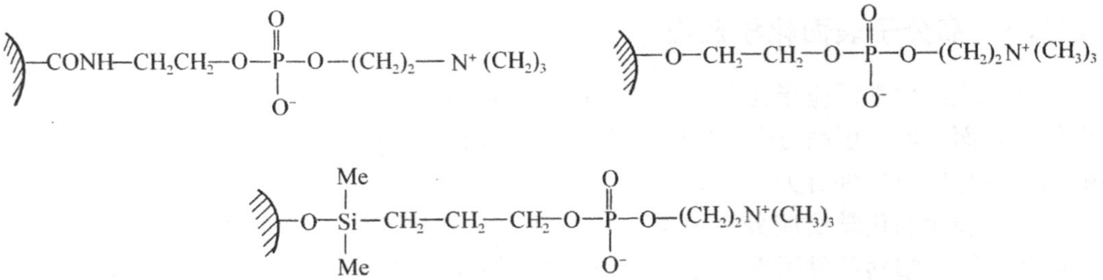

过共价键或离子键连接到高分子材料表面上。

此外，在尼龙的表面固定上尿激酶、链激酶等也能延长血栓形成的时间。硅橡胶表面用软骨碱硫酸盐处理可提高血液相容性。

## 10.6 聚合物的交联反应

### 10.6.1 橡胶的硫化

天然橡胶的交联是 Goodyear 在 1839 年发现的。当时用作交联剂的硫在目前还在广泛地应用。早期的研究表明交联键主要是多硫键：

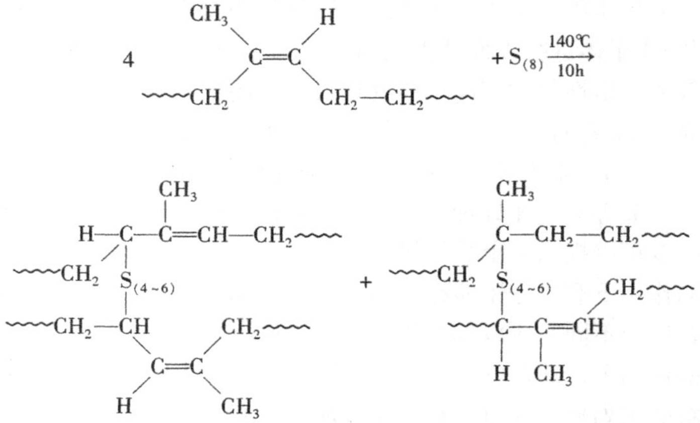

在任何温度下都可以进行反应，但在工业上一般在 50 ~ 75℃ 或更高温度下进行。在较低温度时，反应需要几天才能完成。在 135 ~ 155℃ 时，大约有 8% 的硫(相对于橡胶的质量比)参与反应。甚至在室温下，硫就可以溶解在未硫化的橡胶中。许多证据表明：反应按离子机理进行，反应的中间体为锍离子。实验结果表明，硫不足以直接与橡胶反应。不知何故，必须有 40 ~ 400 个硫原子结合才能形成交联键。而且其中只有 6 ~ 10 个硫原子组成了交联键，其余的硫原子沿着聚合物主链生成环硫键。

为了改善硫化的效率，开发了很多加速剂。其中的一种是 ZnO + 脂肪酸 + 胺，或 ZnO + 胺。氧化锌形成锌的硫醇盐如 $(XS)_2ZnL_2$，其中 X 是一个电子给体，而 L 来自于羟基或氨基的配体。配体的作用是使化合物可溶。该硫醇化合物与其余的硫反应生成锌的过硫硫醇盐。

经常使用的加速剂是 2 - 巯基苯并噻唑的衍生物。当它们与金属氧化物及脂肪酸(被认为是活化剂)一起使用时，显示出非常高的活性。较好的活化剂是 ZnO 与硬脂酸。该活化剂可以使橡胶在几分钟内快速硫化，而单独使用硫时需要几小时。在硫化过程中，首先形成 2，2 - 二硫二苯并噻唑，然后与硫反应生成多硫物：

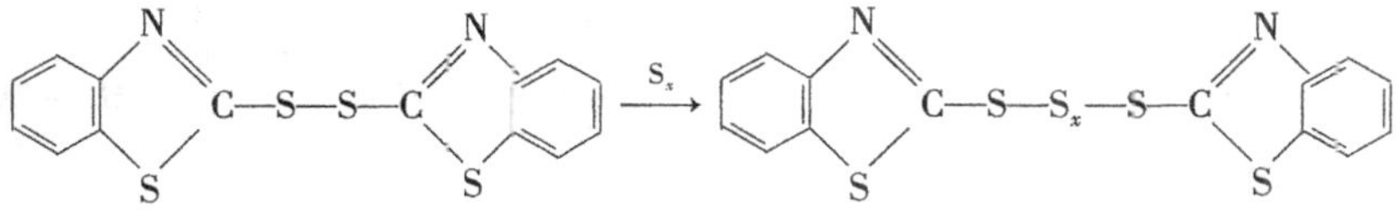

所生成的多硫化物接着与天然橡胶或合成橡胶反应，反应在任何烯丙基位置上进行。这是一个协同反应，生成了含硫化物侧基的聚合物：

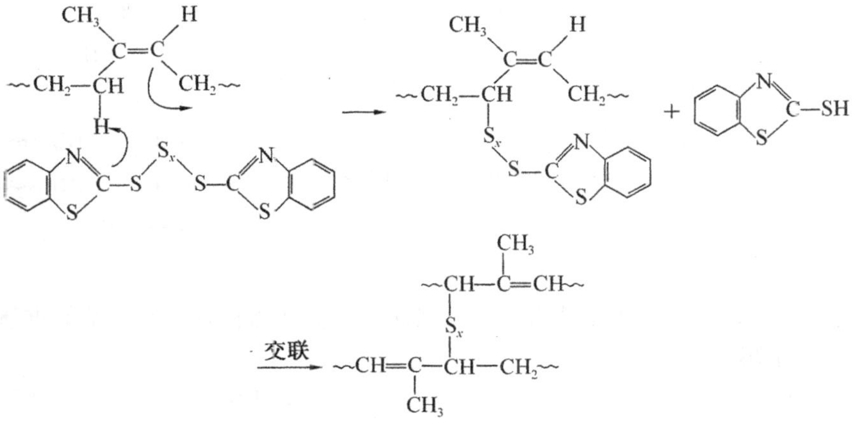

一旦生成了交联键，将发生进一步的转化。其中的一些反应是多硫键缩短的反应：

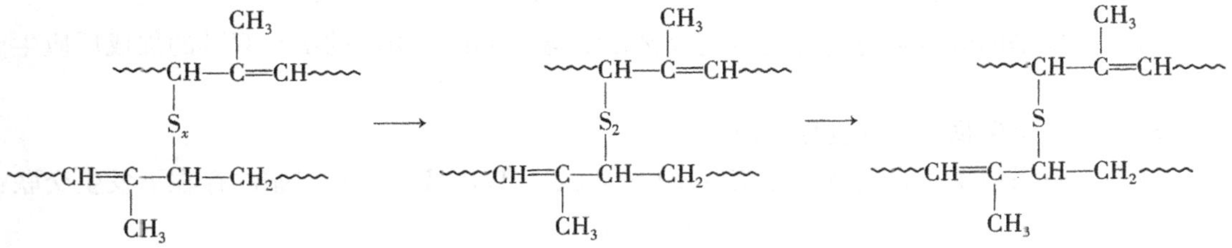

通过消去反应也可以使部分交联键损耗掉：

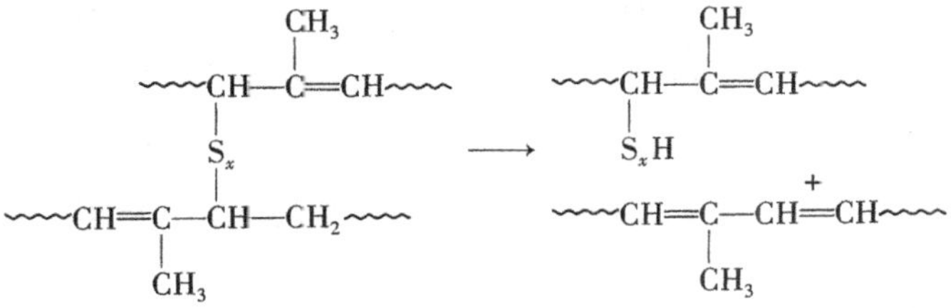

同时，在反应过程中生成了一些环硫化合物：

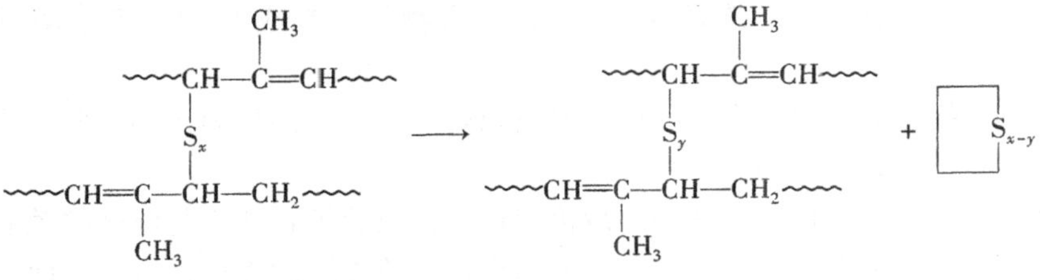

**10.6.2　过氧化物存在下的交联**

该反应可以用于许多聚合物如聚烯烃、二烯聚合物等。天然橡胶的该反应可以描述如下：

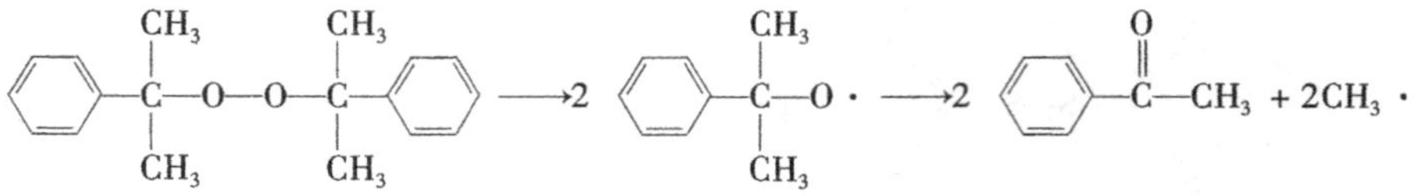

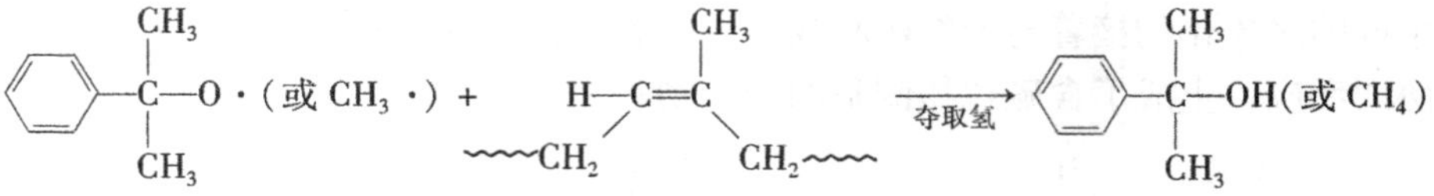

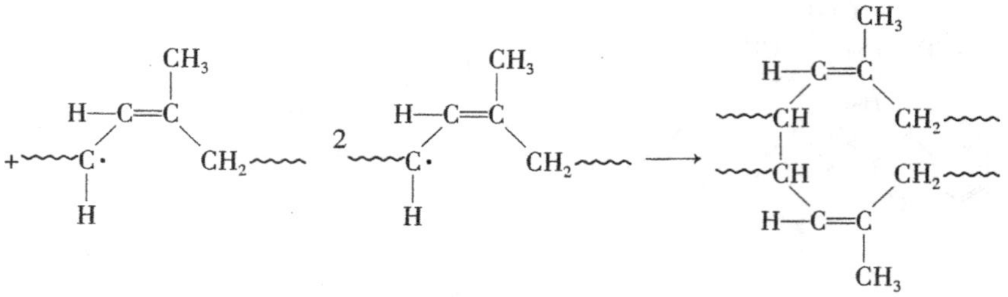

正如上式所示，交联度不是非常清楚。然而，人们认为在发生自由基的重新连接反应以后，会发生链的切断反应：

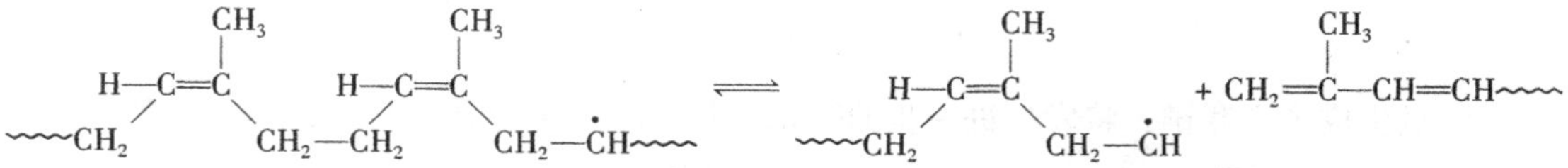

含有自由基的聚合物链彼此连接生成接枝结构。含有自由基的链与双键的加成反应生成交联键。

### 10.6.3 聚合物的其他交联反应

许多文献报道了聚合物的其他交联反应。例如，聚丙烯酰氯在二胺的存在下发生交联：

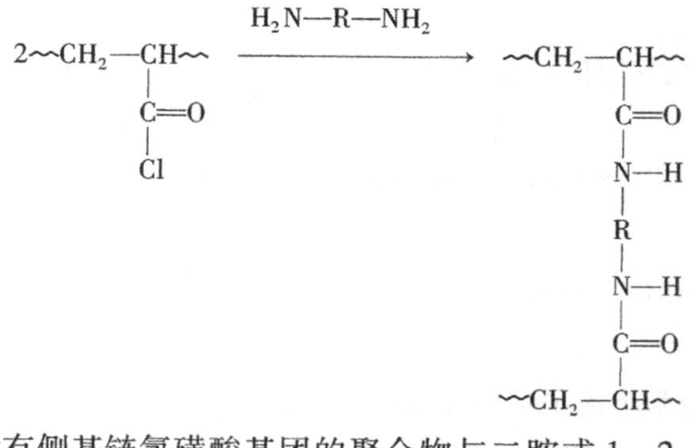

按类似的方法，含有侧基链氯磺酸基团的聚合物与二胺或 1，2－乙二醇反应时发生了交联。

这种工艺包括高分子材料在紫外线、电离辐射、电子束的照射下的交联反应，这三种方式可应用于工业上的许多方面。

电子束和紫外线引发自由基聚合的活化能较低，因此聚合速率与温度的关系不大，在室温下就有很大的聚合速率。一旦引发，自由基聚合按照传统的途径进行。然而，对于膜材料的辐射固化来说有点特殊：在反应的早期就开始出现凝胶，这是由于多官能团单体和预聚体的使用量过多造成的。事实上，在典型的应用中，转化率大约 5% 时就开始出现凝胶点，然而要获得干膜，必须有 63% 的预聚物转化为聚合物。

紫外线辐射聚合时，对条件的要求要苛刻一些，即分子只有在吸收特定波长的光后才能发生反应。对于一个特定的分子来说，它的化学结构决定了它所能吸收的光能。而对于电子束辐射交联，从电子束发射出来的加速电子与被照射物质之间并不需要严格匹配，辐射效果随着光束能量的改变而改变。但电子能量不能过高，因为它们会穿透物质而不引起任何的反应，当电子能量足够低时，电子可以被完全吸收，并生成大量的引发自由基。电子被吸收后，沿着特定的轨迹产生离子束，这是由于离子对的形成造成的。这些离子对的成分为重有机正离子和低能二次电子，所谓的低能二次电子是由于他们的分子轨道被电子侵占而激发出来的。这些离子对与物质之间产生强烈的相互作用，引起二次离子轨迹的形戒。原本平衡的系统被打破，为了恢复其平衡，一些化学键断裂，一些电子被激发到较高激发态，形成许多“热自由基”。这些自由基可以引发烯烃单体的聚合。在自由基聚合被引发后，不管它是被光引发的还是被电子束引发的，增长和终止反应有非常类似的路径。

### 10.6.4 高分子的光交联

这是一种很古老的艺术，早在古巴比伦时代，巴比伦人就利用光交联沥青用于装饰。Minsk 等可能是第一次利用光合成了光交联聚合物，他合成了聚(肉桂酸酯取代乙烯)：

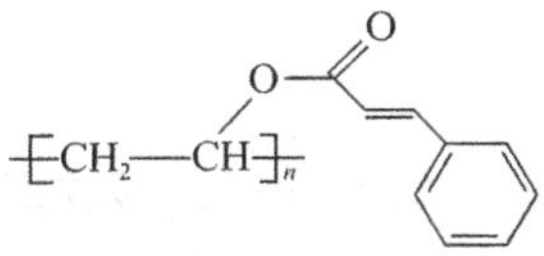

交联反应式可以描述如下：

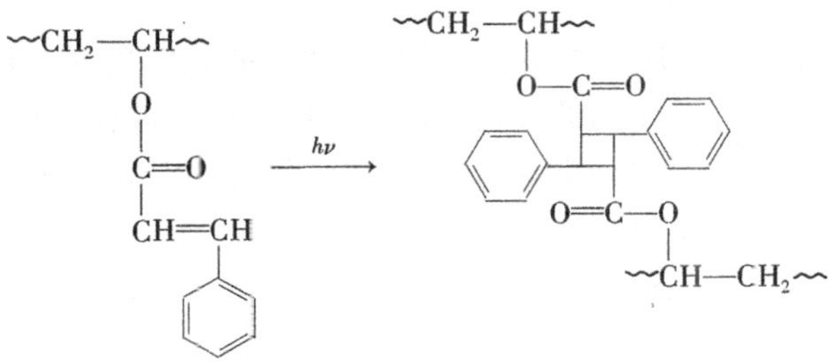

现在光敏高分子已经在许多方面取得了应用，包括光抵制、微电子元件、缩微复制品、小型集成电路、光刻、精确化学研磨、保护装饰涂层的形成等。许多光敏高分子可以很轻易地通过把光敏官能团接上已经存在的高分子，或合成光敏感的多官能团低聚物直接用于光交联反应。

当一个光量子与处于基态的一个分子发生作用，光量子的能量被那个分子吸收，电子被激发到更高的能级，分子进入激发态。Turro 认为，这种现象遵循以下四条有机光化学规则：

① 只有光被系统吸收后，光化学变化才发生。

② 一个光子或光量子只能激活一个分子。

③ 每个被分子吸收的光子或光量子可以处于单线态或最低三线态。

④ 在溶液中，最低激发单线态和三线态是光化学反应发的起点。

吸收的光量子或光子数目与分子数目之间可以用量子效率来表示。当一个分子(下式中的 A)，吸收一个光子达到激发态后，它可以按下面三种方式中的一种放出多于的能量，回到激发态：

Ⅰ. $A + h\nu \longrightarrow A^* \rightarrow A + h\nu^*$

Ⅱ. $A + h\nu \longrightarrow A^* \rightarrow A +$ 热

Ⅲ. $A + h\nu \longrightarrow A^* \rightarrow$ 化学产物

在过程Ⅰ中，分子通过发出荧光，从激发单线态回到基态。在基态时，电子通常是与自旋方向相反的另一电子成对存在的。在激发过程中，成对电子中的一个被激发到较高能级，而自旋方向保持不变。这是一种激发的单线态。然而，除了通过放出荧光回到基态以外，分子也可以失掉部分激发能。在这个过程当中，通过系统间的跃迁，电子自旋方向发生反转，形成激发的三线态。在三线态中的两个电子有同样的自旋方向，此时分子可以看作一个双自由基。激发三线态的寿命比激发单线态的寿命要长得多，这种系统间穿越的过程按Ⅱ进行。此时，没有发生光吸收或光能的辐射，过量的振动能以热的形式快速地离散掉，激发态的分子也可以通过放出磷光的方式回到基态。如上过程可以用一个简洁的能谱图来表示，如图 10－3 所示。按过程 III 进行时可以引起许多反应，如异构化反应等。

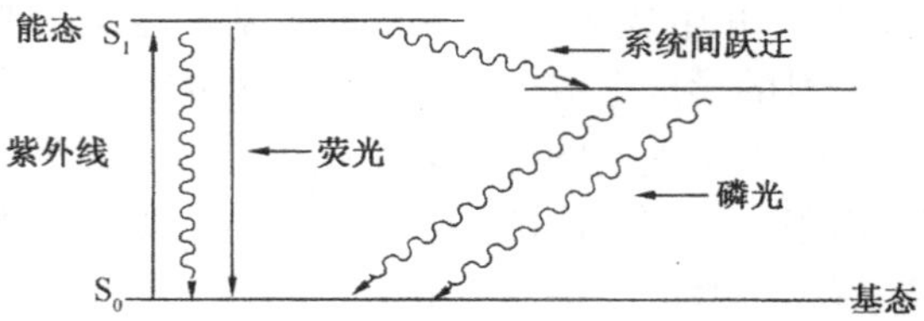


图 10－3　能谱图（$S_0$代表基态，$S_1$代表单线态）

目前我们至少知道五种不同的方法，可以从光激发态的分子得到自由基：

① 将能量转移到单体分子，这种方式没有引发任何反应就回到了基态；

② 分裂成自由基；

③ 与双键加成；

④ 作为给体分子，将电子转移给邻近分子，形成离子自由基对；

⑤ 从溶剂、单体或反应体系中的其他分子上夺取氢，这种方法可以形成两个自由基。

（1）含有光敏基团的高分子的光交联

早期发现的聚（肉桂酸酯取代乙烯）当用合适波长的光辐射时，可以发生可逆的光交联反应，与此同时也发生一些分子内的环化反应。这些反应在商业上得到了广泛的应用，并促进了含有类似光敏官能团的其他材料的发展。这些化合物进行光交联反应的方式都是类似的。其中的一些光敏官能团举例如下：

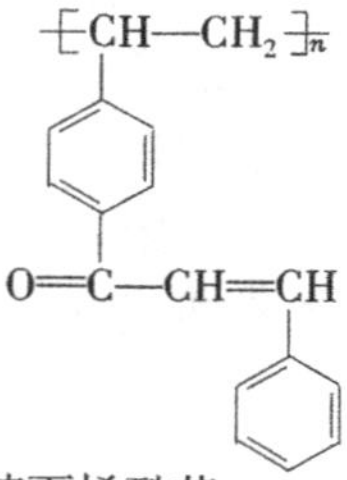

苯丙烯酰苯

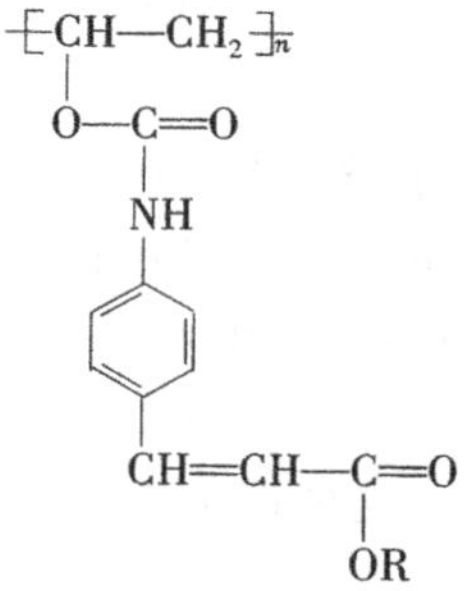

肉桂酰氨酯

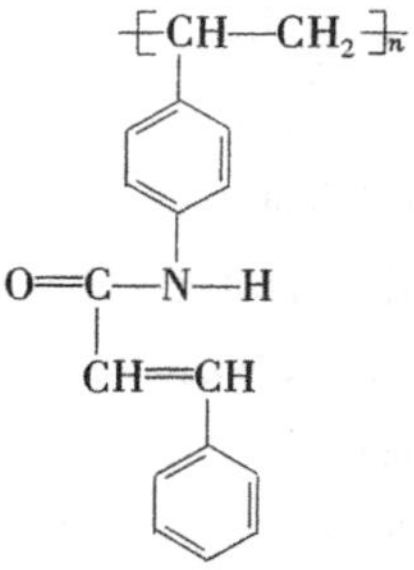

肉桂酰胺

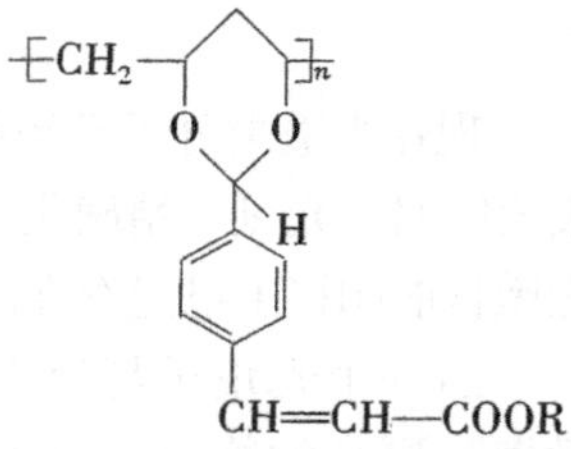

乙缩醛

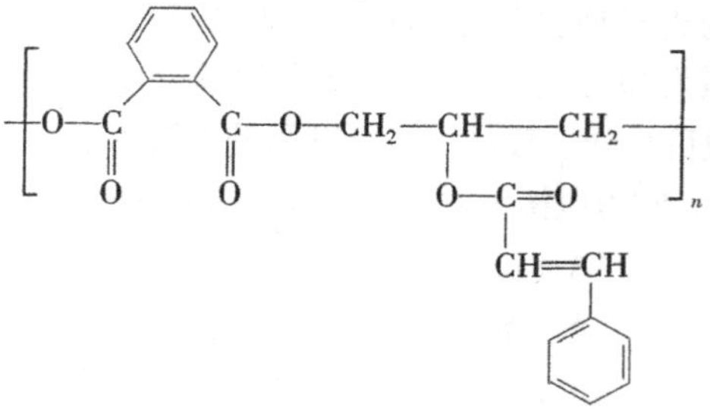

聚酯

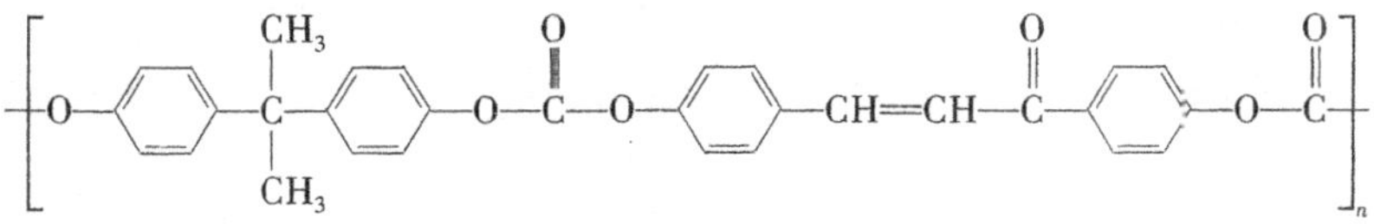

聚碳酸酯

利用波长大于300nm的光辐照会发生二聚反应，再用波长为254nm的光辐照时，二聚体又可以离解成单体。

光敏剂的加入可以使交联反应的速率被大大加快。这些光敏剂分子吸收光后可以被激发到三线态，并将能量传递给其他分子。一些光敏剂在加速聚(肉桂酸酯取代乙烯)的交联反应时的光敏效率如表10－3所示。

**表10－3　光敏剂对聚肉桂酸乙烯基酯交联时相对速率的影响**

| 光敏剂 | 相对速率 | 光敏剂 | 相对速率 |
|---|---|---|---|
| — | 1 | 2－硝基芴 | 113 |
| 萘 | 3 | 4－硝基甲基苯胺 | 137 |
| 苯并蒽酮 | 7 | 4－硝基联苯 | 200 |
| 菲 | 14 | 苦酰胺 | 400 |
| 苯并吖啶 | 18 | 4－硝基－2，6－二氯二甲基苯胺 | 561 |
| 苯甲酮 | 20 | 麦克尔酮 | 640 |
| 蒽酮 | 31 | 4－硝基－2，6－二溴二甲基苯胺 | 797 |
| 5－硝基苊 | 84 | *N*－乙酰基－4－硝基－1－萘胺 | 1100 |
| 4－硝基苯胺 | 100 | | |

另一个光敏基团是叠氮基团，它可以光解成氮气和活性非常强的氮宾基团。当它被合适波长的光照射时，可以发生很高效率的系统间跃迁。分子从激发态($n \to \pi^*$)回到基态的高能级时，可以按所有的方式进行离解。

文献报道了许多种将叠氮侧基引入聚合物的方法，其中的一个例子是将叠氮基团引入线型酚醛侧链：

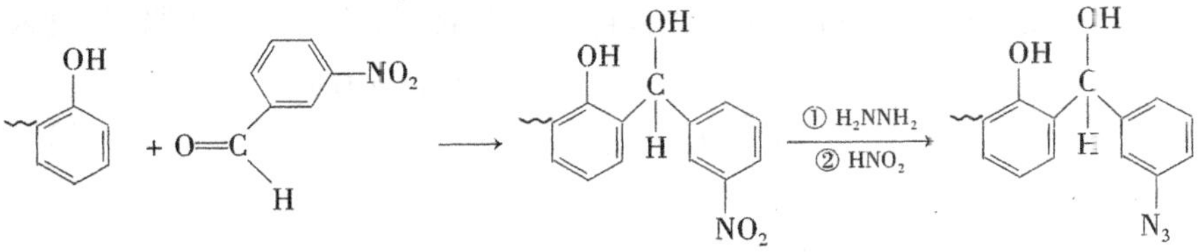

另一个例子是利用聚乙烯醇与甲酰基取代－1－叠氮基萘反应生成缩醛：

文献还报道了通过键入芳香叠氮化合物制备苯乙烯－马来酸酐共聚物、葡萄糖、明胶叠氮衍生物的方法。所得聚合物在被260nm波长的光照射时可以快速地发生交联反应。另外，聚乙烯醇中的羟基也可以被对叠氮基苯甲酰氯酯化，转化率高达90%。这些反应都必须在氯仿/氢氧化钠水溶液这个混合溶剂中进行。基于红外光谱分析，提出了如下的交联机制：

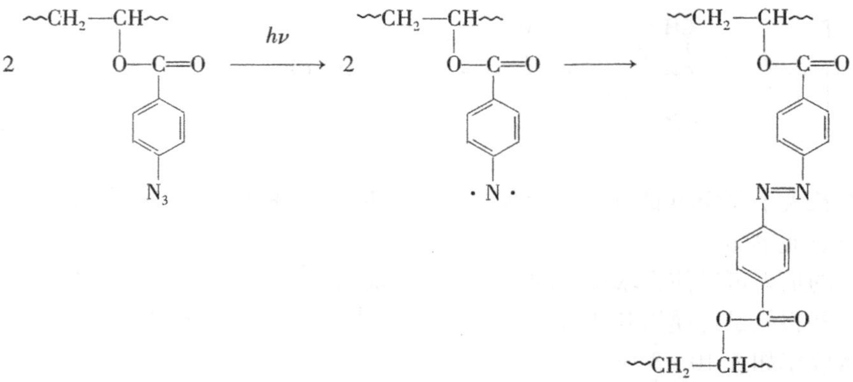


Delzenne 和 London 介绍了许多含有芳香叠氮侧基聚合物的制备和性质。有人尝试将肉桂酸酰基和叠氮基团引入聚合物的同一个侧基中：

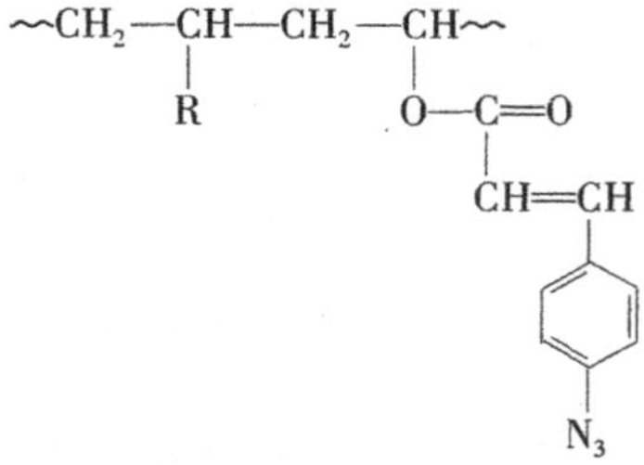

然而，叠氮基团的引入对于键活性的影响不大，而且，叠氮光能团和肉桂酰官能团两者都有不同的 $\pi\rightarrow\pi^*$ 和 $n\rightarrow\pi^*$ 特征跃迁波长，这导致该化合物对波长的依赖性更强。

侧链含有呋喃官能团的聚合物也是光敏感的，目前已经合成出来一些，例如：

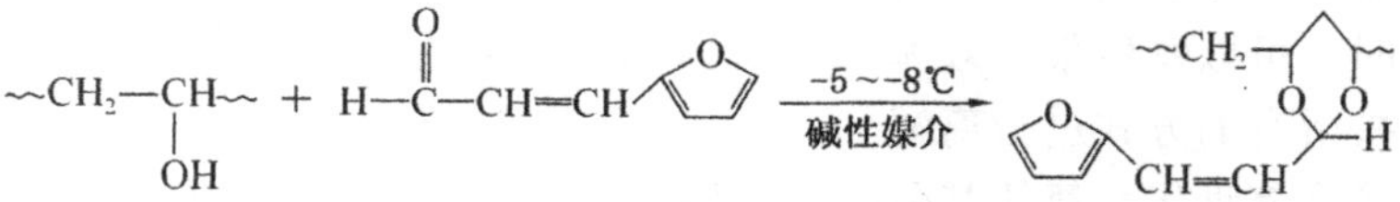


上式中所列的聚合物比聚(肉桂酸酯取代乙烯)的光敏感性更强，但是，它们的光交联机制是类似的。其他合成光敏材料的方法是将光引发剂(如苯偶姻、糠偶姻)键入大分子中：

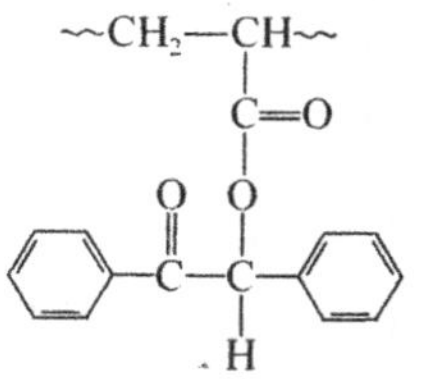

聚(丙烯酰苯偶姻)

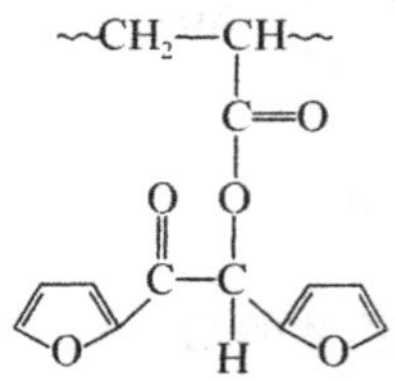

聚(丙烯酰糠偶姻)

其他几个类似的聚合物如下式所示，其中一种方法是通过二苯乙醇酮与苯乙烯－马来酸酐共聚物反应：

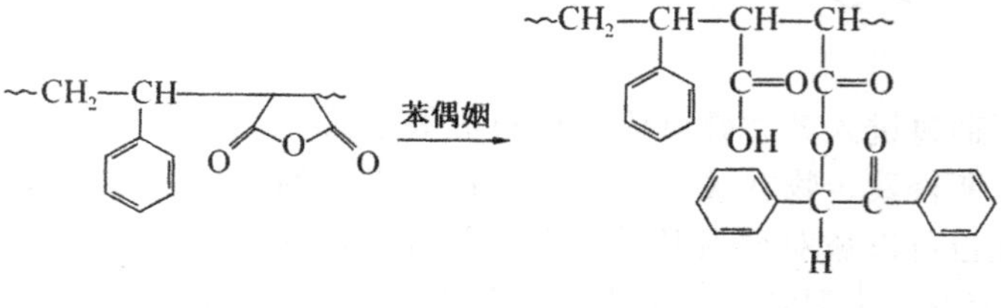

另一种方法是利用聚乙烯醇与 $\alpha$ – 氯代脱氧二苯乙醇酮反应制得：

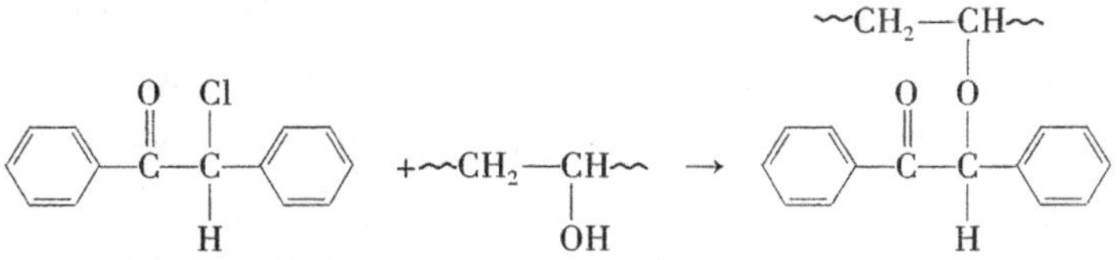

糠偶姬取代高分子是光最敏感的高分子之一。其他光敏高分子的例子还包括含有环硫侧基的聚合物，这些聚合物在辐照的条件下也能快速交联：

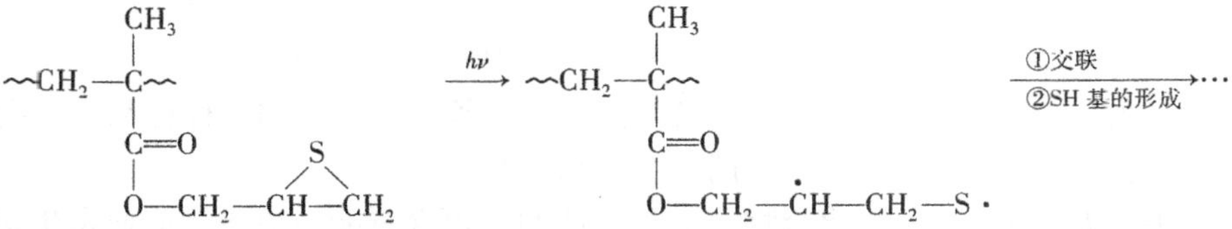


目前，工业上使用的聚合物大部分按 $2\pi + 2\pi$ 加成生成环丁烷形式二聚体的方式进行交联。这与肉桂酸酯官能团的交联反应相似。这些材料可以用作抗光剂、光刻以及用于其他方面的紫外线固化复合等。其中的一个例子是聚（肉桂酸萘取代乙烯酯），其交联反应按下式进行：

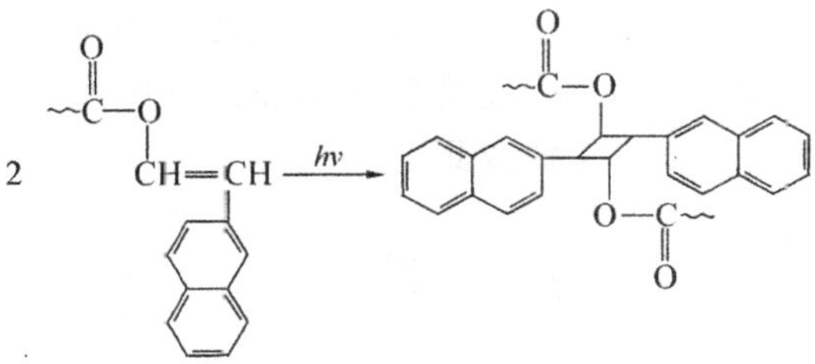

萘环在 1，2 – 位和 1，3 – 位与环丁烷键和，位于环丁烷的同一侧。其他也采用 $2\pi + 2\pi$ 加成键合到高分子上的官能团包括：

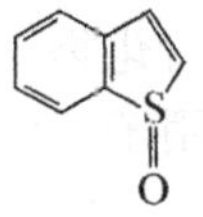
苯并噻吩氧化物

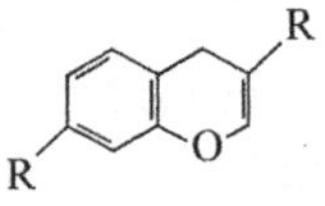
香豆素

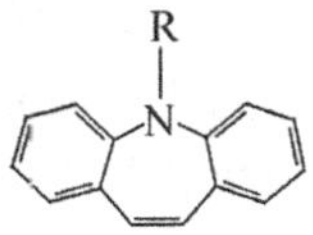
二苯并[b,f]吖庚因

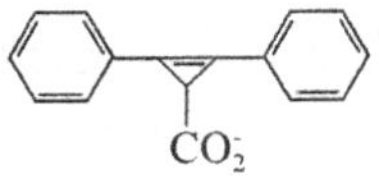
二苯基代环丙烯羧酸盐

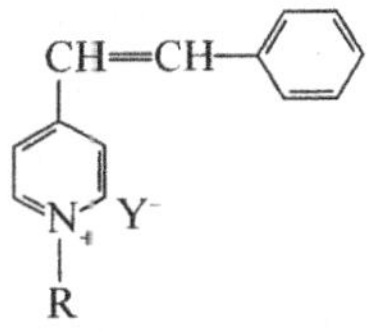
苯乙烯基吡啶

其他可用作制备光交联高分子的官能团包括：炔烃、顺丁烯二酰亚胺、1，2 – 二苯乙烯、苯乙烯、1，2，3 – 噻二嗪、胸腺嘧啶、蒽。然而，侧基上含有蒽官能团的聚合物的交联反应被认为是通过 $4\pi + 4\pi$ 加成方式进行的：

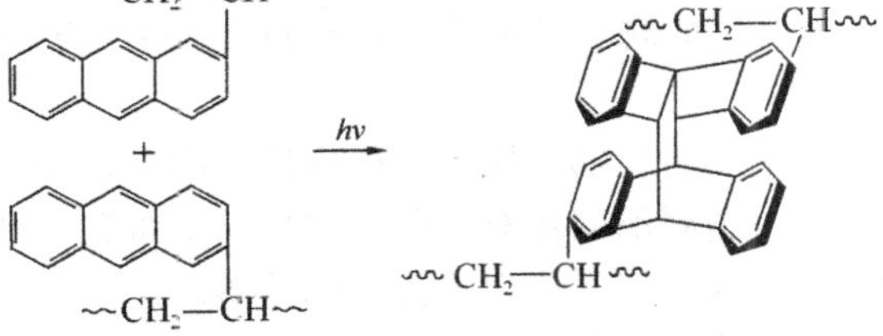

(2) 涂层的紫外线固化技术

目前许多商业上使用的墨水、涂层等材料都是由多官能团单体和光引发剂制备的预聚物或低聚物组成的。这些材料可分为两种类型：一种是按自由基机理交联的；一种是按离子型机理交联的。第一类中的单体通常是二或三丙烯酸酯的混合物，这些物质通常缺乏足够的光敏性而不能直接交联，需要与一些光敏的预聚物配合使用。因此，他们的固化依赖于能产生自由基的光引发剂。二丙烯酸酯通常被用作稀释剂来降低混合物的黏度，可以是各种二丙烯酸多元醇酯，例如二丙烯酸丁二酯：

$$CH_2{=}CH{-}C({=}O){-}O{-}(CH_2)_4{-}O{-}C({=}O){-}CH{=}CH_2$$

有时其他的一些化合物，如 $N$－乙烯基吡咯烷酮等，也可以用作稀释剂。三丙烯酸酯可以是季戊四醇三丙烯酸酯或三甲羟基丙烷三丙烯酸酯。

预聚物可以是各种类型的化合物，但是，他们必须含有能与单体反应而发生交联的不饱和基。譬如利用氨基甲酸酯预聚物制备的聚氨酯丙烯酸酯。过量的异氰酸酯基可以与羟乙基或羟丙基丙烯酸酯发生反应。其他含有末端和/或侧羟基的预聚物也常用丙烯酸进行酯化。也可以通过双酚 A 二甘油酯基醚与丙烯酸进行预聚反应来制备含有末端丙烯酸酯基的低聚物。

不饱和聚酯也可以用作预聚物。这些聚酯含有可以与丙烯酸进行酯化反应的未反应羟基。光交联不饱和聚酯也可以用许多其他方法来制备。其中的一个例子是通过 Knoevenagel 反应将不饱和官能团引入大分子的主链或侧基：

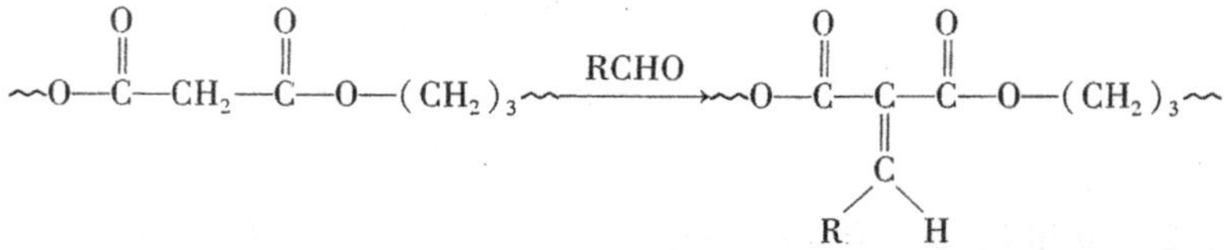

当交联某些特殊涂层和特殊的光刻胶时，光敏剂的使用受到限制。因为在一些利用紫外线固化涂层或胶的场合，通常需要较快的交联速度，这是大部分光敏剂所不能满足的。因此，此时经常用到一种光引发剂。这些化合物在受到光照时，或者分裂成引发基团，或者与其他分子反应形成引发基。许多化合物可以作为光引发剂，如过氧化物、二硫化物、偶氮化合物、酮、醛等。其中一个例子是二苯基二硫化合物的光分解反应，它被应用于一些以苯乙烯不饱和聚酯为主要成分的涂层领域：

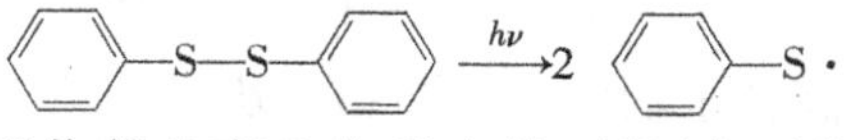

一些芳香羟基化合物被用作某些商业产品中的引发剂。因为它们生成自由基的速率更快，因此在某些场合优先使用。它们按 Norrish 类型 I 的方式进行切断反应（饱和羰基化合物的光解反应过程有两种类型：Norrish Ⅰ型和 Norrish Ⅱ型裂解。Norrish Ⅰ型的特点是光解时羰基与 $\alpha$－碳之间的键断裂，形成酰基自由基和烃基自由基）。其中更经常使用的是各种苯偶姻醚和偶苯酰二烷基缩醛。

紫外线固化成膜最初在透明材料的应用上取得成功。由于许多光引发剂在紫外－可见光区缺乏足够的吸收，因此着色材料的固化有一段时间是一个难题。随着对 $\alpha$－氨基酮化合物用作光引发剂的研究的深入，这个问题得到了很大的改善。$\alpha$－氨基酮化合物的引发效率可以通过加入光敏剂，如噻吨酮或其衍生物，得到进一步提高。这些技术对于相对厚的着色膜来说尤其值得注意。噻吨酮增加引发效率的原因是由于它在更长的波长具有吸收($\lambda_{max}$ = 380nm)。比较在膜中同时存在 α－吗啉酮和异丙基噻吨酮组分以及在膜中只含有 α－吗啉酮组分时的固化速率可知，有光敏剂的白色着色漆及绿丝网墨水比没有光敏剂的固化速率大 2.5 倍。一种 α－吗啉酮引发剂可以用下式表示：

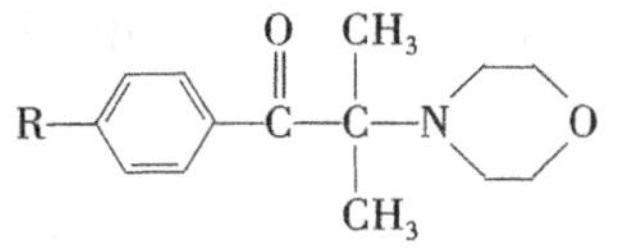

其中，R 可以是 H、O—$CH_3$，S—$CH_3$或 $N(CH_3)_2$。

由各种乙烯基醚或环氧化合物组成的材料可以按照阳离子机理交联。在一些紫外线固化系统里，两官能度的环氧脂环族化合物被广泛地用作各种环氧树脂的稀释剂。因为有些阳离子引发剂也能产生自由基，所以有些材料既包含利用阳离子机理固化的材料，也包括利用自由基机理固化的材料。

阳离子聚合的光引发剂主要有两种类型。第一种是基于芳基重氮盐的化合物，另一种是基于二芳基碘、三芳基锍或三芳基硒盐的化合物。重氮盐光解时会产生 Lewis 酸和强的质子酸：

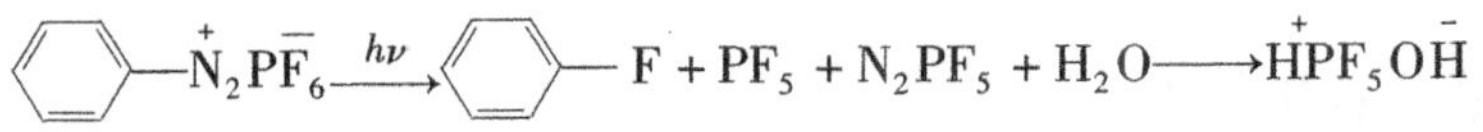

所采用的阴离子一般是低亲核性的，如 $SbF_6^-$、$A_sF_6^-$和 $PF_6^-$等。这些系统的终止速率很低，在室温固化，具有很大的后固化速率。使用重氮盐时有一些缺点：首先，除非避光，否则它们会发生凝胶；其次，它们还会变色，在老化的过程中进一步变黄；而且，对于较厚的膜，由于氮气的放出会生成气泡或针孔。

碘盐或锍盐的光解机理是类似的。它们按下式进行光解：

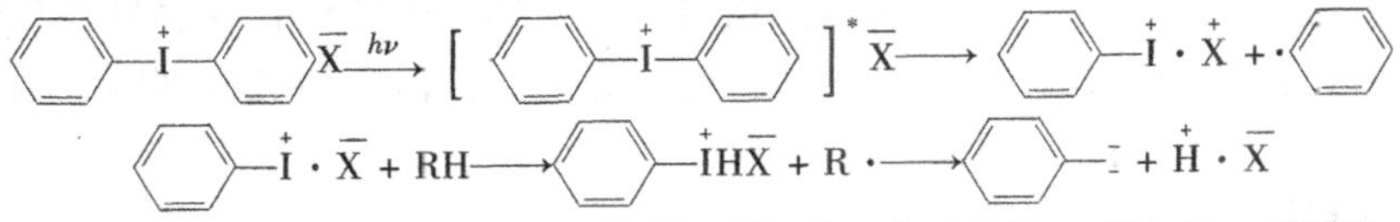

HX 是引发物。这些系统可以产生一些类型的酸，如 $HBF_4$、$HA_sF_6$、$HPF_6$、$HSbF_6$，三芳基锍盐是按照下式进行分解的：

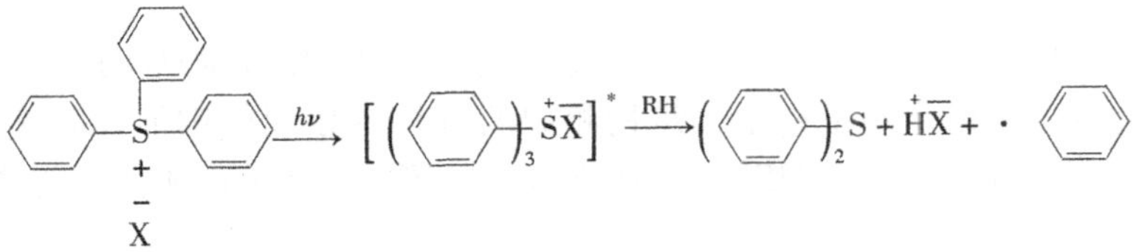

然而，对于二烷基苯甲酰甲基锍盐的光解来说，其机理稍有不同：

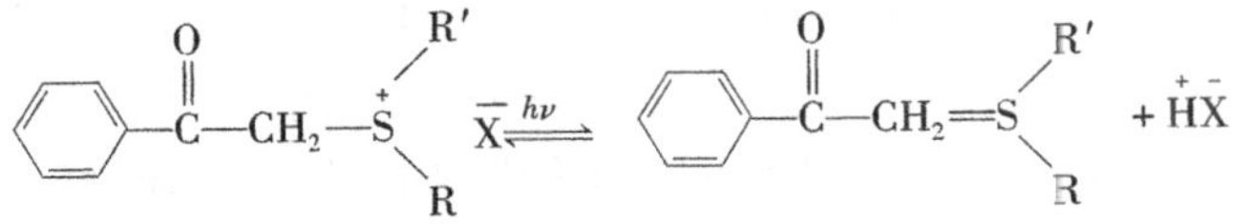

阴离子的尺寸也影响三芳基锍盐的固化速率，大阴离子会有较大的固化速率。温度也影响光解速率，在某一温度显示最佳值。三芳基硒盐的光解机理与三芳基锍盐和二芳基碘盐的类似。

**10.6.5　电子束照射下高分子的交联**

在 1930 年，利用电子束对高分子材料进行交联的技术就得到了研究。在 20 世纪 50 年代，利用这种技术对有机膜层的交联进行了许多研究。其中之一是制备汽车工业的表盘（福特电子束固化公司）。现在，电子束交联可以被用作固化金属线和电缆线的涂层和绝缘层，也可用于制备热可收缩的包装膜和木制表盘的固化涂层，并在日本、巴西、新西兰等国得到了应用。另外，电子束交联技术在电子电路领域的固化电阻方面也得到了广泛的应用。

自然界的电子束交联主要是自由基型的。当利用高能电子轰击聚乙烯时，我们认为首先产生氢自由基：

$$\sim\sim CH_2—CH_2\sim\sim \longrightarrow \sim\sim CH_2—\dot{C}H_2\sim\sim + H\cdot$$

所产生的氢自由基从另一个高分子链上夺取一个氢，剩下的两个高分子自由基发生成键或进行交联：

$$\sim\sim CH_2—CH_2\sim\sim + H\cdot \longrightarrow \sim\sim CH_2—\dot{C}H_2\sim\sim + H_2$$

$$\sim\sim CH_2—\dot{C}H\sim\sim \ + \ \sim\sim CH_2—\dot{C}H\sim\sim \ + \ \begin{array}{c}\sim\sim CH_2—CH\sim\sim \\ | \\ \sim\sim CH_2—CH\sim\sim\end{array}$$

金属线的涂层通常是利用聚乙烯或聚氯乙烯制备的。其他许多电子束固化材料可用于表面涂层，它们的组成与紫外线固化涂层是类似的。然而，他们不需要任何光引发剂。

## 10.7 聚合物的降解

聚合物在各种外界因素作用下相对分子质量变小的过程称之为降解。聚合物的性能常与相对分子质量相关密切，因此，降解会使聚合物性能下降。因降解使聚合物变坏的过程也称为“老化”。降解反应一般是指高分子的主链发生断裂的化学过程，当然也包括侧基的消除反应，通常情况下聚合物降解都是多种因素同时作用的结果。但高分子链的组成及结构不同对外界条件的敏感程度也不同，其间存在相当大的差异。杂链聚合物容易在化学因素作用下进行化学降解，而碳链聚合物一般对化学药剂是稳定的，但容易受物理因素以及氧的影响而发生降解反应。

### 10.7.1 热降解

聚合物热降解包括主链的断裂和侧基的消除反应。

（1）主链断裂热降解

这是聚合物热降解的主要形式。主链降解又分为无规和链式降解两种。

① 无规降解　在聚合物主链中，结构相同的键具有相同的键能，断裂活化能也相同。在受热降解时，每个断裂的概率相同，因而断裂的部位是无规的。例如聚乙烯的无规热降解反应表达式为：

$$\sim\sim CH_2—CH_2—CH_2—CH_2\sim\sim \xrightarrow{加热} \sim\sim CH_2—\dot{C}H_2 + \dot{C}H_2—CH_2\sim\sim$$

$$\longrightarrow \sim\sim CH═CH_2 + CH_3—CH_2\sim\sim$$

断裂后的产物是稳定的，可以利用不同的阶段的中间产物来研究聚合物的结构。降解反应是逐步进行的，对每个阶段的样品进行相对分子质量测定，发现随着降解进行相对分子质量迅速降低，极端情况下不形成单体。

很多聚合物如聚乙烯、聚丙烯等的降解反应都按无规降解机理进行。

② 链式降解　聚合物链式降解反应又称为解聚反应，在热的作用下，聚合物分子链断裂形成链自由基，然后按链式机理迅速逐一脱除单体而降解。解聚反应可以看成自由基链式

增长反应的逆反应。

聚甲基丙烯酸的热降解是典型的链式解聚反应：

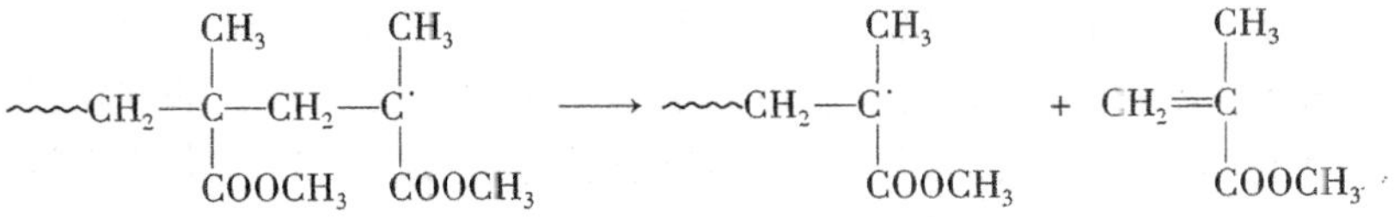

链自由基的生成有两种可能，一种情况是由于大分子链末端引起的，聚甲基丙烯酸甲酯有部分是歧化终止产物，其分子链的一端带有烯丙基，与烯丙基相连的碳—碳键不稳定，容易断裂产生链自由基。链自由基一旦生成，解聚反应立即开始直至大分子链消失，所以在解聚过程中，单体回收率不断增加，而残余物的相对分子质量保持不变。

另一种情况是在热的作用下，分子链断裂产生链自由基。解聚温度高于270℃或者聚甲基丙烯酸甲酯的相对分子质量很大(650000以上)，末端基较少时. 链自由基的生成主要是分子链中间无规断裂的结果，分子链中间断裂的反应为：

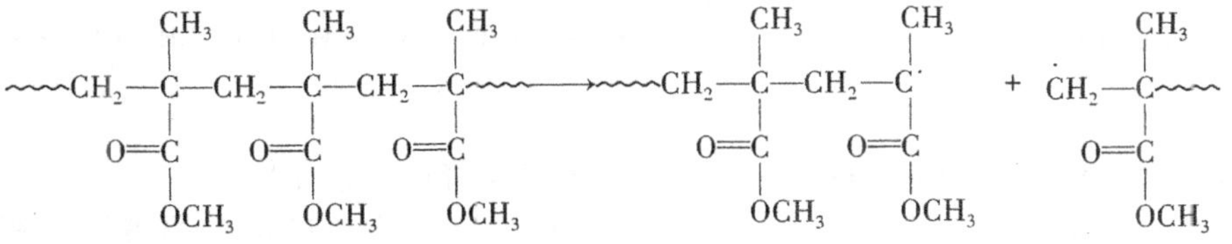

Ⅰ　　　　Ⅱ

链自由基Ⅱ的活性很大，易夺得氢原子而终止；链自由基Ⅰ则继续进行解聚，生成单体。因此，体系热降解过程既有单体不断生成，也伴随着低相对分子质量产物残留在体系中。实际上这是无规降解与解聚反应同时发生的体系。聚苯乙烯的热解就属于这种类型。

(2) 侧基消除反应

含有活泼侧基的聚合物，如聚氯乙烯、聚醋酸乙烯酯、聚乙烯醇和聚甲基丙烯酸叔丁酯等，在热的作用下发生侧基的消除反应，并引起主链结构的变化。

聚氯乙烯的热降解反应生成HCl和具有共轭双键的聚多烯烃，降解反应机理主要有自由基型和离子型两种。

①自由基型机理　聚氯乙烯试样中含有自由基或含有可以形成自由基的物质时，高温下的热分解属于自由基机理。

R. 为树脂本身或引发剂等分解产生的自由基时

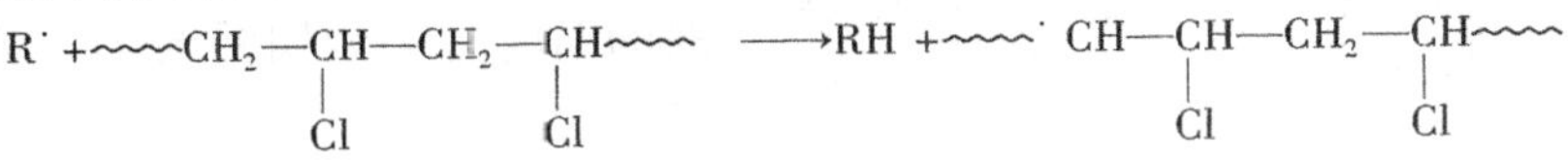

Ⅲ

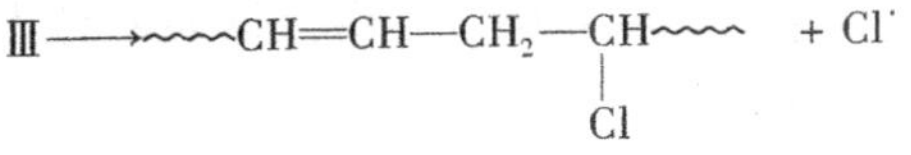

Ⅳ

Ⅳ双键的 $\alpha$ - 位置(烯丙基位置)上的C—H键键能低，易发生转移反应，进一步生成自由基：

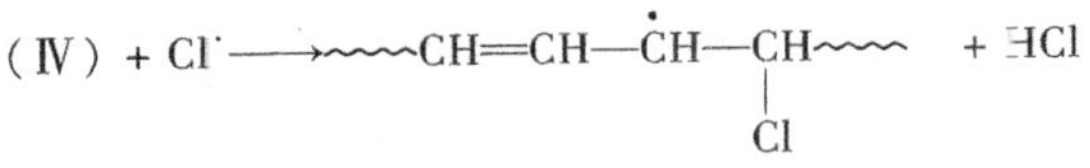

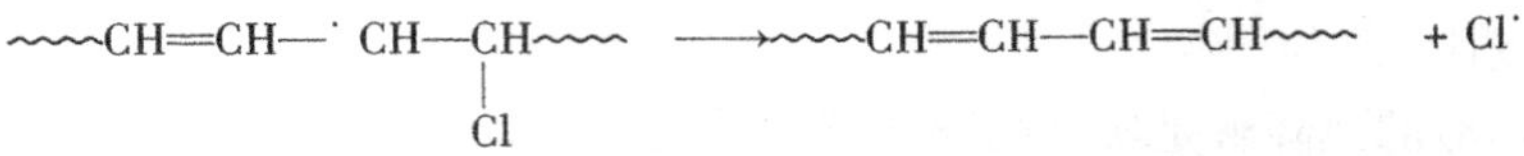

如此反复，高分子链形成了共轭双键。同时，也会有断链与交联发生。

② 离子型机理　还有人认为聚氯乙烯的热分解为离子型机理，如同烷基氯化物，由于氯原子存在一对电子的转移，使得氯原子带负电荷，这一过程称为“隐电离”。

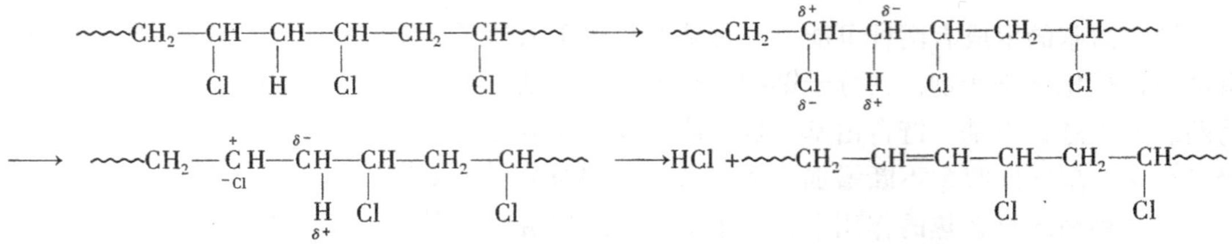

PVC 脱除了氯化氢形成双键，烯丙烯上氯原子因电子云密度增大而活化，促进上述反应“链式”进行：

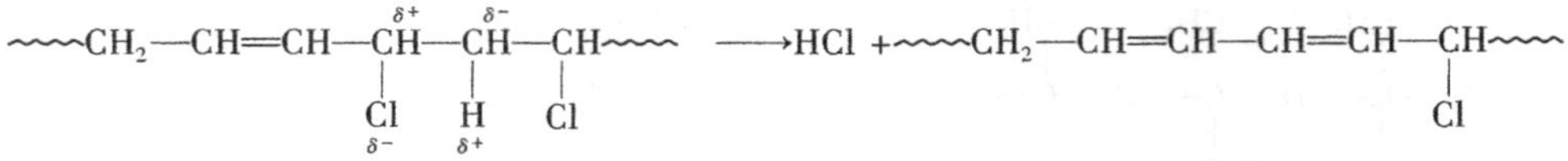

生成的氯化氢有利于 C—Cl 键的极化，对 PVC 离子型降解有催化作用。

(3) 聚合物热稳定性的表征　利用热降解反应可以表征各种聚合物的热稳定性。研究方法如下：

① 热重分析法　将一定量的聚合物放置在热重分析天平中，从室温开始，以一定的速度升温，记录失重随温度的变化，汇成热失重－温度曲线(见图 10－4)。根据失重曲线的特征和 350℃下试样的单位失重率 $K_{350}$ 值，分析判断聚合物热稳定性或热分解的情况。为了排除氧的影响，实验可在真空或惰性气氛中完成。

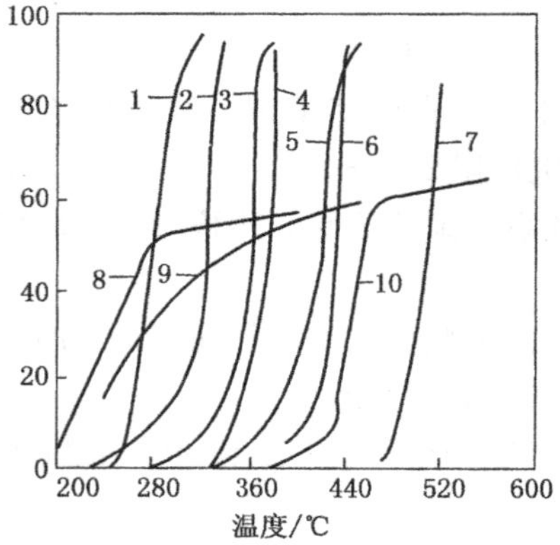


图 10－4　聚合物的热失重－温度曲线

1—聚(α—甲基苯乙烯)；2—聚甲基丙烯酸甲酯；3—聚异丁烯；4—聚苯乙烯；5—聚丁二烯；6—聚甲醛；7—聚四氟乙烯；8—聚氯乙烯；9—聚丙烯腈；10—聚偏二氯乙烯

② 恒温加热法　将聚合物试样在恒温真空下加热 40～45min，定义质量减少一半时的温度为半衰期温度 $T_h$，以此来评价热稳定性。

一般情况下，$K_{350}$ 越小，聚合物的热稳定性越高；$T_h$ 越高，热稳定性越好。

一些聚合物的 $T_h$ 和 $K_{350}$ 列于表 10－4 中，表中数据表明链上不同 C—C 键和不同取代基的相对强度和稳定性有如下次序：

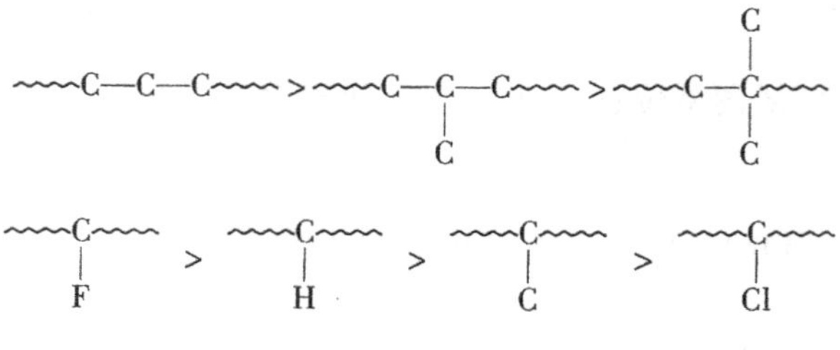

**表 10-4 常见聚合物的热降解数据**

| 聚合物结构 | $T_h$/℃ | $K_{350}$/% · min | 活化能/mol/$L^1$ | 热降解产物 | 单体收率 | 热降解类型 |
|---|---|---|---|---|---|---|
| $-[CF_2-CF_2]_n-$ | 509 | 0.00002 | 81 | 单体 | >95% | 解聚反应 |
| $-[CH_2-C(CH_3)(COOCH_3)]_n-$ | 327 | 5.2 | 52 | 单体 | >95% | |
| $-[CH_2-C(CH_3)(C_6H_5)]_n-$ | 286 | 228 | 55 | 单体 | >95% | 解聚反应 |
| $-[CH_2-CH_2]_n-$ | 414 | 0.004 | 72 | 相对分子质量较大碎片 | <0.1% | 无规降解反应 |
| $-[CH_2-CH=CH-CH_2]_n-$ | 407 | 0.022 | 62 | 相对分子质量较大碎片 | 约 2% | |
| $-[CH_2-CH_2]_n-$(支化) | 404 | 0.008 | 63 | 相对分子质量较大碎片 | <0.03% | |
| $-[CH_2-CH(CH_3)]_n-$ | 387 | 0.069 | 58 | 相对分子质量较大碎片 | <0.2% | |
| $-[CH_2-CFCl]_n-$ | 380 | 0.044 | 57 | 单体 | 约 27% | |
| $-[CH_2-CH(C_6H_5)]_n-$ | 364 | 0.24 | 55 | 二、三、四聚体 | 约 65% | 无规降解反应 |
| $-[CH_2-CH(CH_3)(CH_3)]_n-$ | 348 | 2.7 | 49 | 二、三、四聚体 | 约 20% | |
| $-[CH_2-CH(COOCH_3)]_n-$ | 328 | 10 | 34 | 相对分子质量较大碎片 | 0 | |
| $-[CH_2-CH(OCOCH_3)]_n-$ | 269 | | 17 | 乙酸 >95% | 0 | 侧基消除反应 |
| $-[CH_2-CH(OH)]_n-$ | 268 | | | $H_2O$ | 0 | |
| $-[CH_2-CH(Cl)]_n-$ | 260 | 170 | 32 | HCl >95% | 0 | |

在热降解中单体的回收率与聚合物的结构有很大的关系。例如聚甲基丙烯酸甲酯链节中只比聚丙烯酸甲酯多了一个甲基，可是单体收率就提高了 90 多倍，聚 $\alpha$ - 甲基苯乙烯的单体回收率也比聚苯乙烯高得多。这表明凡是链节中含有季碳原子的聚合物就容易进行解聚反应，因而单体回收率就高；而凡含有叔碳原子的聚合物就容易发生无规降解，因而单体回收率就低。其原因在于解聚反应一般都是自由基链式反应，当带有独电子的碳原子是季碳原子时，自由基链只可能发生分子内歧化反应生成单体。

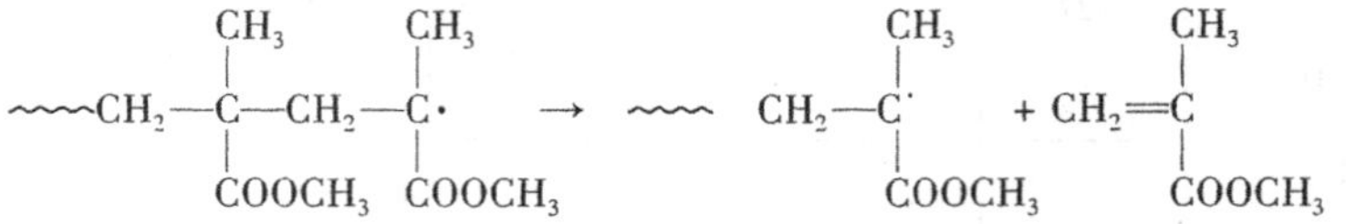

含有叔碳原子的聚合物分子链断裂后，由于叔碳原子向链自由基转移，因而不产生单体，而得到相对分子质量较低的分子链(碎片)。

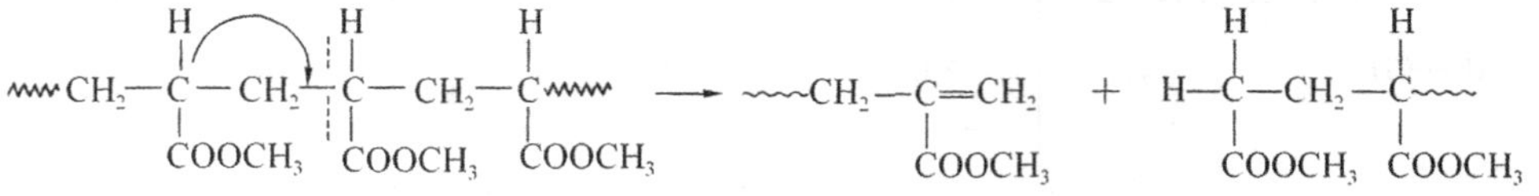

在无规降解中氢原子向自由基转移的活性次序为：

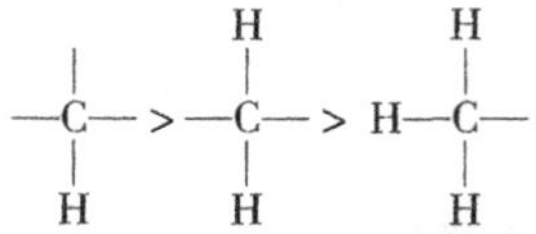

换言之，主链上的叔碳原子最容易形成自由基，仲碳原子最难，大分子链一旦形成自由基，和自由基相隔的 C—C 或 C—H 键的键能就大为降低，就将产生一系列的断裂反应。前者的键能由 346.9kJ · $mol^{-1}$ 降低到 112.8kJ · $mol^{-1}$，后者的键能由 409.6kJ · $mol^{-1}$ 降低到 167.2kJ · $mol^{-1}$。

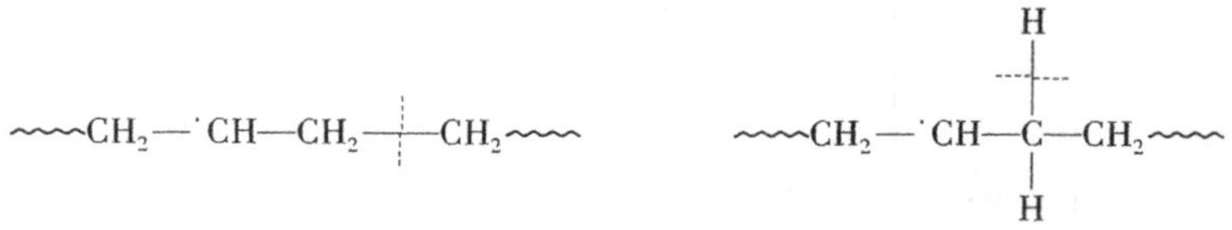

常见聚合物的恒温热失重曲线如图 10 - 4 和图 10 - 5 所示。

在图 10 - 4 中，大多数聚合物的热重曲线表明：当温度升到某一数值时，聚合物的主链迅速断裂、解聚或分解。体系中挥发组分或失重率急剧增加，如曲线 1 和曲线 7 所示。这种情况是属于所介绍的第一、第二类热降解反应。曲线 8 至曲线 10 表示的是侧基消除反应所引起的热降解过程，特点是一开始失重率就缓慢增加，当达到一定温度时失重率经过一段剧增之后，曲线便出现平台，失重率不再变化。平台的出现是因为消除反应形成的共轭双键或交联结构使热稳定性提高。从图 10 - 5 中可见，热固性聚合物由于生成了网状结构，在较高温度下才出现平台，因而热稳定性一般都比较高，其中以有机硅树脂和酚醛树脂最高，它们的热降解反应比较复杂，通常

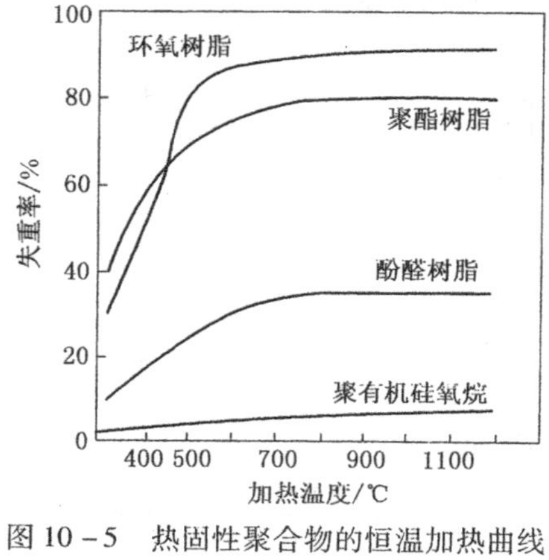


图 10 - 5　热固性聚合物的恒温加热曲线

只有在分解温度附近才有明显的变化。

### 10.7.2 化学降解

聚合物的化学降解包括聚合物对水、化学药剂如醇、酸和碱等的稳定性和酶作用下的生物降解过程。其中以研究水对聚合物的作用最为重要，因为聚合物在加工、贮藏和使用过程中难免与潮湿空气接触。

通常烯烃类聚合物对水比较稳定，浸在水溶液中不引起分子链的降解，只对材料的电性能产生较显著的影响。杂链聚合物因含有 C—O、C—N、C—S、Si—O 等杂原子的极性键，在水或化学试剂作用下容易发生降解反应。尼龙和纤维在室温和含水量不高的条件下，经过一段较长的时间之后，水分对材料的物理性能就有一定的影响，而温度较高和相对湿度较大时将引起材料的水解降解。聚碳酸酯和聚酯对水也很敏感，通常在加工前需要适当干燥。

利用化学降解，可使天然的或合成的杂链高聚物转变成低聚物或单体。如纤维素和淀粉酸性水解成葡萄糖时以无规方式断裂为主，反应式如下：

$$\left[\!\!-C_6H_7O_2(OH)_3-\!\!\right]_n \xrightarrow[H^+]{\text{水解}} nC_6H_{12}O_6$$

涤纶树脂加入过量的乙二醇可被醇解生成对苯二甲酸二乙二酯，固化的酚醛树脂也可用苯酚分解为可溶可熔低聚物，这是合成聚合物利用化学降解回收废料的两个实例。

某些聚羟基如聚乳酸、聚羟基乙酸和聚羟基丁酸等在人体内容易进行生物降解生成单体，用它制成的外科缝合线，伤口愈合后，无须拆线，自行水解为羟基酸后被吸收，参与人体新陈代谢。

为了消除高分子垃圾的污染与公害，已开始研究合成可在微生物催化下自行分解的高分子材料，如线型脂肪族聚酯、聚氨酯、聚乙烯酯等都具有生物降解性。

### 10.7.3 氧化分解

聚合物受氧作用的结果主要是发生降解反应。有时也伴随着交联反应。氧化降解往往又与其他物理因素如热、光、机械作用引起的降解交错进行，因此，氧化降解作用是极为复杂的，也是聚合物性能变坏的最主要因素之一。

与化学降解相反，氧化降解是聚烯烃的特征，杂链高聚物一般不发生此反应。碳链聚合物的氧化降解过程一般有两个步骤：一是在氧的气氛下，聚合物吸氧，生成过氧化物结构；第二步与生成的过氧化物进一步反应。可见吸氧一步是很重要的。吸氧速率主要取决于聚合物自身结构。

按照对氧稳定性的大小，碳链聚合物可分为以下三种：①稳定型如聚四氟乙烯、聚三氟氯乙烯等；②较稳定型如聚苯乙烯、聚甲基丙烯酸酯和聚硫橡胶等；③不稳定型如天然橡胶、聚异戊橡胶、顺丁橡胶、丁苯橡胶等。

不饱和碳链聚合物主链上的双键和碳原子上的氧容易吸氧和被氧化，故聚双烯类很容易发生氧化降解和交联反应。如聚丁二烯氧化降解反应如下：

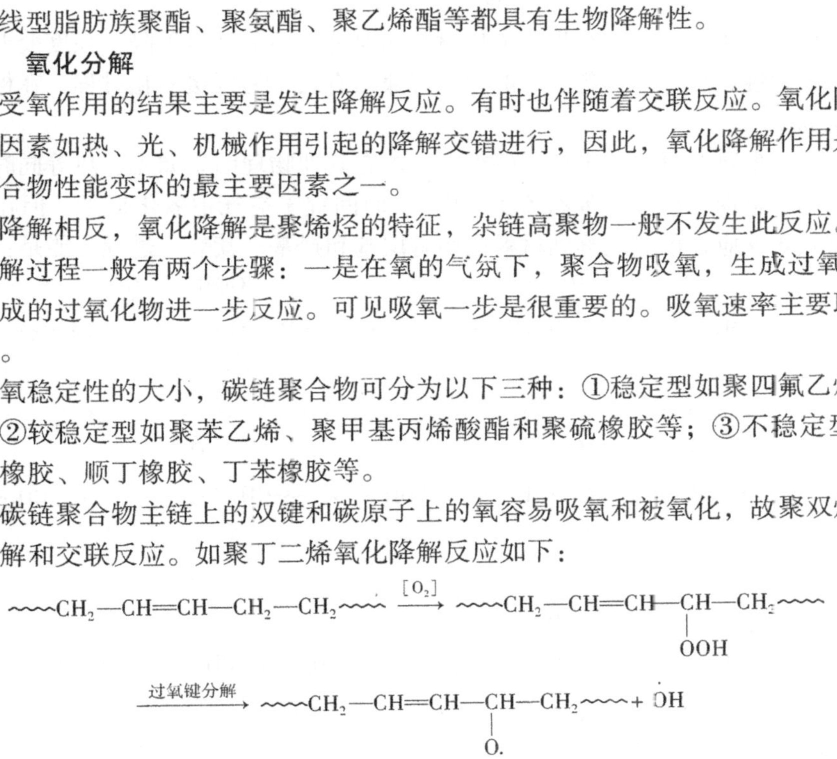

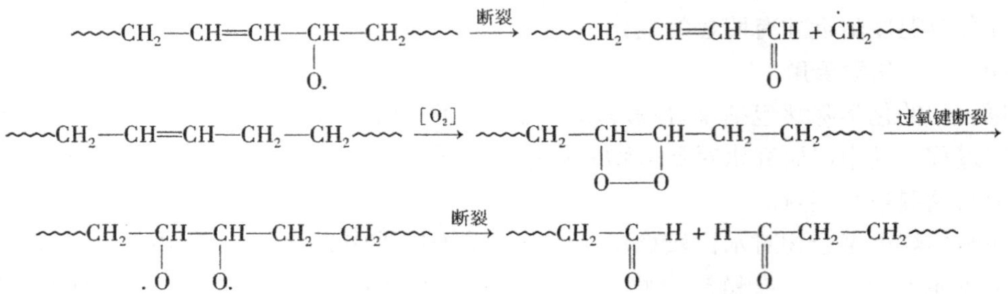

聚丁二烯氧化交联反应如下：

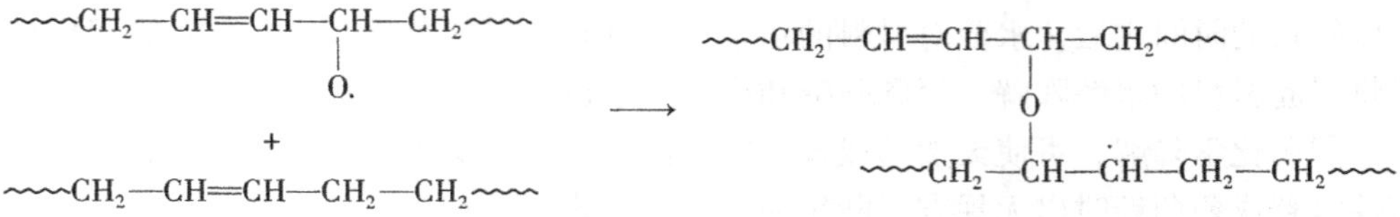

或者

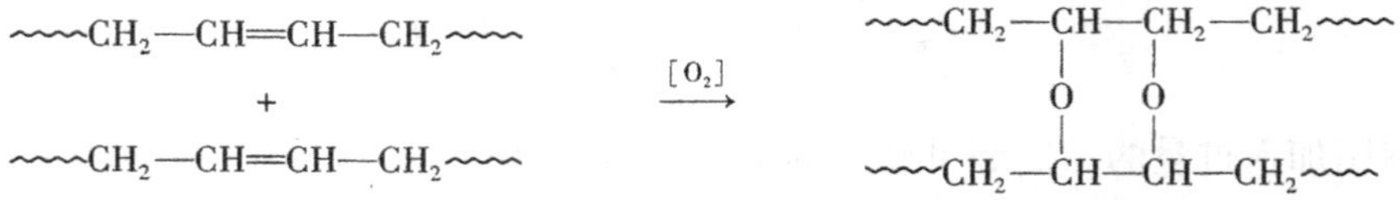

臭氧对不饱和聚烯烃具有更大的氧化能力，臭氧极不稳定，易分解出氧分子，其氧化性比通常的氧气强得多，能直接氧化各类不饱和橡胶，使之老化。

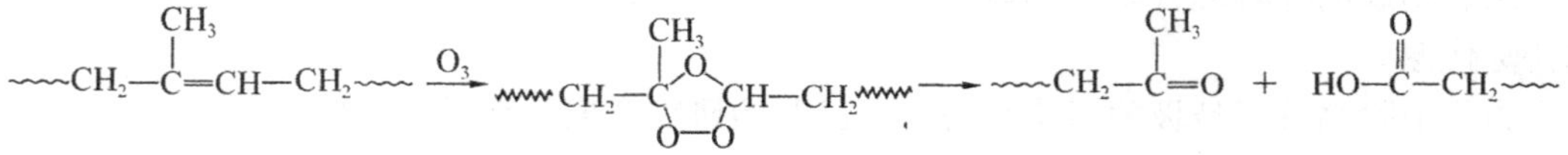

不饱和聚烯烃受氧作用的结果，或使材料相对分子质量明显下降，强度变差，或氧化交联失去原有的弹性，变成脆性物。一般说两者兼而有之，为延缓氧化过程，在橡胶加工中要加入抗氧化剂。

饱和碳链高聚物对氧的稳定性要好得多，若有其他物理因素如光、热等同时作用时，其氧化作用也不可忽视。例如聚苯乙烯在100℃长时间置于空气中氧化很少，但在紫外线存在时，将加速氧化反应，可以检测到材料表面有羰基和羟基，其氧化过程可能是：

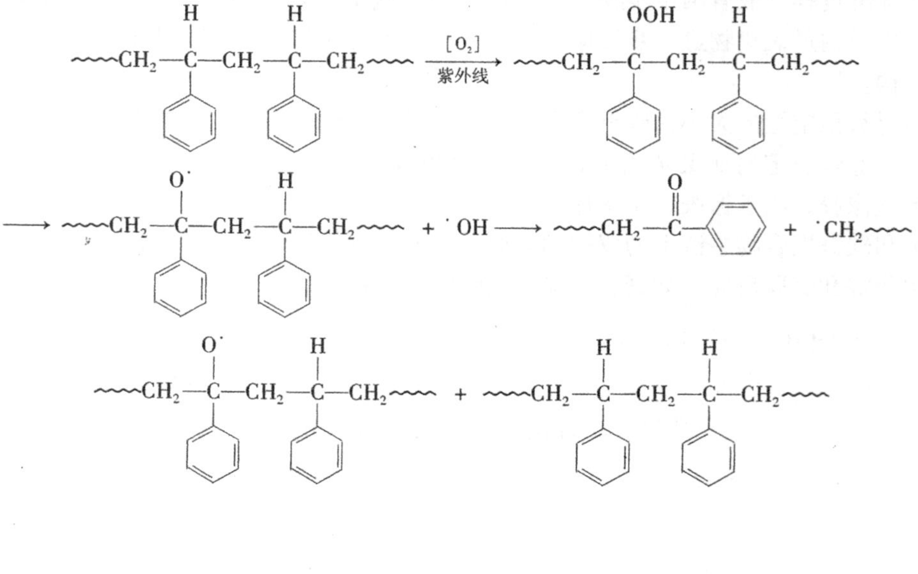

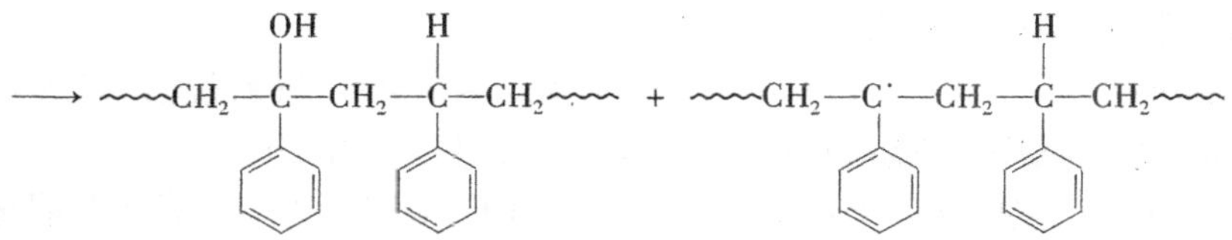

大分子链上的叔碳原子氧化成氢过氧化物，氢过氧化物分解产生自由基，链自由基断裂形成羰基化合物和活性链自由基，链转移又形成羟基和新的活性链，如此重复，降解反应不断进行。

### 10.7.4 光降解

在阳光作用下，聚合物也会发生某种程度的降解与交联反应。

到达地面的阳光包括波长为300～400nm的近紫外光和波长为400nm以上的可见光。由表10－5中数据可知，太阳光中近紫外光的光量子所具有的能量足以打断大部分有机化合物的化学键。但实际上，聚合物在太阳光作用下，发生降解的速率并不明显，有些还比较稳定。这是因为有些物质在吸收了足够能量之后，不一定发生化学反应，而将这部分能量以热能、荧光或磷光等形式释放出去了。到底何种聚合物在吸收光能后会发生化学反应，这与聚合物的分子结构有关。实验表明，分子链中含有醛与酮羰基、过氧化氢基或双键的聚合物最容易吸收紫外光的能量，并引起荧光化反应。

**表10－5 波长与能量的关系**

| 性　能 | 可见光区 | | | 近紫外光区 | | | 远紫外光区 | |
|---|---|---|---|---|---|---|---|---|
| 波长/nm | 750 | 600 | 500 | 400 | 350 | 300 | 250 | 200 |
| 能量/($kJ\cdot mol^{-1}$) | 159.7 | 199.4 | 239.1 | 299.7 | 342.8 | 399.6 | 480.7 | 597.7 |
| 相应的化学键 | N—N<br>O—O | | | C—N<br>C—Cl | C—H<br>C—O<br>C—C | | C—C<br>C—O<br>C—H | |

表10－6列出了不同聚合物对紫外光最敏感的波长范围。

**表10－6 常见聚合物对光老化最敏感的波长**

| 聚　合　物 | 最敏感波长/nm | 聚　合　物 | 最敏感波长/nm |
|---|---|---|---|
| 聚乙烯 | 300 | 不饱和聚酯 | 325 |
| 聚丙烯 | 310 | 聚碳酸酯 | 295 |
| 聚苯乙烯 | 318 | 聚乙烯醇缩醛 | 300～320 |
| 聚氯乙烯 | 310 | 有机玻璃 | 290～315 |
| 热塑性聚酯 | 290～320 | 氯乙烯－乙酸乙烯酯共聚物 | 322～364 |

聚饱和烯烃类在合成、热加工、长期存放和使用过程中往往容易被氧化而带有醛与酮的羰基、过氧化氢基或双键。因此，大多数聚烯烃类材料实际上是不耐紫外光的。

## 10.8 聚合物的老化和防老化

聚合物的老化是多种外界因素共同作用的结果，而且不同的高聚物或不同的使用条件，对某种因素会较为敏感。因此，对聚合物的防老化必须考虑到聚合物本身的结构以及其使用条件，有针对性地采取防老化措施。

### 10.8.1 聚氯乙烯的防老化

聚氯乙烯(PVC)不耐老化，PVC 制品一般使用 2 ~ 3 年就变硬发脆，以致开裂。若在户外使用或经常受光照射则使用寿命更短，所以要采取防老化等措施。

（1）中和 HCl　已经知道，PVC 树脂分解出的 HCl 对树脂进一步降解有催化作用，所以添加的稳定剂一般都能把 HCl 吸收掉(中和)。常用的稳定剂有弱有机酸的碱金属或碱土金属盐类、无机酸的碱式盐、有机锡金属、环氧化合物、胺类、金属醇盐和酚盐及金属硫醇盐等，其吸收 HCl 的过程可表示为：

① 铅盐类　$PbO + 2HCl \longrightarrow PbCl_2 + H_2O$

② 有机酸金属皂类　$M(RCOO)_n + nHCl \longrightarrow MCl_n + nRCOOH$

式中，M 代表金属；R 代表烷基。

③ 有机锡化合物　$SnR_2Y_2 + 2HCl \longrightarrow SnR_2Cl_2 + 2HY$

式中，R 表示甲基、丁基、辛基等烷基；Y 为含氧或硫原子的基团，通常为阴离子，如月桂酸根、马来酸根及硫醇类等。

④ 环氧类

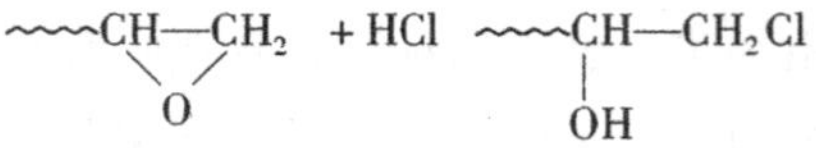

⑤ 胺类　$RNH_2 + HCl \longrightarrow RNH_3Cl$

⑥ 醇盐类　$ROM + HCl \longrightarrow ROH + MCl$

⑦ 硫醇盐类　$RSM + HCl \longrightarrow RSH + MCl$

（2）取代活泼氯原子　PVC 分子链上活泼氯原子的存在，降低了 PVC 的稳定性。加入某种稳定剂与活泼氯原子发生置换反应，使之起到内稳定作用，使“拉链式”的 HCl 脱出作用受阻。例如镉或锌的皂类可以与 PVC 分子链上的叔氯原子或烯丙基氯原子起置换反应。

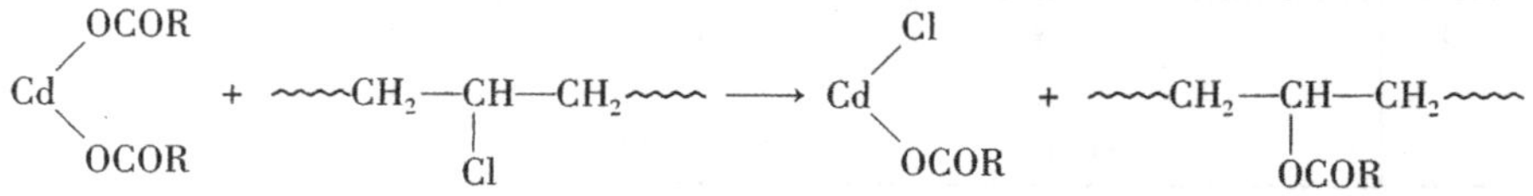

（Ⅰ）

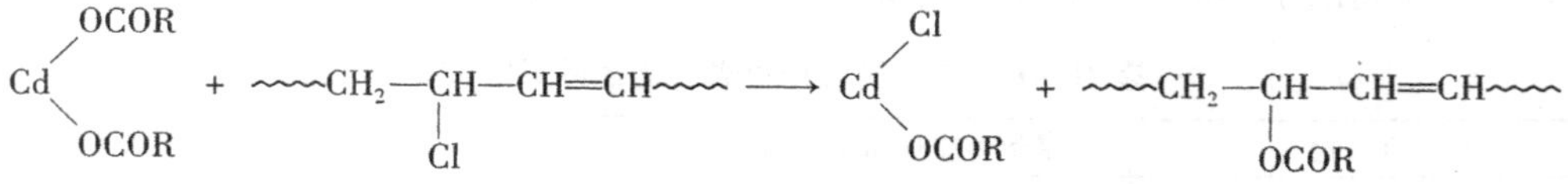

（Ⅱ）

镉或锌盐的两个羧酸根均被 Cl 原子置换后，生成的 $CdCl_2$ 或 $ZnCl_2$ 能使 C—Cl 键活化，对脱 HCl 起催化作用，所以在 PVC 的加工中，常将镉皂与钡皂同时使用，因为生成的 II 与钡皂作用，重新生成镉皂，生成的 $BaCl_2$ 对 PVC 降解没有催化作用。同样的道理，锌皂与钙皂的复合体系对 PVC 的稳定作用也有“协同效应”。

（3）与 PVC 中不饱和部位的反应　稳定作用的另一个途径是使一种稳定基团与 PVC 分子链上的双键起反应。如金属硫醇盐类稳定剂与 HCl 起反应，生成的硫醇能直接加到双键上去形成硫醚键。

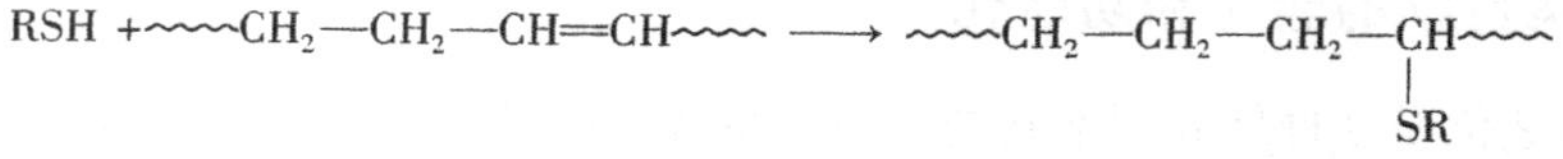

由此可见，金属硫醇盐稳定剂还能使 PVC 以变色的共轭双键发生褪色。

（4）光稳定剂　PVC 经紫外线照射，一般都会均裂成双自由基：

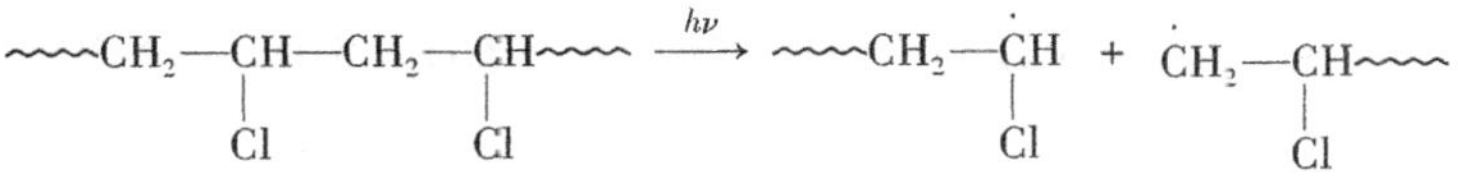

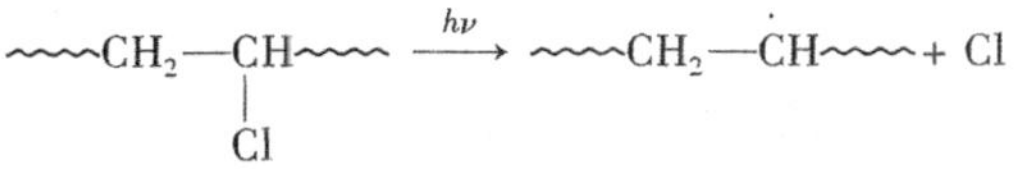

在有氧存在下，大分子自由基与氧形成过氧化物自由基，并进一步按自由基机理进行光氧化降解，生成羰基、羟基及醛基等，并使聚合物形成支链和交联结构，因此要加入光稳定剂。

PVC 的光稳定剂有以下四类。

① 紫外线吸收剂　作为 PVC 的紫外线吸收剂有水杨酸酯类、二苯酮类、苯并三唑、三嗪和取代丙烯腈等。此外，还有一些反应型的吸收剂，其代表品种为 $UV_{365}$，其结构式为：

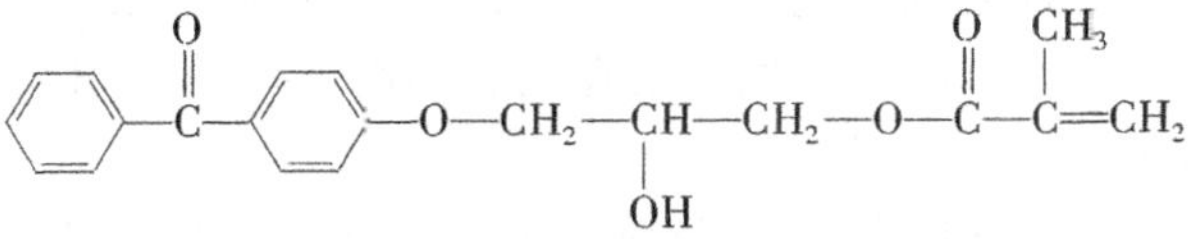

4－(2－羟基－3－甲基丙烯酰氧基丙氧基)二苯甲酮

反应型紫外线吸收剂是带有反应性基团的紫外吸收剂，它们可以与单体共聚，或与高分子接枝，不会因挥发、迁移或溶剂抽提而丧失作用。

② 光屏蔽剂　光屏蔽剂主要是一些颜料，例如炭黑、二氧化钛(钛白粉)、氧化锌(锌白)或锌钡白(硫化锌和硫酸钡的混合物)等，主要作用是使辐射线在 PVC 制品表面被吸收或反射，阻碍辐射线向内部侵入，如同在光源和 PVC 制品间加一个屏障。光屏蔽剂主要用于不透明的 PVC 制品中。

③ 淬灭剂　淬灭剂本身不是紫外线吸收剂，但能转移聚合物分子吸收紫外线后所产生的激发态能，终止聚合物由于吸收紫外线而产生的自由基，即对 PVC 光解时发生的二次过程进行化学稳定。这类物质主要是二价镍的有基螯合物，例如肟类与二价镍的螯合物。在实际应用中常与紫外线吸收剂并用。

④ 抗氧剂　PVC 在氧或空气中引起的降解称为氧化降解。在氧存在下 PVC 的热或光降解，因为氧的催化作用会更加严重。氧对 PVC 的催化降解过程可能是按照自由基机理进行的。

为了提高 PVC 的稳定性，可在加工过程中加入微量的抗氧剂(0.05%～0.1%)，主要起捕获降解过程产生的自由基的作用。凡是具有较大的酚类和多环芳香胺类化合物，只要它们能够给出氢原子自由基，而自身成为不活泼的自由基的化合物均可作为抗氧剂使用。如：

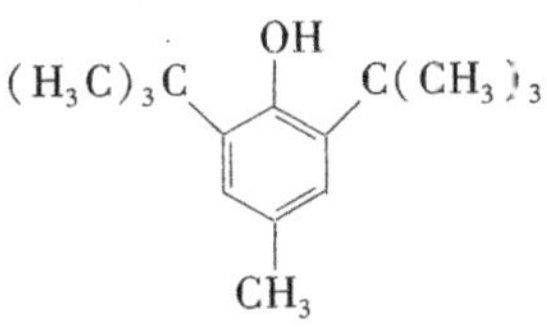

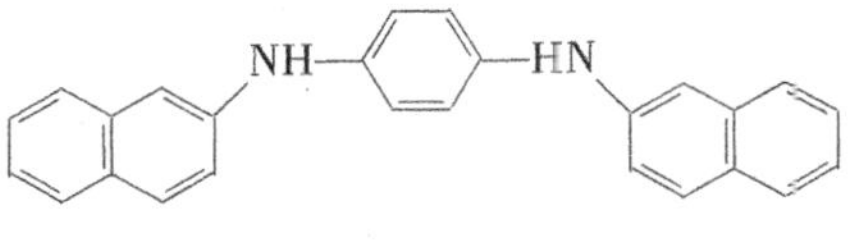

其作用机理为抗氧剂给出的氢原子自由基与 PVC 大分子自由基偶合，形成不能再与氧反应的物质。

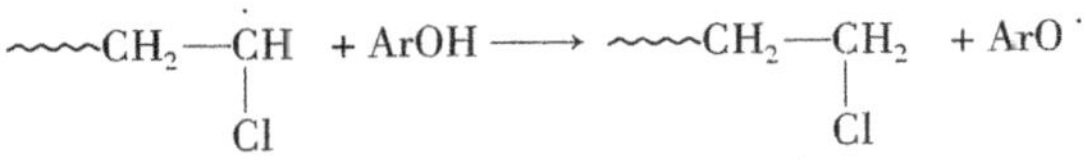

$$\sim\sim CH_2-\dot{C}H(Cl) + ArNH_2 \longrightarrow \sim\sim CH_2-CH_2(Cl) + Ar\dot{N}H$$

式中，Ar 为芳烃基。

邻对位的烷基取代酚是常用的抗氧剂。如果邻、对位取代基为斥电子基团(正诱导效应)时，能增加抗氧效果；为吸电子基团(负诱导效应)，则会降低抗氧效果。

**10.8.2　烯烃类聚合物的防老化**

聚烯烃或聚二烯烃耐各种老化性能都比较差，特别是对光氧化与热氧化的稳定性最差，因为它们的分子链中存在着弱键，如叔碳上的氢原子(键能 $355.3kJ \cdot mol^{-1}$)及双键 α－碳上的氢原子($321.9\ kJ \cdot mol^{-1}$)，其键能比一般的 C—H 键键能($392.9\ kJ \cdot mol^{-1}$)低，所以，光、热或氧的作用首先使这两种弱键发生断裂。

在聚烯烃中，聚乙烯对热氧老化性能比较好，乙烯－丙烯共聚物次之，聚丙烯最差。如不加入抗氧剂，聚丙烯就不能进行热加工及在稍高温度下户外使用，这是因为聚丙烯分子链上的每个结构单元都含有一个叔碳原子。

此外，聚烯烃耐老化性能随相对分子质量增加而提高，随相对分子质量分布变宽而降低。这是因为聚合物的结晶度随相对分子质量增高而相应提高，故吸氧速率降低；相对分子质量分布宽，则低相对分子质量部分增多，端基数目也多，吸氧量增大。

聚二烯烃类橡胶，由于双键密度很大，多至每个结构单元含有一个双键，这样在室温下也会因氧化作用而变质，所以加工时一定要加入适当种类和用量的抗氧剂。橡胶硫化后耐热氧老化性能有所提高，但是，橡胶的防老化问题仍有待进一步研究解决。

实际上橡胶的品种不同，其结构有所变化，氧化速率也有很大的差别，天然橡胶(顺式－1，4－聚异戊二烯)的氧化速率比丁基橡胶(异丁烯－异戊二烯共聚物)的氧化速率高 60 倍。

# 参 考 文 献


1 孙载坚，周普，刘启澄等．接枝共聚合．北京：化学工业出版社，1992
2 应圣康，余丰年．共聚合原理．北京：化学工业出版社，1984
3 潘祖仁．高分子化学．北京：化学工业出版社，1997
4 王国全，王秀芬．聚合物改性．北京：中国轻工业出版社，2000
5 金关泰，今日光，汤宗汤，陈耀庭．热塑性弹性体．北京：化学工业出版社，1983
6 Noshay A，Mcgrath J. E. Block Copolymers，Overview and Critical Survey. Acadermic Press Inc.，1977
7 邹新禧．超强吸水剂．北京：化学工业出版社，2001
8 唐有祺．当代化学前沿．北京：中国致公出版社，1997
9 周其凤，胡汉杰．跨世纪的高分子科学——高分子化学．北京：化学工业出版社，2001
10 严瑞暄．水溶性高分子．北京：化学工业出版社，1998
11 杨丽庭，高俊刚，李燕芳．改性聚氯乙烯．北京：化学工业出版社，2002
12 区英鸿．塑料手册．北京：兵器工业出版社，1991
13 潘祖仁，邱文豹，王贵恒．塑料工业手册．聚氯乙烯．北京：化学工业出版社，1999
14 刘晓明．硬聚氯乙烯改性与加工．北京：中国轻工业出版社，1998
15 黄立本，张立基，赵旭涛．ABS 树脂及其应用．北京：化学工业出版社，2001
16 曹同玉．聚合物乳液合成原理、性能及应用．北京：化学工业出版社，1997
17 张开．高分子界面化学．北京：中国石化出版社，1997
18 Seymour R. B，Careaher C. E. Polymer Chemistry and Introduction. Marcel Dekker，Inc.，1981
19 冯新德，张中岳，施良和．高分子辞典．北京：中国石化出版社，1998
20 G. 霍尔登，N. R. 莱格，R. 夸克，H. E. 斯罗德．热塑性弹性体．北京：化学工业出版社，2000
21 张洪敏，侯元雪．活性聚合．北京：中国石化出版社，1998
22 A. 诺谢伊，J. E. 麦格拉思．嵌段共聚物概论与评述．北京：科学出版社，1983
23 何天白，胡汗杰．海外高分子科学的新进展．北京：化学工业出版社，1997
24 张立德，牟季美．纳米材料和纳米结构．北京：科学出版社，2001
25 亚伯拉罕·瑞伍．高分子化学原理．化学工业出版社，2008
26 张帮华，朱常英，郭天瑛．近代高分子科学．化学工业出版社，2006
27 肖超渤，胡运华．高分子化学．武汉大学出版社．1998